智能制造工程技术人员（初级）

智能装备与产线开发

人力资源社会保障部专业技术人员管理司　组织编写

中国人事出版社

图书在版编目(CIP)数据

智能制造工程技术人员：初级：智能装备与产线开发/人力资源社会保障部专业技术人员管理司组织编写. --北京：中国人事出版社，2021

全国专业技术人员新职业培训教程

ISBN 978－7－5129－1683－8

Ⅰ.①智…　Ⅱ.①人…　Ⅲ.①智能制造系统-职业培训-教材　Ⅳ.①TH166

中国版本图书馆 CIP 数据核字(2021)第 218255 号

中国人事出版社出版发行

（北京市惠新东街 1 号　邮政编码：100029）

＊

三河市潮河印业有限公司印刷装订　　新华书店经销

787 毫米×1092 毫米　16 开本　27.5 印张　416 千字

2021 年 11 月第 1 版　　2021 年 11 月第 1 次印刷

定价：79.00 元

读者服务部电话：（010）64929211/84209101/64921644

营销中心电话：（010）64962347

出版社网址：http://www.class.com.cn

本书编委会

指导委员会

主　任：周　济

副主任：李培根　林忠钦　陆大明

委　员：顾佩华　赵　继　陈　明　陈雪峰

编审委员会

总 编 审：陈　明

副总编审：陈雪峰　王振林　王　玲　罗　平

主　　编：陈　云

编写人员：尹作重　唐　堂　李渊志　王　磊　胡耀光　刘　新

徐　慧　薛博文　孙　涛　孙其伟　于晓飞　吴　强

彭维清　葛正军　田宇松　裴　极　关　宇　李　晶

王春蕾　应思红　戴颖明　关　山　张冠伟　顾晓洋

秦修功　郭　栋　李　想　张　振　缪　云　宋　良

主审人员：岳继光　郭顺生

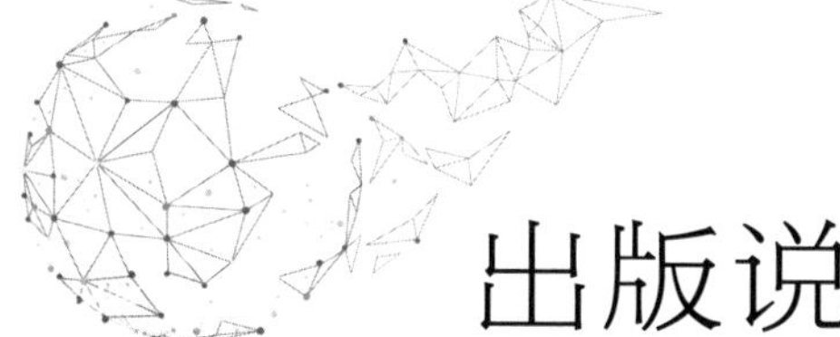

出版说明

当今世界正经历百年未有之大变局，我国正处于实现中华民族伟大复兴关键时期。在全球经济低迷，我国加快形成以国内大循环为主体、国内国际双循环相互促进的新发展格局背景下，数字经济发挥着提振经济的重要作用。党的十九届五中全会提出，要发展战略性新兴产业，推动互联网、大数据、人工智能等同各产业深度融合，推动先进制造业集群发展，构建一批各具特色、优势互补、结构合理的战略性新兴产业增长引擎。“十四五”期间，数字经济将继续快速发展、全面发力，成为我国推动高质量发展的核心动力。

近年来，人工智能、物联网、大数据、云计算、数字化管理、智能制造、工业互联网、虚拟现实、区块链、集成电路等数字技术领域新职业不断涌现，这些新职业从业人员通过不断学习与探索，将推动科技创新、释放巨大能量，推动人们生产生活方式智能化、智慧化、数字化，推动传统产业转型升级，为经济高质量发展注入强劲活力。我国在技术、消费与应用领域具备数字经济创新领先优势，但还存在数字技术人才供给缺口较大、关键核心技术领域自主创新能力不足、数字经济与实体经济融合的深度和广度不够等问题。发展数字经济，推进数字产业化和产业数字化，推动数字经济和实体经济深度融合，急需培育壮大数字技术工程师队伍。

人力资源社会保障部会同有关行业主管部门将陆续制定颁布数字技术领域国家职业技术技能标准，坚持以职业活动为导向、以专业能力为核心，遵循人才成长规律，对从业人员的理论知识和专业能力提出综合性引导性培养标准，为加快培育数字技术人才提供基本依据。根据《人力资源社会保障部办公厅关于加强新职业培训工作的通知》（人社厅发〔2021〕28号）要求，为提高新职业培训的针对性、有效性，进一步发挥新职业培训促进更好就业的作用，人力资源社会保障部专业技术人员管理司组织相关领域的专家学者编写了全国专业技术人员新职业培训教程，供相关领域开展新职业培训使用。

本系列教程依据相应国家职业技术技能标准和培训大纲编写，划分初级、中级、高级三个等级，有的职业划分若干职业方向。教程紧贴数字技术人员职业活动特点，定位于全国平均先进水平，且是相关数字技术人员经过继续教育或岗位实践能够达到的水平，突出该职业领域的核心理论知识、主流技术及未来发展要求，为教学活动和培训考核提供规范和引导，将帮助广大有意或正在从事数字技术职业人员改善知识结构、掌握数字技术、提升创新能力。

希望本系列教程的出版，能够在加强数字技术人才队伍建设、推动数字经济快速发展中发挥支持作用。

目　录

第一章 产品设计

本章面向智能制造工程师的智能产品设计课程，培养运用现代设计技术与方法解决设计问题的能力。内容包括产品设计与现代设计的基本概念、产品设计流程、产品规划、产品概念设计、产品详细设计的基本方法与数字化、智能化工具。学习者能够围绕产品的构思、设计展开实验。学习者通过课程教学，可达到掌握设计的基本知识，熟悉产品设计全过程，拥有数字化智能化工具的应用能力的目的。

- **职业功能：**智能装备与产线开发
- **工作内容：**进行智能装备与产线单元模块的功能设计
- **专业能力要求：**能进行智能装备与产线单元模块的功能设计；能进行智能装备与产线单元模块的三维建模；能进行智能装备与产线单元模块的选型；能进行智能装备与产线单元模块功能的安全操作设计
- **相关知识要求：**现代设计理论与方法基础，包括MBD/DFX/QFD理念和方法、模块化设计方法等

第一节　产品现代设计方法

考核知识点及能力要求：

• 熟悉掌握现代设计理论及相关设计方法。

• 根据设计需求和设计目标选用合适的设计方法进行产品设计，并充分考虑在产品生命周期下的设计可行性。

• 了解现代设计的目标与特点。

一、产品设计内涵

设计是人类改造自然的基本活动之一。从广义上说，设计是指为了达到某一特定目的，构思并建立一个切实可行的实施方案，并且用明确的手段表示出来的系列行为。通常所说的设计一般指工业产品设计，其把设计理解为根据客观需求完成满足该需求的技术系统的图纸及技术文档的活动，这是设计的狭义概念。

从设计内容上看，设计包括了对设计对象、设计进程以及设计思路的设计。产品设计考虑的范围不再仅仅是构成产品的物质条件和功能需求，而是综合了经济、社会、环境、人体工学、人的心理以及文化层次等多种因素。对设计的要求，在纵向上贯穿了产品从孕育到消亡的整个生命周期，涵盖了需求获取、概念设计、技术设计、详细设计、工艺设计、营销设计以及回收设计等设计活动，把实验、研究、设计、制造、安装、使用、维修作为一个整体进行规划；在横向上，要求多学科交叉方面的规划设计，设计师通过对人的生理、心理、生活习惯等一切关于人的自然属性和社会属性的认知，进行产品的功能、性能、形式、价格、使用环境的定位，并结合材料、技术、结构、工艺、形态、色彩、表面处理、装饰、成本等因素，从社会的、经济的、技术的角度进行创意设计，在企业生产管理中保证设计质量实现的前提下，使产品既是企业的产品和市场中的商品，又是用户的用品，从而达到顾客需求和企业效益、功能实用和美学特征的统一。[1]

随着计算机辅助设计(CAD)和计算机辅助制造(CAM)技术的发展，图纸也不再是设计结果输出的必需载体，而是被数字化产品所代替，设计的结果可直接转变为加工的指令。本文讨论的设计主要针对机电产品的设计。围绕现代化工业产品的设计，国际工业设计学会(International Council Societies of Industrial Design)对设计定义如下："设计是一种创造性活动，它的目的在于决定产品的包括性能、过程、服务及整个生命周期各个方面的品质，以获得一种使生产者和消费者都能满意的整体"。美国工程技术认证委员会在教学大纲中对设计的定义是："工程设计是为了满足目标要求而创造某种系统、部件或方法的过程。这是一个反复决策的过程，在这个过程中，需要应用基础科学、数学及工程科学来优化转换资源，以实现特定目标。"[2]

尽管目前科技界对产品设计尚没有统一的定义，但对设计的基本内涵都有共同的认识，主要包括：①设计是为满足一定需求，在设计原则的约束下利用设计方法和手段创造出产品的工程活动，需求是设计的动力源泉；②设计是一种把人的愿望变成现实的创造性行为，设计的本质是创造性，如果没有创新，就不叫设计；③设计是把各种先进技术转化为生产力的一种手段，它反映当时生产力的水平，是先进生产力的代表；④设计是一种以技术性、经济性、社会性、艺术性为目标，在给定条件下，谋求最优解的过程。

从上面这些对设计的描述中，可以综合来理解设计的含义，工业产品设计应该具有以下特征：①需求特征：产品设计的目的是满足人类社会的需求，所以设计始于需要，没有需要就没有设计，需求是设计的驱动力；②创造性特征：随着时代与科学技术的发展，人们的需求、自然环境、社会环境都处于变化之中，从而要求设计者适应条件变化，不断更新老产品，创造新产品；③程序特征：任何产品设计都有设计过程，任何产品设计都是在一定的时间、空间等约束下，按一定程序进行，它是指从明确设计任务到完成技术文件所进行的整个设计工作的流程，设计过程一般可分为四个主要阶段：产品规划、原理方案设计、技术设计和施工设计；④时代特征：设计活动受时代的物质条件、技术水平的限制，如设计方法、设计手段、材料、制造工艺等，所以，设计水平代表了当时社会的技术水平，各种产品设计都具有时代的烙印。

认识了产品设计的特征，才能全面地、深刻地理解设计活动的本质，进而研究与设计活动有关的各种问题，以提高设计的质量和效率。

二、现代设计发展进程

为了便于了解现代设计与传统设计的区别、回顾设计的发展历史，从人类生产的进步过程来看，整个设计发展进程大致经历了如下四个阶段。

（1）直觉设计阶段。最初的设计是一种直觉设计。当时人们或许是从自然现象中直接得到启示，或是全凭人的直观感觉来设计制作工具。设计方案存在于手工艺人头脑之中，无法记录表达，产品也是比较简单的。

（2）经验设计阶段。随着生产的发展、图纸的出现，具有丰富经验的手工艺人能够通过图纸将其经验或构思记录下来并传于他人，便于用图纸对产品进行分析、改进和提高，推动设计工作向前发展；此外，还满足了更多人同时参加同一产品的生产活动的需求，满足了社会对产品的需求及生产率的要求。

（3）半理论半经验设计阶段。20 世纪以来，随着理论研究的深入、试验数据及设计经验的积累，逐渐形成了一套半经验半理论的设计方法。这种方法以理论计算和长期设计实践而形成的经验、公式、图表、设计手册等作为设计的依据，通过经验公式、近似系数或类比等方法进行设计。

（4）现代设计阶段。近 30 年来，由于科学和技术迅速发展，设计工作所需的理论基础和手段有了长足发展，特别是电子计算机技术的发展及应用，对设计工作产生了革命性的突变，为设计工作提供了实现设计自动化和精密计算的条件。例如，通过 CAD 技术能得出所需要的设计计算结果资料、生产图纸和数字化模型，一体化的 CAD/CAM 技术可直接输出加工零件的数控代码程序，直接加工出所需要的零件，从而使人类设计工作步入现代设计阶段。此外，步入现代设计阶段，对产品的设计，不仅考虑产品本身，还考虑产品对生态系统和环境的影响；不仅考虑技术领域，还考虑经济、社会效益；不仅考虑当前，还考虑长远发展。

三、 现代设计目标和特点

随着现代科学技术的发展，机械产品设计领域中相继出现了一系列新兴理论、方法和手段，这些新兴理论、方法和手段统称为现代设计技术。[3]

1. 设计目标

设计目标是设计对象即技术系统应具有的总体性能。按照现代设计理论与方法进行产品设计，应能达到以下设计目标：

• 工效实用性。一般用系统总体的技术指标的形式提出，如产量、质量、精度等。

• 系统可靠性。指系统在预定时间内和给定的工作条件下，能够可靠工作的能力。

• 运行稳定性。系统的输入量变化或受干扰时，输出量不发生超过限度的或非收敛性的变化，并过渡到新的稳定状态。

• 人机安全性。采取一切措施，保证人身绝对安全，使机器故障造成的损失最小。

• 环境无害性。指机器对环境的噪声以及对环境的污染减小到无害的程度。

• 操作宜人性。指操作者工作时心情舒畅、不易疲劳。

• 结构工艺性。系统的结构设计应满足便于制造、加工、装配、运输、安装、维修等工艺要求，特别是自动化的要求。

• 技术经济性。一是评价一次投资变为系统或设备时，对不同设计方案的经济性进行比较；二是评价保持系统或设备正常运行时，保持资源运用的合理性，如对运行费用的经济性进行比较。

• 造型艺术性。在保证功能的前提下，造型合乎艺术规律，使人产生美感和时代感，提高精神文明水平。

• 设计规范性。设计成果应遵从国家政治经济政策和法规，符合国家的技术规范和法令，贯彻“三化”，具体包括系列化、标准化、通用化。

2. 设计特点

与传统设计相比较，现代设计主要有下列特点：

• 系统性。现代设计采用逻辑的、系统的设计方法。目前有两种体系：一种是德国倡导的设计方法学，用从抽象到具体的发散的思维方法，以“功能一原理—结构”框架为模型的横向变异和纵向综合，用计算机构造多种方案，评价决策选出最优方案；一种是美国倡导的创造性设计学，在知识、手段和方法不充分的条件下，运用创造技法，充分发挥想象，进行辩证思维，形成新的构思和设计。

• 社会性。现代设计将产品设计扩展到整个产品生命周期，发展出“面向 X”技术，即在设计过程中同时考虑制造、维修、成本、包装发运、回收、质量等因素。现代设计开发新产品的整个过程，从产品的概念形成到报废处理的全寿命周期中的所有问题，都要以面向社会、面向市场为主导思想全面考虑解决。

• 创造性。现代设计强调激励创造冲动、突出创新意识、自觉运用创造技法、科学抽象的设计构思、扩展发散的设计思维、多种可行的创新方案比较、全面深入地评价决策，以追求最优方案。

• 宜人性。现代设计强调产品内在质量的实用性，外观质量的美观性、艺术性和时代性。在保证产品物质功能的前提下，要求使用户产生新颖舒畅等精神感受。从人的生理和心理特征出发，通过功能分析、界面安排和系统综合，考虑满足人—机—环境等之间的协调关系，发挥系统潜力，提高效率。

• 最优化。现代设计重视综合集成，在性能、技术、经济、制造工艺、使用、环境、可持续发展等各种约束条件和广泛的学科领域之间，通过计算机以高效率综合集成为最新科技成果，寻求最优方案和参数，并利用优化设计、人工神经网络算法和工程遗传算法等找到各种工作条件下的最优解。

• 动态化。现代设计在静态分析的基础上，考虑生产中实际存在的多种变化量的影响。如考虑产品的工作可靠性问题，考虑载荷谱、负载率等随机变量，从而进行动态特性的最优化。根据概率论和统计学方法，针对载荷、应力等因素的离散性，用各种运算方法进行可靠性设计。许多复杂的工程分析问题可用有限元法、边界元法等数值解法得到满意的结果。

• 设计过程智能化。借助于人工智能和专家系统技术，由计算机完成一部分原来必须由设计者进行的创造性工作。现代设计认为，各种生物在自己的某些领域里具有极高的水平。在已被认识的人的思维规律的基础上，在智能工程理论的指导下，以计算机为主模仿人的智能活动，能够设计出高度智能化的产品和系统。

• 设计手段的计算机化与数字化。计算机在设计中的应用已从早期的辅助分析、计算机绘图，发展到现在的优化设计、并行设计、三维建模、设计过程管理，设计制造一体化、仿真和虚拟制造等。计算机、特别是网络和数据库技术的应用，加速了设计进程，提高了设计质量，便于对设计进程的管理，方便了各有关部门及协作企业间的信息交换。

• 设计和制造一体化。现代设计强调产品设计制造的统一数据模型和计算机集成制造。设计过程组织方式由传统的顺序方式逐渐过渡到并行设计方式，与产品有关的各种过程并行交叉的设计，可以减少各种修改工作量，有利于加速工作进程、提高设计质量现代设计。利用高速计算机，可以将各种不同目的设计方法、各种不同的设计手段综合起来，以求得系统的整体最佳解。

基于上述理念、理论和工具的发展，现代设计方法将以往紧凑的、静态的、个体化的、单一性的和基于经验的设计方式，逐步转变为预测的、动态的、协同化的、多方位的和基于科学的设计方式。因此可以说，现代设计方法在基于科学理论、基础研究方法、计算机和软件技术等实用工具的发展基础上不断产生和走向工程应用，并且随着信息化、网络化、智能化和各种硬件技术的发展方向更高水平迈进。为了进一步对加深现代设计方法理论和应用的理解，将在接下来的内容中以产品设计开发为主线，详细阐述有关现代设计方法所涉及的科学理论、研究方法，以及基于相关研究方法的工程应用，通过实例的方式理解和掌握相关的设计方法和实践应用原理。

四、产品设计流程与并行工程

1. 产品设计流程

新产品开发与设计流程是企业构思、设计与制造产品，并使其商业化的一系列步骤或活动。产品的设计与开发流程的六个阶段以及在每个阶段不同部门的主要任务[2]

如图 1-1 所示。

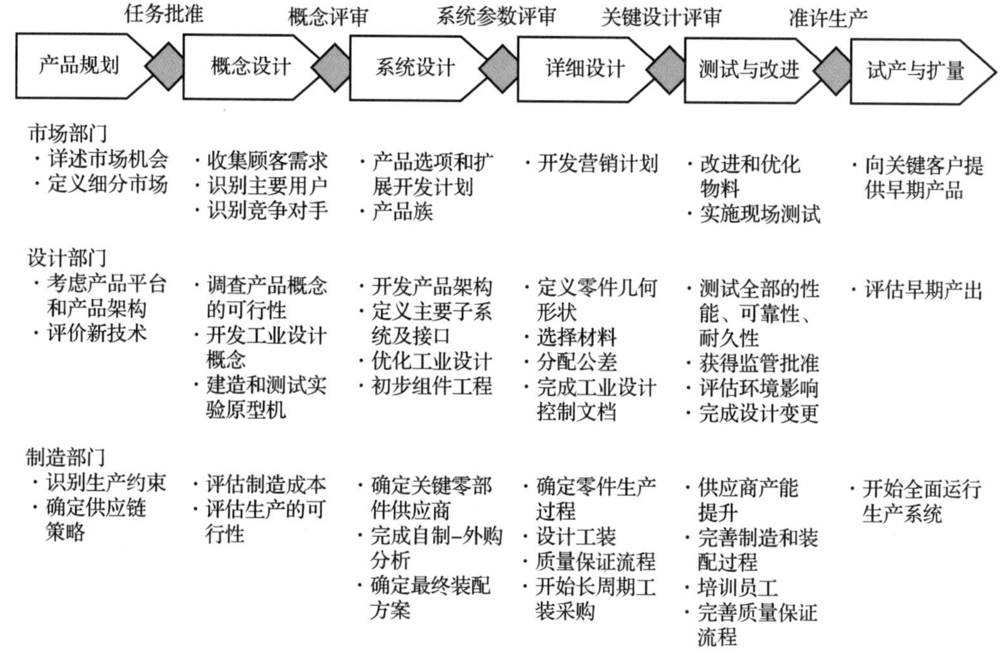

图 1-1　产品设计与开发流程

阶段 1：产品规划，这个阶段始于依据企业战略所做的机会识别，详述产品任务书。

阶段 2：概念设计，识别目标市场的需求，形成并评估产品的概念设计方案。

阶段 3：系统设计，包括产品的架构、几何布局，把产品按功能分解为子系统、组件以及关键部件。

阶段 4：详细设计，包括产品所有非标准零部件的几何形状、材料、公差等完整规格说明、3D 模型、2D 零件图、装配图、标准件及外购件的规格。贯穿于整个产品开发流程(尤其是详细设计阶段)的三个关键问题是材料选择、生产成本控制、可靠性保障。

阶段 5：测试与改进，即原型样机的测试评估与改进。

阶段 6：试产与扩量，从试产扩量到产品的正式生产的过程通常是渐进的。

产品开发流程是一个结构化的活动流和信息流，图 1-2 展示了产品的三种开发过程。

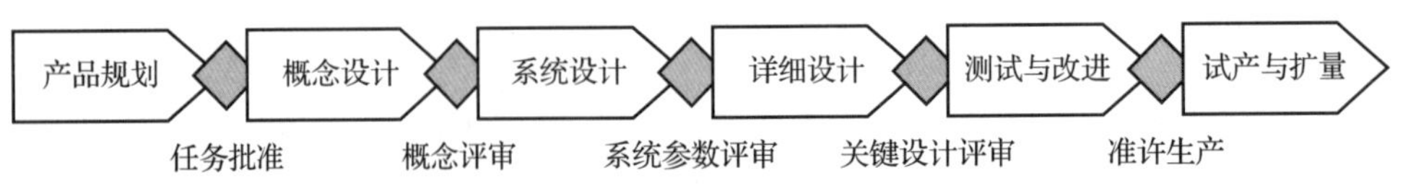

（a）基本的产品开发流程

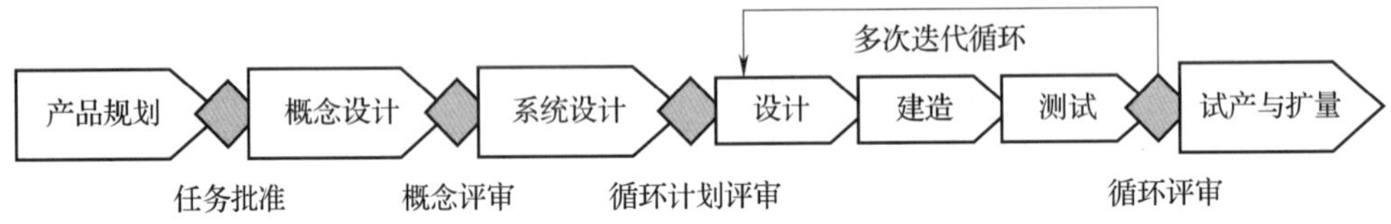

（b）快速迭代的产品开发流程

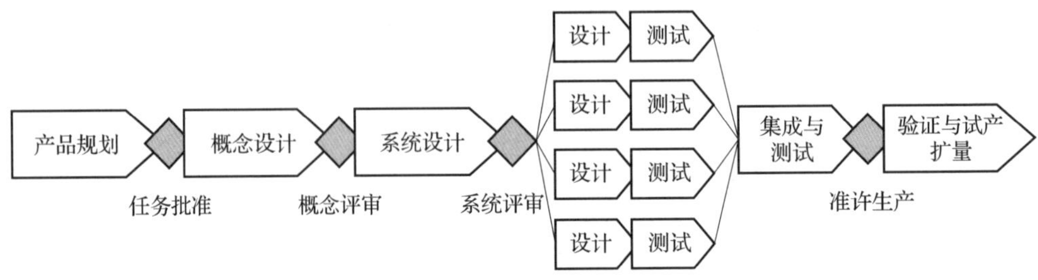

（c）复杂系统产品的开发流程

图 1–2　三种产品的开发设计流程

产品的开发流程还有几种常见的衍生变化形式，见表 1–1。

表 1–1　　产品的开发流程几种常见的衍生形式

流程类型	描述	显著的特性	示例	图示
基本型（市场拉动）产品	开发团队从一个市场机会出发，选择合适的技术满足客户需求	流程通常包括清晰的规划、概念开发、系统设计、详细设计、测试与改进，以及试产扩量阶段	运动器材、夹具、工具	
技术推动型产品	开发团队从一个新技术开始，然后找到一个合适的市场	规划阶段涉及技术与市场的匹配，概念开发假定一个给定的技术存在	Gore-Tex 雨衣、Tyvek 信封	
平台型产品	开发团队假设新产品将围绕已建成的技术子系统进行开发	假定一个已证实的技术平台存在	消费电子产品、电脑、打印机	
流程密集型产品	产品的特性很大程度上被生产流程所限制	在产品开发时，要么已经确定了一个具体的生产流程（生产工艺），要么必须将产品和生产流程一起开发	快餐食品、早餐麦片、化学品、半导体	

续表

流程类型	描述	显著的特性	示例	图示
定制型产品	新产品与现有产品相比有略微变化	产品之间的相似性使建立连续和高度结构化的开发流程成为可能	发动机、开关、电池、电容	
高风险产品	技术和市场的不确定性导致失败的风险较高	风险在早期被识别并在整个流程被跟踪，应尽早开展分析和测试活动	医药品、宇航系统	
快速构建产品	快速的建模和原型化，产生很多次设计-构建-测试循环	详细设计和测试阶段将多次重复，直到产品完成或时间/预算耗尽	软件、手机	
产品-服务系统	产品和它们的相关服务要素被同时开发	所有主题元素和运行元素被开发，特别关注顾客体验和流程设计	餐饮、软件应用、金融服务	Financial Services
复杂产品系统	产品系统必须分解为若干个子系统和大量的部件	产品子系统和部件被许多团队并行开发，然后进行系统集成和验证	飞机、喷气发动机、汽车	

2. 并行工程

（1）并行工程（CE，Concurrent Engineering）。并行工程（CE）是对产品及其相关过程（包括制造过程和支持过程）进行并行、一体化设计的一种系统化的工作模式。这种工作模式力图使开发者从一开始就考虑到产品全生命周期（从概念形成到产品报废）中所有的因素，包括质量、成本、进度与用户需求等。

并行工程的核心是产品及其相关过程（加工工艺、装配、检测、质量控制、销售、售后服务）设计的集成。依赖于产品开发中各学科、各职能部门人员相互合作，相互信任和共享信息，通过彼此间有效通信和交流，尽早考虑产品全生命周期中的各种因素，尽早发现和解决问题，以达到各项工作协调一致。其方法有别于传统的强调“分工”的管理方式，是一种在更深层次上的集成（人、技术、管理的集成；产品设计及其相关过程设计的集成）。

（2）协同设计（Co-Design）。协同设计是指为了完成某一设计目标，由两个或两个以上设计主体(或专家)，通过一定的信息交换和相互协同机制，分别以不同的设计任务共同完成这一设计目标[4]。协同设计是先进制造技术中并行工程运行模型的核心。并行工程则是在产品设计阶段尽早考虑产品生命周期中各种因素的影响，全面评价产品设计，以达到设计中的最优化，最大限度消除隐患。因此产品设计整个生命周期的各个不同部门成员或相关专家必须协同工作。在产品的设计阶段，不仅设计专家要进行讨论、协调产品的设计任务，而且工艺、制造、质量等后续部门的专家也需要参与产品设计工作，并对产品设计方案提出修改和优化意见。

(3) 面向产品生命周期的设计(Design for X)。这是并行工程中最重要的核心技术。

五、基于 AR/VR 的设计

虚拟现实(VR，Virtual Reality)是一门崭新的综合性信息技术，它融合了数字图像处理、计算机图形学、多媒体技术、传感器技术等多个信息技术分支，从而大大推进了计算机技术的发展。虚拟现实技术具有超越现实的虚拟性，它是伴随多媒体技术发展起来的计算机新技术。它利用三维图形生成技术、多传感交互技术以及高分辨率显示技术，生成三维逼真的虚拟环境，用户需要通过特殊的交互设备才能进入虚拟环境中。

基于虚拟现实的产品设计的基本构思是用计算机来虚拟完成整个产品开发过程。设计者经过调查研究，在计算机上建立产品模型，并进行各种分析，改进产品设计方案。通过建立产品的数字模型，用数字化形式来代替传统的实物原型试验，在数字状态下进行产品的静态和动态性能分析，再对原设计进行集成改进。由于在虚拟开发环境中的产品实际上只是数字模型，可对它随时进行观察、分析、修改、通信及更新，使新产品开发中的形象及结构构思、分析、可制造性、可装配性、易维护性、运行适应性、易销售性等都能同时相互配合地进行。[7]

新产品的数字原型经反复修改确认后，即可开始虚拟制造。虚拟制造或称数字化制造的基本构思是在计算机上验证产品的制造过程。设计者在计算机上建立制造过程和设备模型，与产品的数字原型结合，对制造过程进行全面的仿真分析，优化产品的制造过程、工艺参数、设备性能、车间布局等。虚拟制造可以预测制造过程中可能出

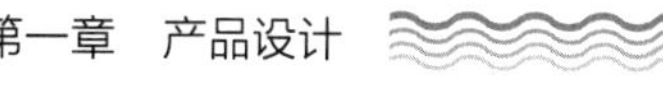

现的问题，提高产品的可制造性和可装配性，优化制造工艺过程及其设备的运行工况及整个制造过程的计划调度，使产品及其制造过程更加合理和经济。虚拟工艺过程和设备是各种单项工艺过程和设备运行的模拟与仿真。

六、实验：AGV 产品的 VR 装配干涉检验

1. 实验目的

实验目的如下：

- 了解 VR 装配干涉检验的原理，以及 VR 系统的组成。
- 掌握使用 VR 的基本软件环境、硬件设备。
- 掌握使用 VR 系统对 AGV 产品进行装配干涉检验。

2. 实验相关知识点

实验相关知识点如下：

- 学习 VR 系统进行装配干涉检验的原理。
- 学习 VR 系统的组成以及使用方法步骤。
- 学习使用 VR 系统进行装配干涉检验的操作步骤。

3. 实验内容及主要步骤

利用提供的 VR 系统、IC. IDO 软件和产品模型数据库学习 VR 系统的使用以及装配干涉检验，具体实验步骤如下：①了解 VR 系统的硬件设备，包括专业图形处理计算机、输入设备、输出设备等，了解利用 VR 系统进行装配干涉检验的原理；②启动 VR 系统的软件 IC. IDO，查看主界面的菜单栏、工具栏等内容；③从系统的模型数据库中导入典型产品模型；④了解 VR 系统的干涉高亮、干涉检查、容差设置、机构运动；⑤使用 IC. IDO 对导入的典型产品模型依次进行关键结构高亮显示、静态干涉检查、动态干涉检查、碰撞干涉检查，并设置容差；⑥将 AGV 产品模型导入 IC. IDO 软件中；⑦依照第五步，对 AGV 产品进行装配干涉检查；⑧将装配干涉检查结果输出到文件中。

第二节　产品规划

考核知识点及能力要求：

- 了解产品基本概念、内涵。
- 了解产品规划的流程。
- 掌握产品平台规划方法，可以利用软件进行基本的产品模块划分与可视化操作。

一、产品规划方法

1. 产品规划分类

产品规划确定了开发部门将要执行的项目组合和产品进入市场的时间。产品开发项目分为四种类型：新产品平台、衍生产品、改进产品、全新产品，施乐复印机产品规划示例，如图 1–3 所示。

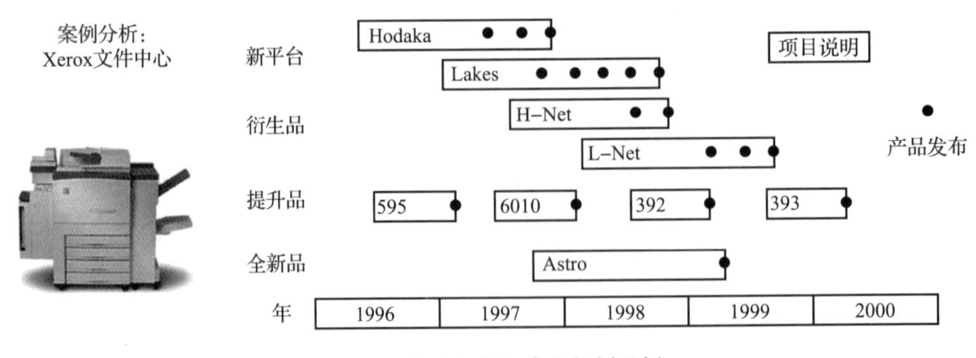

图 1–3　施乐复印机产品规划示例

新产品平台，即熟悉市场和产品类别开发的新产品。

现有产品平台的衍生产品，即利用现有的产品平台更好地利用新产品来应对熟悉的市场。

对现有产品的增量改进，即仅添加或修改现有产品的某些功能，以使产品线保持最新并具有竞争力。

全新产品，即新的和不熟悉的市场开发新产品或生产技术。

2. 产品平台

产品平台是一组产品之间共享的资产集，如图 1-4 所示。零部件和子装配通常是这些资产中最重要的部分。一个有效的平台可以更快速、更轻松地创建各种衍生产品，每种产品都可以提供特定细分市场所需的功能。图 1-5 为出自同一产品平台的三种办公型型号的惠普打印机，具有照片处理功能和扫描功能。

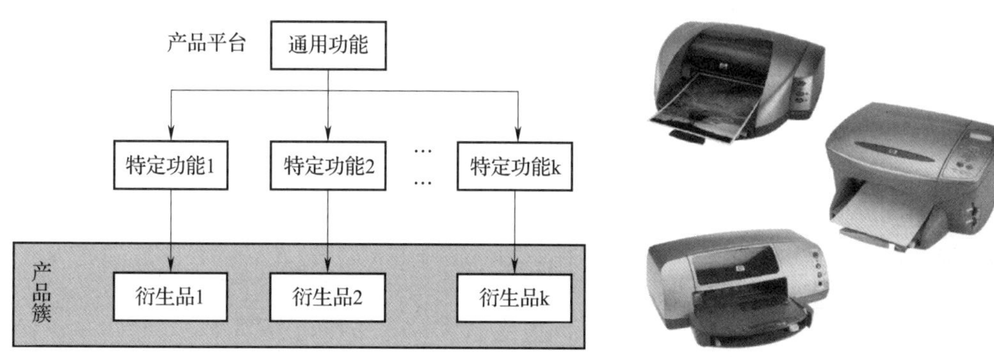

图 1-4　产品平台与产品族

图 1-5　HP 同一产品平台的三种型号

3. 产品架构

产品架构最重要的特征是它的模块化程度。将功能元素排列成物理块，构成产品或产品系列的构建模块。模块是一组具有同一功能和接合要素(指连接方式和连接部分的结构、形状、尺寸、配合等)，但规格和结构不同且可以互换的单元。模块的特点：模块具有特定的功能；模块具有通用的接口。

模块化架构有三种类型：插槽型、总线型、组合型。如图 1-6 所示。

插槽模块化体系结构：插槽模块化体系结构中组件之间的每个接口的类型都不相同，因此产品中的各个组件不能互换。

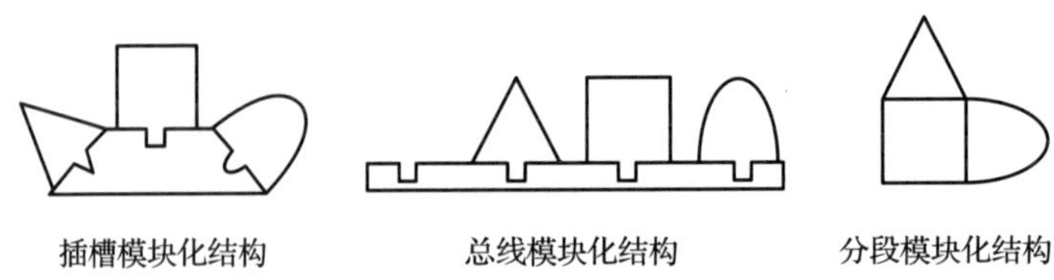

图 1-6　三种类型的模块化结构

总线模块化体系结构：在总线模块化体系结构中，存在一个公共总线，其他组件通过相同类型的接口连接到总线模块。

分段组合模块体系结构：在分段组合模块体系结构中，所有接口都是相同的类型，但是没有其他所有块都连接到的单个元素。

例如，HP 台式打印机组件模块的架构如图 1-7 所示。

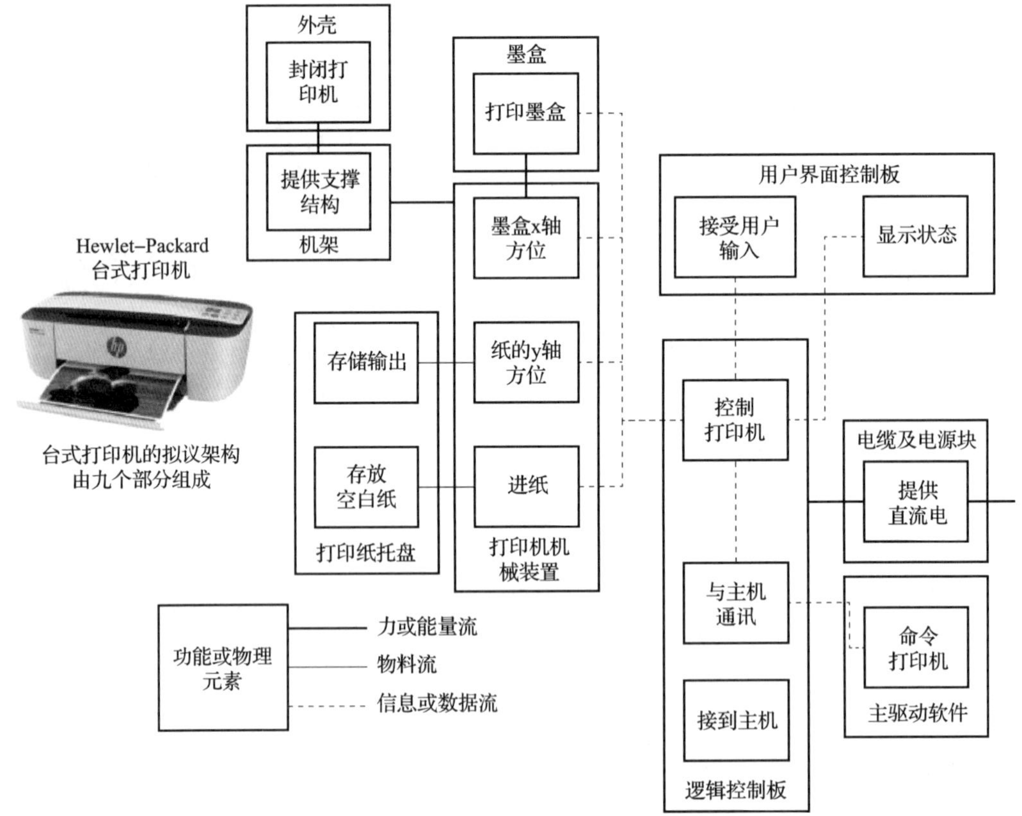

图 1-7　HP 台式打印机组件模块划分

按照能量流（粗实线）、物料流（细实线）、信号流（虚线）连接各单元，将单元聚类为组件模块，构成打印机的架构。HP 打印机架构分为 9 个组件模块，分别为外壳、机架、打印纸托盘、墨盒、打印机机械装置、用户界面控制板、逻辑控制板、电源、驱动软件。

HP 台式打印机的几何布局设计如图 1-8 所示。

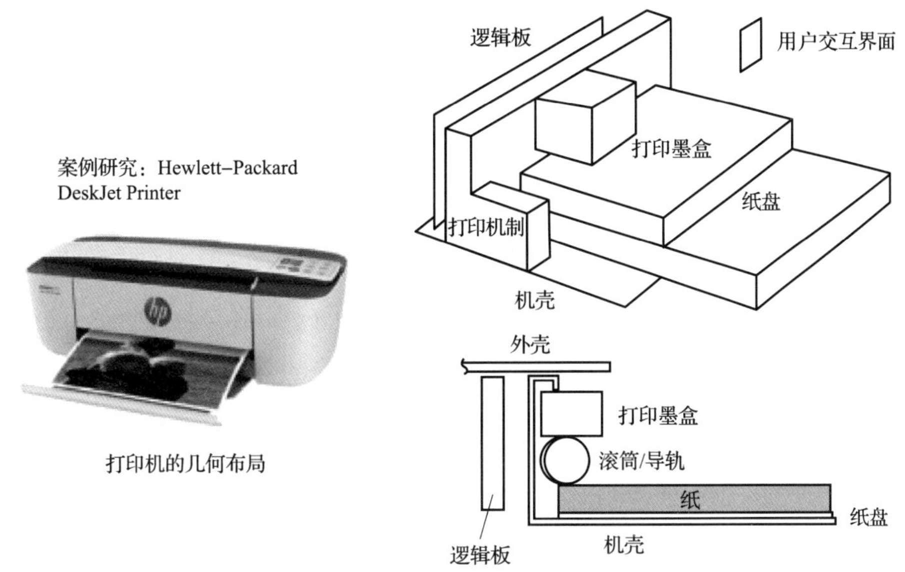

图 1-8 HP 台式打印机的几何布局设计

二、产品规划过程

产品规划过程如图 1-9 所示。产品规划分为五步骤：识别机会，评估并确定项目的优先级，分配资源和计划时间，完成项目前期规划，反思结果和过程。

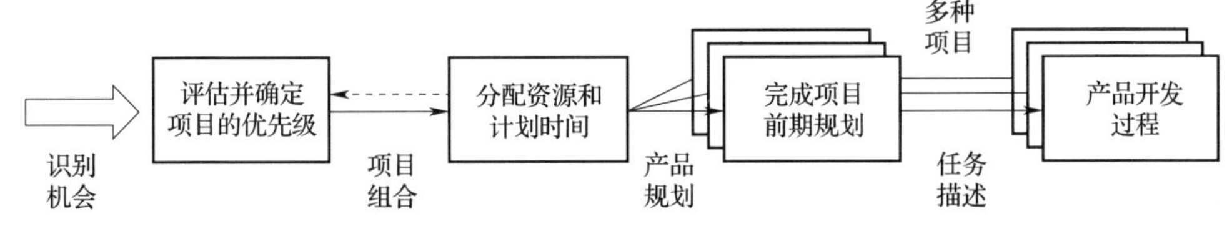

图 1-9 产品规划过程

步骤 1：识别机会

使用“机会漏斗”持续收集各种构思。这里用到了 Real-Win-Worth-it(RWW)方法：

- Real——这是真实的吗？

潜在市场是否真实存在？能满足市场需求的产品技术吗？

• Win——我们能赢吗？

企业和产品是否具备获取市场份额的能力？产品能否在市场中具备竞争优势？

• Worth——这个值得做吗？

从盈利能力、风险承受能力以及企业战略层面对市场机会进行更深入评估。

步骤 2：评估并确定项目的优先级

四个基本角度可用于评估现有产品类别中新产品的机会并确定优先级：竞争战略、市场细分、技术轨迹、产品平台规划。

• 竞争战略。一个组织的竞争策略决定了它在市场和产品上针对竞争者的基本运作方法。竞争策略通常关注以下几种：技术领先、成本领先、以客户为中心、模仿策略。

• 市场细分。图 1–10 为施乐公司打印机的细分市场，最终的用户可分为部门用户、工作组用户、个人用户。

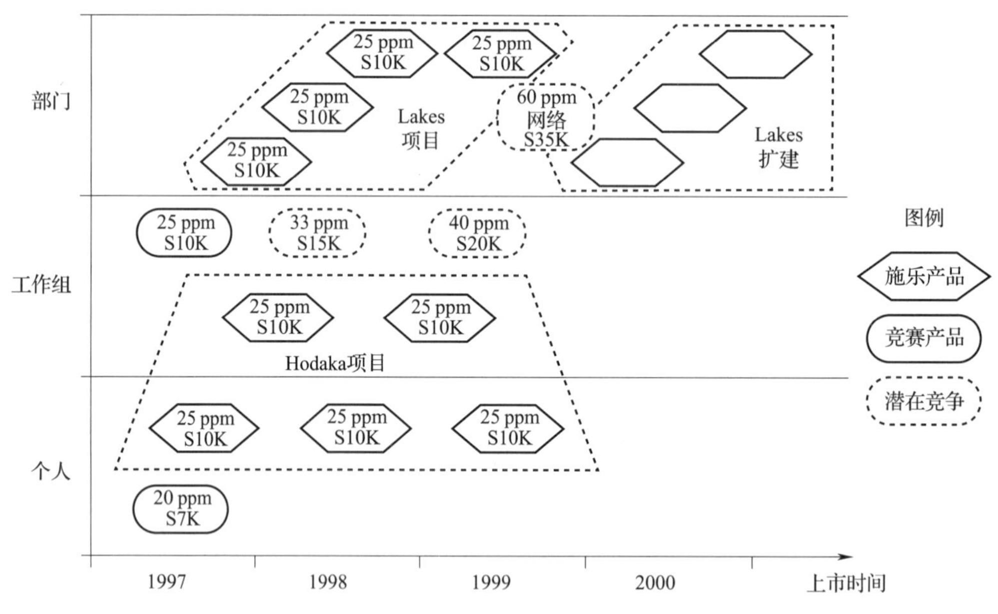

图 1–10　施乐公司打印机产品的三个细分市场

• 技术轨迹。表明技术轨迹的 S 形技术曲线，显示技术在刚出现时性能较低，发展到一定程度后快速增长，最后达到技术成熟期。图 1–11 表明施乐公司确信数字复印技术将提高产品的性能。

• 产品平台规划。有效的产品平台可以衍生出一个产品族，形成产品系列，适应不同市场细分的需求，如图 1–12 所示。

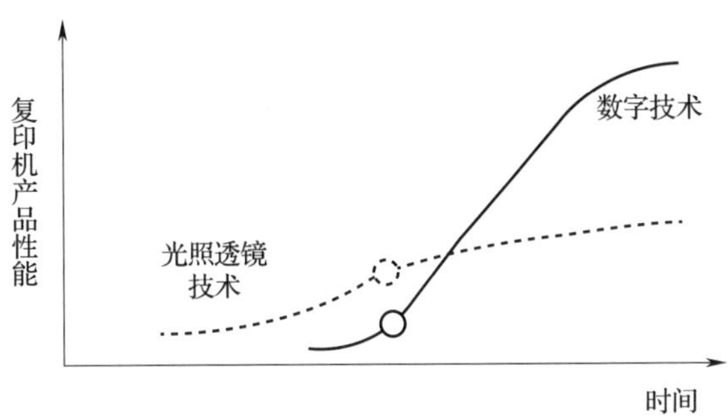

图 1–11 施乐公司复印技术的 S 形技术曲线

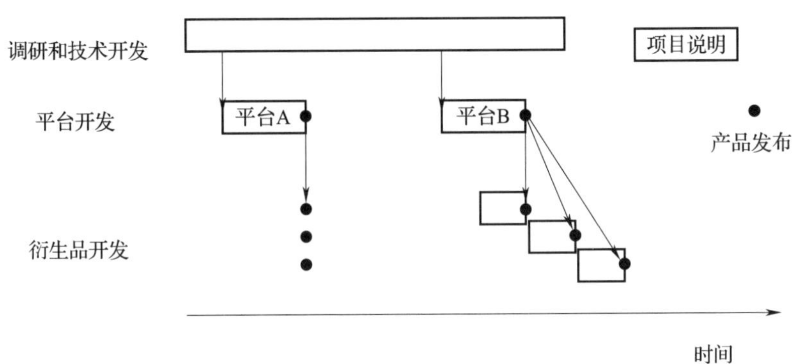

图 1–12 产品平台与衍生产品开发

图 1–13 为施乐复印机产品的技术路线图，表明复印机各种功能元件的发展，如：诊断系统从最初的车载诊断发展至远程拨号诊断，到最新平台项目的远程修复的实现技术。最为直观的技术发展是用户界面的升级，从最初的键盘操作到触摸屏控制，发展到触摸屏与移动 PC 端的结合，该技术可以实现远程的复印操作。此外，输出模式、墨粉类型、扫描仪局部、感光器件等技术和元器件也取得了长足进步，并在不同产品平台项目中开展应用。

步骤 3：分配资源和计划时间

合理分配开发资源，保证项目完成。

图 1–14 中，是施乐复印机产品按年度规划的开发资源综合计划表，清楚显示在项目执行过程中，不同开发资源的利用率。

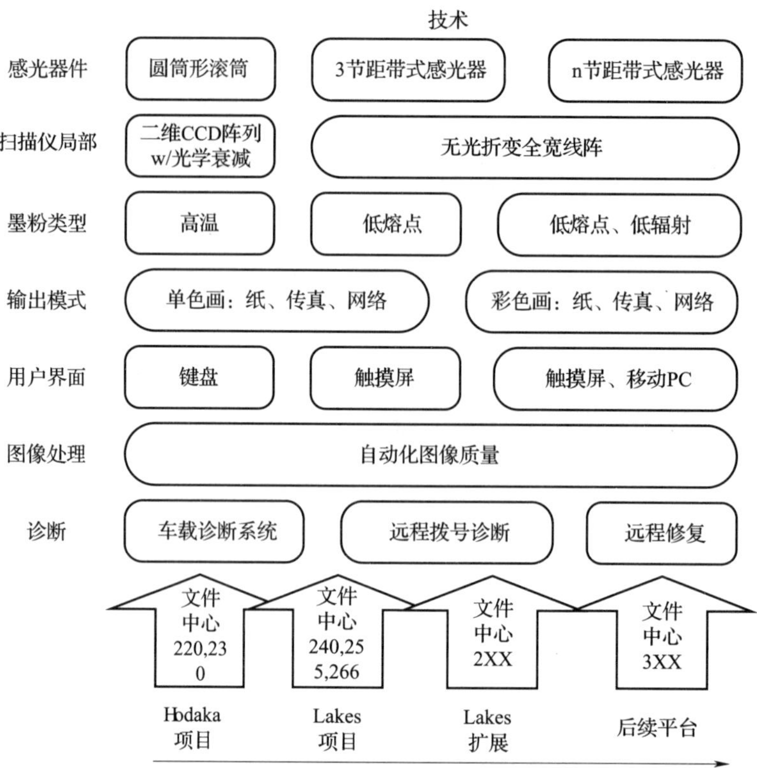

图 1-13　施乐复印机产品的技术路线图

	第一年					第二年					第三年				
	机械设计	电气工程	制造工程	软件/硬件	工业设计	机械设计	电气工程	制造工程	软件/硬件	工业设计	机械设计	电气工程	制造工程	软件/硬件	工业设计
Lakes项目	155	160	105	75	7	210	160	140	80	4	125	140	160	90	2
6010项目	30	25	10	5	1	25	20	5	6				5		
595项目	60	24	25			20	15	15							
Astro项目	55	60	44	25	2	75	65	50	40	2	45	40	60	20	
资源需求	300	269	184	105	10	330	260	210	126	6	170	180	225	110	2
资源容量	250	250	200	100	8	250	250	200	100	8	250	250	200	100	8
产能利用率	120%	108%	92%	105%	125%	132%	104%	105%	126%	75%	68%	72%	113%	110%	25%

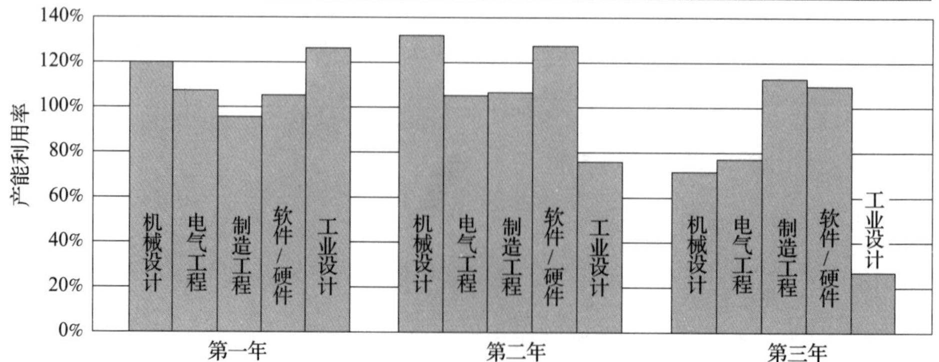

图 1-14　施乐复印机产品按年度规划的开发资源综合计划表

确定项目的开发时间安排，需要考虑以下因素：产品介绍时间、技术准备、市场准备、竞争。

步骤 4：完成项目前期规划

产品任务书内容包括：产品描述，获益提议，关键商业目标，主要市场，二级市场，假设与约束，利益相关者。图 1-15 为施乐 Lakes 项目产品任务书示例。

任务说明书：多功能办公文件设备	
产品描述	具有复印、打印、传真和扫描功能的网络式数字设备
获益方案	在一台机器上进行多文件处理
	连接办公电脑网络
主要商业目标	支持施乐公司在数字办公设备保持领先的策略
	作为所有未来的数字产品和解决方案的平台B&W
	在主要市场中占据数字产品的份额50%
	环保
	1997年第4季度投放
一级市场	办公部门，中等效能（40~60PPM，月平均复印量在42000页以上）
二级市场	快速复印市场
假设与限制	新产品平台
	数字图像技术
	与中心处理软件（centreware software）兼容
	输入设备在加拿大制造
	输出设备在巴西制造
	图像处理设备在美国和欧洲制造
利益相关者	购买者和使用者
	制造商
	服务商
	经销商和分销商

图 1-15　施乐 Lakes 项目产品任务书示例

步骤 5：反思结果和过程

主要可思考以下几个问题：

• 机会漏斗是否收集了一系列激动人心的产品机会？

• 产品计划是否支持公司的竞争战略？

• 产品计划是否解决了公司当前面临的最重要机遇？

• 用于产品开发的总资源是否足以实施公司的竞争战略？

• 是否考虑过利用有限资源的创新方法，如使用产品平台，合资企业以及与供应商的伙伴关系？

- 核心团队是否接受最终任务说明中的挑战？
- 任务说明的内容是否一致？
- 任务说明中列出的假设是否真的必要，或者项目是否过于紧张？
- 开发团队是否自由开发？
- 如何改进产品计划流程？

三、产品平台与模块化设计

1. 模块化设计理念

当前制造业所面临的主要问题是客户对低成本、高质量和个性化产品的需求量日益增加，与目前落后的生产方式和较低的生产效率间的矛盾。模块化制造是为了应对上述矛盾而产生的一种新的生产方式和理念，即将产品设计成模块的形式，进行组合变型，以期通过尽量少的企业内部多样化，实现尽量多的外部多样化产品。伴随着模块概念的产生，20 世纪 50 年代，欧美专家正式提出了“模块化设计”这一概念，希望通过系统建立模块化设计方法，以满足日益增加的产品互换性和通用性要求。迄今为止，世界各国有许多学者专家进行了模块化方面的研究，实现产品模块化的重要意义在于：简化设计实现技术和资源重用；有利于发展产品品种；提高生产效率，缩短供货周期；提高产品的质量和可靠性；具有良好的可维护性等。

自 20 世纪 90 年代以来，西方各国学术界都在回顾 20 世纪工业化社会的历史经验和教训，重新思考 21 世纪的挑战。在制造领域，计算机、因特网和通信技术的迅猛发展，出现了许多新技术，它们正在改变竞争的基本规则，传统的生产方式面临新的巨大挑战。大规模定制（MC，Mass Customization）就是可能改变世界面貌的新的生产方式[16]。

大规模定制的思想最早由美国未来学家 Alvin Toffler 在 *Future Shock*（1970）提出，Stanley Davis 在 *Future Perfect*（1987）中首次使用“Mass Customization”（大规模定制或大批量定制）一词。本书结合我国学者在大规模定制方面的研究和应用成果，从大规模定制的基本理论、相关问题和产业对策及应用三个方面对此进行总结，并就进一步研究提出一些建议。

尽管人们对大规模定制概念仍然存在一定分歧，但基本上可分为两类：一是广义上完全意义上的大规模定制；二是狭义上的大规模定制，它将大规模定制视为一个系统。前者的代表人物是美国学者 Davis 和 Pine Ⅱ。Davis 将大规模定制定义为一种可以通过高度灵敏、柔性和集成的过程，为每个顾客提供个性化设计的产品和服务，来表达一种在不牺牲规模经济的情况下，以单件产品的制造方法满足顾客个性需求的生产模式。Pine Ⅱ 将大规模定制分为四类，说明他开始倾向于从实用的角度定义大规模定制。而第二类概念则将大规模定制定义为一个系统，认为其可以利用信息技术、柔性过程和组织结构，以接近大规模生产的成本提供范围广泛的产品和服务，满足单个用户的特殊需要。

就企业来讲，大规模定制就是以大规模生产的成本和速度，结合企业的实际能力（大规模定制能力），为单个客户或批量多品种的市场定制任意数量产品的一种生产模式。其特征是：以客户需求为导向；以现代信息技术和柔性制造技术为支持；以模块化设计、零部件标准化为基础；以敏捷为标志；以竞（争）合（作）的供应链为手段。

将模块化设计理念引申到产品的大规模定制领域，模块化设计往往通过产品结构、设计过程的重组，以大规模生产的成本实现了用户化产品的批量化生产及大规模生产条件下的个性化，允许企业通过改进产品的某些零件来快速形成新型产品。因此，有必要对模块化设计进行深入可行的研究。

2. 模块化设计方法概述

目前，对于产品的模块化设计，从不同的角度都进行了一定的研究。总的来说，可以归纳为两大类：一种方法侧重功能划分的模块化设计方法，这种模块化设计的方法，主要是从系统的观点出发，将整个产品系统划分为各个相对独立的功能单元，通过对模块的不同选择和组合来构成满足顾客需求的不同产品。在这种方法中，对于模块内部的结构没有作为重点来考虑。另外一种方法侧重于产品或零部件的形状结构的分类。该方法侧重零部件形状结构的分析，对于产品构成简单，但某个零部件形状结构较复杂的单件、小批量的产品，则显得比上面提到的以功能划分为主的设计方法具有优势。下面分别简单地综述一下这两种方法。

（1）侧重功能分解的设计方法。对于侧重功能划分的模块化设计方法的研究工作比较多。在库斯卡(Kusiak)的文章中，表达了一种集成的模块化设计，主要是指产品和过程的集成，主要是对分解、集成和评估部分作了讨论。萨姆匝斯可(Zamirowski)和奥托(lotto)提出了一种整体式的方法，在这种方法中，对关于市场和一系列独立顾客应用中的性能目标值多样性进行了检验，旨在为模块化设计服务。“需求分析，功能分解，探索式集成和评估”是他们研究的一般结构。撒尔赫(Salhieh)和卡姆尼(Kamraru)发展了一种结构化的方法，这种方法包括需求分析、概念分析(分解)、概念集成(集成)。

(2) 基于结构特征的设计方法。结构是功能的载体，功能聚类最终还要影射到结构上。因此，可以直接针对结构单元进行相关性分析，研究重点应放在产品结构布局和结构部件组成及其之间联结方式上。如考虑到产品结构在生命周期设计、制造、装配、回收性、升级等过程中的影响因素，并将其关联到结构单元上，利用算法把结构单元聚集成模块。基于结构的模块划分方法主要是考虑产品的物理零部件以及零部件之间的关系，因此大部分方法都是基于相关性进行分析。基于形状结构特征的产品模块化设计方法，其代表性的研究工作是德国西门子公司工业汽轮机的设计思想，国内学者在这方面的代表性研究是浙江大学的祁国宁教授的模块化设计思想。

综合上述两种方法存在的问题，可以得出：①对模块化工作可行性问题的考虑有限，或没有考虑(换句话说，没有真正检验模块化设计的需求，而都是假设需要进行模块化设计；在模块化流程之前，没有对现有产品的模块化水平进行评估)；②模块化工作的具体目标没有明确，缺少针对性；③这两种方法适用范围有限，存在一定的局限性。

3. 模块化设计过程模型

产品模块化的目的是从产品平台中提取典型的产品结构，在产品功能结构的基础上对该结构进行再分或重组，最终形成完善的模块划分体系。这是一个反复验证迭代的过程。产品层模块化设计过程模型即是从产品规划及方法过程规划的角度对上述过程的建模，如图 1-16 所示。图中建立编码体系等过程是模块化的基础准备与分析工作，用于协同评价和完善模块化结果。

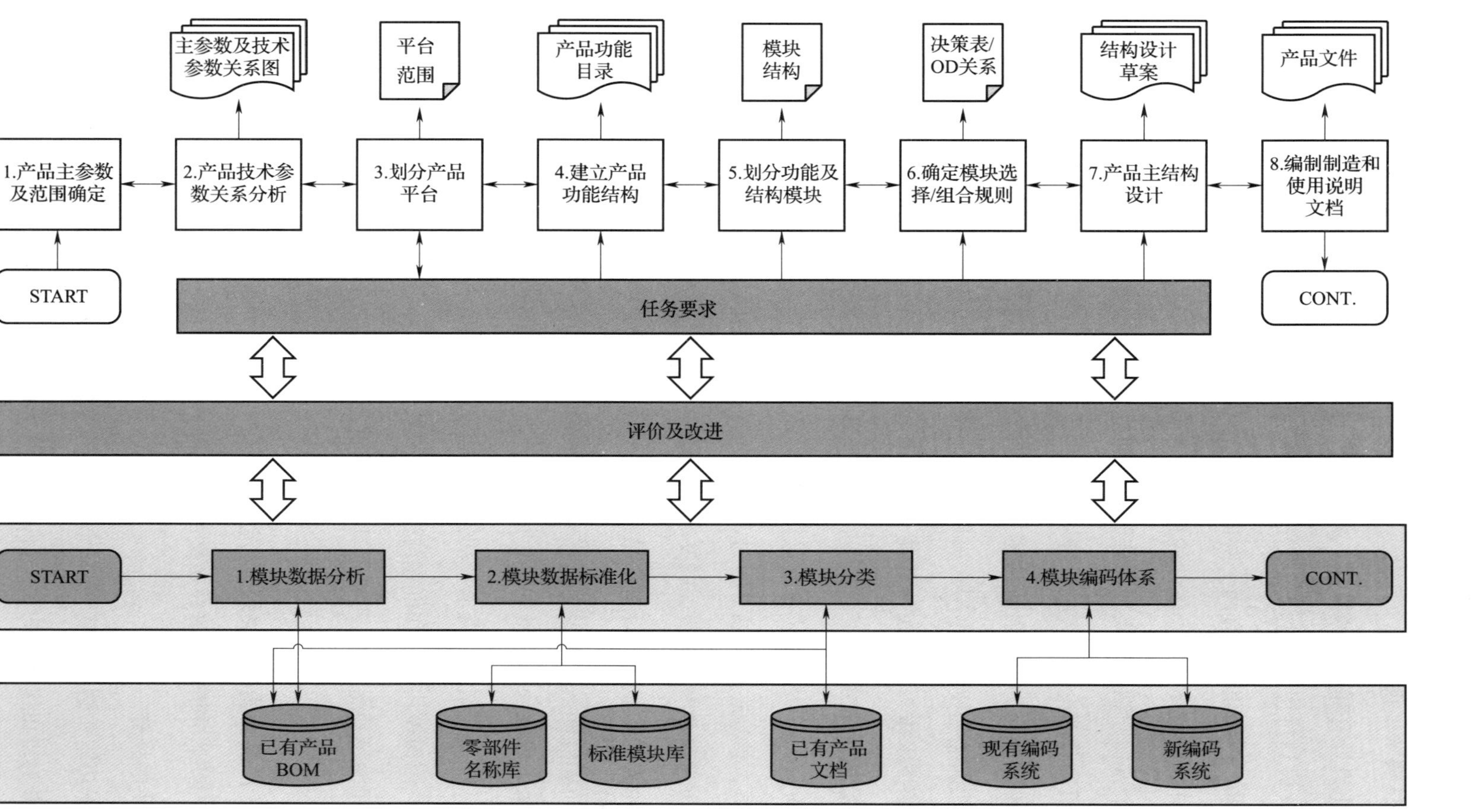

图1-16　产品模块化设计过程

4. 产品模块化设计

模块化设计有其自身的特点：模块化设计面向产品系统；模块化设计是标准化设计；模块化设计过程是由上而下的过程；模块化设计是组合化设计；模块化设计需要新理论支撑；模块化设计有两个对象：产品或者模块。

为构筑通用的具有可操作性的模块化产品平台，结合产品模块化设计特点，一般可以从六个方面归纳平台实现的若干关键理论，如图 1-17 所示，模块化设计技术体系包括：①模块化理论；②大批量定制理论；③系统设计理论；④产品 PLM 理论；⑤产品制造与装配理论；⑥复杂网络理论等。该方法体系是对以上理论的集成与融合，以促进零部件标准化技术、多层次模块化设计技术、模块库管理技术、计算机集成技术四大部分的技术体系的实现与集成。

5. 产品模块化方法

(1) 新产品。新产品尚在开发之中，对未来的客户多样化和个性化的需求主要通过预测获得，然后在新产品开发过程中融入产品模块化的方法，最终新产品既满足未来市场的功能和成本需求，同时又具有模块化的特点，能较好满足未来的客户多样化和个性化的需求。显然，对新产品模块化设计的要求是，预测要尽可能准确。模块划分是新产品进行模块化的基础，产品模块的划分直接影响着产品的开发时间、性能、功能、成本、维修的方便性和模块的通用程度等。模块的划分也需要考虑的产品的性能、原理、行为、结构、需求、功能、功能连接、精度、装配、加工、成本、供应等设计要素。因而模块划分和创建与这些要素相关，从不同角度对产品进行模块划分可以得到不同的模块划分结果并且具有不同的特点。目前的模块划分方法主要有以下四种[17]：

• 基于产品功能的模块划分方法。基于产品功能分析进行模块划分的方法是通过对产品进行功能分析和功能分解来建立产品的功能结构，然后采用聚类分析等方法进行产品模块的划分。

• 基于功能和结构的模块划分方法。在进行模块划分时同时考虑产品功能和结构等方面的影响。在这方面的主要研究有：认为影响产品模块化最重要的因素是产品设计中功能域与物理结构域之间的对应程度和产品物理结构间相互影响程度的最小化，并

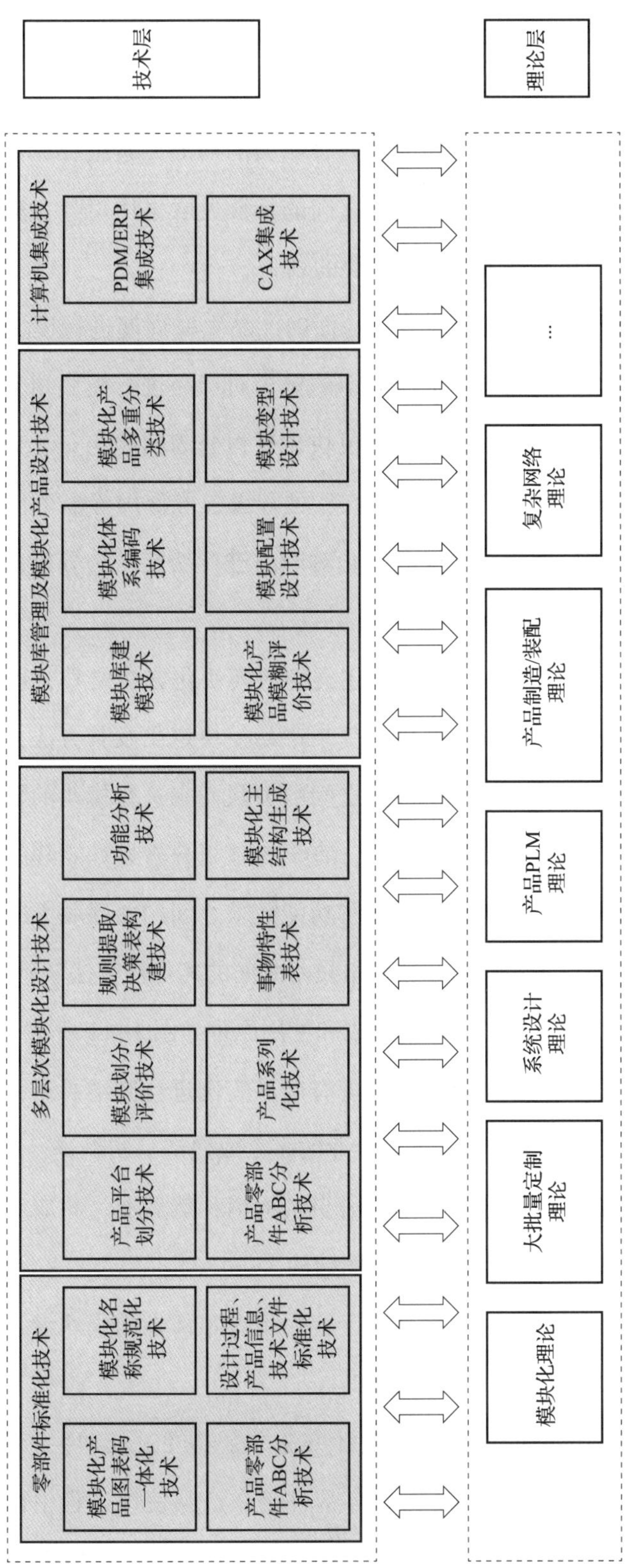

图1-17　产品模块化设计技术体系

在此观点的基础上定义了部件互换模块化、部件共享模块化和总线模块化三种模块化方式来描述模块化产品中的模块组合方式，从而形成不同类型的产品系列。产品模块化需要建立产品的功能结构和各子功能，并将相关的功能元素组合成模块。也有通过分解产品的功能和结构特征，基于零部件之间的特征关联采用矩阵方法来分析零部件之间相似程度，并基于相似度进行产品模块的划分。

• 面向产品生命周期的模块划分方法。面向产品生命周期进行模块划分的方法是从客户需求的角度出发，引入产品生命周期的概念对产品进行模块划分。面向产品生命周期的集成式产品模块化方法，将产品模块化过程分为问题定义、交互分析和模块形成三个阶段。面向产品生命周期的可回收、可升级、可重用等多个目标进行模块化的分析和划分，可采用模糊数学中权的概念对产品进行功能结构分析，用应用定量分析方法衡量模块划分的好坏。

• 其他类型的模块划分方法。除了上述类型的模块化方法之外，还存有一些模块划分方法。Sosa 等提出了一种基于网络的复杂产品模块定义及其方法，将复杂产品定义为接口和部件的网络，并通过分析节点之间的关联性来进行模块的划分。为了从系统设计的层次对电子产品进行模块化设计，有学者基于分析设计矩阵的提出了一种模块识别方法，用设计矩阵来表达设计参数和功能需求之间的关联关系，并在设计矩阵的聚类分析中成功的应用了制造单元和成组技术之间的相似性算法。

（2）已有产品。已有产品主结构的生成和使用原理如图 1-18 所示，可以看出已有产品主结构的一个显著特点是需要对企业现有产品实例进行归纳总结，这也就是所谓的 Bottom-up 设计方式：具体来讲，是将企业的多个成熟产品实例进行逻辑加，形成一个丰满的、能够涵盖企业大部分产品结构的主结构树，然后通过相应规则对主结构树进行重新选择组合，进而生成新的产品实例结构。

已有产品的模块化设计方法主要有基于产品现有零部件的模块设计方法、模块变型设计方法和模块创新设计方法三种类型：

• 基于产品现有零部件的模块结构设计方法。企业经过长期生产实践的过程中，设计、制造并使用过大量的零部件，这些零部件是在产品使用过程中得到验证的、合格的零部件，都具有成熟的功能结构。在产品模块化过程中，可以直接在这类零部件

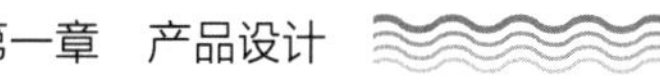

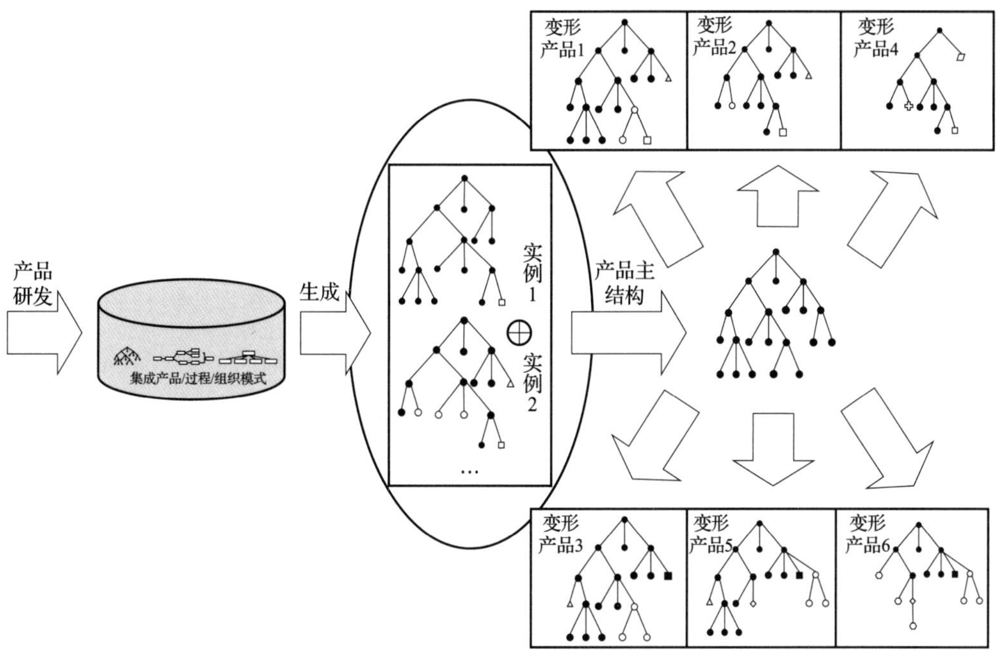

图 1-18 产品结构树生成

的基础上进行模块的参数、几何结构等方面的设计，同时按照要求对模块进行规范化处理，建立典型结构的参数化模型。这类模块也是产品系列化设计并进行模块扩展的基础，是其他模块设计的依据，可以定义为基型模块或者主模块。

产品的功能和结构组成特点和复杂程度不同对所属模块的设计方法也会产生一定的影响。当产品结构可分性和分级性程度较高时，采用一定的功能分析和创新设计方法会取得较大收益，而对于产品结构的可分性和分级性程度不高的情况，如以板拼接结构为主的液压机，着重研究结构概念设计和具体的分析方法将会对其模块的设计更具有促进作用。

• 模块变型设计方法。模块变型设计是指通过模块的参数化建模，在保证模块结构不变的前提下，采用一组参数来约束和定制模块内部各零部件之间的尺寸关系，在基型模块(或主模块)的基础上通过参数的改变而得到新的模块。模块变型设计的基础是参数化设计，在变型设计过程中要妥善处理模块内部组成零部件之间的参数约束关系和装配约束关系等。基于事物特性表的产品变型设计是当前的研究热点之一，要实现基于事物特性表的模块变型设计，不但需要解决模块内部组成零部件之间的各种参数约束、装配约束、配置知识约束等，还要解决模块之间的各种约束和配置规则，并且要在集成参数化 CAD/CAE/CAPP 系统、PDM 系统和数据库系统的基础上进行相应的研究和开发。

• 模块创新设计方法。模块创新设计指将新技术、新方法、新原理应用于新模块的开发，从而得到能实现新的功能或对原有模块的各种性能有明显改进的模块。根据创新设计程度的不同，模块创新设计可分为两种基本类型：全新模块设计和部分创新模块设计。全新模块设计将形成企业新的模块，为企业开发新产品和产品改良等打下技术基础并形成新的产品平台。但在生产实际中，全新模块设计的情况并不多。而大多数情况下，是根据现有产品平台和现有模块，通过模块局部技术创新或结构改进来获得新的模块。另外，模块的分级特性可以让模块的创新设计建立在低级模块的基础上，这样不仅使得模块创新设计简化，而且有利于充分利用现有的设计成果，并提高新模块和新产品的质量。

四、实验：AGV 模块化设计

1. 实验目的

了解模块设计的基本原理及方法；掌握 Gephi 软件来进行基本的模块划分与可视化操作。

2. 实验相关知识点

学习模块化设计的具体过程，包括模块划分、模块度计算、相关性矩阵的计算；学习 Gephi 软件的基本操作；使用 Gephi 软件对 AGV 产品进行模块划分和可视化。

3. 实验内容及主要步骤

利用 Gephi 软件和 AGV 产品的结构模型，对 AGV 产品进行模块划分和模块可视化处理。具体步骤如下：①使用 Excel 写出 AGV 产品的相关度矩阵以及矩阵中零部件的对应关系表；②打开 Gephi 软件，新建工程，查看软件主界面的菜单栏、概览、数据资料、预览几大部分；③在数据资料界面中将相关度矩阵的 Excel 表格导入 Gephi 中，选择无向图、平均边合并策略；④在数据资料界面中将零部件对应关系的 Excel 表格导入 Gephi 中；⑤在概览界面中进行模块度计算并进行模块划分；⑥经过模块度

计算和模块划分，在概览界面得到未经处理的网络图；⑦对网络图进行处理，使其显示节点标签，并根据模块度进行上色，使得不同模块节点之间依照颜色区分；⑧对网络图布局进行调整，使同一模块的节点更紧凑；⑨对处理后的网络图进行可视化显示；⑩将可视化的模块划分网络输出为 SVG/PDF/PNG 格式中的一种；⑪将模块划分结果输出为表格。

第三节　产品概念设计

考核知识点及能力要求：

• 了解用户需求的概念。

• 熟悉 Kano 模型，掌握包括市场调查法、文本分析法在内的需求分析方法，能够根据产品应用场景选择合适的方法进行用户需求分析。

• 熟悉 QFD 基本原理、实施流程及主要的实现工具，能够利用 QFD 进行功能需求分析。

• 学习利用访谈法、问卷法和网络用户评论分析法做产品人机体验与需求分析。

产品概念是对产品的技术、工作原理和形式的近似描述。它是对产品如何满足顾客需求的简明描述。一个概念通常被表达为一个草图或一个粗略的三维模型，并且常常伴随着一个简短的文本描述。

在确定了一系列客户需求并制定了目标产品规范之后，团队面临以下问题：

• 是否有现成的产品概念，适合这种应用方式？

• 有哪些新概念可以满足既定的需求和规格？

• 有哪些方法可以用来支持概念生成过程？

概念设计是由分析用户需求到生成概念产品的一系列有序的、可组织的、有目标的设计活动组成，它表现为一个由粗到精、由模糊到清晰、由抽象到具体的不断进化的过程。

本节将重点介绍产品用户需求获取与分析，产品概念设计两部内容。前者是概念设计的驱动力，后者是概念分析的主要工具与手段。

一、用户需求获取与分析

1. 用户需求模型

识别客户需求的目标：确保产品专注于客户需求；确定潜在或隐藏的需求以及明确的需求；提供事实依据以证明产品规格合理；创建开发过程的需求活动的档案记录；确保没有遗漏或遗忘任何重要的客户需求；在开发团队成员之间形成对客户需求的共识。通过描述客户需求来确定问题的框架、明确客户的目标、确定约束条件、确立功能。

按照现代质量观，产品的高质量意味着全面满足用户要求，既要满足用户明示的要求，又要满足用户隐含的要求，更要满足个性化要求。

卡诺(Noriaki Kano)博士提出了一种用户需求模型即Kano模型，该模型可以表示实现不同的用户需求与客户满意度之间的关系。Kano模型[8]将用户需求分为三类：一维属性(期望型需求)，必备属性(基本型需求)和魅力属性(兴奋型需求)，如图1-19所示。图中的各曲线依据相对任何产品功能的客户满意度而得出。

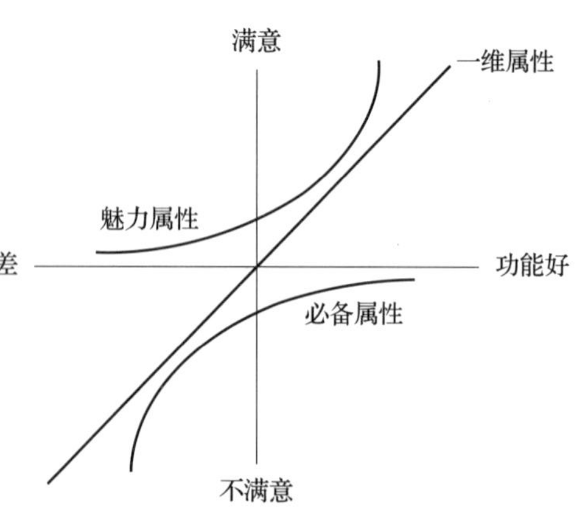

图1-19　客户满意度的kano图

（1）一维属性(One-dimensional)。

与客户满意度线性相关的属性被称作一维属性，这类属性性能的改进将使客户的满意度线性增加。这类属性往往是客户能够了解，而且能够清楚描述出来的。以电脑为例，对于某些用户而言，CPU 的主频的高低往往是一种一维的属性；一维属性是客户的期望型需求，在市场调查中顾客所谈论的通常是期望型需求。期望型需求在产品中实现得越多，顾客就越满意；当没有满足这些需求时，顾客就不满意。这就迫使企业不断地调查和了解用户需求，并通过合适的方法在产品中体现这些要求。以汽车为例，驾驶舒适和耗油节省就属于期望型需求。

（2）必备属性(Must-be)。这一类属性与客户的满意度之间不是线性关系。必备属性是使客户满意所必须具备的，必备属性属于客户的基本型需求，是顾客认为在产品中应该有的需求或功能。在一般情况下，顾客是不会在调查中提到基本需求的，除非顾客近期刚好遇到产品失效事件。按价值工程的术语来说，这些基本需求就是产品应有的功能。如果产品没有满足这些基本需求，顾客就很不满意；相反，当产品完全满足基本需求时，顾客也不会表现出特别满意。因为他们认为这是产品应有的基本功能。例如，汽车发动机发动时正常运行就属于基本需求。一般顾客不会注意到这种需求，因为他们认为这是理所当然的。然而，如果汽车不能发动或经常熄火，顾客就会对汽车非常不满，会使得客户满意度呈指数水平下降。

（3）魅力属性(Attractive)。这一类属性与客户满意度成指数关系，对应于客户的兴奋型需求，兴奋型需求是指令顾客意想不到的产品特征。如果产品没有提供这类需求，顾客不会不满意，因为他们通常没有想到这些需求；相反，当产品提供了这类需求时，顾客对产品就非常满意。兴奋型需求通常是在观察顾客如何使用你的产品时发现的。以电脑为例，对于某些用户而言，具有防水功能的键盘往往是一种魅力属性。这类属性容易取悦客户，在产品使用体验中提供好的因素。许多研究产品创新的专家认为，那些知道如何识别取悦客户的属性的公司，注定会取得成功。

兴奋型需求通常能够创造新的市场，并在一定时期内给企业提升市场竞争力。但制造企业应该认识到，随着时间的推移，兴奋型需求会向期望型需求和基本型需求转变。因此，为了使企业在激烈的市场竞争中立于不败之地，应该不断地了解用户需求(包括潜在用户需求)，并在产品设计中体现这些需求。

除了上述三种属性之外，还有一种次要属性或无关属性(Indifferent)，指那些无论功能表现如何，对满意度都不会有影响的属性。

Kano 模型表明了用户需求与用户满意度之间的关系，用户需求对所开发的产品的市场竞争力具有重要作用，不同的用户需求以不同的方式影响客户满意度。[14]产品开发时，必须针对不同类型的用户需求采取不同的措施。

2. 用户需求获取

用户需求的提取是产品规划过程中极为关键的一步，包括决定用户需求、用户需求重要度以及顾客对市场上同类产品在满足他们需求方面的看法。[9]它是通过市场调查获得原始的顾客信息，然后再对此进行整理、分析而得到。用户需求提取通常采用以下步骤。

(1) 合理地确定调查对象。一般来说，在开发新产品时应重点调查与开发产品类似的产品用户；在对现有产品进行更新换代时，应重点调查现有产品用户。在确定调查对象时，还应考虑调查对象的地理位置分布、年龄结构、教育程度、家庭收入等因素，因为这些因素都有可能影响用户需求。

(2) 选择合适的调查方法。市场调查的方法很多，必须根据调查对象、地点、人数等因素进行合理选择。在选择好调查方法后，还要根据调查方法的要求做好充分的调查准备工作，如调查人员的选择、调查组织的建立、调查程序的拟定、调查表格的设计等。

(3) 进行市场调查。按照选择的调查方法及设计的调查表格进行市场调查，获取第一手的用户需求信息。

(4) 整理、分析用户需求。对调查所取得的所有信息资料，要进行“去粗取精，去伪存真”和整理、分析工作，以求全面地、真实地反映用户需求。

用户调研方法都需要通过前期准备、调研、后期实践来完成，由于调研准备要考虑很多因素，导致调研时间周期长，不能快速跟进消费者需求的变化。本章结合用户需求模型提出一种新的调研方法——基于互联网信息的用户需求获取方法，从而解决企业在开发设计产品属性时，对用户需求调研效率不高的问题。这种新的调研方法是基于网络问卷调研的方式，通过网络数据采集获得文本库，将文本挖掘技术结合用户需求模型自动整合为调研问卷内容，被调研者可通过问卷模拟的场景进行模拟选择，

调研者可通过用户决策行为获得用户行为数据，从而得到真实的用户需求信息。该方法基于网络信息技术可以将用户决策过程所花费的时间、选择和结果进行记录，最终调研得到更贴近用户思维的产品特征。基于互联网信息的用户需求获取方法可以快速响应企业对于产品的调研需求，还可以通过网络调研问卷的发放快速收集大规模的数据用于用户需求调研，从而获得用户需求。

二、产品概念生成

1. 产品概念

产品概念是对产品的技术、工作原理和形式的近似描述。它是对产品如何满足顾客需求的简明描述。一个概念通常被表达为一个草图或一个粗略的三维模型，并且常常伴随着一个简短的文本描述。

在确定了一系列客户需求并制定了目标产品规范之后，团队面临以下问题：是否有现成的产品概念，是否适合这种应用方式？有哪些新概念可以满足既定的需求和规格？有哪些方法可以用来支持概念生成过程？

概念设计是由分析用户需求到生成概念产品的一系列有序的、可组织的、有目标的设计活动组成的，它表现为一个由粗到精、由模糊到清晰、由抽象到具体的不断进化的过程。

2. 概念生成五步法

概念生成五步法如图 1-20 所示。

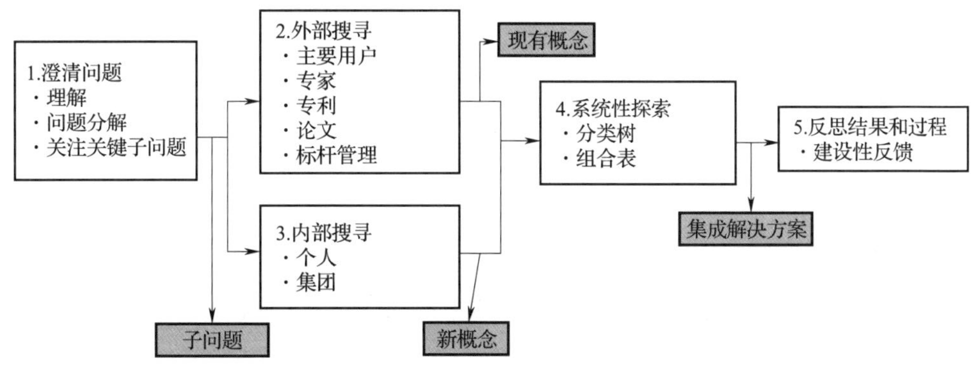

图 1-20　概念生成五步法

步骤一：澄清问题

针对面临的问题，得到全面理解如有必要，分解为数个子问题。例如，对无绳射钉枪开发团队来说，要澄清的问题包括以下几方面。

(1) 挑战。主要指设计一种更好的手持式屋顶射钉枪。其主要达到两个目的：紧固屋顶材料，比现有气动工具速度更快。

(2) 假设。包括：①使用钉子；②与现有工具的钉匣相兼容；③钉子穿透瓦片，钉进木头；④手持式。

(3) 需求。包括：①快速连续射钉；②重量轻；③触发后，无显著延迟。

(4) 目标规格。规格设置一般如下：①钉子长度为 25～38 mm；②射钉能量<40 J；③射钉力<2 000 N；④最高射速为 1 钉/s；⑤平均射速为 12 钉/min；⑥工具总质量<4 kg；⑦触发延迟<0. 25 s。

如果设计问题高度复杂，难以求解，可将一个复杂问题，分解为数个简单子问题分别求解，然后集成。

问题分解首先将产品看作一个黑箱，分析产品的整体功能，包括操作物料流、能源流、信号流的传递；之后再分解为子功能，子功能再进一步细分，一般每层分解为 3～10 个子功能，图 1-21 所示为复印机产品分解，图 1-22 和图 1-23 所示为手持式射钉枪的总功能和子功能。

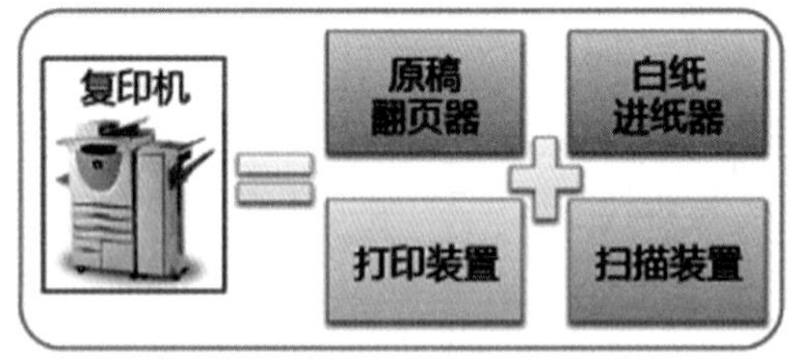

图 1-21　复印机产品分解

图 1-22　手持式射钉枪总功能

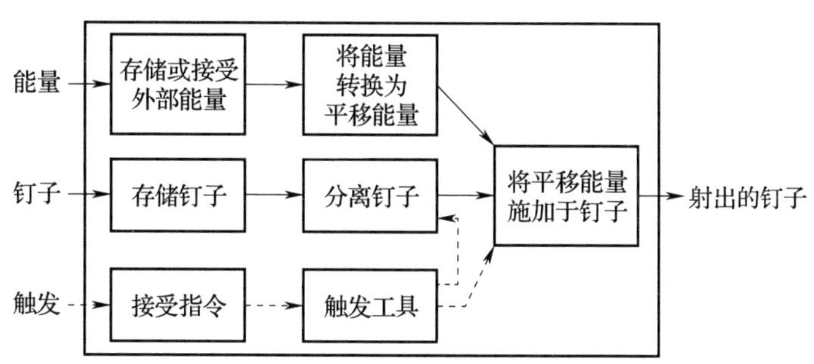

图 1-23　手持式射钉枪功能分解

这一阶段的目标是描述产品的功能要素，快速创建数个功能图草图后，将其完善，不涉及具体的技术性工作原理。

步骤二：外部搜索

对整体问题及其子问题，找出已有的解决方案。与全新方案相比，已有方案更快、更省开发团队，并将精力集中于关键子问题。

资料的搜集、分析与评价可以是直接竞争产品，也可以是相关子功能可用的技术(图 1-24 为外部搜索的作用)。在时间、资源有限的情况下，资料的搜集可以先扩大搜索范围，然后集中重点搜索。

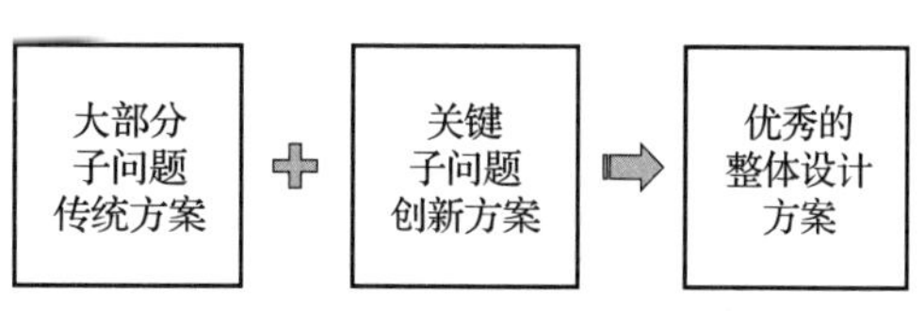

图 1-24　外部搜索的作用

(1) 领先用户访谈。识别顾客需求时，访谈领先用户，他们比普通用户提前数月甚至数年体验到需求，他们将有助于产品创新。尤其是在高科技产品用户群体中，领先用户常常已经发明了解决方案。开发团队可以在新产品的市场中或与某些子功能相关的市场中寻找领先用户。例如，射钉枪开发团队咨询建筑承包商，让其评价现有工具的缺点。

(2) 向专家咨询。专家为相关产品制造企业的专业人士，包括专业咨询顾问、大学教授、供应商的技术代表。专家拥有一个或多个子问题领域的专门知识，可以直接提供解决方案，指引更有效的搜索方向。向专家咨询时应注意以下几个问题：多数专家在咨询的头一小时之内不收费；咨询顾问初次讨论之后收费；如果认为产品可被采用，供应商可提供数天无偿支持；恳请专家推荐其他专家(“第二代”专家)；竞争对手专家不愿提供独有信息。

例如，射钉枪团队咨询了数十位专家，包括一位火箭燃料专家、MIT 的电动机研究人员、气弹簧制造商的工程师等。

(3) 检索专利。专利是重要技术信息来源，内容丰富，容易获取，含有详细插图和技术说明，检索专利时应注意以下几个问题：近 20 年专利受专利法保护，使用需付专利费；弄清已有专利，避免侵权；可免费使用的专利技术：没有申请到本国专利或全球专利的外国专利以及过期专利；利用关键词，在数据库中检索专利全文较容易；向国家专利局或代理机构支付少量费用可获取专利文档。

Innojoy 专利搜索引擎(http://www.innojoy.com/search/home.html)收录了全球 100 多个国家 1 亿多件商业专利数据，简单易用，为中国最具创新能力的科学家、研发人员、法律专业人士等提供技术情报和研发决策。此外，还有万象云、中国国家知识产权局、欧洲专利局、美国专利与商标局、日本专利局等专利搜索地址。

(4) 文献检索。包括公开出版的文献(期刊，会议论文集，政府报告，市场、消费者、产品信息，新产品公告)和技术手册(Marks 机械工程标准手册、Perry 化学工程师手册、机构与机械装备资料集)。

文献检索的难点在于确定关键词和限制搜索范围，可采用互联网搜索(初步搜索，信息质量难以评估)和数据库搜索(可能只有摘要，缺全文和图表需进一步搜寻全文信息)。例如，射钉枪团队找到的文献包括能量存储、飞轮、电池等与子问题相关的文章以及手册中的一种敲击工具机构。

文献检索的地址在此不做赘述。

(5) 与相关产品对标分析。通过标杆比对，研究与待开发产品类似、与关键的子问题具有相似功能的现有产品，开发团队可以获取并拆解大多数这些产品，发现其共性原理方案，了解细节信息。

例如，手持式射钉枪的类似产品和类似功能如下：

• 类似产品：火药驱动单次敲击式水泥射钉枪，螺线管式电磁锤，工厂用气动射钉枪，掌上型多次敲击气动射钉枪等。

• 类似功能：能量存储与转换功能，如以叠氮化钠为推进剂的安全气囊等产品，滑雪用的化学暖手宝，带二氧化碳压缩气瓶的气步枪，便携电脑及其电池组等。

步骤三：内部搜索

利用个人与团队的知识和创造力(个人工作/集体工作)成新产品概念方案，从记忆中提取信息，解决问题。

(1) 工作准则。包括以下几个方面：

• 延迟决策：推迟几天或几周，小组讨论采取不批评的方式。

• 创成大量的新想法：探索整个解决方案空间用一个想法，激发出更多其他想法。

• 鼓励看起来不可能的想法：改掉缺点、修补瑕疵、矫正方向、拓展解空间的边界。

• 运用图形或实体介质：用泡沫塑料、黏土、纸板等，制作模型，有助于理解和讨论。

• 团队讨论：成员先独立工作，创成初步的产品概念，然后进行团队讨论、评价，改进产品概念，达成共识，交流信息，完善概念。由于工作忙碌(接电话，来人拜访、紧急事务)，很少有人能够集中精力数小时，用于生成概念。所以实际工作中，倾向于团队讨论，这保证了团队成员投入足够时间。

(2) 生成产品概念方案的小窍门。包括以下几个方面：

• 类比模拟：自然界或生物界，有没有类似情况？有没有大得多，或小得多的类似情况？在不相关的应用领域，有没有类似的装置？

• 畅想希望，期盼奇迹："我多想能够……啊！""如果……，会出现什么结果？"这样的话语有助于激发个人或团队的潜能。

• 用关联性"引子"激发创意：多数人能通过新的"引子"，联想出新创意。"引子"往往诞生于问题背景中；用不相关的"引子"激发创意：偶然性、随机性或者不相关的引子，也能令人遐想，有效地促生新创意。

同时，在集体讨论中，每人可以独立提出一组创意；然后传递给身边下一位同事。看到别人的创意，多数人会萌生新的创意，也可以从一堆照片中随机抽出一张，看看照片上的物体，与自己手头的问题有什么关系。

• 设定量化目标：指个人或团队被强制要求完成一定数量有价值的创意。

• 运用“画廊法”：将概念草图张贴在会议室墙壁上，团队成员沿墙行走，查看每一个概念提出者可解释说明，大家提出改进建议，或者提出相关新概念。

例如，射钉枪的存储或接受能量解决方案，如图 1-25 所示；将平移能量施加于钉子解决方案，如图 1-26 所示。

- 自调节化学反应，释放高压气体
- 碳化物燃料（如照明灯用的煤油）
- 燃烧木屑（来自木工车间）
- 火药
- 叠氮化钠（汽车安全气囊用爆炸物）
- 可燃气体（丁烷、丙烷、乙炔等）
- 压缩空气（罐装，或来自压缩机）
- 罐装压缩二氧化碳
- 来自普通电源插座的电能

- 高压油管（液压）
- 高速旋转的飞轮
- 电池组（或与工具绑定，或挂在腰带上，或置于脚下）
- 燃料电池
- 人力（手摇或脚蹬）
- 有机物分解的甲烷
- 类似于化学暖手宝“燃烧”

- 核反应
- 冷聚变
- 太阳能电池
- 太阳能蒸汽转换
- 蒸汽管道
- 风能
- 地热能

图 1-25　射钉枪的存储或接受能量解决方案

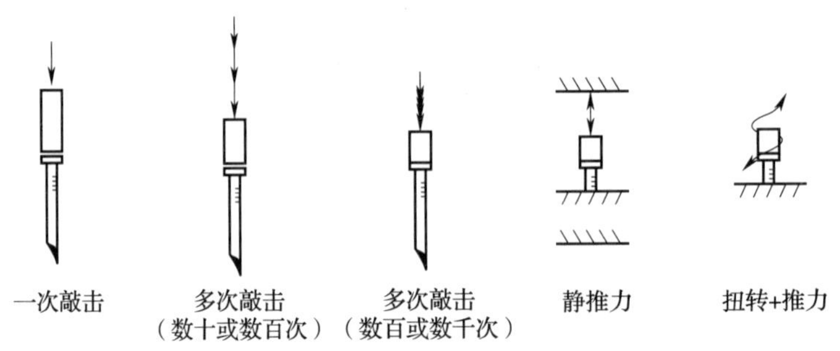

图 1-26　将平移能量施加于钉子解决方案

步骤四：系统性探索

这一阶段要遍历可行的空间方案，组织整合各种子方案。例如，射钉枪开发关注三个子问题为能量存储、能量转换、射出动作。若每个子问题有 15 种子方案，那么子方案组合种数有 3 375 种，而由于资源与时间有限，不可能全部尝试，且很多组合无意义。这时就要建立产品概念分类树(将可行的概念划分为相互独立的不同类型)和产品概念组合表(选择性地考虑，将各种子方案进行组合)。图 1-27 是概念分类树的样例。

将各类子方案，进行系统性组合，图 1-28 为将电能转换为平移能量、累积平移能量、将平移能量施加于钉子三个功能的概念组合表。

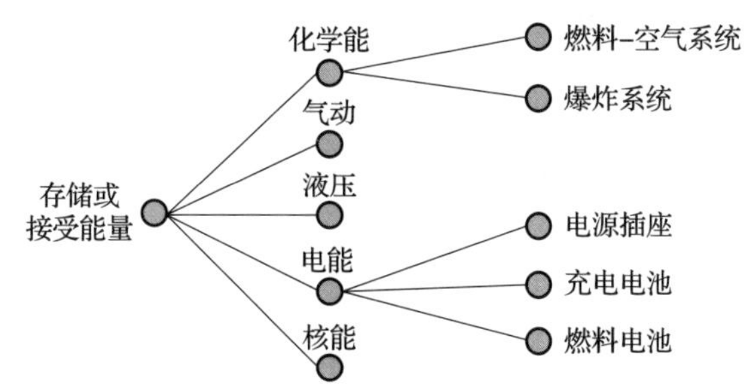

图 1-27　射钉枪能源问题子方案产品概念分类树

将电能转换为平移能量	累积平移能量	将平移能量施加于钉子
旋转电机与传动装置	弹簧	单次敲击
直线电机	移动的重块	多次敲击
电磁螺线管		静力推动

图 1-28　概念组合

步骤五：反思结果与过程

以下五个问题可以供大家不断反思，这五个问题贯穿于整个概念创成过程：是否已经充分探索了所有可行空间？是否还有其他形式的产品功能图？是否还有其他方式来分解问题？是否充分地搜索了外部资源？是否采纳并整合了每位团队成员的想法？

例如，射钉枪开发团队过度关注能量存储和转化问题，忽视了用户界面与整体配置。经过讨论与研究，相关人员得出化学能方案存在安全隐患，应尽早放弃的结论。

三、基于 QFD 的产品概念设计

1. 质量功能展开基本原理

质量功能展开（QFD，Quality Function Deployment）又称质量功能配置，是一种系统化的产品质量规划方法，它采用质量屋（HOQ，House of Quality）的形式，通过定义“做什么”和“如何做”，将用户需求逐步展开，分层转换成为产品工程特性、零件特征、过程计划和生产控制等，形成从用户需求到产品上市的连续转换和实施流。

QFD 体现了以市场为导向、以用户需求为产品开发唯一依据的指导思想，代表了从传统设计方式（设计—试制—调整）向现代设计方式（主动、预防）的转变，是系统工程思想在产品设计过程中的具体运用。QFD 方法由日本于 20 世纪 60 年代提出，几十年来，该方法被日本、美国、欧洲以及亚洲的许多国家所采用，应用范围也从制造业扩展到服务业。实践证明，QFD 是产品或服务设计全过程质量保证的系统方法，正确地运用 QFD 可以实现市场、创新、设计与开发、制造和顾客满意的综合集成。

2. 质量功能展开实施流程

质量功能配置的核心是在获取和综合用户需求的基础上，采用科学和系统的方法，将用户需求分解为产品技术特征、零部件技术特征、制造过程工艺特征及质量控制方法，质量功能展开(QFD)流程分解图，如图 1-29 所示。

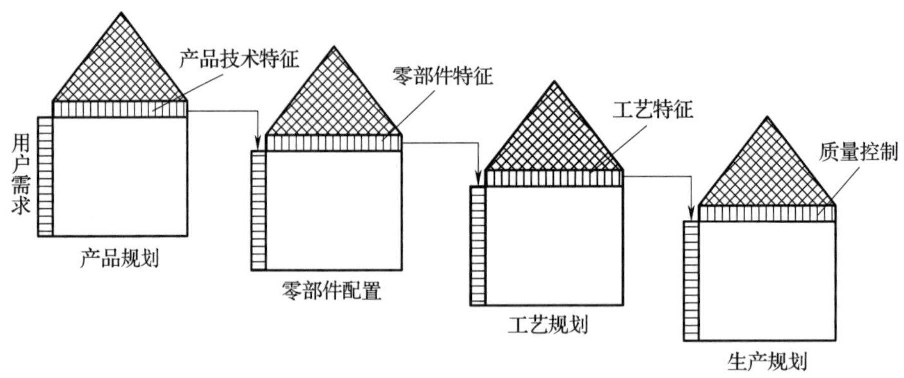

图 1-29 QFD 流程分解图

用户需求是质量功能展开的出发点。QFD 所采用的用户需求的分解方法有许多种，常用的方法是美国 ASI(American Supplier Institute)提出的瀑布式四阶段分解法。

四阶段分解法将用户需求的分解过程分为四个阶段进行：产品规划(Product Planning)、零部件配置(Parts Deployment)、工艺规划(Process Planning)及生产规划(Production Planning)。在展开过程中，上一步的输出就是下一步的输入，构成瀑布式分解过程。

(1) 产品规划阶段。在产品规划阶段，将用户需求转化为产品技术特征，并根据用户需求信息、用户需求和技术特征关系矩阵、技术特征自相关矩阵、用户竞争性评估及技术竞争性评估信息，确定各个技术特征的技术性能指标值，以及应优先予以重视和考虑的技术特征。

（2）零件配置阶段。零件配置阶段根据产品规划阶段所定义的产品技术特征，确定最佳产品设计方案，进行产品结构设计。然后将产品技术特征转化为关键的零部件特征。对于复杂的产品或系统来说，这一阶段可能包括多个子阶段（质量屋），即根据产品结构明细表，将技术特征逐级转化为部件特征，再从部件特征转化为零件特征。

（3）工艺规划阶段。在确定工艺方案的基础上，通过工艺规划质量屋，确定为保证实现关键的产品技术特征和零件特征，所必须保证的关键工艺操作和关键工艺参数。

（4）生产规划阶段。将关键的工艺操作和参数转化为具体的生产/质量控制方法。

在 QFD 四阶段分解方法中，产品规划和零件配置属于产品设计阶段质量控制，工艺规划和生产规划则为制造过程质量控制。四阶段分解法中的每一阶段，分别对应产品开发中的各个阶段，是一种直接的和使用的分解方法，易于理解和应用，也易于将 QFD 方法融合到产品开发过程中。在四个阶段所对应的四个质量屋中，产品规划质量屋中所包含的信息量最大，在企业应用也最广泛。下面以产品规划质量屋为代表说明质量屋的结构与组成元素。

3. 质量功能展开工具

严格地说，QFD 是一种思想，是一种产品开发和质量保证的方法论。它要求产品开发直接面向用户需求，在产品设计阶段考虑工艺和制造问题。而由美国学者 J. R. Hauser 与 D. Clausing 于 1988 年提出的质量屋（HOQ，The House of Quality）则是在产品开发中具体实现这种方法论的工具，它提供了一种将用户需求转换成产品和零部件特征并配置到制造过程的结构。

产品规划质量屋用于将用户需求转换成技术需求（产品特征），并分别从顾客的角度和技术的角度对市场上同类产品进行评估，在分析质量屋的各部分信息的基础上，确定各个技术需求的目标值以及在零件配置阶段所需的技术需求。

通常的质量屋结构由以下几个广义的矩阵部分组成。

（1）用户需求（WHATS）矩阵。这是一个若干行一列的列阵，此列阵所反映的内容是市场顾客对产品的各种需求，其中包括了用户的要求的功能质量和权重。

（2）技术或措施要求（HOWS）矩阵。表示针对用户需求怎样去做。这是一个一行若干列的行矩阵，用来描述对应于市场用户需求的工程特征要求，即有什么样的市场用户需求，就应有什么样的工程特征要求来对应保证。

(3) 关联关系矩阵。即用户需求和技术需求之间的关系矩阵。该矩阵的行数与用户需求（WHATS）矩阵相同，列数与技术或措施要求（HOWS）矩阵相同，表示了WHATS和HOWS之间的关联关系。

(4) HOWS的相关关系矩阵。这在数学上是一个三角形矩阵，表示HOWS矩阵各项目的相关关系。用于检查工程特性各项之间的关联和冲突，如果某一项对应参数的增加将导致另一项对应参数的增加，则在工程特性相关矩阵中填入正相关符号“+”，反之填入负相关符号“-”，据此可检查出各项之间是否有冲突，以及是否可以进行优化。

(5) 顾客竞争性评估矩阵。这是从顾客的角度评估产品在市场上的竞争力，收集主要竞争对手有关产品的信息，分别评价客户对各种需求的满意程度。该项表示了竞争对手满足各项用户需求的实力，以确定市场营销策略。

(6) 技术竞争性评估矩阵。其行列数与工程特征矩阵相对应，包括质量要素的权重、顾客对产品竞争性或竞争力或可行性的评价以及与竞争对手的比较，用来确定应优先配置的项目。

这六个部分的矩阵构造完成后便形成了产品规划阶段的质量屋，如图1-30所示，这个质量屋的基本输入是市场用户需求，针对需求的对策是一组工程特征需求，从而进行了需求变换。通过变换将市场顾客对产品的相对离散和模糊的需求变换为明确的工程特征要求。质量屋将用户要求质量、质量要素、设计质量和产品的市场竞争力评估等内容清晰明了地展现出来，为决策者提供了直观的决策工具。

4. 应用案例

减速器是机械传动的常用装置。现以某机械厂设计减速器为例，说明QFD在产品规划、零件规划、工艺规划和质量控制规划中的应用。

(1) 减速器的用户需求。经过用户调查、分析和综合的减速器用户需求报告如图1-31所示。图中将用户需求按功能要求、经济性、可靠性、维修性分类，形成了树形结构。在用户调查中，进行了用户对每项需求的重要度评估，并用1到9的数字表示。

(2) 减速器产品规划。减速器产品规划包括下列内容：

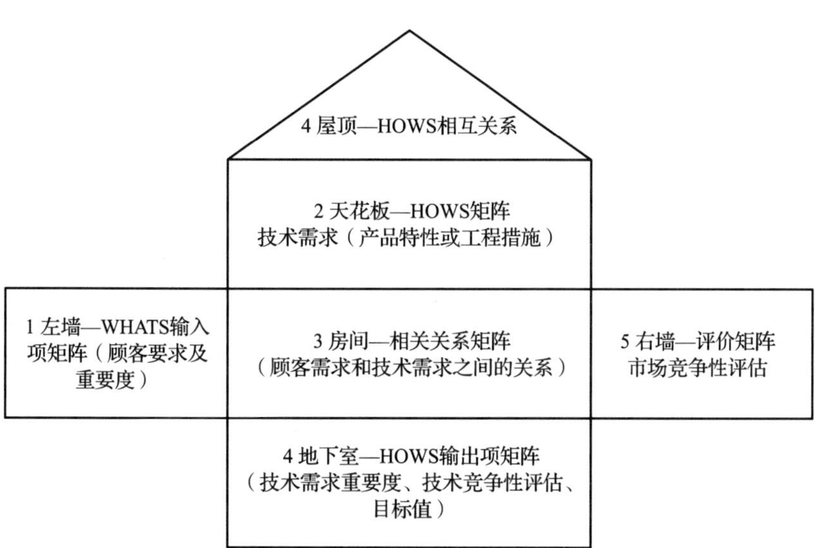

图 1–30 质量屋的典型形式

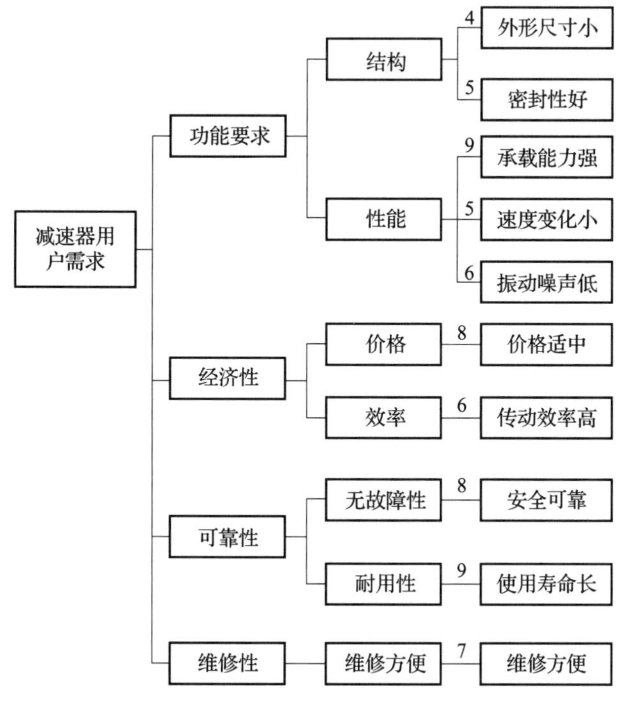

图 1–31 减速器用户需求报告

• 根据用户要求确定产品技术特征。用户需求所确定的技术特征为外形尺寸、密封性、承载能力、速度变化范围、最大噪声等内容。

• 确定用户需求和产品技术特征的关系矩阵。用双圆圈表示“强”相关，即改善某个技术特征与满足其对应的用户需求强相关。用单圆圈表示“中等”相关，即改善某个技术特征与满足其对应的用户需求中等相关。用三角形表示“弱”相关，即改善某个技术特征与满足其对应的用户需求弱相关。

• 确定技术特征自相关矩阵。技术特征之间常常是互相影响的。如果改善某一技术特征的措施有助于改善另外一个技术特征，则这两个技术特征正相关；反之，如果改善某一技术特征，将对另外一个技术特征产生负面影响，则这两个技术需求负相关。

• 确定产品技术特征重要度。例如技术特征“承载能力”与三项用户需求(外形尺寸、承载能力大、价格适中)有关。

• 设置产品技术特征目标值。通常根据用户需求的权重、用户需求与技术需求的关系矩阵和当前产品的优势或弱点，确定技术需求的目标值，如图 1-32 所示。

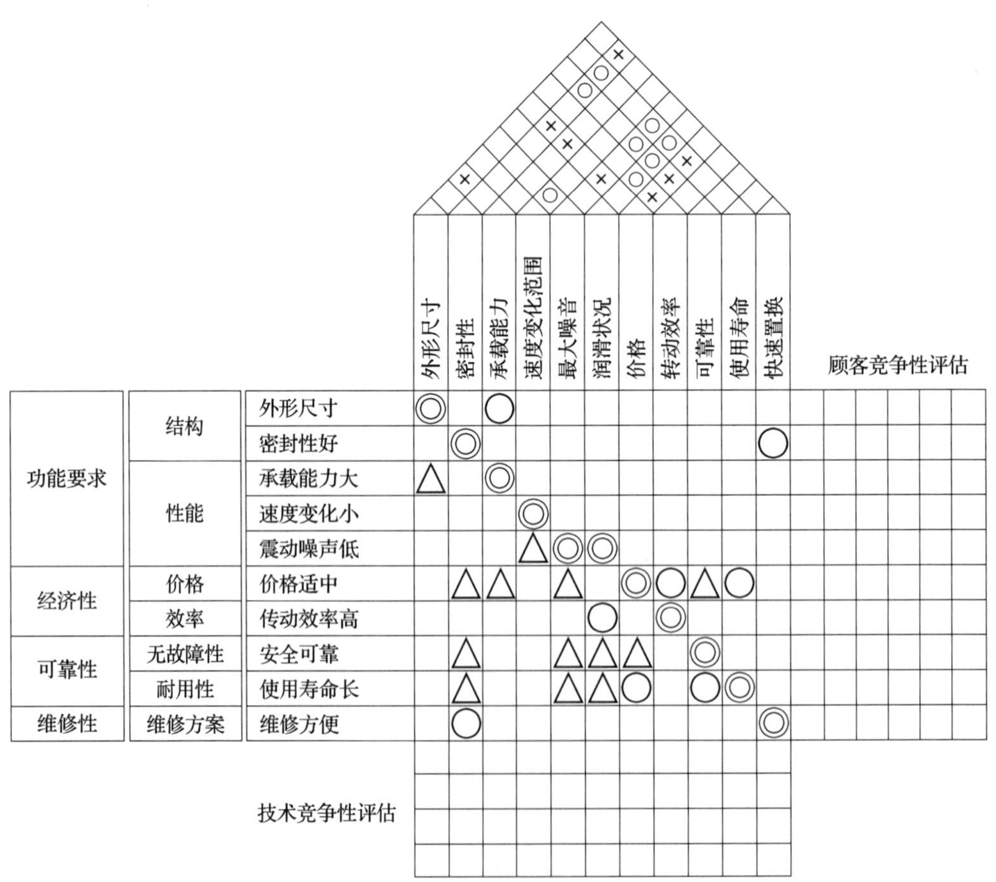

图 1-32　减速器产品规划

（3）减速器的零件规划。零件规划矩阵的输入是产品规划矩阵的输出（产品技术特征），其输出为关键零件的技术特征。值得注意的是，关键零件特征只有在产品设计方案确定后才能确定。例如，采用蜗杆蜗轮传动的减速器零件特征，与采用齿轮传动的减速器零件特征是不一样的。因此在进行零件规划前，应根据已确定的产品技术特征选择最佳设计方案。它包括：

• 产品技术特征。它们是从产品规划矩阵中选择的。为简单起见，我们从产品规划矩阵中选择了“可靠性”“使用寿命”“价格”三个技术特征作为零件配置矩阵的输入。

• 关键零件特征。由 QFD 小组根据其经验及可靠性分析结果确定关键零件特征。在减速器零件规划矩阵中确定了齿轮、轴、轴承、电动机、润滑油的特征。

• 产品技术特征与关键零件特征的关系矩阵。

• 关键零件特征的权重及目标值确定。

（4）减速器工艺规划。零件规划矩阵所确定的关键零件及其特征是工艺规划矩阵的输入。在工艺规划过程中，确定与关键零件及其特征对应的关键工艺流程和工艺特征，以便满足待配置的零件特征所必须控制的参数，并最后确定工艺规范。与零件配置矩阵类似，关键工艺工艺流程和工艺特征的确定与具体的工艺方案有关。

（5）减速器质量控制规划。在产品规划、零件配置和工艺规划中所采用的 QFD 矩阵，其基本组成部分都大致相同，分析方法也相差不多。到了质量控制规划阶段，情况则大不一样。从目前 QFD 在国外的应用实践来看，各个企业在质量控制规划阶段所采用的 QFD 矩阵差别不大，没有形成比较规范的格式。出现这种状况是由于每个企业的生产产品类型、生产规模、技术力量、设备状况不同，因而质量控制方法、体系也就大不一样。企业在应用 QFD 矩阵进行质量控制规划时，应结合本厂实际，充分利用本厂在长期的生产实际中所积累的一整套行之有效的控制方法。

五、实验： 用户需求分析

以某产品互联网用户评论为例，设计识别客户需求的方法，该方法的目标为：确保产品专注于客户需求；确定潜在或隐藏的需求以及明确的需求；提供事实依据以证明产品规格合理；创建开发过程的需求活动的档案记录；确保没有遗漏或遗忘任何重要的客户需求；在开发团队成员之间形成对客户需求的共识。

1. 实验目的

了解用户调查的基本内容和相关调查方法；学习利用访谈法、问卷法和网络用户评论分析法做产品需求分析。

2. 实验相关知识点

一是学习并思考如何提升用户调查的信度和效度。二是基于调查结果，思考如何进行该产品的创新。三是学习基于 Python 的数据采集与分析技术。

3. 实验内容及主要步骤

针对某个产品的用户，设计访谈提纲和问卷；并构建网络用户评论挖掘采集框架。实施访谈法和问卷法，先进行访谈法，依据访谈结果优化问卷设计，然后进行问卷法，采用机器学习算法对网络用户评论进行分析。

（1）访谈法。包含步骤如下：①确定研究目的和研究对象，筛选受访群体，确定访谈提纲，包括访谈目的、研究对象、工作计划、访谈项目、相关人员名单等；②介绍访谈活动内容，包含访谈的目的、主持人自我介绍、被访者自我介绍、访谈规则描述和诚挚感谢等；③暖场，让被访谈人进入放松自在的心情状态；④问题与回答，根据用户回答的使用情况，追问或请求详细描述操作步骤；⑤回顾与总结，对整场的每个部分做一个总结；⑥结束语与感谢；⑦整理访谈结果。

（2）问卷法。步骤如下：①选取被调查者，选取常用抽样法，可随机抽样，也可分层抽样，视问卷的具体情况而定；②问卷内容的修正，发现问卷中问题和缺陷，并进行修改；③采用邮寄发放、当面发放和借助网络平台发放进行问卷的发方；④删除不完整答卷和逻辑矛盾的答卷；⑤对相关结果做均值、比例、相关性和显著性等的分析。

（3）网络用户评论分析法。包含以下几种类型：

• Word2vec 算法。主要用于词语及文本的相似度研究、词向量表示等场景。利用 Word2vec 将大规模的文本数据作为输入生成向量空间，文本数据中的所有词汇都会各自在向量空间中分配独立向量。单词由向量空间中的位置表示。在向量空间中，高维向量之间空间位置越紧密，表明词语之间的相似度越高。

• 朴素贝叶斯分类。朴素贝叶斯(Naïve Bayes)法基于贝叶斯规则，在实施中，基于条件独立假设，对于样本数据及相应标签进行学习，得到联合概率分布模型；在此基础上，对于新的样本，应用贝叶斯定理求得所属类别的最大后验概率值。朴素贝叶斯原理简单，训练速度快，通常情况下具备较高的分类准确率。通过学习训练数据的随机变量和相应类标记，得到联合概率分布，概率估计方法为极大似然估计或是贝叶斯估计。

• K 近邻法。K 近邻法(KNN，K-nearest Neighbor)是一种基本的分类与回归算法。顾名思义，KNN 是依据数据集中 K 个最近的“邻居”作为类别归属的算法。KNN 对每个样本点进行距离判定，遴选距其最近的 K 个邻居对象，通过多数表决的方式判定此对象的类别归属。

• 决策树与随机森林。决策树是一种树形结构，基于数据不同特征作为分类依据，因而也被看作是集成了不同 if-then 规则的方法。决策树理论思想主要来自 Quinlan 的 ID3 算法以及 C4. 5 算法，Breiman 研究的 CART 算法亦是对其数学思想的重要补充。

决策树模型的结构由结点与有向边组成。结点包括内部结点和叶节点。内部节点表征属性，叶结点表征类别。样本自顶向下出发，经过内部结点不同特征选择，到达叶节点完成分类过程。决策树通常选用差别最迥异的特征属性，由根节点开始递归地生成结点。通过剪枝去除不重要的属性，能够有效避免过拟合现象。单一的决策树分类并不能很好地应对具有较多特征属性、规模巨大的训练数据集。因此，随机森林能够组合多个决策树模型，较好地应对复杂的分类场景。每个决策树模型都依赖独立抽样，所有的决策树都具有相同分布的随机向量值。实际使用时，随机森林会参照所含所有子树模型的分类结果。哪一种类别所获得的子树票数越多，当前样本就属于哪一类别。

第四节　产品系统设计

考核知识点及能力要求：

• 了解系统设计以及系统设计的基本要求。

• 了解系统功能的含义，熟悉系统功能分析的基本方法。

• 熟悉功能系统建模的基本手段，掌握包括功能树、功能链在内的功能系统建模分析方法，能够根据产品功能特点选择合适的方法进行产品功能系统的分析和建模。

• 熟悉功能原理设计基本手段，掌握功能—工作原理—功能载体的设计方法，并应用在相关产品的功能求解与实现中。

产品系统设计包括产品的架构、几何布局，把产品按功能分解为子系统、组件以及关键部件。系统化设计法是产品系统设计的重要手段，把设计对象看作一个完整的技术系统，然后用系统工程方法对系统各要素进行分析和综合，使系统内部协调一致，并使系统与环境相互协调，以获整体最优设计。

功能分析设计法是系统化设计中探寻功能原理方案的主要方法。方案设计阶段的主要任务是根据计划任务书，在经调研进一步确定设计要求的基础上，通过创造性思维和试验研究，攻克技术难关，经过分析、综合与技术经济评价，使构思和目标完善化，从而确定出产品的工作原理和总体设计方案。应用这种方法，原理方案的设计步骤如图 1–33 所示。

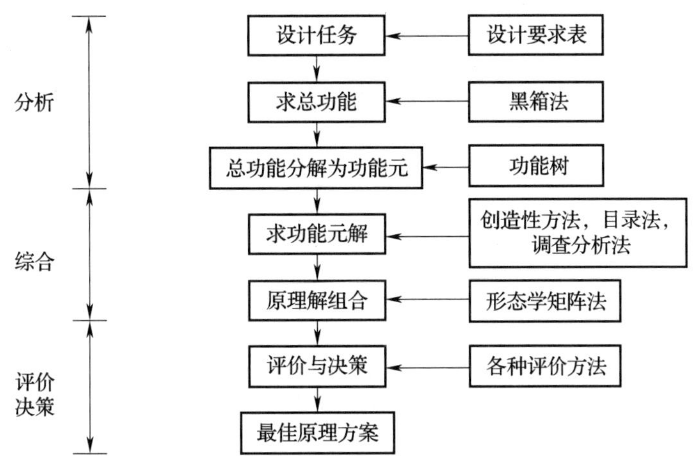

图 1-33　原理方案的设计步骤

一、系统设计需求

从竞争的角度看，设计的任务是要制造出顾客满意的产品。所以，产品性能或满足性能需求成为设计追求的主要目标，也就是说，设计是由性能需求驱动的。性能是功能和质量的集成，质量是功能实现和保持性的度量。

用户对产品的要求是从性能出发的，是设计的起点和完成标志，性能特征应当成为控制整个设计过程的基本特征。设计过程就是在“要达到什么(性能)”和“如何达到(即解决方案)”之间反复迭代的过程。性能驱动，有时是功能需求驱动，有时是质量需求驱动，有时则是功能需求和质量需求交替驱动。

产品方案设计的第一步是明确设计要求，使用的工具是设计要求表。在产品开发任务书的基础上，进一步收集来自市场、用户、政府法令、政策等地要求和限制以及企业内部的要求和限制，抽象辨明对产品的技术性、经济性和社会性的具体要求及设计开发的具体期限，并以设计要求表的形式予以确认。在设计要求表中，设计要求可分为“必达”和“期望”两类。必达要求对产品给出严格的约束，只有满足这些要求的方案才是可行方案。期望要求体现了对产品的追求目标，只有较好地满足这些要求的方案才是一较优的方案。

设计要求表所包括的内容见表 1-2。

表 1-2　　主要设计要求

设计要求	主要内容
1. 功能要求	功能是系统的用途或能完成的任务，包括主要功能、辅助功能和人机功能的分配等
2. 使用性能要求	如精度、效率、生产能力、可靠性指标等
3. 工况适应性要求	指工况在预定范围内变化时，产品适应的程度和范围，包括作业对象特征和工作状况等的变化，如物料的形状、尺寸、理化性质、温度、负载速度等，提出为适应这些变化的设计要求
4. 宜人性要求	系统符合人机工程学要求，适应人的生理和心理特点，使操作简单、准确、方便，安全、可靠。为此需根据具体情况提出诸如显示与操作装置的选择及布局、防止偶发事故的装置等要求
5. 外观要求	包括外观质量和产品造型要求、产品形体结构、材料质感和色彩的总和
6. 环境适应性要求	指环境在预定的范围内变化时，产品适应的程度和范围，如温度、粉尘、电磁干扰、振动等在指定范围内变动时产品应保持正常运行
7. 工艺性要求	为保证产品适应企业的生产条件、应对毛坯和零件加工、处理和装配工艺性提出要求
8. 法规与标准化要求	对应遵守的法规(如安全保护、环境保护法等)和采用的标准以及系列化、通用化、模块化等提出要求
9. 经济性要求	对研究开发费用、生产成本以及使用经济性提出要求
10. 包装与运输要求	包括产品的保护、装潢以及起重、运输方面的要求
11. 供货计划要求	包括研制时间、交货时间等

二、产品系统功能分析

技术系统由构造体系和功能体系构成。建立构造体系是为了实现功能要求。对技术系统从功能体系入手进行分析，有利于满足客户需求实现良好的实用性和可靠性，有利于设计人员摆脱现有结构的束缚，形成新的更好的方案。功能分析阶段的目标是通过分析，建立对象系统的功能结构，通过局部功能的联系，实现系统的总功能。

1. 功能的含义

功能是对于某一产品的特定工作能力的抽象化描述。每一件产品均具有不同的功能，对于工业产品，使用者购买的主要是其实用功能。当人们把机械、设备、仪器看作一个系统时，功能就是一个技术系统在以实现某种任务为目标时其输入输出量之间

的关系。输入和输出可以抽象为能量、物料和信息三要素。其中能量包括机械能、热能、电能、光能、化学能、核能、生物能等；物料可分为材料、毛坯、半成品、固体、气体、液体等；而信息往往表现为数据、控制脉冲及测量值等。能量、物料、信息三要素在系统中形成能量流、物料流和信息流。系统的输入量和输出量出现不同，说明在系统内部物理量发生了转换。实现预定的能量、物料和信息的转换就体现了机械系统的功能。

功能一般可按下述三个方面进行分类。

(1) 按功能重要程度分类。分为基本功能和辅助功能。

基本功能是机械产品及其零部件要达到使用目的不可缺少的重要功能，也是该产品及其零部件得以存在的基础。如手表若不能准确地指示时间，则其基本功能就不存在，用户根本不会购买，手表也就失去了存在价值。所以设计产品时必须抓住其基本功能，将费用主要花在它上面。

辅助功能是为了实现基本功能而存在地其他功能，属次要的附带功能，它对产品功能起着更加完善的作用。如手表除指示时间的基本功能外，可有指示日期的辅助功能。辅助功能是由设计人员附加上去的二次功能，可随方案不同而加以改变。有时在辅助功能中常包括不必要的功能，通过功能分析，改进设计方案可消除之。

(2) 按满足用户要求性质分类。分为使用功能和外观功能。使用功能指产品在实际使用中直接影响使用的功能，它通过产品的基本功能和辅助功能来实现，包括可靠性、安全性及可维修性等。

外观功能指反映产品美学的功能。一般多靠人的器官感觉和思维去判断，如造型、色彩、包装等。

对多数产品则要求同时具备两种功能，但根据产品性质不同而侧重不同。例如，对普通自行车，其基本功能是代替行走、方向控制、承重及具有制动报警功能，辅助功能是停靠稳妥、搬运方便及兼负其他物品；而自行车的使用功能是骑行要轻快、感觉要舒适、维修要方便；外观功能则应造型大方、装饰新颖、色泽美观。

(3) 按功能相互关系分类。分为目的功能(上位功能)和手段功能(下位功能)。

目的功能是主功能、总功能；手段功能从属于目的功能，为实现目的功能起手段作用，是分功能、子功能。如卧式车床，车削加工是目的功能。为实现这一总功能、完成车削加工，车削还必须具备工件的装卸、工件的旋转。刀具的装卸和刀具的送进等手段功能。这些同属车削工件所必需的分功能。

2. 功能分析

确定总功能，将总功能分解为分功能、并用功能结构来表达分功能之间的相互关系，这一过程称为功能分析。功能分析过程是设计人员初步酝酿功能原理设计方案的过程。这个过程往往不是一次能够完成的，而是随着设计工作的深入而需要不断修改，完善。

（1）总功能分析——构思的抽象，建立黑箱模型。将设计的对象系统看成是一个不透明的、不知其内部结构的“黑箱”，只集中分析比较系统中三个基本要素(能量、物料和信息)的输入输出关系、就能突出地表达系统的核心问题——系统的总功能。技术系统的总功能就是以实现某种任务为目标的输入输出量之间的关系，实现了预定转换就体现了系统的功能。

图 1-34 所示为一般黑箱示意图，方框内部为待设计的技术系统，方框即为系统边界。通过系统的输入和输出，使系统和环境联系起来。

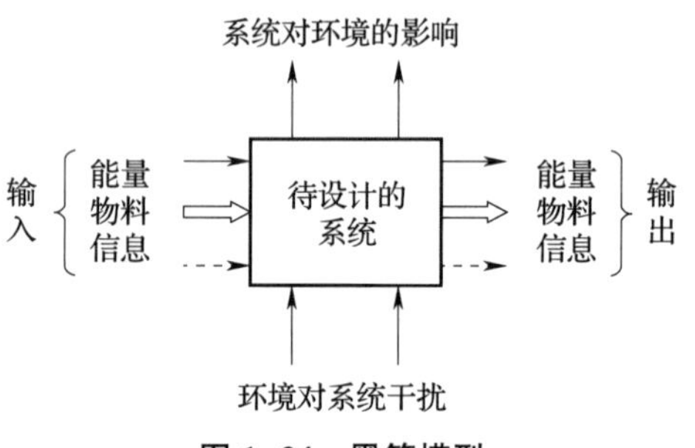

图 1-34　黑箱模型

（2）功能分解——构思的扩展，建立功能系统图。功能系统图是功能实现方式的展示，也是分析功能必要程度的依据。它从实现产品总功能出发，通过寻找功能实现手段方法，找出下位功能并以此类推地追究，直至找出末端功能为止。将总功能分解为分功能、分功能继续分解，直至功能元。功能元是不能再分解的最小功能单位，是直接能从物理效应，逻辑关系等方面找到解法的基本功能。功能分解可用树状结构予以图示，称为功能树(或称树状功能图)。功能树起于总功能、分为一级功能、二级功能，直至能直接求解的功能元。

前级功能是后级功能的目的功能，后级功能是前级功能的手段功能。图 1-35 给出了一个用功能树方法对一个陆地运输工具进行功能分解的例子。

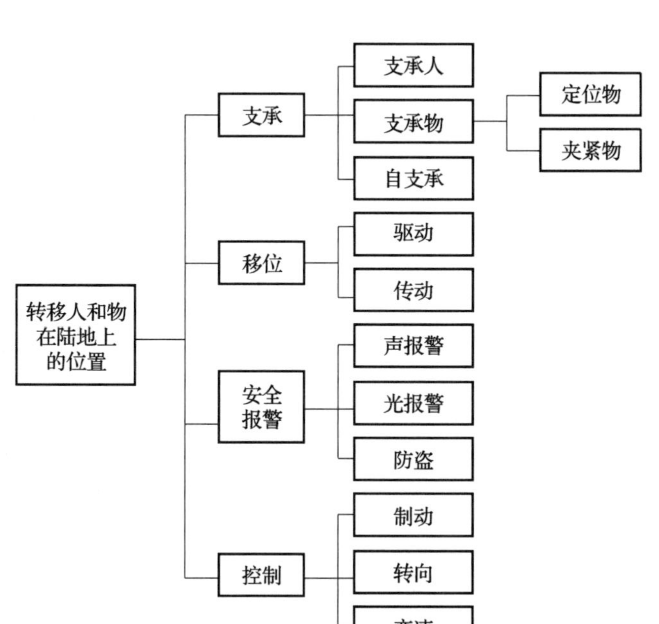

图 1-35　功能树示例

上述功能树方式不能充分表达各分功能之间的分界和有序性关系。功能结构图可用来表示各分功能之间的逻辑关系和时间关系，其中各功能之间用矢量连接，矢尾端所在功能块的输出正是矢头端所在功能块的输入，功能结构图表明了总功能要求的转换是如何逐步得以最终实现的，它反映了设计师实现产品总功能的基本思路和策略。建立功能结构对于复杂产品的开发是十分必要的，图 1-36 表示功能结构的基本形式。

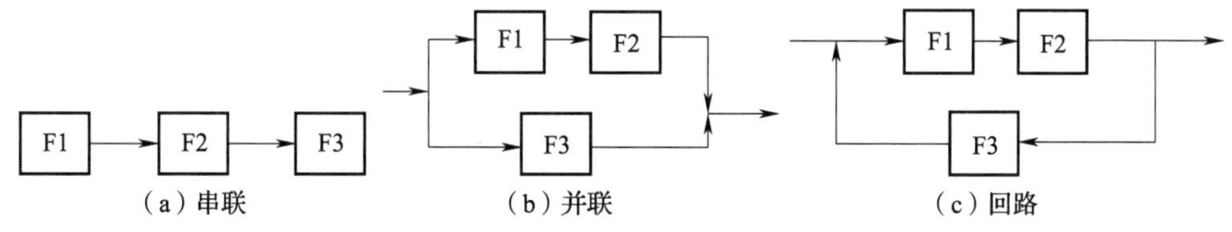

图 1-36　功能结构基本形式

链式结构（串联）：各分功能按顺序相继作用。

并列结构（并联）：各分功能并列作用、例如车床需要工件与刀具共同运动来完成加工工件的任务。

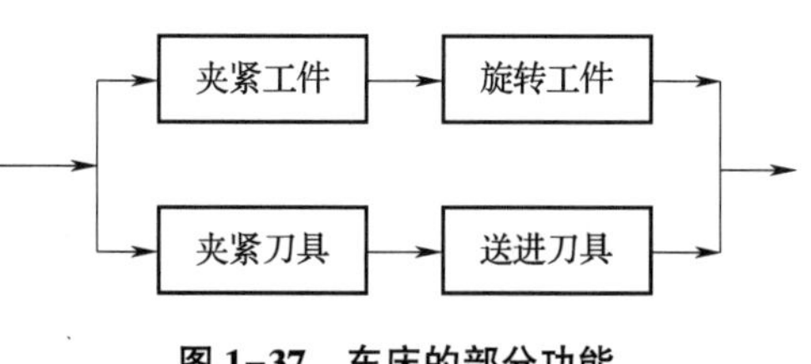

图 1-37　车床的部分功能

循环结构(回路)：各分功能成环状循环回路，体现反馈作用。

三、功能原理设计

把总功能分解成一系列分功能(功能元)之后，然后即可确定各个功能元的原理方案。构思的着重点在以下方面：同一种功能可用(选用或创造)不同的技术过程来实现；选用不同的运动规律，对应不同的功能；同一种功能可选用不同的工作原理实现；同一种工作原理可选用、创造不同的机构及组合来实现；将以上求得的分功能(或功能元)的原理解按照功能结构组合成总功能原理解；在多个可运行总功能原理解中确定出最佳原理方案。

功能原理设计的落脚点是为不同的功能、不同的工作原理、不同的运动规律匹配不同的机构，这就是通常所说的型、数综合。通过上述的排列组合，会出现非常多的功能原理解，产生很多的技术方案，这就为优选方案提供了基础。

机构的型、数综合是一项难度大、富于创造性的工作，涉及如何选定工作原理、运动规律，如何选择或创造不同形式来满足这些功能或运动规律要求，如何从功能、原理、机构造型的多解中优化筛选出好的方案。

方案设计阶段的每一个步骤都为设计师提供了产生多解的机会，产生多解是为了得到新解和最优解，进而为实现产品创新奠定了基础。

1. 功能元求解

功能元求解即寻求完成功能元的技术实体——功能载体。

求解的完整过程是从基础科学研究揭示的一般科学原理开始，经过应用研究探明具体的技术原理，然后寻求实现该技术原理的技术手段及主要结构。由于课题的难易程度不同，功能元求解不一定表现出上述的全部的典型过程。为简单起见，把科学原理和技术原理一起称作工作原理。这样功能元求解的思路可以表述为：

功能——工作原理——功能载体

其中，功能载体是实现工作原理的技术实体。功能元求解是方案设计中重要的“发散”“搜索”阶段。功能元求解可通过以下的途径：参考有关资料，专利或相似产品求解；利用各种创造性方法开阔思路探寻解法；利用设计目录求解。

2. 作用原理的组合

将各功能元的局部解合理组合，可以得到多个系统原理解。一般采用形态矩阵法进行组合。即将系统功能元和局部解分别作为纵横坐标、列出形态学矩阵，表 1–3 为应用形态矩阵由功能元解组合成总功能原理解的例子。

表 1–3　　挖掘机的形态学矩阵

分功能	解法					
	1	2	3	4	5	6
a. 动力源	电动机	汽油机	汽油机	汽轮机	液力马达	气动马达
b. 移位传动	齿轮传动	蜗杆传动	带传动	链传动	液力耦合器	
c. 移位	轨道及车轮	轮胎	履带	气垫		
d. 取物传动	拉杆	绳传动	气缸	液压缸		
e. 取物	挖斗	抓斗	钳式斗			

从每个功能元取出一种局部解进行有机组合，即构成一个系统解，最多可以组合出 N 个方案：

$$N=n_1, n_2, \cdots, n_i, \cdots, n_n$$

一般来说，由形态学矩阵组成的方案数很大，难于直接进行优选。通常根据以下原则形成少数整体方案，供评价决策使用：相容性，即分功能必须相容，否则不予组合；优先选用分功能较佳的解；剔除不满足设计要求和约束条件的解或不满意的解。

在可行的原理方案中，对应于各种作用原理的设备结构不同，产品的质量，生产能力和生产成本都有很大差异。选择功能原理还应综合考虑以下问题。

(1) 原理方案的先进性及成熟程度。采用新技术、新工艺、新材料是提高产品质量的主要途径，新的技术装备往往是采用新技术，新工艺的结果。但设计中采用的新技术应该是成熟的，应该是被使用或是研究证明可靠的，而不应该盲目采用尚在研究之中的不成熟技术。因为这会增大产品开发的风险，可能造成开发进度的延误，开发经费的超支，甚至使开发计划失败。

(2) 实现功能的可能性与可靠性。原理方案不但应保证实现功能的可能性，而且应能使功能的实现具有可靠性。应具有较低的故障率，较长的无故障工作时间，合理的工作寿命；功能的实现过程应对原材料有较好的适应性，同时应对环境的变化有较好的适应性。对操作者的技术水平要求尽可能降低。

（3）合理的运动设计。原理方案确定以后，就要进行运动设计。不但要考虑执行机构的运动轨迹和运动规律，而且要注意分析其动力学特征。例如机床设计中应使进给运动尽可能等速，以保证加工质量；筛分机械设计要使运动加速度适当，保证对不同颗粒物料的有效分离。运动设计还要尽可能减小动载荷。

（4）工作效率要与设计要求相适应。此处略。

四、实验：AGV 小车功能设计

1. 实验目的

实验目的如下：

- 了解产品系统功能设计的基本原理及方法。
- 掌握系统设计要求、产品功能分析、功能原理设计的基本方法。

2. 实验相关知识点

实验相关知识点如下：

- 产品系统功能分析方法。
- 产品功能原理分析方法。

3. 实验内容及主要步骤

（1）需求分析与调研。要求产品性能先进稳定，在各个分布式的工位之间，物料托盘的转运工作，AGV 在其中发挥了极大的优势，极大减少了人力物力，并大大提高了工作效率，实现了生产全自动化。通过设计一个通用性 AGV 底盘，搭载不同的搬运装置(滚筒、机械臂、周转箱等)来适配不同工位的搬运要求。同事满足与其他系统灵活对接集成，提供课程及实践支撑及培训相关掌握研发制造调试所需所有技能。

（2）确定开发任务书。根据市场分析得知销售前景最好的产品规格，由此确定开发任务书。

（3）明确任务要求。设计任务书只包括需要解决问题的梗概，还需要与物流、仓储、工艺等专业人员研究，明确有关边界条件。

（4）拟定设计要求表。略。

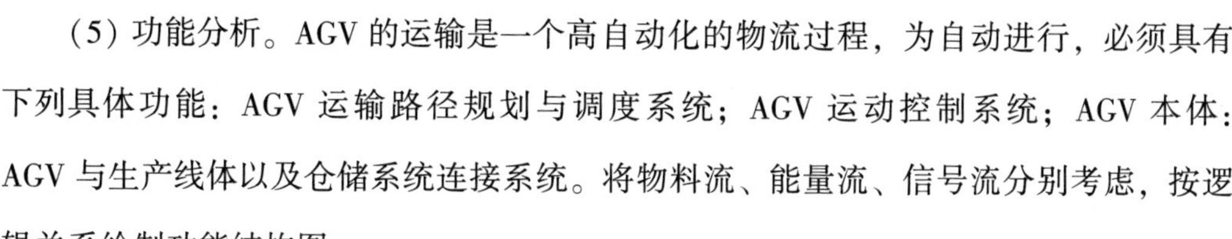

（5）功能分析。AGV 的运输是一个高自动化的物流过程，为自动进行，必须具有下列具体功能：AGV 运输路径规划与调度系统；AGV 运动控制系统；AGV 本体：AGV 与生产线体以及仓储系统连接系统。将物料流、能量流、信号流分别考虑，按逻辑关系绘制功能结构图。

第五节　产品详细设计

考核知识点及能力要求：

- 了解 DFX 设计方法的概念。
- 了解产品详细设计的过程与基本技术。
- 熟悉面向制造的设计 DFM 的概念、设计原则以及设计流程，能够使用 DFM 进行设计。
- 熟悉面向装配的设计 DFA 的概念、设计原则以及设计流程，能够使用 DFA 进行设计。
- 熟悉面向维修的设计 DFM 的概念、设计要求以及设计流程，能够使用 DFM 进行设计。
- 了解 MRO 系统的概念。
- 熟悉闭环 MRO 系统的概念、特点以及关键技术。
- 了解大规模定制与模块化设计理念，具备模块化建模的基本能力。
- 熟悉复杂机械产品的 DSM 模型与划分算法。

- 熟悉基于设计结构矩阵DSM的产品设计与开发基本流程。
- 熟悉工程变更基本步骤，了解变更的原因、影响及变更的评价分析。

一、产品详细设计过程与技术

1. 产品详细设计过程

详细设计主要涉及确定产品设计细节，提供缺少的细节等内容，以确保已经经过验证和测试的设计可以被制造成质量合格且成本效益较好的产品。详细设计是将所有的细节整合在一起，做出所有的决策，并由管理部门做出将设计进行投产决定的阶段。

详细设计阶段的各项活动如下：①自制或外购决策；②完成零件选择和尺寸确定；③完成工程图；④完成物料清单；⑤修改产品设计说明书；⑥完成验证原型实验；⑦进行最终成本评估；⑧准备设计项目报告；⑨设计终审；⑩设计交付制造。

随着计算机和网络的普及，人类开始进入以数字化为特征的信息社会。在机械制造业，以计算机为基础、以数字化信息为特征、支持产品数字化开发的技术日益成熟，成为提升制造企业竞争力的有效工具。其中，以计算机辅助设计（CAD，Computer Aided Design）、计算机辅助工程分析（CAE，Computer Aided Engineering）为基础的数字化设计（Digital Design）和以计算机辅助制造（CAM，Computer Aided Manufacturing）为基础的数字化制造（Digital Manufacturing），是产品数字化设计开发的核心技术。已经被广泛应用。

2. 计算机辅助设计（CAD）技术

CAD就是把人们想象出来的几何实体以计算机能够理解的方式进行确切的描述，从而在计算机内部构造成所想的实体模型[5]。

建模技术是产品信息化的源头，是定义产品在计算机内部都表示的数字模型、数字信息及图形信息的工具，为产品的设计分析、工程图生成、数控编码、数字化加工与装配中的碰撞干涉检查、加工仿真、生产过程管理等提供有关产品的信息描述与表达方法，是实现计算辅助设计与制造的前提条件，也是实现CAD/CAM一体化的核心内容。

在CAD系统中，产品或零部件的设计思想和工程信息是以具有一定结构的数字化模型方式存储在计算机内部的，并经过适当转换提供给生产过程各个环节，从而构成统一的产品数据模型。模型一般由数据、数据结构、算法三部分组成。所以，CAD 建模技术就是研究产品数据模型在计算机内部的建立方法、过程及采用的数据结构和算法。

常见的建模模式有线框建模、表面建模、实体建模和特征建模等。

3. 计算机辅助工程(CAE)技术

计算机辅助工程(CAE，Computer Aided Engineering)在广义上包括产品设计和制造信息化的所有方面。而一般意义上，CAE 主要指用计算机辅助对产品进行各种性能的分析和模拟，包括产品强度、动力响应、温度场、流场等结构分析，以及计算机辅助机构动力学、运动学分析和虚拟样机模拟等。有限元法、机械优化设计、计算机辅助多体系统动力学分析等很多其他现代设计方法分支都可视作计算机辅助工程的有机部分。计算机辅助工程(CAE)技术的提出就是要把工程(生产)的各个环节有机地组织起来，其关键就是将有关的信息集成，使其产生并存在于工程(产品)的整个生命周期。因此，CAE 系统是一个包括了相关人员、技术、经营管理及信息流和物流的有机集成且优化运行的复杂的系统[6]。

CAE 系统所具有的主要功能有：①基于几何模型的 CAE 系统计算零件的质量参数；②基于机构分析功能的 CAE 系统用于检查机构运动的合理性，以及在运动过程中的潜在的问题；③基于数理模型的 CAE 系统，利用有限元法、边界元法和模态分析法，可以对设计产品进行强度分析、振动分析和热分析。

在信息化和网络化的时代，随着计算机技术、CAE 软件和网络技术的进步，CAE 将得到极大的发展。硬件方面，计算机将在高速化、小型化和大容量等方面取得更大进步。软件方面，现有的计算机仿真分析软件将得到进一步的完善。大型通用分析软件的功能将愈来愈强大，界面也将愈来愈友好，涵盖的工程领域将愈来愈普遍。随着互联网技术的不断发展和普及，通过网络信息传递，对某些技术难题，甚至对于全面的 CAE 分析过程都有可能得到专家的技术支持，这必将在 CAE 技术的推广应用方面发挥极为重要的作用。

二、DFX 方法

DFX 是 Design for X(面向产品生命周期各环节的设计)的缩写，其中 X 代表产品生命周期的某一环节或特性，典型的 DFX 方法有面向制造的设计（DFM，Design for Manufacture）、面向装配的设计（DFA，Design for Assembly）、面向检验的设计（DFI，Design for Inspection）、面向维修的设计（DFM，Design for Maintain/Repair/Service）、面向回收的设计（DFR，Design for Recycling）、面向质量的设计（DFQ，Design for Quality）、面向可靠性的设计（DFR，Design for Reliability）、面向环境的设计（DFE，Design for Environment）[10]等。X 也可以代表产品竞争力或决定产品竞争力的因素，如质量、成本、时间等。而这里的设计不仅仅指产品的设计，也指产品开发过程和系统的设计。

自 20 世纪 80 年代以来，市场竞争的国际化，促使制造业企业不断寻求产品开发的新思路、新方法并应用于有竞争力的产品的开发，本节介绍的 DFX 设计方法就是一种新的产品开发思想、策略、方法，并得到了广泛深入的应用。由于 DFX 方法是一种具有并行工程思想的方法，因此在介绍 DFX 设计方法之前，请回顾在第一章中介绍的产品生命周期概念与并行工程思想。

本章主要介绍面向制造、装配和维修的 DFX 方法，即 DFM、DFA 和 DFM 三种方法。

1. 面向制造设计 DFM

（1）DFM 概述。传统的产品设计是一种串行的设计方法，在产品设计阶段如果没有对制造环节的内容予以考虑，这样的产品设计是存在设计缺陷的，而这种设计缺陷会一直到制造环节才暴露出来，从而导致制造环节之前的所有流程都不得不返工，先前的设计也无法继续利用。这种问题会造成产品开发过程中反复进行、反复设计，增加了产品开发周期和产品成本。

如果在产品设计阶段就对制造环节的内容予以充分的考虑，那么就可以规避制造环节中由于产品设计导致的问题，从而缩短产品开发周期、减少产品开发成本。DFM 设计便是这样一种设计思想。

①DFM 概念。作为并行工程的一种设计方法，DFM 主要思想是在产品的早期设计阶段考虑制造因素的约束（例如，产品制造所需要的机床设备、工装夹具、加工工具、测量工具以及相应的时间、费用等），并及时提供给设计人员，作为设计、修改方案的

基本依据，在满足功能要求的前提下，使产品能够快速地、经济地制造，提高产品设计、制造的一次成功率，达到降低产品成本、缩短产品开发周期的目的。

②DFM 的设计方法论。自 20 世纪 70 年代以来，工程师们就意识到在设计中考虑工艺的重要性，他们从方法论的层次，提出了很多反映 DFM 思想的设计方法学，这些方法大多是定性的指导原则，在指导设计中起了重要作用。

设计公理（Axiomatic Approach）：DFM 方法认为，良好的设计都符合一定的原则或公理，用这些公理去指导设计决策就可以得到工艺性好的设计，要做出正确的设计决策需要用到两条基本公理，即独立性公理和信息公理。由于这些公理十分抽象，只有那些具有相当的设计和制造经验的工程师才能对它们有深刻的认识和理解，从而真正实现对设计的指导作用。

DFM 准则（DFM Guide Lines）：DFM 准则是从多年的设计和制造实践中总结提取出来的一些设计准则。这些准则既能指导设计保持良好的可制造性，又能发挥设计者的创造性。它类似于传统的结构工艺性设计规则。与设计公理相比，这些设计准则更为具体化，易于在设计中对照应用。下面列举一些典型的 DFM 准则[11]：

- 设计中要尽量减少零件的个数和种类。
- 尽量使用标准件以及外购件。
- 简化零件形状。
- 相似特征尽量设计为统一尺寸。
- 改内表面加工为外表面加工。
- 选用便于加工的材料。
- 尽量设置较大的公差，减少不必要的精度要求。

工艺驱动的设计（Process-driven Design）：工艺驱动设计的目的是保证设计出的零件和产品能够用某种特定的制造工艺生产出来。这里 DFM 的关键在于使设计者在设计过程的早期就对工艺要求和约束有明确的认识，以保证最终的设计能与工艺相匹配。工艺驱动的设计可分为针对工艺的设计和针对设备的设计两大类。

针对工艺 DFM，要求设计出的零件能够以某种特定的工艺（如铸造、锻压或者冲压等）制造出来。面向铸造的设计、面向锻压的设计以及面向冲压的设计都属于此类方法；针对设备的 DFM 用来设计将在某种特殊的加工设备上加工的产品，一些典型的应用环境包括柔性装配与制造系统、特殊的柔性焊接工装或生产线等。

成组技术辅助 DFM：成组技术（GT，Group Technology）是一种设计和制造方法，它通过识别和拓展零件在形状和工艺方面的相同或相似性来减少制造系统的信息量，支持产品的设计、制造和管理。采用 GT 系统作为 DFM 的辅助工具时，设计工程师只需要根据功能要求确定要设计的零件的组代码，通过对 GT 零件数据库的搜索找到相似零件后，根据新的要求对其作相应的修改就能得到新的设计。

除了以上四种 DFM 方法学之外，还有鲁棒性设计、价值工程等与 DFM 有一定关联的设计方法和理论。

（2）DFM 开发流程。DFM 的设计内容主要围绕着以下三个关于制造的问题：

• 与资源无关的结构工艺性问题。DFM 系统主要根据结构工艺性知识对零件的几何和精度信息进行分析，对待加工特征的加工可能性、加工容易程度进行评估。例如加工刀具无法到达被加工表面、加工斜面上的孔。

• 与资源有关的可制造性问题。它是指零件的制造是否在企业制造资源能力范围内的问题。例如零件的精度是否超过现有机床的最高加工精度。DFM 系统主要是通过分析零件加工对资源（机床、刀具等）的需求，来考察生产设备是否满足零件加工在尺寸范围、精度特性等诸方面的要求。

• 零件制造经济性问题。它要求 DFM 在设计阶段就对零件及其加工特征的加工成本等进行粗略的相对的估算，用以指导设计者有针对性地修改设计，以及对不同设计方案进行评价和取舍。

具体的 DFM 设计流程如下：①产品需求分析及方案设计；②依据工艺性问题、可制造性问题以及经济性问题进行概念、功能设计及其优化；③对概念、功能设计进行设计评估、优化设计和评价；④依据工艺性问题、可制造性问题以及经济性问题进行详细设计；⑤对详细设计后的结果进行评估和评价；⑥形成设计结果。

（3）DFM 应用案例。本节利用钣金件设计过程中的问题为案例来介绍 DFM 设计如何应用。[12]

①冲裁工序的 DFM 应用。避免钣金件的外部尖角以及内部尖角，因为对应尖角位

置的模具难以加工，并且尖角处模具容易磨损，使模具寿命大大降低，极大增加了制造成本，因此在设计时将尖角改为圆角，其设计如图 1-37 所示。

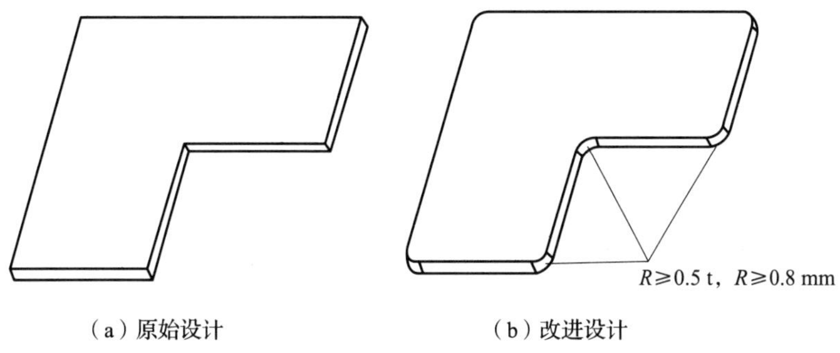

（a）原始设计　　（b）改进设计

图 1-37　钣金件外部圆角设计

避免冲裁孔与钣金弯折边或成型特征的距离太近，太近会导致冲裁孔极易在弯折或成形时发生扭曲变形，工艺性变差。可以选择先折弯或成形再冲孔，但是这样会使模具复杂度增加，进而增大了成本，因此不推荐这样做。推荐的做法是在折弯或成形处增加一个工艺切口，用于吸收折弯或成形时发生的变形，不仅保证了加工工艺性，又不会大幅增加成本，其图示如图 1-38 所示。

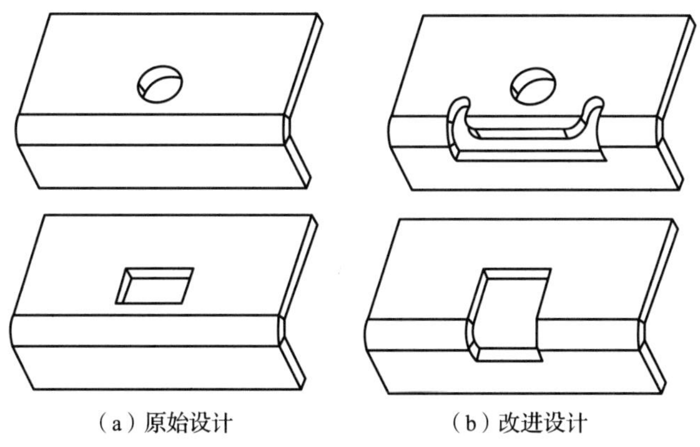

（a）原始设计　　（b）改进设计

图 1-38　弯折距离冲裁孔太近

②折弯工序的 DFM 应用。钣金折弯的高度不能太低，太低在折弯时容易发生变形扭曲，无法得到理想的零件形状，还会降低尺寸精度。折弯为斜边时，最容易发生因折弯高度太小造成扭曲变形的情况，可以选择增加折弯高度或去除折弯高度较小的部分来保证加工质量，如图 1-39 所示。

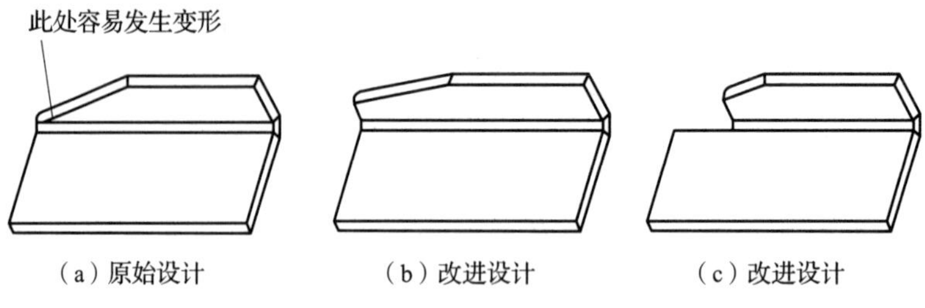

图 1-39　折弯高度太小

减少弯折工序，弯折工序越多，精度越难以控制，并且也会增加模具成本，因此应尽量将多个弯折在一个弯折工序中完成，不仅可以保证加工工艺性，还可以避免增加成本，如图 1-40 所示。

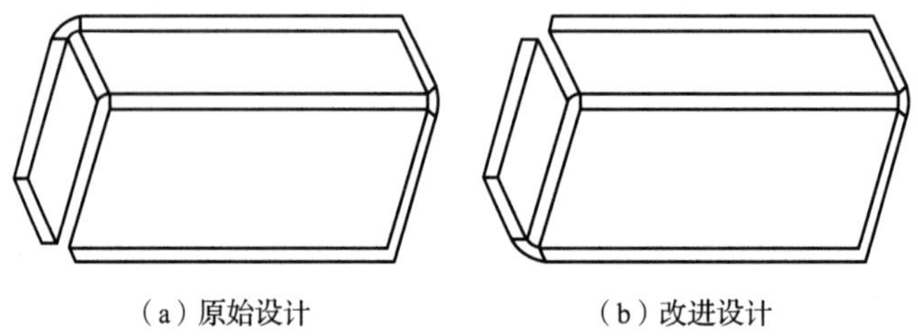

图 1-40　减少弯折工序

③凸包结构的 DFM 应用。避免凸包与凸包、凸包与钣金边缘、凸包与折弯边距离太近，否则凸包成型会存在质量问题或者凸包会影响钣金的折弯质量，如图 1-41 所示。

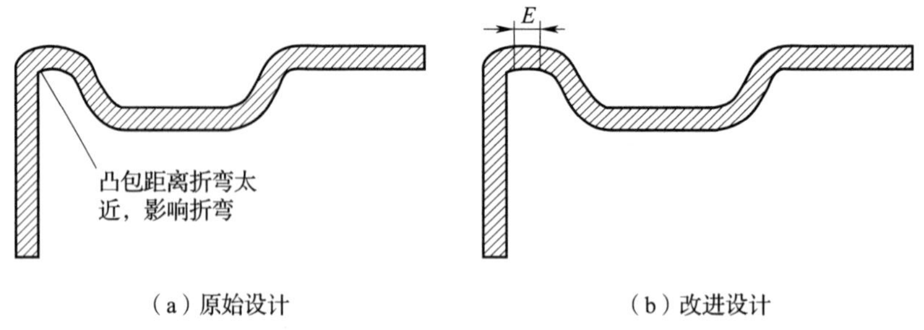

图 1-41　凸包距离弯折太近

④止裂槽结构的 DFM 应用。止裂槽用于钣金折弯和凸包等成形工序中，作用是防止钣金在成形过程中材料撕裂和变形，产生毛边，从而产生安全问题；同时还可以减小成形力。不仅保证了加工质量，还降低了对装备的要求，如图 1-42、图 1-43 所示。

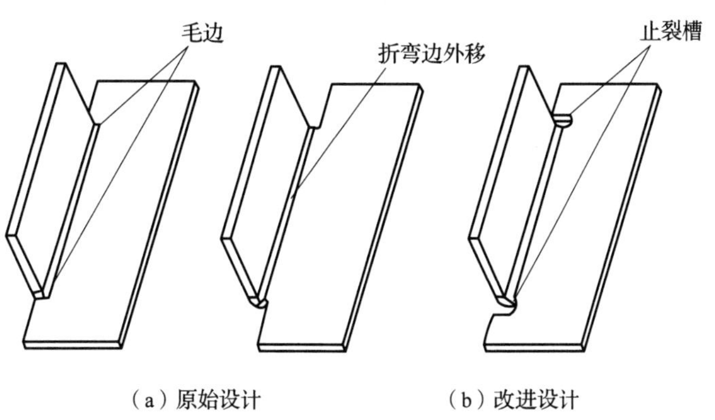

图 1-42　折弯止裂槽

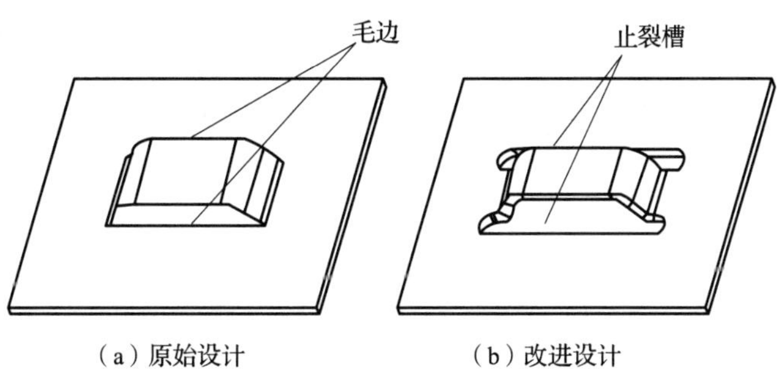

图 1-43　凸包止裂槽

⑤应用 DFM 的优势。钣金件的形状应当利于排样，尽量减少废料，提高材料使用率。所以应合理设计钣金件的形状来提高材料利用率，如图 1-44 所示。

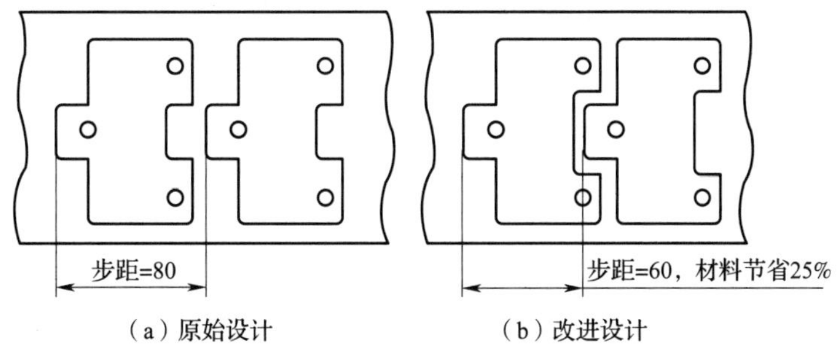

图 1-44　提高材料利用率的形状

避免钣金展开后呈“十”字形外形，因为这种形状的钣金在排样时材料浪费严重，同时还增加了冲压模具的尺寸，进而增加模具成本，如图 1-45 所示。

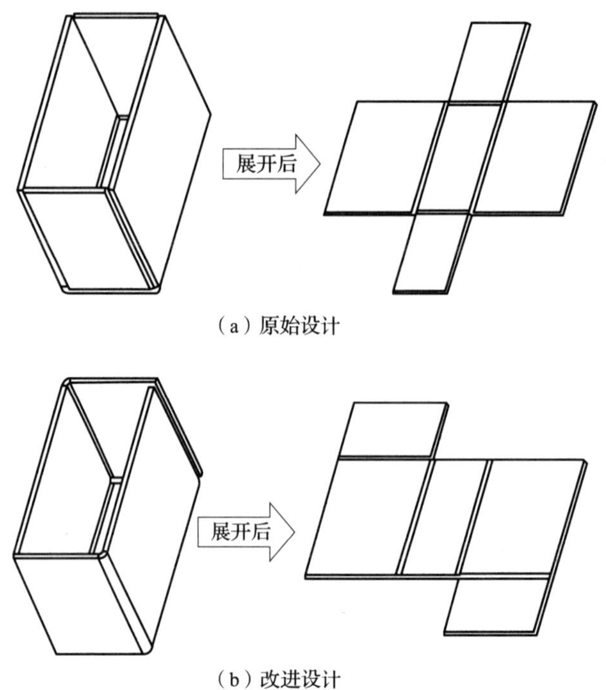

图 1-45　避免展开后呈“十”字形

合理利用钣金结构，减少零件数量，虽然与不允许钣金具有复杂结构矛盾，但是在钣金结构所能够达到的范围之内，应合理利用钣金结构，合并钣金件相邻的零件，减少零件数量，进而降低产品成本，如图 1-46 所示。

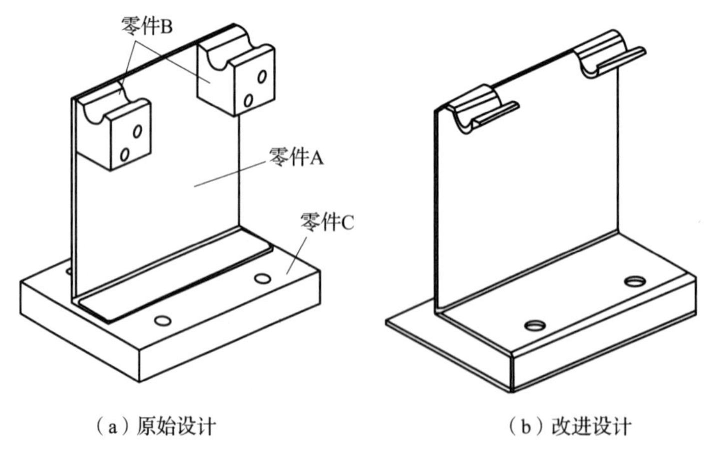

图 1-46　合理利用钣金结构，减少零件数量

2. 面向装配设计 DFA

（1）DFA 概述。在传统上，产品的设计与装配是相对独立的过程，设计人员很少考虑装配因素。因此，产品设计往往存在着装配问题。为解决装配问题，人们常常采用增加工人人数或增加自动装配机器和装配机器人等方法，这必然导致装配成本的大幅度提高。为解决这个问题，DFA 技术应运而生。

①DFA 概念。面向装配的设计是指在产品设计阶段使得产品具有良好的可装配性，确保装配工序简单、装配效率高、装配质量高、装配不良率低和装配成本低。面向装配的设计通过一系列有利于装配的设计指南（例如简化产品设计、减少零件数量），同装配工程师合作，简化产品结构，使其便于装配，为提高产品质量、缩短产品开发周期和降低产品成本奠定基础。面向装配的设计的研究对象是产品的每一个装配工序，通过产品设计的优化，使得每个装配工序都具有最好的装配工序特征[13]。

②DFA 的设计思想。在满足产品给定功能要求的同时，尽量减少组成产品的零件数，减少产品装配的难度，从而提高产品的可装配性，但与此同时，由于零件数目的减少，产品零件形状复杂性必将相对提高，这将引起零件加工难度和加工成本的提高，即可加工性的下降。这样，如果为了降低成本，一味追求产品可装配性的提高，必将适得其反，引起总的制造成本增加。因此，在进行可装配性评价的同时，要同时考虑产品设计的可加工性，降低零件的制造成本，使总的成本达到最少。

③DFA 设计的目的。通过面向装配的设计，产品开发能够达到以下的目的：简化产品装配工序，缩短产品装配时间，减少产品装配错误，减少产品设计修改，降低产品装配成本，提高产品装配质量，提高产品装配效率，降低产品装配不良率，提高现有设备使用率。

DFA 方式采用并行设计的思想，将装配过程考虑到产品设计中，使设计人员在产品设计时就已经充分考虑装配过程中可能出现的装配问题，并在产品设计时期就将这些装配问题规避掉。因此，采用 DFA 设计可以有效地降低成本，缩短产品开发周期。

（2）DFA 开发流程。人们从现代装配实践中总结出了许多便于产品装配的设计原则，尽管其中有些原则极为普遍且容易理解，但在全局优化的 DFA 理论中，以下原则依然是重要的设计原则：①构成产品的零件数量和类型最少原则；②装配方向最少原则；

③模块化的设计原则；④零件易于定位原则；⑤减少紧固件数量的设计原则；⑥最少装配中需调整的原则。

除了上述的一些常用的 DFA 设计原则之外，还有许多其他有关 DFA 的设计原则，如最少手工装配原则、最少装配夹具原则、避免使用柔性零件的原则等，根据上述原则设计的产品将具有良好的可装配性。

DFA 的设计流程与 DFM 相似，区别在于，DFA 在设计时需要考虑的产品装配性能的好坏，并且依照 DFA 设计原则设计对产品进行详细的设计。具体的 DFA 设计流程如下：①产品需求分析和功能分析；②根据功能需求分析设计功能结构模型；③依照功能结构确定主要结构间配合关系和机构的运动约束；④对产品的装配性能初步分析；⑤根据功能结构模型和 DFA 设计准则对产品进行具体设计；⑥对产品进行可装配性设计，确定装配方案；⑦形成设计结果。

（3）DFA 应用案例。本节将依照前述的 DFA 设计原则来介绍一些 DFA 的应用案例。

①减少零件数量。减少零件的方法一般有两种，一是考虑是否可以把相邻零件合并为一个零件；二是考虑是否把相似零件合并为一个零件。

相邻零件的合并：合并的相邻零件要求可以由一种材料组成，并且不能存在相对运动，合并后不会阻止其他零件的固定、拆卸和维修，而且合并后的零件制造过程不能复杂。图 1-47 中零件 A 和零件 B 通过焊接装配在一起，行使一个卡扣的功能，A 为钣金件，B 为机械加工件，通过改进设计后将卡扣的功能合并在一个钣金件上。同样实现卡扣的功能，改进设计后，只有一个零件，且不需要机械加工。

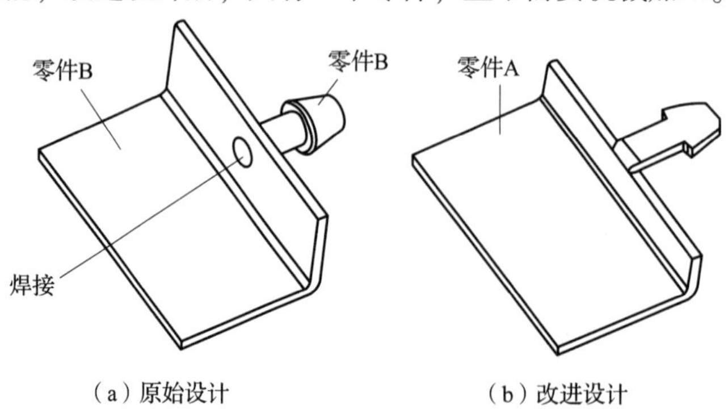

（a）原始设计　　（b）改进设计

图 1-47　零件合并实例

相似零件的合并：在产品中经常存在许多两个或多个形状相似、区别很微小的零件，这些相似的零件可以合并成一个零件，从而实现节约模具成本和装配成本。而且相似的零件在装配时很容易装配到错误的位置，合并为一个零件可以很好地防止这种错误。图 1-48 所示的两零件只是折边位置不同，除此之外二者没有任何区别。所以可将二者合并为一个零件。

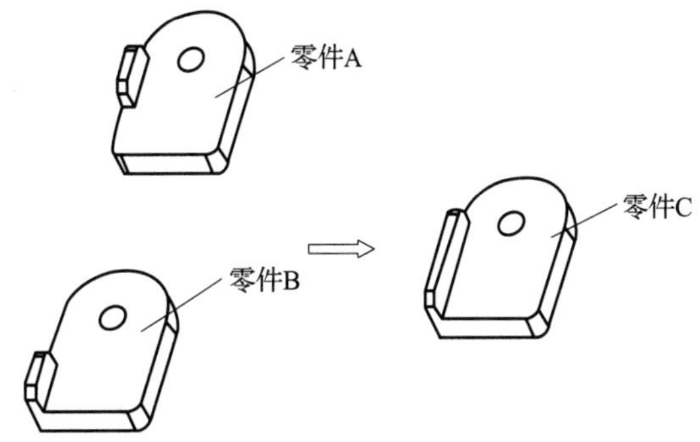

图 1-48　零件合并实例

②减少紧固件的数量和类型。紧固件对零件的作用仅仅是固定，对功能和质量并没有额外的价值。一个紧固件的开发过程包括设计、制造、验证、采购、储存、拆卸等，耗时耗力，而且紧固件的使用需要工具，比较不方便，因此在设计中要尽量减少紧固件的数量和类型。

使用同一种类型的紧固件：使用同一种类型的紧固件可以减少在设计和制造过程中对多种类型紧固件的管控，防止产生装配错误，而且购买时可以带来批量购买的成本优势。

如图 1-49 所示，通过在钣金件中增加凸台来调整高度就能使用同一种螺柱。

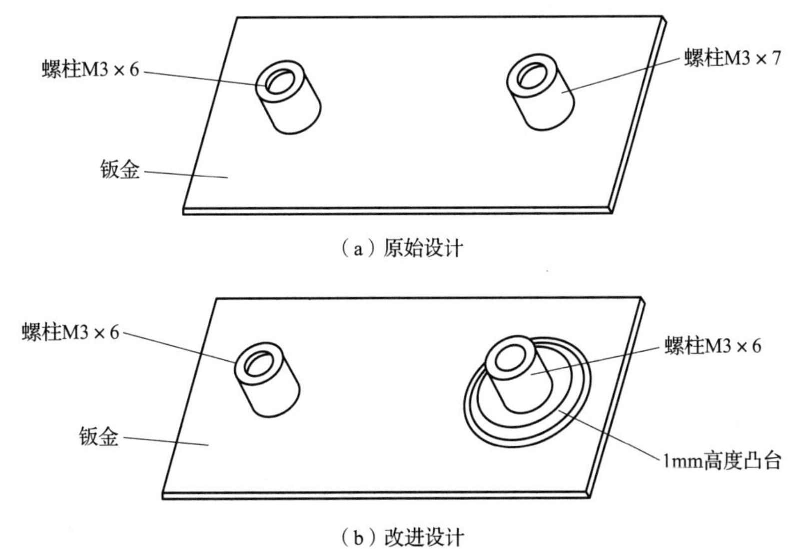

（a）原始设计

（b）改进设计

图 1-49　钣金件中减少螺柱类型

使用卡扣等代替紧固件：装配一个紧固件需要耗费较多的时间，装配成本中卡扣成本最低，拉钉次之，螺钉较高，螺栓螺母最高。因此采用卡扣是最经济的装配方式。

除了卡扣之外，也可以通过有类似卡扣的功能的结构来减少紧固件数量。如图 1-50 中的钣金件，通过一个折边去代替两个紧固件的功能，从而将紧固件的数目减少一半，如图 1-50 所示。

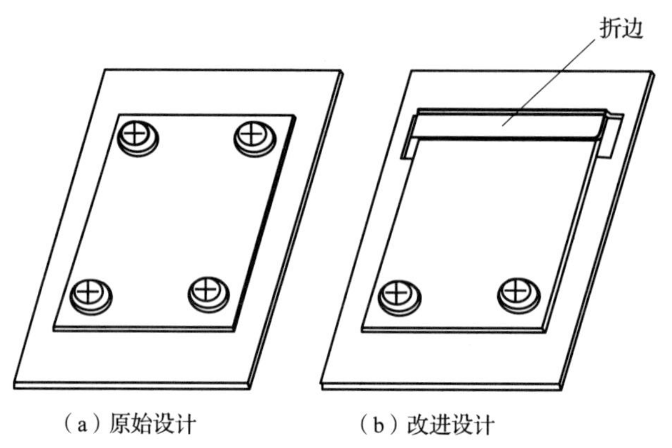

图 1-50　钣金件通过折边减少紧固件数量

③设计零件容易被抓取。避免零件太小、太滑、太热和太柔和；零件应避免锋利的边和角；设计抓取特征。如图 1-51 所示，原始设计的零件太薄，很难进行抓取和装配，在改进设计中，增加了一个折边用于零件的抓取。

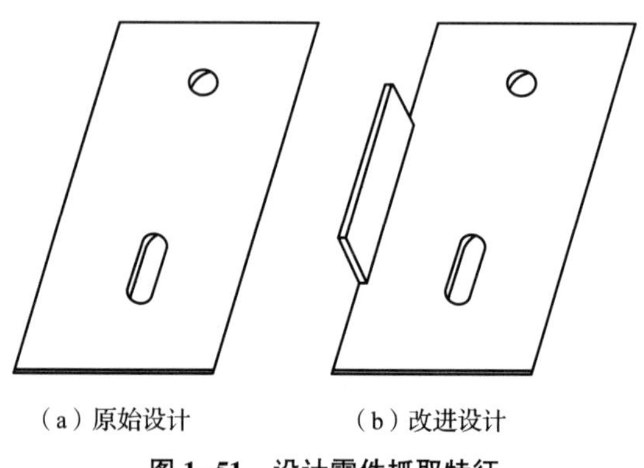

图 1-51　设计零件抓取特征

④设计导向特征。在零件的装配方向上设计导向特征，零件就能自动对齐到正确的位置，从而减少装配过程中的零件位置的调整，减小零件互相卡住的可能，提高装配质量和效率，如图 1-52 所示。

⑤先定位后固定。装配先定位后固定，可以减少装配过程的调整，大幅提高装配效率。特别是对于需要通过辅助工具来固定的零件，能够减少操作人员手工对齐零件的调整过程，提高装配效率。

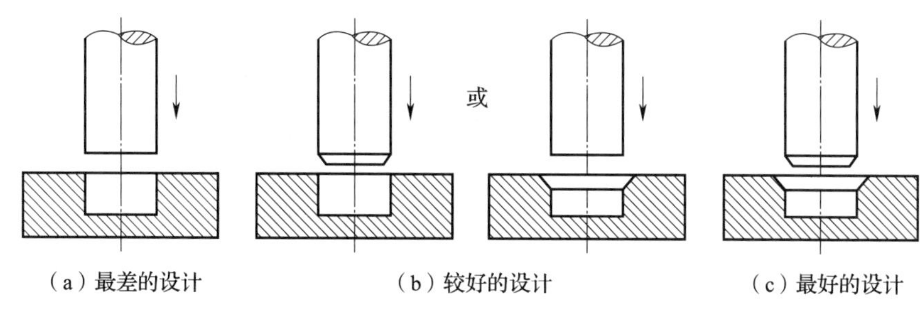

（a）最差的设计　（b）较好的设计　（c）最好的设计

图 1-52　设计导向特征

图 1-53 中改造设计之后的零件可以通过凹槽限制零件移动，实现自动对齐。

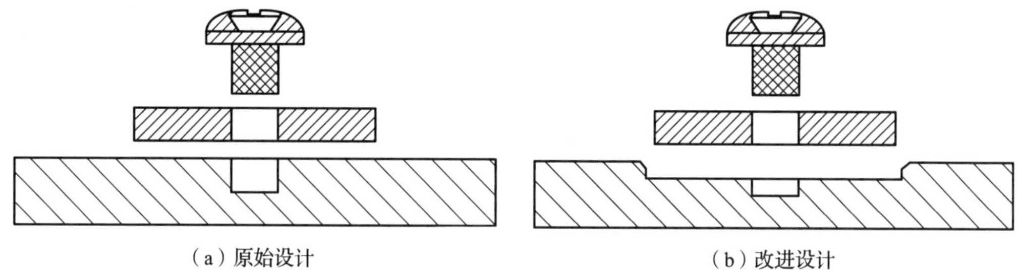

（a）原始设计　（b）改进设计

图 1-53　零件先定位后固定

⑥为辅助工具提供空间。在图 1-54 中，原始设计没有为螺钉旋具留出足够的操作空间，旋紧螺钉的过程中会与零件发生干涉，因此采用 b 这种改进设计。

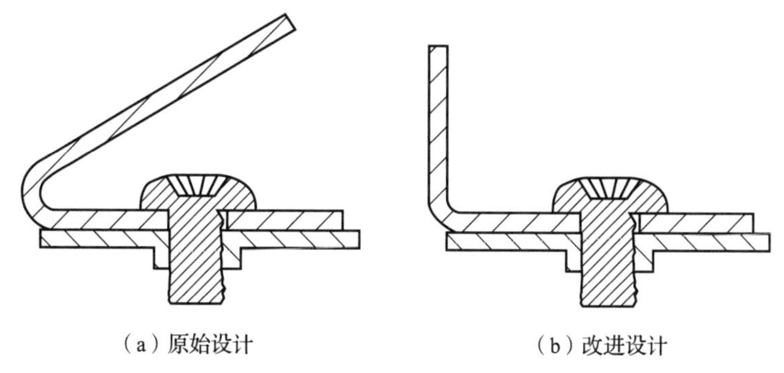

（a）原始设计　（b）改进设计

图 1-54　为辅助工具提供操作空间

⑦防错的设计。图 1-55(a)原始设计中，零件 A 有多种装配在零件 B 的装配位置，极为容易产生装配错误，因此在改进设计中，零件 A 增加两个凸台，零件 B 增加一个凸台，限制了它们只能有一种装配位置。

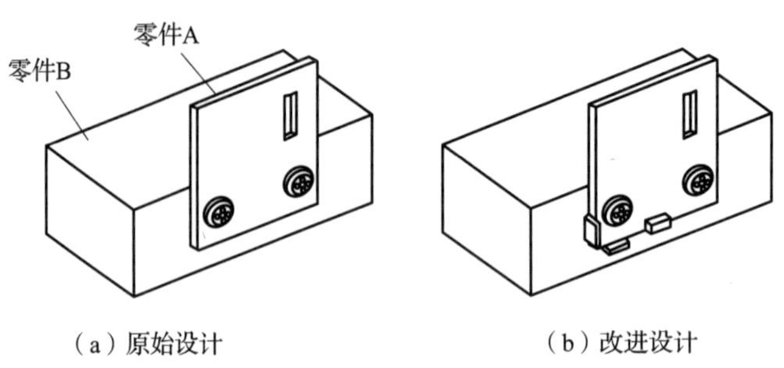

（a）原始设计　　（b）改进设计

图 1-55　零件固定时的防错设计

3. 面向维修设计 DFM

(1) DFM 概述。维修性属于产品设计特性，必须在设计时注入。经验表明，在研制中投入 1 美元改进维修性，就有望取得减少寿命周期费用约(LCC，Life Cycle Cost) 50~100 美元的效益。由此可见，维修性具有重要意义。

维修性缺陷源于设计，却通常要到制造阶段，甚至使用维修阶段才能发现，这使得维修性问题具有“潜伏性”和“滞后性”。所以，必须采取必要手段，提前在设计阶段就充分暴露影响维修工作的设计缺陷，并加以解决，才能改善维修性，降低维修难度，提高维修效率。

①DFM 概念。面向维修的设计(DFM，Design for Maintenance)是指在产品设计时，以满足用户需求为前提，通过分析和研究产品寿命周期中各阶段的特征，进行综合评价和权衡，提高产品的维修性及相关特性(可靠性、保障性、测试性等)，使得产品能以最小的维修资源(维修时间、维修人力、维修费用、维修设备等)消耗获得最大的可用性之设计原则、方法和技术。

维修费用已经成为产品寿命周期费用的重要组成，由维修需求导致的设计变更费用也会随着设计工作的推进而呈指数级增加。因此采用 DFM 可以有效降低开发成本。

②DFM 的维修指标。DFM 可以通过维修指标加以衡量，维修指标主要包括设计特性、费用和性能三类[14]。

设计特性：可达性、可测试性、标准化、人机工效、修理时间。

费用：修理费用、总拥有成本、维修人员薪资、维修管理费用、培训费用。

性能：每年的维修工作指令、停机时间、总维修时间、维修人员数量、次生故障。

（2）DFM 开发流程。DFM 的设计要求如下：①具有良好的可达性；②标准化和互换性；③符合维修安全性；④完善的防差错措施及识别标记；⑤维修简便；⑥重视贵重件的可修复性；⑦符合人素工程要求；⑧良好的测试性；⑨符合绿色设计要求。

除了以上这些定性的设计要求外，还有一些定量的维修性参数，如平均修复时间（MTTR）、恢复功能用的任务时间（MTTRF）、最大修复时间（M_{maxct}）等。

具体的 DFM 设计流程如下：①建立一支 DFM 设计团队；②收集、分析和整理技术服务、外场维修、客户调查和报修记录等方面的数据；③确定维修思想，筛选后升格为设计约束条件；④用选定的维修思想设计产品；⑤设计、分析、测试和改进产品；⑥根据分析测试结果评估维修思想，并加以修订；⑦完成产品设计，生产并投入市场；⑧收集现场维修数据客户反馈和维修信息，利用这些信息评估产品性能，用于改进产品设计；⑨重复 DFM 设计流程，来设计下一代产品。

（3）DFM 应用案例。本节将用几个实际的设计方案来介绍 DFM 的应用。[15]

①蒸汽锅炉挡渣器。蒸汽锅炉的挡渣器用于拦挡锅炉内燃烧完排出的废渣，在实际工作中，挡渣器头部长期受热烧损后，需要更换维修。

以图 1-56 挡渣器为例，挡渣器为单件铸铁，原始设计为整体式，单件质量为 120～189 kg。当工作中被高温炉渣烧损时，维修需要整块更换，由于质量很大，导致维修工作量大、拆卸费力、更换时间长且浪费比较大。

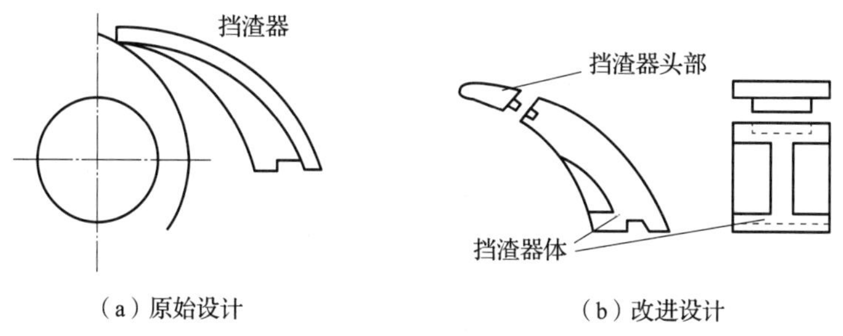

图 1-56　挡渣器设计

现在将其改进为分体式，由头部和底部两部分组成，当烧损维修时，只需要更换头部，由于头部体积和质量远小于底部，质量更轻，拆卸比较方便。

②电炉主轴水冷密封结构。该结构用于向高温淬火炉的输送链旋转主轴输送冷却

水，输送链主轴的为空心水冷结构，轴端两侧为四层密封结构，图 1-57 所示的原始设计密封处靠近炉墙，工作温度高，橡胶圈易老化，需要经常更换。

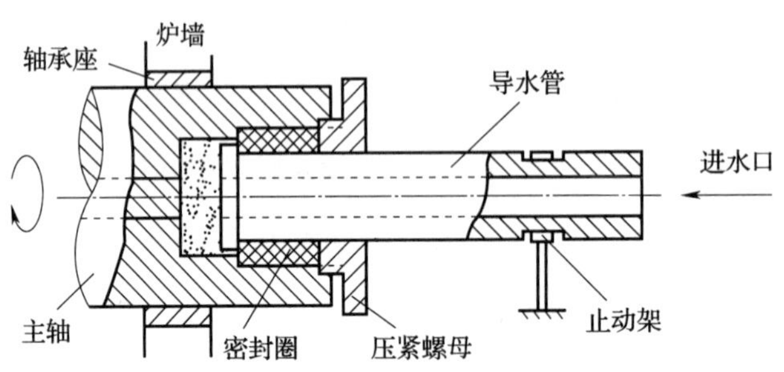

图 1-57 主轴水冷密封结构（改进前）

原始设计中，密封圈安装在主轴内，径向过盈配合实现密封，轴向由螺母压紧，拆卸时需要将密封圈一点一点勾出，操作费时费力，而且停炉维修时，需要等主轴降温方可进行维修，维修周期很长，更换一次需要的时间很长，而且维修时导水管开口正对操作者，容易被余水汽化烫伤，很不安全。

按图 1-58 改进结构后，将水密封移到主轴外面，用螺纹与轴连接起来。由于水不再安装在主轴内部，散热好，因此工作温度相对改进前低，密封圈不易老化。在更换时只需要把螺母旋下、外套体一拉即可脱开，十分易于拆卸，而且导水口开口在径向，不会直接对着操作者，从而杜绝了余水汽化烫伤的事故。经过改进后，密封圈不易老化，维修更换简单省时，而且避免了安全事故。

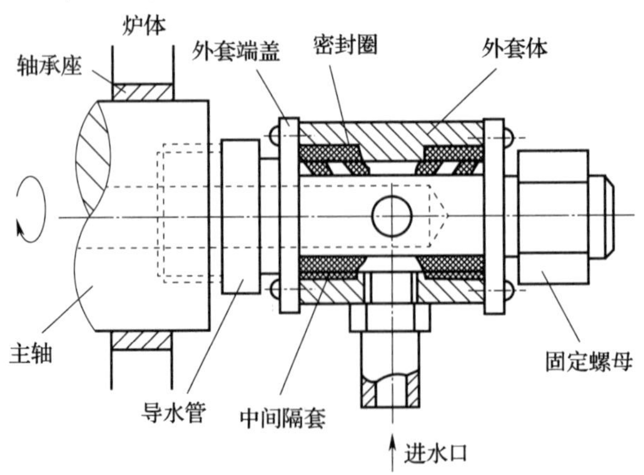

图 1-58 主轴水冷密封结构（改进后）

③发动机连杆凸块标记。连杆组时曲柄连杆机构的重要组件，它将活塞的往复运动转化为曲轴的旋转运动，承受的力比较复杂，所以有时有损坏，需要拆卸和更换。

连杆在工作时，经常出现小头衬套磨损、连杆的弯曲和扭曲等故障，必须进行拆卸修理或者更换。在更换时，为了防止连杆在曲轴上装反，在连杆大头端处，做了如图1-59所示的凸块标记，标记的一侧在装配时，指向发动机前方，减少了人为的维修失误。

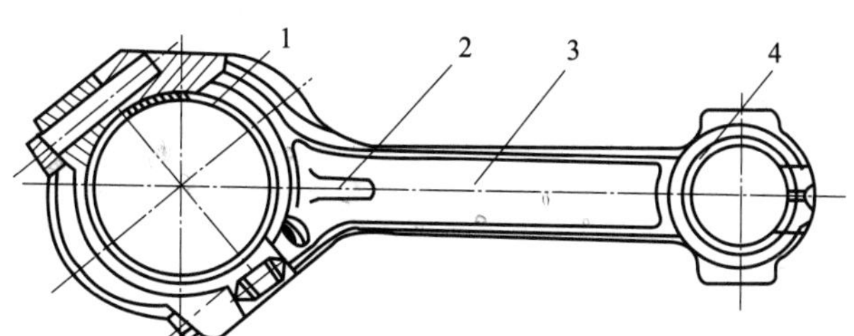

1—连杆轴瓦　2—凸块标记　3—连杆　4—连杆小头衬套

图1-59　发动机连杆凸块标记

二、实验

实验一：AGV产品数字化建模（CAD）

1. 实验目的

了解数字化建模（CAD）的基本概念；掌握三维设计软件SolidWorks，能够使用常用指令、快捷键等建立复杂立体模型；能够使用SolidWorks建立AGV产品的数字化模型。

2. 实验相关知识点

了解三维设计软件SolidWorks；学习SolidWorks的工具栏常用指令、快捷键和建模的基本步骤；学习AGV产品的数字化模型构建。

3. 实验内容及主要步骤

利用三维设计软件SolidWorks实现AGV产品的数字化模型构建，具体实验步骤如下：①了解SolidWorks软件入口界面，并创建一个零件；②在零件主界面查看菜单栏、工具栏、命令管理器、前导视图工具栏、功能选项窗口、管理器、设计树、任务标签选项、状态栏、参考坐标系、绘图区等部分；③进入草图绘制，利用草图工具栏中的指令绘制草图，并通过几何关系和尺寸确定草图图形的位置和大小，绘制完成后退出草图界面；④通过工具栏中的拉伸、切除等工具在草图的基础上形成三维实体特征；⑤通过多次草图绘制和三维实体特征形成步骤最终完成一个零件的设计，并按照零件设计的步骤完成 AGV 产品的所有零件的设计；⑥创建一个装配体，并在装配体主界面查看其工具栏、命令管理器、功能选项窗口、管理器、设计树等、并比较与零件主界面的不同；⑦将前述步骤设计完成的所有 AGV 零件加载进装配体绘图区；⑧通过装配体命令栏中的约束关系指令，建立零件之间的位置、连接关系；⑨建立上述所有的 AGV 产品零件之间的位置、连接关系，完成 AGV 产品的数字化模型的构建。

实验二：AGV 产品面向制造的设计 DFM

1. 实验目的

了解面向制造的设计基本概念和开发流程，掌握 DFM 设计和制造准则，使用 DFM 准则设计 AGV 驱动底盘。

2. 实验相关知识点

了解 AGV 制造所需的机床设备、加工工具、测量工具等；学习 DFM 设计和制造准则；使用 DFM 准则，通过 SolidWorks 软件设计 AGV 驱动底盘。

3. 实验内容及主要步骤

在 DFM 设计和制造准则下，利用三维设计软件 SolidWorks 设计 AGV 驱动底盘，具体实验步骤如下：①进行标准件和外购件选型，尽量使用标准件以及外购件设计；②简化设计零件的形状；③针对相似特征的 AGV 结构进行统一尺寸设计；④设计材料优先选用便于加工的材料；⑤AGV 部分零件尽量设置较大的公差，减少不必要的精度要求；⑥打开 SolidWorks 软件，打开文件提供的草绘基准平面，通过拉伸特征建立一个车架实体结构；⑦选择合适的基准面，建模绘制悬挂装置；⑧通过装配体将各模块组成一个 AGV 驱动底盘；⑨通过 DFM 设计原则，优化 AGV 驱动底盘，并说出自己设计 AGV 驱动底盘用到的 DFM 设计原则。

实验三：AGV 产品面向装配的设计 DFA

1. 实验目的

了解 AGV 产品面向装配设计 DFA 的基本概念和设计思想；掌握 DFA 设计目的和

开发流程；通过 DFA 设计流程优化 AGV 整机。

2. 实验相关知识点

了解 DFA 概念和设计思想；学习 DFA 设计目的和开发流程；使用 DFA 设计流程，通过 SolidWorks 软件对 AGV 整机进行优化。

3. 实验内容及主要步骤

在 DFA 设计流程下，利用三维设计软件 SolidWorks 进行 AGV 设计优化，具体实验步骤如下：①打开 SolidWorks 软件，打开文件提供的 AGV 实体结构；②拆解 AGV 各部分结构，熟悉提供 AGV 结构的装配工序；③统计 AGV 的零件数量和类型；④对 AGV 的需求和功能进行分析；⑤针对 DFA 设计流程对 AGV 各模块进行分析；⑥对比分析，找出提供 AGV 实体结构的待优化模块和零件；⑦针对优化方案，重新设计零件和模块；⑧将优化后的模块和零件重新装配，做 AGV 的装配可行性设计，确定优化装配方案；⑨通过 DFA 设计原则，将各模块优化完成，行程最终的设计结果。

四、基于 AR/VR 的设计

1. 基于 AR/VR 的设计理论与方法

虚拟现实(VR，Virtual Reality)是一门崭新的综合性信息技术，它包括数字图像处理、计算机图形学、多媒体技术、传感器技术等多个信息技术分支，从而大大推进了计算机技术的发展。虚拟现实技术具有超越现实的虚拟性。它是伴随多媒体技术发展起来的计算机新技术，它利用三维图形生成技术、多传感交互技术以及高分辨率显示技术，生成三维逼真的虚拟环境，用户需要通过特殊的交互设备才能进入虚拟环境中。

基于虚拟现实的产品设计的基本构思是用计算机来虚拟完成整个产品开发过程。设计者经过调查研究，在计算机上建立产品模型，并进行各种分析，改进产品设计方案。通过建立产品的数字模型，用数字化形式来代替传统的实物原型试验，在数字状态下进行产品的静态和动态性能分析，再对原设计进行集成改进。由于在虚拟开发环境中的产品实际上只是数字模型，可对它随时进行观察、分析、修改、通信及更新，使新产品开发中的形象及结构构思、分析、可制造性、可装配性、易维护性、运行适应性、易销售性等都能同时相互配合地进行[7]。

新产品的数字原型经反复修改确认后，即可开始虚拟制造。虚拟制造(或称数字化制造)的基本构思是在计算机上验证产品的制造过程。设计者在计算机上建立制造过程和设备模型，与产品的数字原型结合，对制造过程进行全面的仿真分析，优化产品的制造过程、工艺参数、设备性能、车间布局等。虚拟制造可以预测制造过程中可能出现的问题，提高产品的可制造性和可装配性，优化制造工艺过程及其设备的运行工况及整个制造过程的计划调度，使产品及其制造过程更加合理和经济。虚拟工艺过程和设备是各种单项工艺过程和设备运行的模拟与仿真。

2. 实验：AGV 产品的 VR 装配干涉检验

实验目的：了解 VR 装配干涉检验的原理、以及 VR 系统的组成；掌握使用 VR 的基本软件环境、硬件设备；掌握使用 VR 系统对 AGV 产品进行装配干涉检验。

实验相关知识点：学习 VR 系统进行装配干涉检验的原理；学习 VR 系统的组成以及使用方法步骤；学习使用 VR 系统进行装配干涉检验的操作步骤。

实验内容及主要步骤：利用提供的 VR 系统、IC. IDO 软件和产品模型数据库学习 VR 系统的使用以及装配干涉检验。具体实验步骤如下：①了解 VR 系统的硬件设备，包括专业图形处理计算机、输入设备、输出设备等，了解利用 VR 系统进行装配干涉检验的原理；②启动 VR 系统的软件 IC. IDO，查看主界面的菜单栏、工具栏等内容；③从系统的模型数据库中导入典型产品模型；④了解 VR 系统的干涉高亮、干涉检查、容差设置、机构运动；⑤使用 IC. IDO 对导入的典型产品模型依次进行关键结构高亮显示、静态干涉检查、动态干涉检查、碰撞干涉检查，并设置容差；⑥导入 AGV 产品模型导入 IC. IDO 软件中；⑦对 AGV 产品进行装配干涉检查；⑧将装配干涉检查结果输出到文件中。

本章思考题

1. 思考并行工程与协同设计在产品创新设计中的区别与联系。
2. 以某一日用家电为例，描述其在现代设计下的基本开发流程。
3. 现有的模块化设计方法有哪些？有何特点？
4. 新产品的模块化设计方法与已有产品的模块化设计之间有何异同？

5. 运用 QFD 进行需求分析的过程中会受到哪些因素的影响及解决方法？

6. 问卷调查法、用户访谈法以及网络用户评论分析法的优点和缺点各是什么？

7. Design for X 是一种哲学，除本章中提到的内容之外，“X” 还可以是哪些因素？并尝试举例说明。

8. DFX 设计与并行工程的联系有哪些？并结合实例比较 DFX 设计与串行工程的优缺点。

第二章 数字化制造技术

数字化制造技术是智能制造的基础，已在生产中得到广泛应用，并在企业新的生产技术管理体制建设中起到很大作用。本章在介绍数字化制造技术的概念基础上，分析数字化制造技术原理和数字化工艺设计关键技术，针对多种数字化制造装备，通过实验操作掌握其基本操作方法，最后从实际案例的角度进行解释说明。

- **职业功能：**智能装备与产线开发
- **工作内容：**设计智能装备与产线单元模块的生产工艺
- **专业能力要求：**能进行智能装备与产线单元模块的工艺设计与仿真
- **相关知识要求：**工艺设计基础与仿真技术；CAPP 等辅助工艺设计工业软件应用方法；数字制造技术基础，包括数控加工、机器人、增材制造等

第一节　先进制造方法

考核知识点及能力要求：

- 了解先进制造方法种类及基本原理。
- 熟悉各类先进制造方法工艺特点、适用范围和基本操作。

先进制造方法是数字化制造的基础。一个国家的制造工艺水平的高低，在很大的程度上决定了其制造业在国际市场的竞争力。本节重点针对高速切割技术、超精密加工技术、增材制造技术、微纳制造技术和非传统加工技术进行介绍。

一、高速切割技术

高速切削(HSC，High Speed Cutting)是近年来迅速崛起的一项先进制造技术。其起源于1931年德国物理学家萨洛蒙(Salomon)博士发表的著名的“高速切削理论”，他认为某种工件材料有一个临界切削速度，达到临界切削速度的切削温度最高。超过这个临界值，随着切削速度的增加，切削温度反而降低，同时，切削力也会大幅度下降。图2-1为高速切削加工理论的示意图。这一理论的发现为人们展示出在低温、低能耗条件下高效率切削金属的美好前景[18]。

高速切削具有以下关键技术。

1. 高速主轴

高速主轴是高速切削的首要条件，对于不同的工件材料，目前的切削速度可达5～

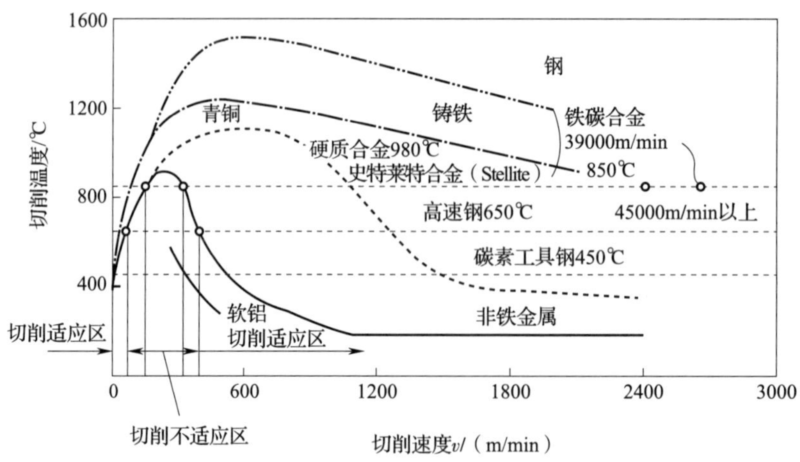

图 2-1　高速切削理论示意图

100 m/s。主轴的转速与刀具的直径有关，采用小直径的球头铣刀时，主轴转速可达 100 000 r/min。

2. 高速切削机床结构

高速主轴必须装在能适应高速切削的机床上，才能充分发挥高速切削的众多优点。这就要求高速切削机床具有很高的进给速度，并在高速下仍有高的定位精度。此外，高速进给要靠很大的加速度来实现，所以高速切削机床不仅要有很高的静刚度，还必须有很高的动刚度。

3. 高速切削的刀具系统

高速切削时的一个主要问题是刀具磨损。另外，由于高速切削时离心力和振动的影响，刀具必须具有良好的平衡状态和安全性能。设计刀具时，必须根据高速切削的要求，综合考虑磨损、强度、刚度和精度等方面因素。超硬刀具和磨具是高速加工技术最主要的刀具材料，主要有聚晶金刚石（PCD）和聚晶立方氮化硼（PCBN）。

对于超高速切削用刀具，其几何结构设计和刀具的装夹结构设计也是非常重要的。为了使刀具具有足够的使用寿命和低切削力，刀具的几何角度必须选择最佳数值。

由于高速切削加工具有生产效率高、减少切削力、提高加工精度和表面质量、降低生产成本、可加工高硬材料等许多优点，已在航空航天、汽车和摩托车、模具制造和其他制造业得到了越来越广泛的应用[18]。

二、超精密加工技术

超精密加工技术是精加工的重要手段，对于提高机电产品的性能、质量和发展高新技术方面都有着至关重要的作用。因此，该技术是衡量一个国家先进制造技术水平的重要指标之一，是先进制造技术的基础和关键。目前工业发达国家的企业已能稳定掌握 1 μm 的加工精度。通常称低于此值的加工为普通精度加工，而高于此值的加工则称为高精度加工。

在高精度加工的范畴内，根据精度水平的不同，分为三个档次，见表 2-1。

表 2-1　　精密加工的尺寸精度和表面粗糙度

档次	尺寸精度/μm	表面粗糙度/μm
精美加工	3~0.3	3~0.03
超精密加工(亚微米加工)	0.3~0.03	0.03~0.005
纳米加工	<0.03	<0.005

(一)超精密车削技术

超精密车削加工主要是指金刚石刀具超精密车削，一般称为金刚石刀具切削或SPDT 技术(Single Point Diamond Turning)。

金刚石车床机械结构复杂，技术要求严格。除了必须满足很高的运动平稳性外，还必须具有很高的定位精度和重复精度。金刚石车床必须具备很高的轴向和径向运动精度，才能减少对工件的形状精度和表面粗糙度的影响。

超精密切削加工与普通切削加工的重要区别就是切削深度小，一般都在微米级。终极加工的切削深度多在 1 至数微米。

切削表面基本上是由工具的挤压作用而形成的。切削表面的轮廓是在垂直于切削方向的平面内工具轮廓的复映。工具的轮廓在向工件表面上的复映过程中，要受到许多因素的影响，如切削刃的粗糙度、切削刃口的复映性和毛刺与加工变质层等[18]。

(二)超精密磨削和磨料加工技术

超精密磨削和磨料加工是利用细粒度的磨粒和微粉主要对黑色金属、硬脆材料等进行加工，得到较高的加工精度和较低的表面粗糙度。超精密磨削和磨料加工可分为固结磨料和游离磨料两大类加工方式。

目前，超精密加工技术已经在微光学元件、航空发动机叶片、工程零部件等车削与磨削过程中具有广泛的应用。

三、增材制造技术

（一）增材制造技术原理

相对于传统的切削制造方法，增材制造是基于材料的可累加特性，将已具数学几何模型的原型通过计算机控制自动地累加生成所需的实体原型或零件，集成了是机械工程、计算机技术、数控技术及材料科学等技术。

增材制造技术依据产品的三维 CAD 模型，以离散材料逐层按路径堆积成型并制造出产品原型或零部件。增材制造技术利用计算机技术对实体进行数字化处理，将零件的三维 CAD 模型在竖直方向上按照一定的厚度进行切片，将原来的三维 CAD 信息转化为二维层片信息的集合，然后将各层的轮廓信息逐层输入成型设备，成型设备控制成型材料逐层加工出各层截面，并将加工出来的截面相互黏结，从而形成了零件整体，如图 2-2 所示。整体而言，增材制造技术区别于传统的去除思想，是在计算机的控制下，基于离散、堆积原理，采用不同方法堆积材料，最终完成零件的成型与制造。

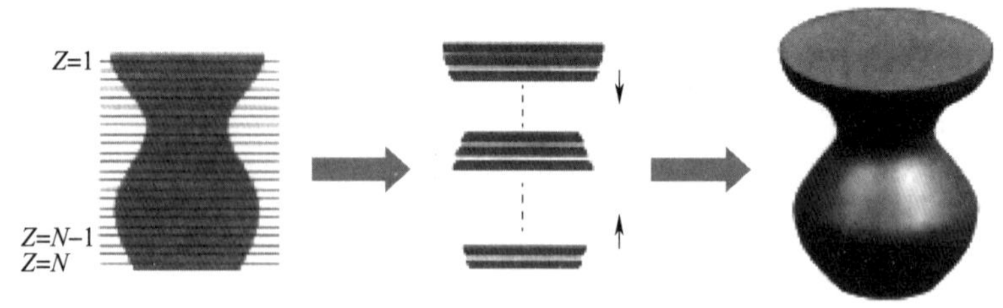

图 2-2　增材制造技术原理

增材制造技术具有柔性化程度高、自动化程度高等特点，可以适用不同的材料且利用率高，大大缩短了产品开发周期，具有广泛的应用领域。

(二)增材制造工艺方法

狭义的增材制造技术是指当前出现的快速原型技术以及基于快速原型的快速模具与金属零件的快速制造技术等；广义的增材制造技术则以材料添加为基本特征，还包括焊接成型、沉积成型、喷涂成型等[19]，如图 2-3 所示。

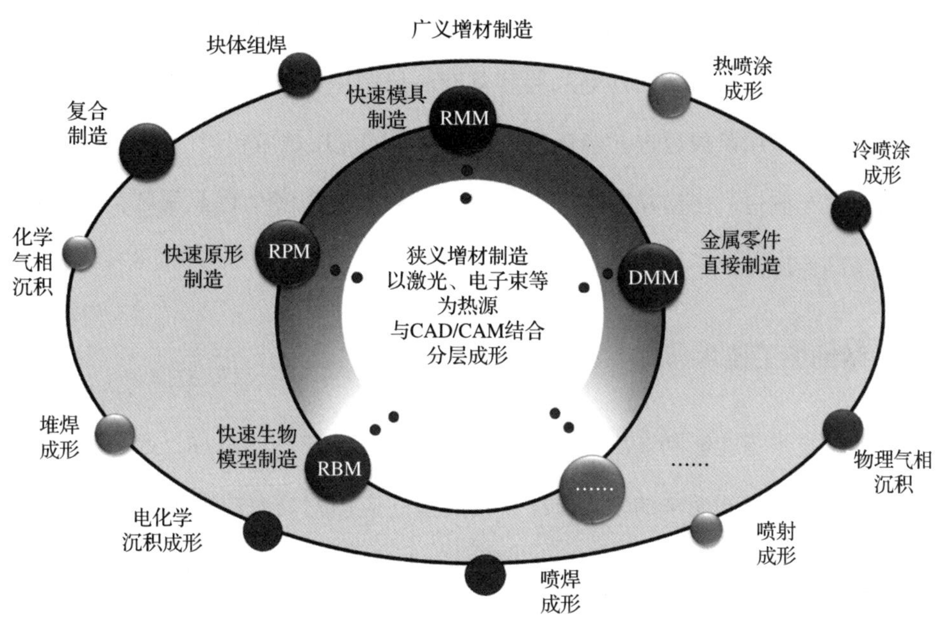

图 2-3　增材制造技术内涵

目前，应用较为广泛且带来显著经济和社会效益的增材制造工艺有：光固化成型工艺(SLA，Stereo lithography Apparatus)、选择性激光烧结工艺(SLS，Selective Laser Sintering)、分层实体制造工艺(LOM，Laminated Object Manufacturing)、熔融沉积成型工艺(FDM，Fused Deposition Modeling)、三维喷涂粘接成型工艺(3DPG，Three Dimensional Printing/3DP/Three Dimensional Printing Gluing)、激光熔覆成型工艺(SLM，Selective Laser Melting)、激光近成型(LENS，Laser Engineering Net Shaping)、电子束熔化(EBM，Electron Beam Melting)、电弧喷涂成型工艺(ASP，Arc Spraying Process)、气相沉积成型工艺(PVD/CVD，Physical/Chemical Vapor Deposition)、堆焊成型(OW，Overlay Welding)或喷焊成型(SW，Spray Welding)等。各种增材制造工艺的本质特征都是基于离散的增长方式制造制品的。

（三）增材制造应用

增材制造技术是综合多学科的新技术，相对于以减材制造的机械加工和以等材制造为主的铸、锻等传统制造技术而言，虽然其发展时间并不长，但却已经在航空航天行业得到了广泛应用。增材制造技术在大型复杂构件和高价值材料产品等制造中具有成本、效率、质量诸多优势。在国外，增材制造技术已经在火箭发动机喷嘴、飞机复杂结构件、航空发动机复杂构件等武器装备产品研制中获得应用，并且开始由研究开发阶段向工程化应用阶段迈进。金属三维打印材料的应用领域相当广泛，如石化工程、航空航天、汽车制造、注塑模具等。这项技术已被应用于多个行业领域，并且发挥着越来越重要的作用。[20]

四、微细加工技术

微细加工技术指能够制造出微小型尺寸零件的加工技术的总称，起初是由半导体集成电路制作工艺发展而来的工艺方法，其典型的应用就是大规模集成电路（VLSI）和超大规模集成电路（ULSI）的加工制造。微细加工技术包括微细切削技术、光刻技术、刻蚀技术、超薄膜形成技术、离子注入加工技术、特种电加工技术和超声微加工技术等，其中光刻技术是微细加工技术的主流技术，也是应用最广的一种技术，如实验室内利用飞秒激光（Femtosecond Laser）进行的微纳米加工技术，可以达到的精度为10nm；离子刻蚀技术致薄探测器探头，可以大大提高其灵敏度。

微细加工与常规尺度加工在原理和方法上有许多不同，并不是在常规尺度机械加工基础上加工尺寸的简单减小，而是有其自身的加工特点，主要表现在以下方面。

（1）材料去除机理不同。微细加工尺度较小，以微细切削技术为例，切削深度一般为 $10^{-4} \sim 10^{-2}$ mm。微切削是在晶粒内进行，晶粒作为不连续体而被切削。

（2）精度衡量标准不同。在微细加工中，需要用误差尺寸的绝对值来表示加工精度，即用去除材料的大小来表示，从而引入了加工单位的概念。微细加工的加工单位可以小到分子级和原子级。

(3) 尺度效应影响。加工尺寸的减小会带来几何上的尺度效应、力的尺度效应以及其他物理上的尺度效应。

微型机械技术综合应用了当今世界科学技术的尖端成果，目前微细加工技术已经在特种新型器件、电子零件和电子装置、机械零件和装置、生物工程、表面分析、材料改性等诸多领域发挥着越来越重要的作用[21]。

五、非传统加工技术

(一)电火花加工

电火花加工(EDM，Electrical Discharge Machining)也称放电加工，在 20 世纪 40 年代开始研究并逐步应用于生产。它是在一定的液体介质中，利用脉冲放电对导电材料的电蚀现象来蚀除材料，从而使零件的尺寸、形状和表面质量达到预定技术要求的一种加工方法。因放电过程中可见到火花，故称电火花加工。在特种加工中，电火花加工的应用最为广泛，尤其在模具制造业、航空航天等领域有着极为重要的地位。

1. 电火花加工的原理

工作原理如图 2-4 所示。加工时，脉冲电源的一极接 1 工件，另一极接 4 工具。1、4 两极均浸入具有一定绝缘度的液体介质(常用煤油或矿物油或去离子水)中。工具电极由 3 自动进给调节装置(此处为电动机及丝杆螺母机构)控制，以保证工具与工件在正常加工时维持一很小的放电间隙(0.01~0.05 mm)。当脉冲电压加到两极之间，便将当时条件下相对某一间隙最小处或绝缘强度最低处击穿介质，形成放电通道。由于通道的截面积很小，放电时间极短，致使能量高度集中(106~107 W/mm^2)，放电区域产生的瞬时高温足以使材料熔化甚至蒸发，以

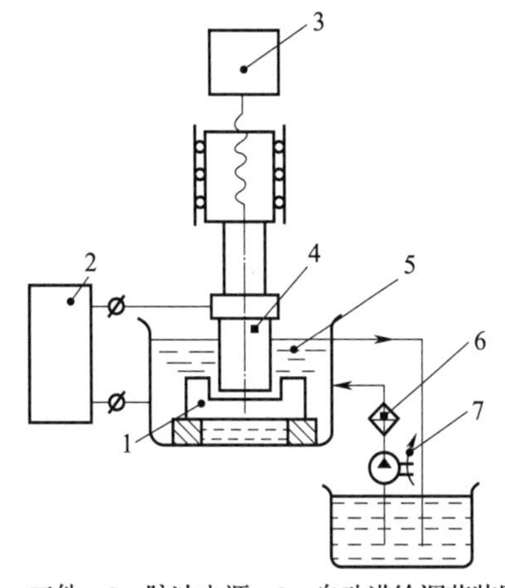

1—工件　2—脉冲电源　3—自动进给调节装置
4—工具　5—工作液　6—过滤器　7—液压泵

图 2-4　电火花加工的原理示意图

致形成一个小凹坑，如图 2-5 所示。其中图 2-5a 表示单个脉冲放电后的电蚀坑，图 2-5b 表示多次脉冲放电后的电极表面。第一次脉冲放电结束之后，经过很短的间隔时间(即脉冲间隔 t_0)，第二个脉冲电压又加到两极上，又会在当时极间距离相对最近或绝缘强度最弱处击穿放电，电蚀出一个小凹坑。如此周而复始高频率地循环下去，工具电极不断地向工件进给，它的形状最终就会复制在工件上，形成所需要的加工表面。与此同时，总能量的一小部分也释放到工具电极上，从而造成工具损耗。

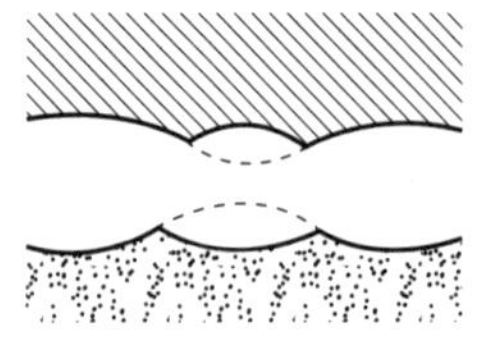

（a）单个脉冲放电后的电蚀坑

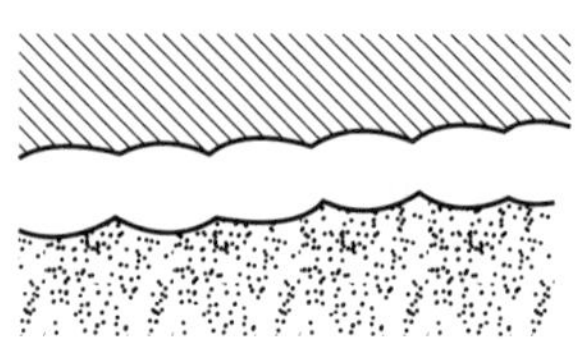

（b）表示多次脉冲放电后的电极表面

图 2-5　电火花加工表面局部放大图

电火花加工具有如下特点：可以加工任何高强度、高硬度、高韧性、高脆性以及高纯度的导电材料；加工时无明显机械力，适用于低刚度工件和微细结构的加工；脉冲参数可依据需要调节，可在同一台机床上进行粗加工、半精加工和精加工；电火花加工后的表面呈现的凹坑，有利于储油和降低噪声；生产效率低于切削加工；放电过程有部分能量消耗在工具电极上，导致电极损耗，影响成形精度。目前，电火花加工主要应用于模具中型孔、型腔的加工。

(二)高能束加工

高能束加工是利用被聚焦到加工部位上的高能量密度射束对工件材料进行去除加工的特种加工方法的总称，高能束加工通常指激光加工、电子束加工和离子束加工。

1. 激光加工

激光加工(LBM，Laser Beam Machining)是 20 世纪 60 年代发展起来的一种新兴技术，它是利用光能经过透镜聚焦后达到很高的能量密度，依靠光热效应来加工各种材料。激光是一种经受激辐射产生的加强光。其光强度高，方向性、相干性和单色性好，

通过光学系统可将激光束聚焦成直径为几十微米到几微米的极小光斑，从而获得极高的能量密度(108～1 010 W/cm²)。当激光照射到工件表面，光能被工件吸收并迅速转化为热能，光斑区域的温度可达 10 000 ℃以上，使材料熔化甚至汽化。随着激光能量的不断吸收，材料凹坑内的金属蒸汽迅速膨胀，压力突然增大，熔融物爆炸式的高速喷射出来，在工件内部形成方向性很强的冲击波。激光加工就是工件在光热效应下产生的高温熔融和冲击波的综合作用过程。

由于激光加工不需要加工工具，而且加工速度快、表面变形小，可以加工各种材料，受到了人们的极大重视，已广泛用于打孔、切割、焊接、电子器件微调、热处理以及信息存储等许多领域。

2. 电子束加工

电子束加工(EBM，Electron Beam Machining)是在真空条件下，利用聚焦后能量密度极高(106～109 W/cm²)的电子束，以极高的速度冲击到工件表面极小面积上，在极短的时间(几分之一微秒)内，其能量的大部分转变为热能，使被冲击部分的工件材料达到几千摄氏度以上的高温，从而引起材料的局部熔化和汽化，被真空系统抽走。控制电子束能量密度的大小和能量注入时间，就可以达到不同的加工目的。

由于电子束能够极其微细地聚焦(可达 0.1 μm)，可实现亚微米和毫微米级的精密微细加工；电子束能量密度很高，使照射部分的温度超过材料的熔化和汽化温度，去除材料主要靠瞬时蒸发，是一种非接触加工，工件不受机械力作用，因而不产生宏观应力和变形；加工材料的范围广，对高强度、高硬度、高韧性的材料以及导体、半导体和非导体材料均可加工；电子束的能量密度高，如果配合自动控制加工过程，加工效率非常高。

电子束加工可用于打孔、切割、焊接、蚀刻和光刻、热处理等。

3. 离子束加工

离子束加工(IBM，Ion Beam Machining)的原理与电子束加工的原理基本类似，也是在真空条件下，将离子源产生的离子束经过加速后，撞击在工件表面上，引起材料变形、破坏和分离。由于离子带正电荷，其质量是电子的千万倍，因此离子束加工主要靠高速离子束的微观机械撞击动能，而不是像电子束加工主要靠热效应。图 2-6 为离子束加工原理示意图。惰性气体(氩气)由 3 注入口注入 10 电离室。灼热的 2 灯丝发射电子，电子在 9 阳极的吸引和 4 电磁线圈的偏转作用下，向下高速作螺旋运动。氩气在高速电子的撞击下被电离成离子。9 阳极和 8 引出电极(吸极)上各有 300 个上下位置对齐、直径为 0.3 mm 的小孔，在 8 引出电极的作用下，将离子吸出，形成 300 条准直的离子束，均匀分布在直径为 50 mm 的圆面积上。通过调整加速电压，可以得到不同速度的离子束，以实现不同的加工。

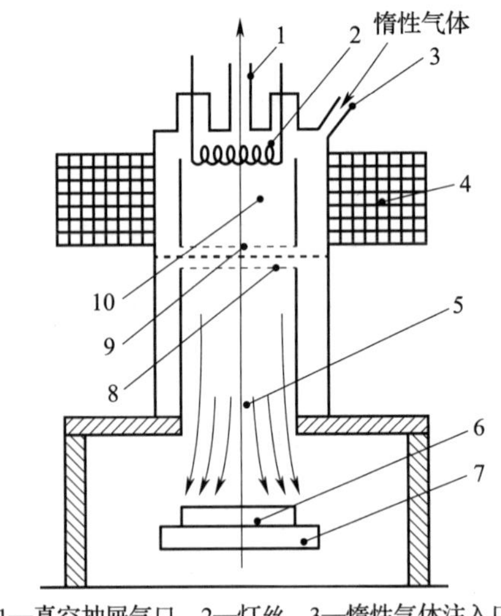

1—真空抽屉气口　2—灯丝　3—惰性气体注入口
4—电磁线圈　5—离子束流　6—工件　7—阴极
8—引出电极（吸极）　9—阳极　10—电离室

图 2-6　离子束加工原理示意图

离子束加工的特点如下：

• 由于离子束可以通过电子光学系统进行聚焦扫描，离子束轰击材料是逐层去除原子，离子束流密度及离子能量可以精确控制，所以可以达到毫微米即纳米级(0.001 μm)的加工精度。

• 由于离子束加工是在高真空中进行的，所以污染少，特别适宜于加工易氧化的金属、合金材料和高纯度半导体材料。

• 离子束加工是靠离子轰击材料表面的原子来实现的。它是一种微观作用，宏观压力很小，因此加工应力、热变形等极小，加工表面质量非常高，适合于对各种材料和低刚度零件的加工。

• 离子束加工设备费用高、成本高、加工厂效率低，因此应用范围受到一定限制。

离子束加工的应用范围正在日益扩大、不断创新。具体如下：

• 离子刻蚀。离子刻蚀用于加工陀螺仪空气轴承和动压马达上的沟槽，分辨率高，精度、重复一致性好。加工非球面透镜能达到其他方法不能达到的精度。离子束刻蚀应用的另一方面是刻蚀高精度的图形，如集成电路、光电器件等微电子学器件亚微米图形[图 2-7(a)]。

• 离子溅射沉积。离子溅射沉积本质上是一种镀膜加工。它也是采用 0.5~5 keV 氩离子轰击靶材，并将靶材上的原子击出，淀积在靶材附近的工件上，使工件表面镀上一层薄膜[图 2-7(b)]。

• 离子镀膜。离子镀膜也称离子溅射辅助沉积，同样属于一种镀膜加工。它将 0.5~5 keV 的氩离子分成两束，同时轰击靶材和工件表面，以增强膜材与工件基材之间的结合力[图 2-7(c)]。

• 离子注入。离子注入时是采用 5~500 keV 能量的离子束，直接轰击工件材料。在如此大的能量驱动下，离子能够钻入材料表层，从而达到改变材料化学成分的目的[图 2-7(d)]。

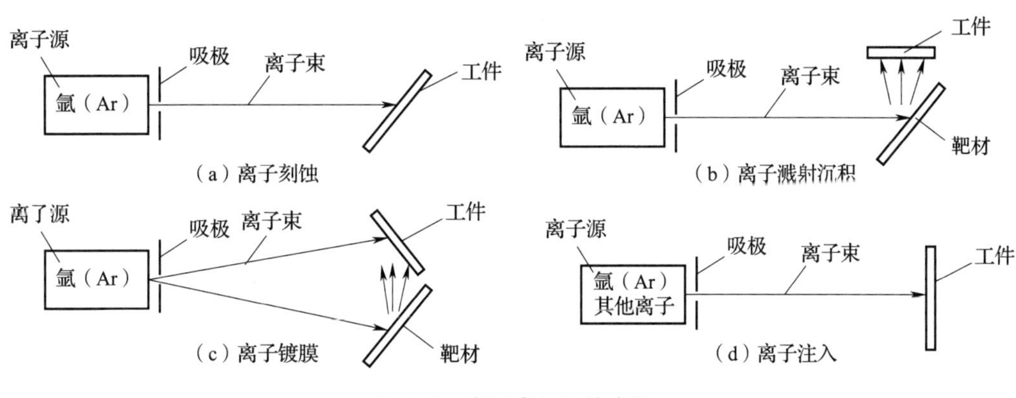

图 2-7　离子束加工的应用

(三) 复合加工

复合加工是指用多种能源合理组合在一起，进行材料去除的工艺方法，以便能提高加工效率或获得很高的尺寸精度、形状精度和表面完整性。下面介绍几种复合加工。

1. 化学机械复合加工

化学机械复合加工是指化学加工和机械加工的复合。它主要用于进行脆性材料的精密加工和表层及亚表层无损伤的加工。化学加工是指利用酸、碱和盐等化学溶液对金属或某些非金属工件表面产生化学反应，腐蚀溶解而改变工件尺寸和形状的加工方法。化学机械复合加工是一种超精密的精整加工方法，可有效地加工陶瓷、单晶蓝宝石和半导体晶片，它可防止通常机械加工用硬磨粉引起的表面脆性裂纹和凹痕，避免磨粒的耕犁引起的隆起以及擦划引起的划痕，可获得光滑无缺陷的表面。化学机械复合加工中常用的有下列两种：机械化学抛光（CMP，Chemical-Mechanical Polishing）和化学机械抛光。机械化学抛光（CMP）的加工原理是利用比工件材料软的磨料，由于运动的磨粒本身的活性以及因磨粒与工件间在微观接触度的摩擦产生的高压、高温，使能在很短的接触时间内出现固相反应，随后这种反应生成物被运动的机械摩擦作用去除，其去除量约可微小至0.1nm级。化学机械抛光的工作原理是由溶液的腐蚀作用形成化学反应薄层，然后由磨粒的机械摩擦作用去除。

2. 磁场辅助加工

磁场辅助加工主要用于解决精密加工的高效性问题。它通过在磁场作用下形成的磁流体使悬浮其中的非磁性磨粒能在磁流体的流动力和浮力作用下压向旋转的工件进行研磨和抛光，从而能提高精整加工的质量和效率。它可以获得 $Ra<0.01$ μm 的无变质层的加工表面，并能研抛复杂表面形状的工件。由于磁场的磁力线及由其形成的磁流体本身不直接参与材料的去除，故称为磁场辅助加工。常用的磁场辅助的精整加工有：磁性浮动抛光（MFP，Magnetic Float Polishing）和磁性磨料精整加工（MAF，Magnetic Abrasive Finishing）。

3. 激光辅助车削

激光辅助车削（LAT）是应用激光将金属工件局部加热，以改善其车削加工性，它是加热车削的一种新的形式。主要用于改善难切材料的切削加工性。典型的LAT装置如图2-8所示。激光束经可转动的反射镜M1的反射，沿着与车床主轴回转轴线平行方向射向床鞍上的反射镜M2，再经X向横滑鞍上的反射镜M3及邻近工件的反射镜M4，最后聚射于工件上。其聚焦点始终位于车刀切削刃上方如图中距δ处，经激光局部加热位于切屑形成区的剪切面上的材料。激光加热的优点是可加热大部分剪切面处材料，而不会对刀刃或刀具前面上的切

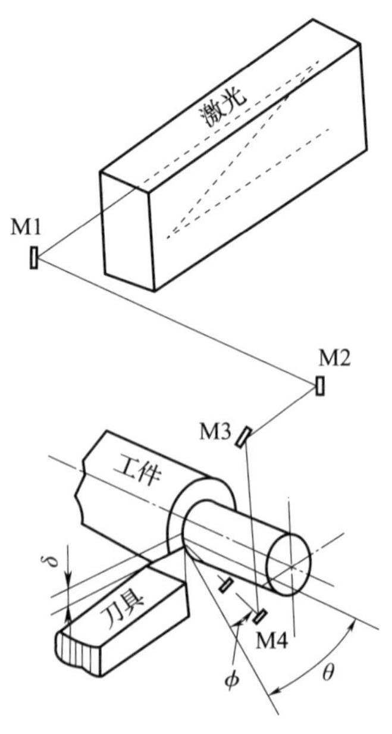

图2-8 激光辅助车削装置示意图

屑显著地加热，因而不会使刀具加热而降低耐用度。通过激光的局部加热可使切削力降低，并可获得流线的连续切屑，并可减少形成积屑瘤的可能性，改善被加工表面的表面粗糙度、残余应力和微观缺陷等。

（四）水喷射加工

水喷射加工（Water Jet Machining）又称水射流加工、水力加工或水刀加工。水喷射加工的基本原理是利用液体增压原理，通过特定的装置（增压器或高压泵），将动力源（电动机）的机械能转换成压力能，具有巨大压力能的水再通过小孔喷嘴将压力能转变成动能，从而形成高速射流，喷射到工件表面，从而达到去除材料的加工目的。

如图 2-9 所示，储存在水箱中的水经过滤器 2 处理后，由水泵抽出送至由液压机构驱动的增压器增压，水压增高，然后将高压水通过蓄能器，使脉动水流平滑化，高压水与磨料在混合腔内混合后，由具有精细小孔的喷嘴（一般由蓝宝石制成）喷射到由工作台固定的工件表面上，射流速度可达 300~900 m/s（为音速的 1~3 倍），可产生如头发丝细的射流，从而对工件进行切割、打孔等。

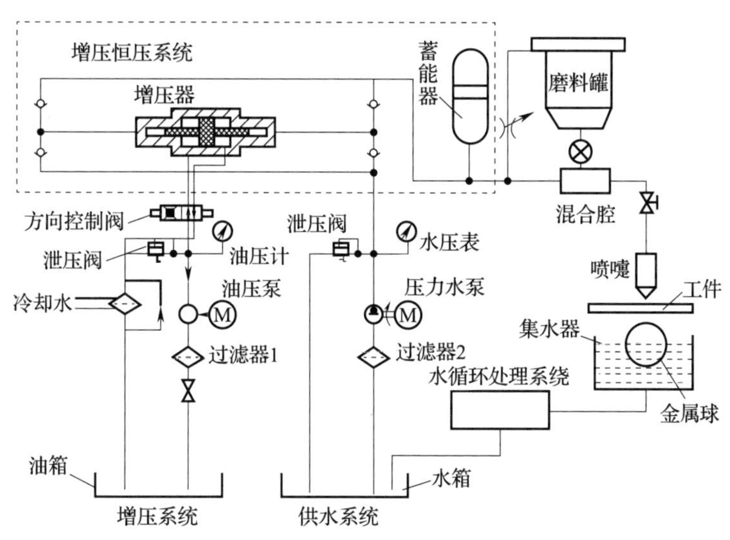

图 2-9 水喷射加工原理示意图

水喷射加工具备以下特点：

• 适用范围广。既可用来加工金属材料，也可以加工非金属材料。

• 加工质量高。其切缝窄(为 0.075~0.38 mm)，可提高材料利用率；其切口质量好，几乎无飞边、毛刺，切割面垂直、平整、光洁度好。

• 加工时对材料无热影响。工件不会产生热变形和热影响区，对加工热敏感材料如钛合金尤为有利；切削无火花，同时由于水的冷却作用，工件温度较低，非常适合对易燃易爆物件如木材、纸张等的加工。

• 加工清洁。不产生有害人体健康的有毒气体和粉尘等，对环境无污染，提高了操作人员的安全性。

• 加工“刀具”为高速高压水流。加工过程中不会变钝，减少了刀具准备、刃磨等时间，生产效率高。

下面简单介绍一下水喷射加工在机械领域的应用。

(1) 切割加工。水射流切割所加工的材料品种很多，主要是一般切割方法不易加工或不能加工的非金属或金属材料，特别是一些新型和合成材料，如陶瓷、硬质合金、模具钢、钛合金、钨钼钴合金、复合材料、不锈钢、高硅铸铁及可锻铸铁等的加工。

(2) 去毛刺。各种小型精密零件上交叉孔、内螺纹、窄槽、盲孔等毛刺的去除，用其他一般加工方法就十分困难甚至无法完成，而利用水喷射加工技术(稍降低压力或增大喷距)，就十分方便且质量好，具有独特的效果。

(3) 打孔。水射流可用于在各种材料上打孔以代替钻头钻孔，不仅质量好，而且加工速度快。

(4) 开槽。加磨料水射流可用来在各种金属零件上开凹槽，如用于堆焊的凹槽及用以固定另一个零件的槽道等。

(5) 清焊根和清除焊接缺陷。利用水射流加工不产生热量、不损伤工件材质的特点，对热敏感金属的焊接接头进行背面清根、清除焊缝中的裂纹等缺陷。

第二节　数字化工艺规划

考核知识点及能力要求：

- 掌握成组技术基本原理、零件分类编码系统和零件分类成组方法。
- 了解工艺设计标准化概念和基本内容。
- 掌握数字化加工仿真和数字化装配仿真的基本原理。
- 熟悉 CAPP 系统概念、原理、组成和分类，能应用 CAPP 系统进行零件工艺计划的编制。

一、数字化工艺规划基础

(一)成组技术

成组技术(GT，Group Technology)是从制造工艺领域的应用开始，并逐步成为一种提高多品种、中小批量生产水平的生产与管理技术，是一项将生产技术与组织、计划密切相关的综合型技术。它不仅是各种先进制造技术的基础和指导思想，而且还是一条经济、有效的进步途径。

1. 成组技术的诞生与发展

成组技术的发展过程可以大致分为三个阶段：试行(1957 年以前)、发展(1958—1959 年)和推广(1960 年以后)。

成组技术传入东欧和西欧各国是在20世纪50年代末60年代初。在东欧和西欧各国，成组技术被积极采用并取得一定的发展。其中，较早公开发表的VUOS0零件编码系统和OPITZ零件编码系统为后人研制编码系统提供了宝贵的意见。

20世纪70年代以后，日本、美国等国家开始接受成组技术思想，并迅速把成组技术与计算机技术联系起来，使成组技术得到了更深入的发展和更普遍的应用。例如，美国陆军以“提高效率、缩短研制周期、降低成本”为近期目标的IMIP(鼓励工业现代化计划)，其20世纪80年代实施的四个现代化项目的首项即是“基于GT原理的生产，利用GT和先进的物料储运系统重新安排工厂布局”，而且其实际效果也十分显著。

我国的机械制造业，如纺织机械、飞机、机床及工程机械等，早在20世纪60年代初就开始应用成组技术。20世纪60年代初，国家首先在纺织机械行业试点，并由西安交通大学、清华大学等高校分别与上海纺织机械厂和沈阳纺织机械厂等企业联合进行成组技术的试验，在成组生产流水线、纺织机零件分类等硬件研制方面均取得了初步成效。进入20世纪80年代后，成组技术在我国得到广泛应用。机械设计研究总院组织了全国机械零件分类编码系统JLBM-1。很多研究机构和院校在成组技术基本理论及其应用等方面开展了许多研究工作，并取得了不少成就[5]。

2. 成组技术的基本原理

在机械制造领域中，成组技术又可以被定义为：将多种零件按其相似性分类成组，并以这些零件组组织生产，实现多品种、中小批量生产的产品设计、制造工艺和生产管理的合理化。

由以上定义可知，机械制造中成组技术的基本原理是将零件按其相似性分类成组，使同一类零件分散的小批量生产汇合成较大批量的成组生产，从而使多品种、中小批量生产可以获得接近大批量生产的经济效果。成组技术基本原理如图2-10所示。

例如，在一个能加工5 000种不同零件的工厂，就可以将全部零件分类归纳成40或50个零件族，每个零件族必须具有相似的设计和加工特点。因此，零件族内的每个成员(零件)的工艺过程应该是相似的，这样可以将生产设备组成加工单元来提高它们

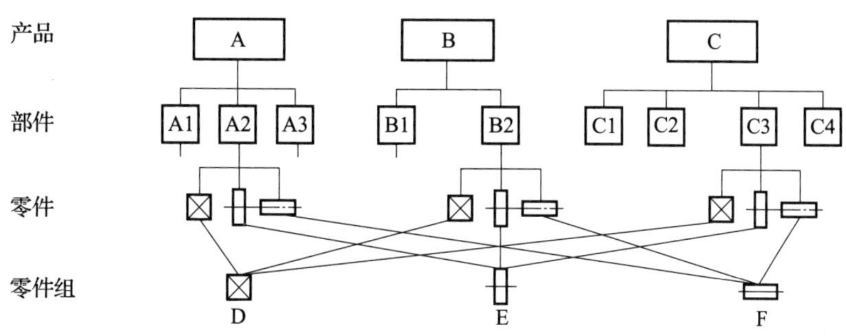

图 2-10 成组技术原理

的加工效率。同样，在产品设计及生产管理方面应用成组技术也会取得良好的效果[22]。

3. 零件分类编码系统

由于零件分类编码系统是成组技术原理的重要组成部分和有效实施成组技术的重要手段，因此在实施成组技术的过程中，建立与之相适应的零件分类编码系统，也就成为一项首要的准备工作。

(1) 零件分类编码的基本概念与结构。零件分类编码就是用数字来描述零件的几何形状、尺寸和工艺特征，也就是零件特征的数字化；而零件分类编码系统就是用字符(数字、字母或符号)对零件的有关特征进行描述和识别的一套特定的规则与依据。

了解零件的代码，是研究零件分类编码系统的前提。一般在成组技术条件下，企业所生产的零件的代码是由两部分组成的，即零件的识别码和分类码。

零件的识别码也就是零件的件号或图号是唯一的。它的出现是为了便于生产的组织和管理，使人们都能知道每个外购与自制的基本零件属于哪个产品中的哪个部件，以便在领料、加工、入库和装配时能够识别，并以此与产品中的其他零件相区别。此外，如果不同的零件具有相同的件号或图号，就会在生产中发生差错，引起混乱。

零件的分类码是为了推行成组技术才提出的。借助一定的分类编码系统，分类码可以反映出零件固有的功能、结构、名称、形状、工艺及生产等信息。零件的分类码和识别码有所区别，因为分类码对于每种零件而言，不一定是唯一的，即同一分类码可以为许多不同基本零件所共有，或者不同的零件可以拥有相同的分类码。正是利用零件分类码的这一特点，使之能按结构相似或工艺相似的要求，划分出结构相似或工艺相似的零件组。前者可供产品设计部门检索结构相似的零件和实施结构标准化使用，后者可供工艺部门对工艺相似的零件制定并检索标准工艺资料使用。

综上所述，在实施成组技术时，零件的代码必须同时将其识别码与分类码结合应用。在选择零件的代码时，要遵循紧凑性、易辨认性和具有用计算机处理的可能性等基本原则，只有这样，才能更好地发挥成组技术的优势。

（2）JLBM-1 零件分类编码系统。JLBM-1 系统是我国机械工业部门为在机械加工中推行成组技术而开发的一种零件分类编码系统，于 1986 年 3 月 1 日作为一部标准（指导性技术文件）实施。

JLBM-1 系统的结构可以说是德国 OPITZ 系统和日本 KK-3 系统的结合。它既克服了 OPITZ 系统的分类标志不全的缺陷，又完善了 KK-3 系统环节过多的缺点。JLBM-1 系统是一个十进制 15 位代码的混合结构分类编码系统。它的基本结构如图 2-11 所示。为了弥补 OPITZ 系统的不足，它把 OPITZ 系统的形状码予以扩充，把 OPITZ 系统的零件类别码改为零件功能名称码，把热处理标志从 OPITZ 系统中的材料热处理码中独立

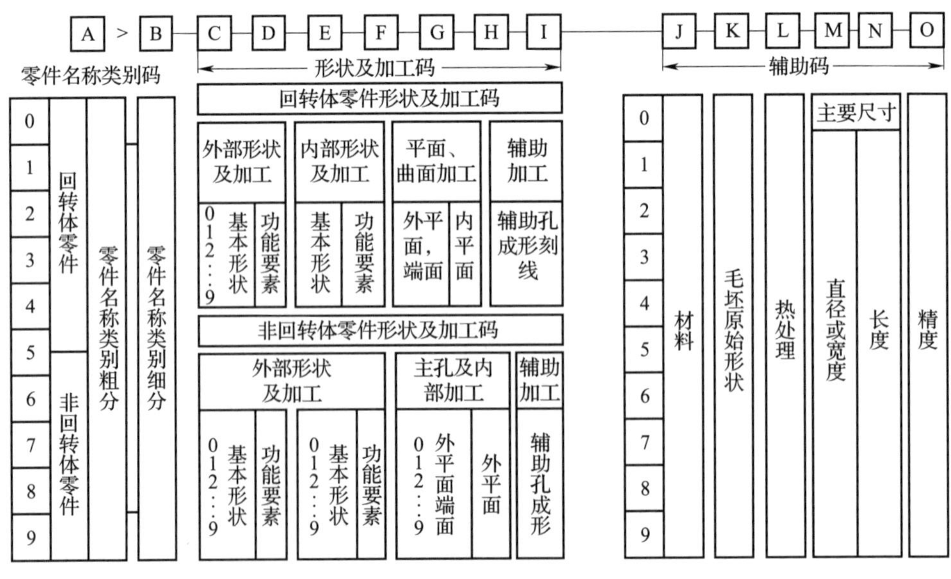

图 2-11　JLBM-1 分类编码系统基本结构

出来，主要尺寸码也由原来一个环节扩大为两个环节。因为系统采用了零件功能名称码，所以说它也吸取了 KK-3 系统的特点。此外，扩充形状加工码的做法也和 KK-3 系统的想法相近。

图 2-12 为按 JLBM-1 分类编码系统对图 2-13 零件的分类编码示例。

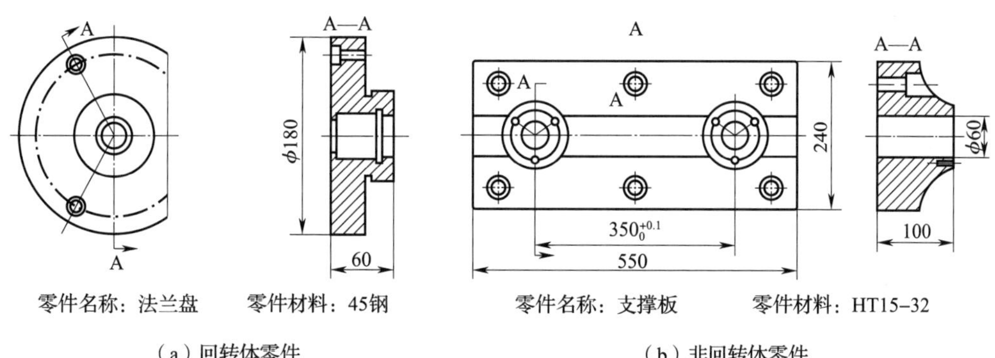

（a）回转体零件　　（b）非回转体零件

图 2-12　分类编码零件实例

（a）回转体零件		（b）非回转体零件	
名称类别粗分：回转体类、轮盘类	0	名称类别粗分：非回转体类、板块类	7
名称类别细分：法兰盘	2	名称类别细分：支承板	2
外部基本形状：单向台阶	1	外部总体形状：由直线与曲线组成轮廓	1
外部功能要素：无	0	外部平面加工：两侧平行平面	2
内部基本形状：双向台阶通孔	5	外部曲面加工：无	0
内部功能要素：有环槽	1	外部形状要素：无	0
外平面与端面：单一平面	1	主孔加工：无螺纹、有多轴线平行孔	3
内平面：无	0	内部加工：无	0
非同轴线孔：均布轴向孔	1	辅助加工：其他	2
材料：普通钢	2	材料：灰铸铁	0
毛坯原始形状：锻件	6	毛坯原始形状：铸件	5
热处理：无	0	热处理：无	0
主要尺寸（直径）：D>160~400mm	5	主要尺寸（宽度）：D>160~440mm	7
主要尺寸（长度）：L>50~120mm	1	主要尺寸（长度）：L>250~500mm	5
精度：内外圆与平面	3	精度：内孔与平面	3

（a）回转体零件　　（b）非回转体零件

图 2-13　JLBM-1 系统分类编码示例

JLBM-1 系统的特点如下：①横向分类环节数适中，结构简单明确，规律性强，便于理解和记忆；②系统力求能够满足在机械行业中各种不同产品零件的分类，因此在形状及加工码上有其广泛性，并不是针对某种产品零件的结构工艺特征；③系统吸收了 KK-3 系统的零件功能名称分类标志，有利于设计部门使用，但辅助码中却是放置一些与设计较密切的信息，这样分散了设计检索的环节，不利于了设计部门的使用；④系统只在横向分类环节的第 A、B 位间为树式结构，其余均为链式结构，因此虽然比 OPITZ 系统增加了 6 位横向分类环节，但实际上纵向分类环节增加不多，所以系统中存在标志不全的现象，像一些常用的热处理组合在系统中就没有反应。

（二）工艺设计标准化

1. 工艺设计标准化概念

工艺是制造产品的科学方法。工艺标准化是应用标准化原理，根据产品特点，结合企业实际情况，对产品的工艺过程内容、工艺文件、工艺要素以及工艺典型化等方面进行统一规定，并加以贯彻执行的过程。工艺标准化的目的就是以工艺过程为研究对象，将工艺的先进技术、成熟经验以文件形式统一起来，使工艺达到合理化、科学化和最优化。制定标准和规范并不是为了眼前方便，更不是把现状固定化，而是要为有关各方在当前和以后工作中把标准化成果共同重复使用。标准化就其基本概念及方法而言，可以归结为简化和优化统一，也就是在选优的基础上简化，在简化的基础上统一。标准化本身是一种优化的过程。简化是借助标准化、规范化等科学方法，为达到化繁为简、化难为易的目的进行的活动。它不是用简化的形式去限制制造技术的发展，也不是用简化的形式单纯追求方便和利益。标准化创造的重复利用效果是以选优、简化、扩大先进技术的使用范围为前提的，不经过优化的勉强统一就会在低水平上重复。在市场竞争激烈的今天，用标准化来统一多品种、小批量的生产显得意义重大。技术成果的重复使用效果(包括消除烦琐的重复劳动，扩大零部件生产批量等)是可以不受产品品种变化的限制而创造的。研究和开发这方面的标准化技术对有效实现多品种小批量生产具有十分重要的意义。当产品形成系列化、模块化时，标准化、规范化的作用尤为突出。对工艺过程及制造过程用标准或规范来进行统一指导，不仅可以节省大量的用于手工重复劳动的技术准备时间，实现提高效率与降低制造成本，而且可以进一步适应市场竞争的需要，快速响应市场。这正是标准化发展的目的和方向。因

此，企业要提高竞争力，不断设计出适销对路的产品，且物美价廉，就必须加强产品工艺标准化工作。

2. 工艺设计标准化内容

工艺标准化是加强工艺技术及管理的有效途径，工艺标准化是整个标准化工作中的重要组成部分，它是提高企业工艺水平、保证产品质量可靠性、降低生产成本的重要手段之一。工艺过程的标准化、工艺装备的标准化、工艺术语的标准化、工艺符号的标准化、工艺参数标准化等是工艺标准化的重要组成部分。

(1) 工艺文件标准化。工艺文件标准化是指规定工艺文件的齐套性，统一工艺文件格式，确定各种工艺文件的名称和代号，提出编写依据和方法等工作。其目的是通过标准化手段来加强工艺管理，提高工艺工作水平。

(2) 工艺要素标准化。工艺(或称工序)要素标准化是指对工艺要素的内容，结合本企业生产实际情况作出具体规定，形成企业标准，并贯彻执行的过程。工艺要素标准化应包括两方面内容，即工艺余量和公差标准化、切削参数标准和工艺尺寸标准化。

(3) 工艺术语及符号标准化。将工艺文件所用的术语和符号进行规范化是十分必要的，它同时也有利于提高工艺文件的编制水平。但由于机械加工工艺语言缺乏标准化，对同一零件来说，在不同的行业、不同的工厂、不同的工程技术人员之间，编制出的工艺文件，除了工艺方法不同外，还有工艺术语上的混乱和错误。这对工艺文件的贯彻产生不利的影响，上述问题是不应该存在的，这就需要对机械加工工艺术语标准化，使其简捷、准确和通用。

(4) 工艺文件管理标准化。工艺文件的管理标准应包括工艺文件的会签制度、工艺文件的归档和发放办法、工艺文件的更改办法等标准。

(5) 工艺装备标准化。开展工艺装备(简称工装)标准化的任务有以下两个方面：①采用标准工装和通用工装，减少专用工装数量，用尽量少的工装品种、规格来满足生产上的需要；②提高自制工装零部件的标准化程度，采用标准的零部件进行工装设计，以保证工装质量，缩短设计和制造周期。

二、数字化工艺仿真

(一)数字化加工仿真

加工仿真就是在计算机中进行模拟加工，是虚拟制造的重要组成部分[23]。在实际加工中，各种状态参数(如切削力、温度、振动等)以及加工过程中刀具、机床、工件的位置和状态，既可以通过各类传感器实时获取监测，也可以通过建立数学物理模型进行预测。通过传感器获得的监测数据能够识别加工中的异常情况，但是难以提前消除加工故障引起的刀具和机床损坏、工件报废以及传感器失效。如在加工模型建立好的前提下进行加工，就可以在选择合适的工序和加工参数的基础上进行工艺设计，保证加工的平稳进行和工件加工质量，兼顾加工效率。因此，建立合适的加工模型和仿真是十分重要的环节[24]。

按照加工形式，加工仿真可以分为车削仿真、铣削仿真、钻削仿真、五轴加工仿真等。按照加工仿真的应用目的可以分为几何仿真和物理仿真。

加工过程的几何仿真技术主要进行刀具切削过程的可视化实现、NC 程序的自动生成与验证过程，内容包括工件与切削刀具的几何建模、刀具轨迹的规划设计、切削路径检验、NC 程序的自动生成与校验等。研究方法主要应用复杂的几何建模理论，以一定的数据结构表达刀具与工件的几何模型，并由数学运算实现切削加工过程中的余量去除过程，具体的实施方法包括直接实体建模法、光线表达法、离散矢量法和空间分割法等。目前技术的发展，数字制造环境中进行几何仿真过程的开发已不用深入研究复杂的几何建模理论与实体求交的数据结构和计算方法，可由专业的 CAD/CAM 软件，如 Pro/E、UG、VERICUT 等建立切削刀具、工件和机床几何模型，选择加工工序，自动生成切削刀位轨迹和 NC 加工程序，图形仿真刀位轨迹和切削加工过程。有关几何仿真的几大软件平台及关系如图 2-14 所示。

关于加工物理仿真，目前主要集中在切削过程中的力学仿真、热力学仿真、动力学仿真、加工变形仿真、加工表面形貌仿或、参数优化仿真等[24]。这些仿真技术都需要以加工的实验数据和数学模型为基础。其中，切削力是金属切削的主要关注对象，

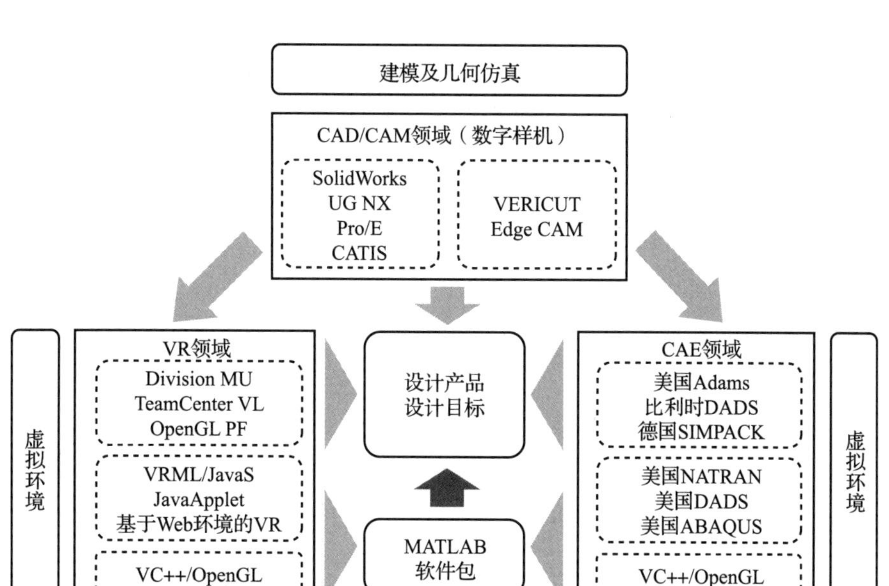

图 2-14　计算机建模与几何仿真相关软件平台

其大小直接影响工件加工质量和刀具磨损，过大的切削力甚至会引起刀具的崩刃和加工的不稳定。而加工的动力学特性直接表征机床的加工能力，是衡量机床精度和加工效率的重要特性。加工变形主要针对特殊形式的零件毛坯，如薄壁件和型腔等工件，通过加工变形仿真可以提前预知变形量，在实际加工时进行加工补偿。表面形貌仿真有助于提前预知特定加工参数下的微观表面特征，从而依据加工要求调整合适的加工参数。关于参数优化方面，可以将前述仿真结果作为约束条件，以加工时间、去除率、刀具为目标函数，通过优化算法寻找最优参数。

（二）数字化装配技术

数字化装配又称为广义的虚拟装配或者数字化预装配，可定义为：无须产品或支持过程的物理实现，利用计算机辅助工具通过分析、先验模型、可视化和数据呈现来做出或辅助做出与装配有关的工程决策。随着科学技术的不断进步，数字化装配工艺与过程仿真技术在大型复杂产品（如飞机、船舶、重型机械等）的设计与制造中扮演着越来越重要的角色[24]。

数字化装配技术的研究和发展受到并行工程、虚拟制造、敏捷制造等先进设计制造理念的影响。与传统的装配设计、规划以及分析技术相比，数字化装配具有以下特点。

(1) 装配对象、装配过程和装配环境的数字化表达。数字化装配操作的零件、工具和活动进行的环境在计算机中以数字数据的形式存储、操作、运算，并通过可视化技术、图形技术和相应的软硬件，将设计师的构思展现在工程师面前，工程师通过计算机系统的数字命令交互地操作这些数字模型，检测装配设计的合理性和装配活动的可行性。

(2) 对现实装配对象、过程、环境的本质反映。数字化装配应该是对实际装配对象、过程、环境的本质反映，这样才能将实际生产中可能存在的问题在数字化装配过程中反映出来。

(3) 以基于装配模型的仿真为手段。数字化装配需要建立装配仿真环境，该环境离不开装配模型的支持，并通过模型与系统的其他功能单元实现信息集成与共享。建立能够详细描述产品装配结构、反映实际装配过程的装配模型是实现数字化装配仿真的基础。

(4) 支持装配设计、规划、分析等活动的并行化与智能化。数字化装配所实现的不仅是对装配设计和规划结果进行分析评估，更重要的是实现各种装配仿真活动的智能化，为工程师顺利完成装配过程的仿真和提高产品装配设计与工艺决策的质量提供智能化的辅助手段。

(5) 资源与时间的低消耗性。由于使用数字化产品原型和数字化装配环境，省去了产品实物样机的生产与实验以及实际生产与实验环境，所以这些工作基本上没有生产性的资源与能量消耗，从而降低了产品的开发成本，节约了产品的开发时间，极大地缩短了产品的开发周期。

(6) 集成化和开放式的体系结构。数字化装配技术必然要融入相关的数字化设计制造系统中，因此数字化装配系统需要具有面向系统集成的开放式体系结构。

(三) 数字化工艺仿真案例

西门子数字化解决方案 Teamcenter 的工艺仿真模块，可以针对已有的工艺及工艺结构，在虚拟的三维可视化环境中对工艺的可行性进行验证，以此来消除工艺错误，减少现场变更，提高工艺质量。零件规划与验证能够定义制造计划，并且与车间同步计划数据。支持管理所有产品和相关流程信息，帮助制造工程师、CNC 编程人员、工

装经理、机械师及其他组织成员共享工作指令，并以团队形式协同工作。

Teamcenter 中采用基于 MBD 的装配工艺设计，并采用基于与 EBOM 相关联的 MBOM 编制装配工艺、装配件与工序对应，最终实现按工序配料，如图 2-15 所示；基于产品模型在可视化的数字环境中编制装配工艺，检验产品、工装和装配工艺的正确性，提高装配的一次成功率，减少现场更改；通过典型工艺模板和知识重用、提高新产品、新型号的工艺编制效率和质量；建立 3D 可视化工艺表现形式，明确和规范操作过程。

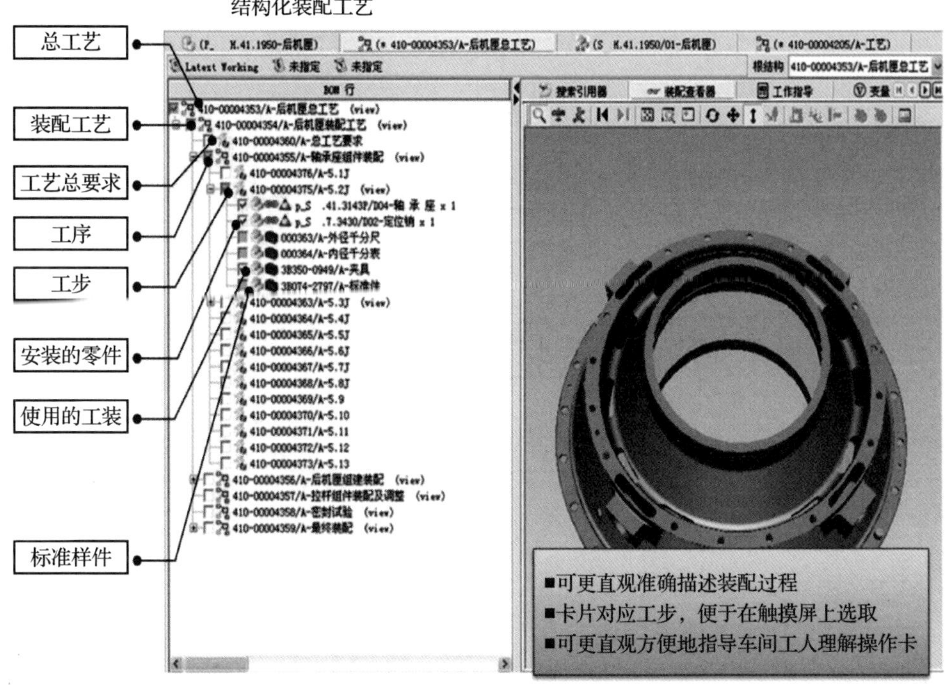

图 2-15　结构化装配工艺

三、数字化工艺规划系统

(一) 计算机辅助工艺规划的基本概念

CAPP 是指利用计算机术来制订零件加工工艺的方法和过程，通过向计算机输入被加工零件的几何信息(如形状、尺寸、精度等)、工艺信息(如材料、热处理、生产批量等)、加工条件和加工要求等，由计算机自动输出经过优化的工艺路线和工序内容等。计算机在工艺规划中的辅助作用主要体现在交互处理、数值计算、图形处理、逻辑决策、数据存储与管理、流程优化等方面。

随着数字化设计与制造技术不断向系统化、集成化方向发展，CAPP 的内涵不断扩展，先后出现了狭义的 CAPP 和广义的 CAPP。狭义的 CAPP 是指利用计算机辅助编制工艺规划的过程；广义的 CAPP 是指在数字化设计与制造集成系统中，利用计算机实现生产计划和作业计划的优化，它是产品制造过程、制造资源计划和企业资源计划的重要组成部分。[25] CAPP 与数字化设计、数字化制造等子系统之间的关系如图 2–16 所示。

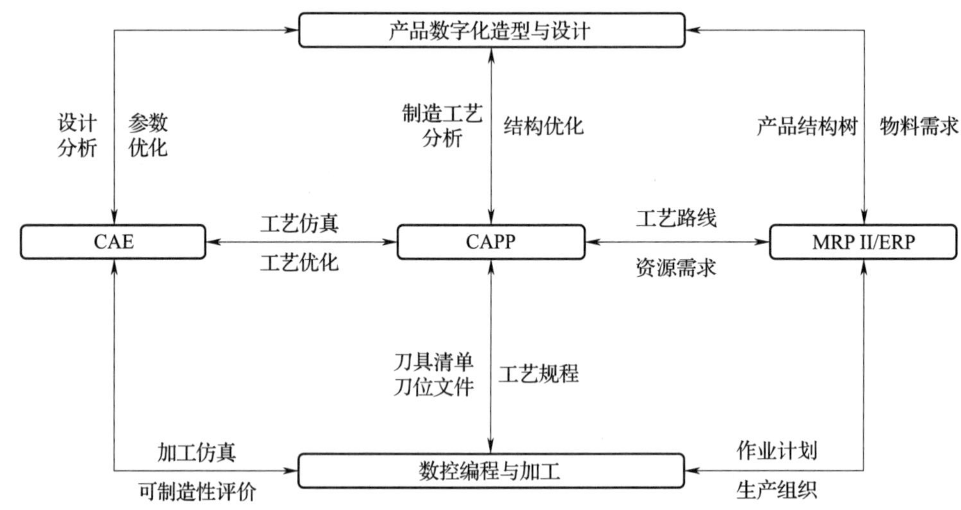

图 2–16　数字化设计与制造中的 CAPP

（二）CAPP 功能与组成模块

CAPP 的研究内容主要包括：①检索标准工艺文件；②选择加工方法；③安排加工路线；④选择机床、刀具、量具、夹具等；⑤选择装夹方式和装夹表面；⑥选择、优化切削用量；⑦计算加工时间和加工费用；⑧确定工序尺寸、公差和选择毛坯；⑨绘制工序图，编写工序卡。[25]

此外，CAPP 系统通常还具有自动计算刀具轨迹、自动化 NC 编程和加工过程仿真的功能。

综上所述，功能完整的 CAPP 系统包括以下模块：

- 控制模块。协调各模块运行，实现人机之间的信息交流，控制零件信息的获取方式。

- 零件信息获取/输入模块。以人机交互方式输入或者从数字化设计系统中获取零件信息。
- 工艺过程设计模块。完成加工工艺流程的决策，生成工艺过程卡。
- 工序决策模块。生成工序卡，计算工序间的尺寸，生成工序图。
- 工步决策模块。生成工步卡，提供形成 NC 加工控制指令所需的刀位源文件。
- 数控加工指令生成模块。根据刀位源文件和机床数控系统的数据文件，生成 NC 加工程序。
- 输出模块。编辑和输出工艺流程卡、工序卡、工步卡、工序图和其他相关文档。
- 加工过程动态仿真。完成加工过程的仿真，检查数控程序代码、制造工艺和参数设置的正确性。

（三）CAPP 系统类型

一般将 CAPP 系统分为三种类型，即派生式 CAPP 系统、创成式 CAPP 系统和基于知识 CAPP 系统（Knowledge Based CAPP System）[26]。

1. 派生式 CAPP 系统

派生式 CAPP 系统也称变异式 CAPP 系统，它是在成组技术的基础上，利用零件的相似性，通过对产品零件的分类归族，可以把工艺相似的零件汇集成零件族，然后编制每个零件族的标准工艺，并将其存入 CAPP 系统的数据库中。这种标准工艺是符合企业生产条件下的最优工艺方案。一个新零件的工艺，是通过检索相似零件的工艺并加以筛选或编辑而成，由此得到“派生”或“变异”这个术语。其工作原理如图 2-17 所示。

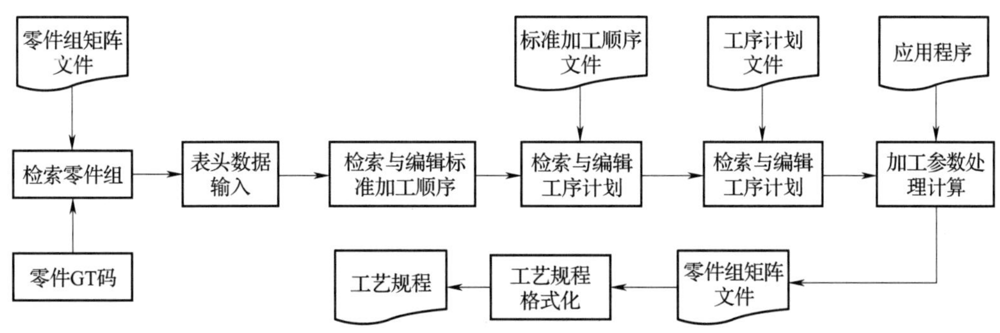

图 2-17 派生式 CAPP 系统工作原理图

2. 创成式 CAPP 系统

创成式 CAPP 系统，也称生成式 CAPP 系统。它的工作原理与派生式 CAPP 系统的原理不同，它并不是利用相似零件族的复合工艺修改或编辑生成，它不需要派生法中的复合工艺文件，而是依靠系统中的决策逻辑和制造工艺数据信息生成。这些信息主要是有关各种加工方法的加工能力和对象，各种设备及刀具的适用范围等一系列的基本知识。工艺决策中的各种决策逻辑存入相对独立的工艺知识库，供主程序调用。图 2-18 是它的工作原理框图。由图可见，系统可按工艺生成步骤划分为若干模块，每个模块的程序是按各功能模块的决策表或决策树来编制的，即决策逻辑是嵌套在程序中的。系统各模块工作时所需的各种数据都是以数据库文件的形式存储。

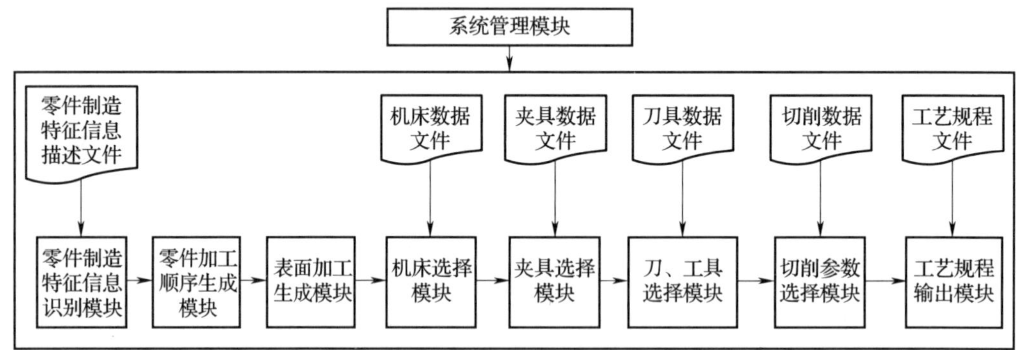

图 2-18　创成式 CAPP 系统工作原理

3. 基于知识的 CAPP 系统

传统的创成式系统由于决策逻辑嵌套在应用程序中，系统结构复杂，不易修改。目前的研究工作主要已转向基于知识 CAPP 系统（专家系统）。在基于知识系统中，工艺专家编制工艺的经验和知识存在知识库中，它可以方便地通过专用模块增删和修改，这就使系统的适应性和通用性大大提高。基于知识的 CAPP 系统工作原理如图 2-19 所示。知识库中工艺生成逻辑可以通过查询和解释模块，以树形等方式显示，便于查询和修改。以自然形式存放的工艺知识通过知识编译模块，成为一种直接供推理机使用的数据结构，以加快运行。推理机按输入模块从文件库中读取的零件制造特征信息，经过逻辑推理生成工艺文件，由输出模块输出并存入文件库[26]。

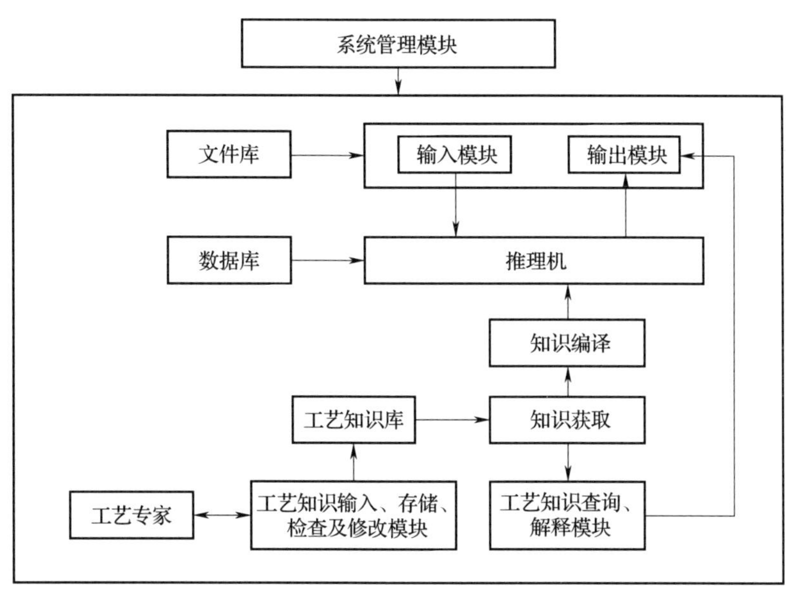

图 2-19 基于知识的 CAPP 系统工作原理图

（四）CAPP 系统案例——西门子公司 Teamcenter

1. 工艺过程管理及知识重用

在 Teamcenter 系统中，工艺流程框架是工艺规划工作的重心。Teamcenter 通过各种工艺、工序模板的形式来保存工艺流程框架。

（1）知识重用。利用 Teamcenter 制造过程管理解决方案的工艺知识管理功能，一方面有利于快速编制工艺工序，减轻工艺工程师的工作量；另一方面可以避免一些由于工作上的疏忽导致的工艺不完整及错误。

（2）任务可分工。工艺的分工是在 Teamcenter 平台权限管理下的分工，能保证各部分责任人互不影响，各司其职。

（3）并行工艺设计。工艺分工后，各责任人可以并行工作，完成各自的工艺设计。及时反映到 Teamcenter 平台上。总体负责人可随时登录系统查看当前工作完成状态。

（4）满足标准化管理的要求。工艺模板标准化是企业数字化工艺的目标，也是保证工艺质量的重要手段。

2. 面向成组加工的结构化工艺

Teamcenter 制造过程管理解决方案支持结构化的工艺设计与管理，其核心技术之一是 P3R(Product：产品；Process：建造过程；Plant：工厂；Resource：资源)数据模型，如图 2-20 所示。其中产品结构树(即生产设计 BOM)可以利用 Teamcenter BOM 多视图技术生成，工艺树由生产设计人员和工艺人员完成，工厂布局树和资源树则相对固定，由专人维护，最终的生产设计和工艺设计由技术人员建立这四棵树之间的关系即可。

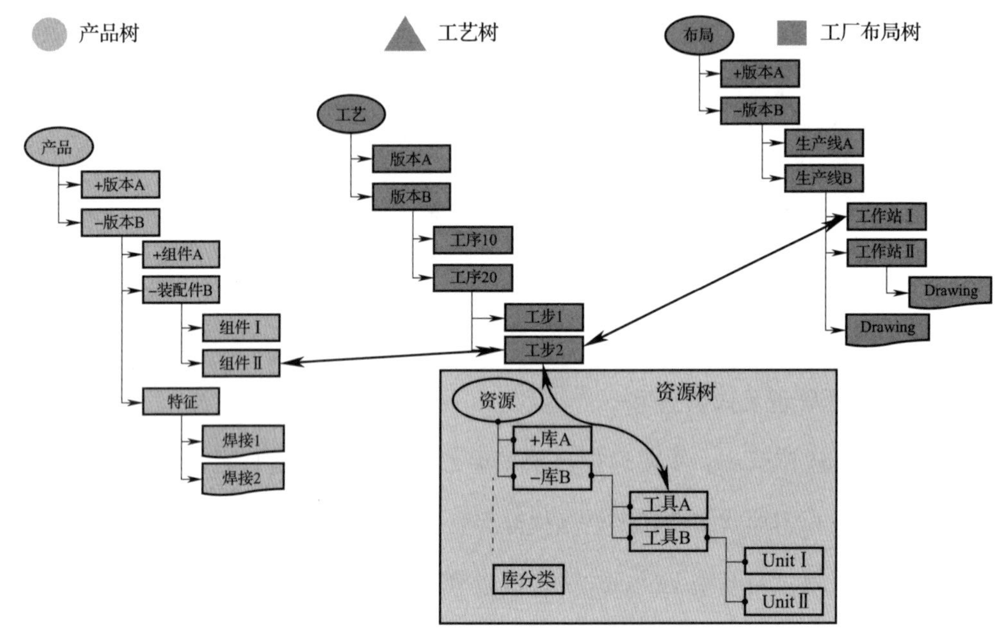

图 2-20　P3R 数据模型

3. 装配工艺设计管理

Teamcenter 制造过程管理解决方案的“装配过程规划”工具，可以实现在三维可视化环境中创建过程工艺，并对其进行配置和管理。

在装配工艺的设计方面，将采用三维模型设计的方式，便于操作人员识别，便于工艺、工装的并行设计。直接利用设计的三维模型，进行装配模型的三维设计、组合件的加工、部件和整机的装配等。

装配过程中，更多的装配问题与现场的装配环境相关。所以动态装配过程仿真在

复杂的工装、夹具、设备环境下对复杂的零部件的装配更能发挥作用。

此外，还可以定义和管理工序或一组工序的周期；使用图表工具可以对生产线平衡进行分析，这些图表说明了指派给每项资源的工作量；使用图表还可以对生产线中的关键工序进行评审，同时参考产品变型组合和工艺限制等条件，如装配的方向和顺序以及资源的可用性等，确保在第一时间生产出正确的产品。

Teamcenter 制造过程管理解决方案的工艺过程规划支持工时管理，可以定义、分析和管理每一工序的工时的值。每一工步的时间值可用工艺库文件中的预设值来定义，也可以由内置的 MTM 时间表来定义。

4. 工装设计管理

在工艺产品设计和专业设计过程中，会对需要添加的工装向工装组提出工装委托单，该单可通过流程流转到工装组。工装组根据要求进行相应的设计同时给出工装号，让工艺产品设计和专业设计添入相应的工艺装备中。在工艺过程中就是添加工艺资源，如图 2-21 所示。

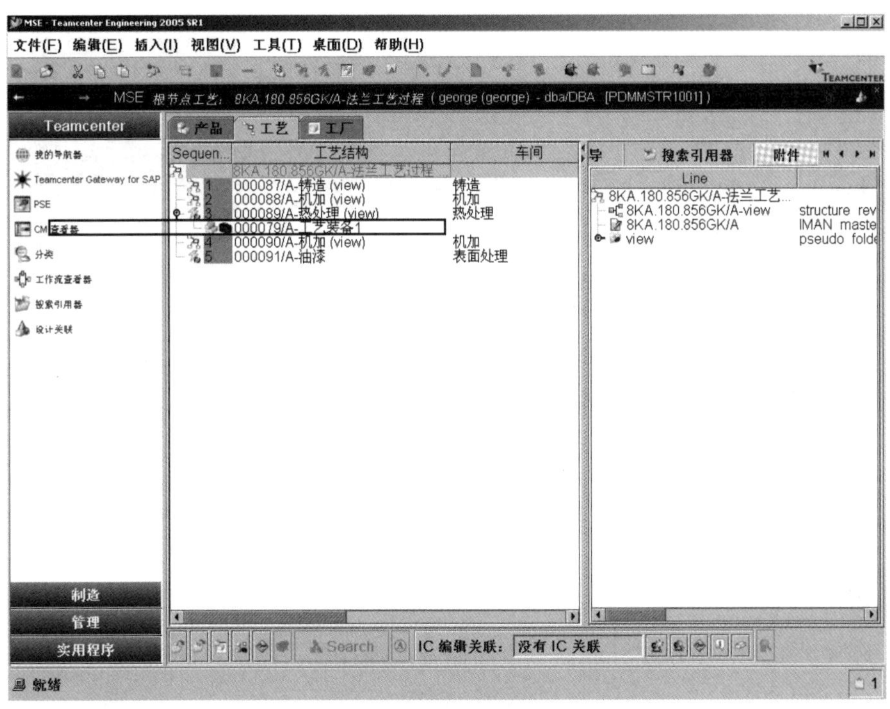

图 2-21　工装设计

根据给出的工模具号，将会在系统中建立新的工模具对象，工装组人员可进一步从 Teamcenter 中启动 CAD 进行工模具设计，然后在 Teamcenter 中通过流程发放工模具设计结果。

5. 工艺资源管理

工艺资源管理功能允许用户创建新的分类结构和添加新的分类部件和装配。资源库可以管理各种资源，如刀具、设备、夹具、机器人和焊枪等。工艺资源库保证了资源可以合理分类、有效管理并灵活指派到加工的工艺中，如图 2-22 所示。

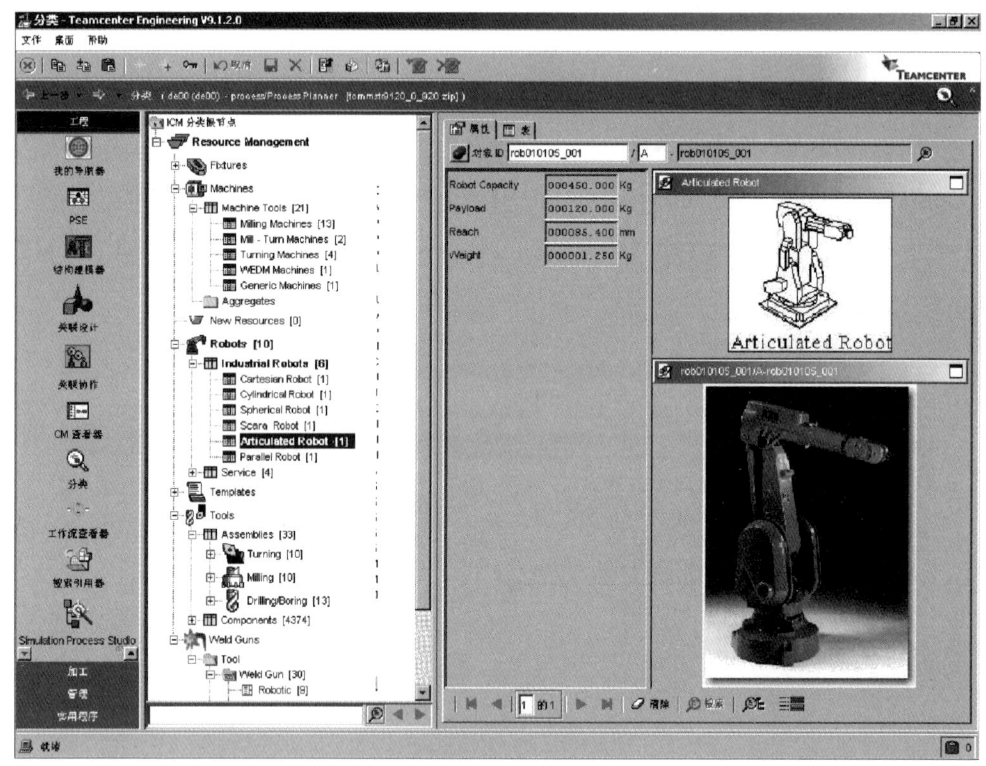

图 2-22　工艺资源分类库

企业可以将所有制造资源分类编码，建立一个统一的资源库。工艺人员可以及时、精确地在资源库中查找各工序所需要的刀具、量具、卡具、模具和机床设备。生产计划和管理人员可以方便地统计和核算产品制造所消耗和占用资源的成本、时间。

工艺编制的过程中就可以随时访问这个工艺资源库。通过参数方便地进行检索，如图 2-23 所示。

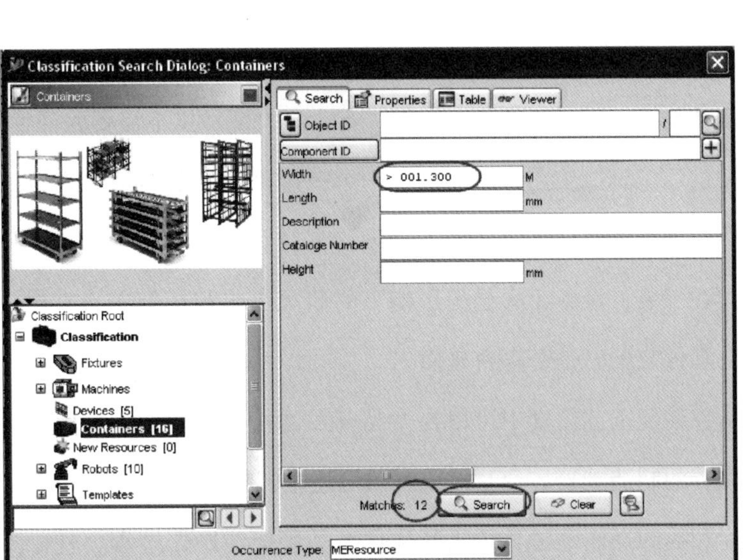

图 2-23　参数查询

同时，可以查看到此资源的 2D/3D 图形，如图 2-24 所示。

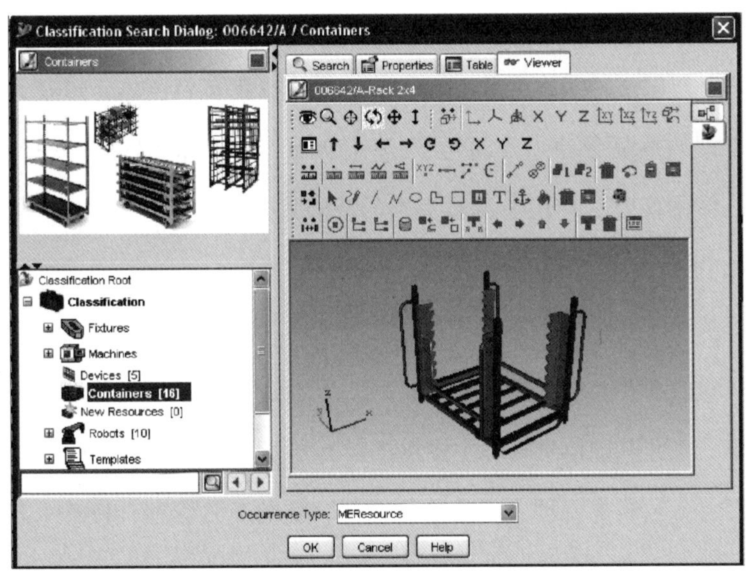

图 2-24　工艺资源图

选中的资源就关联到相应的工艺/工序中，可进行位置调整和可行性验证。

6. 装配工艺仿真与优化

在产品装配过程中，通过使用与 Teamcenter 完全集成在一起的 Tecnomatix 工艺验证解决方案，第一次就能生产出正确的产品。装配规划与验证环境在一个虚拟环境中验证新的过程和技术，不需要在研究方面进行大量投资，也不需要验证物理工厂。

动态装配过程仿真给工艺人员提供了一个三维的虚拟制造环境来验证和评价装配制造过程和装配制造方法。在此环境下，设计人员和工艺人员可同步进行装配工艺研究，评价装配在工装、设备、人员等影响下的装配工艺和装配方法，检验装配过程是否存在错误，零件装配时是否存在碰撞。

规划人员在装配工艺仿真中可以在产品开发的早期仿真装配过程，验证产品的工艺性，获得完善的制造规划。交互式或自动地建立装配路径，动态分析装配干涉情况，确定最优装配和拆卸操作顺序，仿真和优化产品装配的操作过程。甘特图和顺序表有助于考察装配的可行性和约束条件。

（五）CAPP 系统案例——思普软件公司 SIPM/PLM

工艺是连接设计与制造的桥梁，工艺管理是对工艺相关信息的组织和处理过程的管理，工艺管理水平的高低将直接决定产品的成本和质量。目前，大多数企业都存在产品种类繁多、工艺文件版本混乱、工艺设计人员查找资料困难，以及大量的时间和精力耗费在无谓的重复劳动中等问题。SIPM/PLM 工艺管理解决方案实现产品设计、工艺设计的一体化管理，为 ERP 提供完整的基础数据。

1. SIPM/PLM 工艺管理的特点

（1）工艺基础信息管理。工艺基础信息管理作为工艺管理的基础部分，一方面为工艺管理人员提供必要及时的数据信息，另一方面还可以辅助工艺管理工作，实现企业信息的共享。工艺基础信息管理主要包括以下方面：工艺文件管理、工艺检查管理、工艺数据管理、工艺装备管理、工艺人员管理、制造工时管理、特殊工艺管理、统计报表管理等。

（2）工艺数据的生命周期管理。SIPM/PLM 支持 MBOM 从设计、审核到生效的全生命周期管理，MBOM 的变更同样遵循变更、审核、生效的过程，数据经审核生效后才替换以往的数据，每一次变更都具有变更历史，避免 MBOM 物料变更未经审核即将数据流转到 EPR 系统采购，实现 MBOM 版本可控，杜绝由于物料采购错误为企业带

来巨大损失。

（3）制造 BOM 与设计 BOM 的关系。制造 BOM 是由设计 BOM 为基础产生的，维持可利用设计 BOM 快速转化，并进行独立结构维护，增加装配过程中的过程件或辅助材料，形成完整的产品制造结构，同时维持设计件与制造件之间的关联关系，方便工艺人员查看设计资料和图纸。

（4）以制造 BOM 为核心的工艺数据管理。SIPM/PLM 工艺信息管理是以 MBOM 为中心，将工艺路线、材料定额、工艺资料、工艺过程卡、工程图、2D/3D 图档等信息联系起来，构建了成套的 360°全局工艺数据管理体系，实现各环节信息在整个工艺过程的无缝转移，轻松满足生产的各类价值数据的需求，如图 2-25 所示。

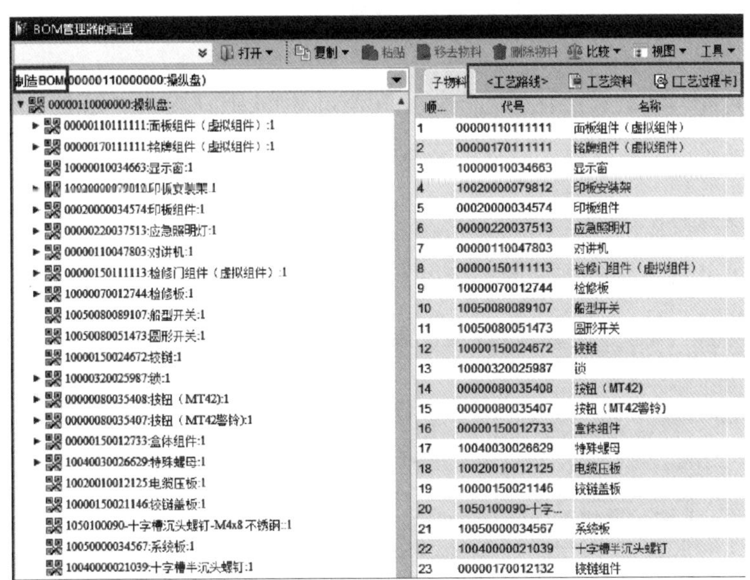

图 2-25　工艺信息管理

（5）可灵活定义的材料定额计算。材料消耗定额的计算，由于产品不同、设备不同，每个企业的计算方法也不完全相同，总结多年的工艺管理实践经验，思普软件推出可自定义计算公式的材料定额计算与维护，彻底解决企业的材料定额计算问题，在系统中可以给每一种材料定义输入条件和计算公式，系统自动按照定义的计算条件显示输入界面，并自动进行计算，如图 2-26 所示。

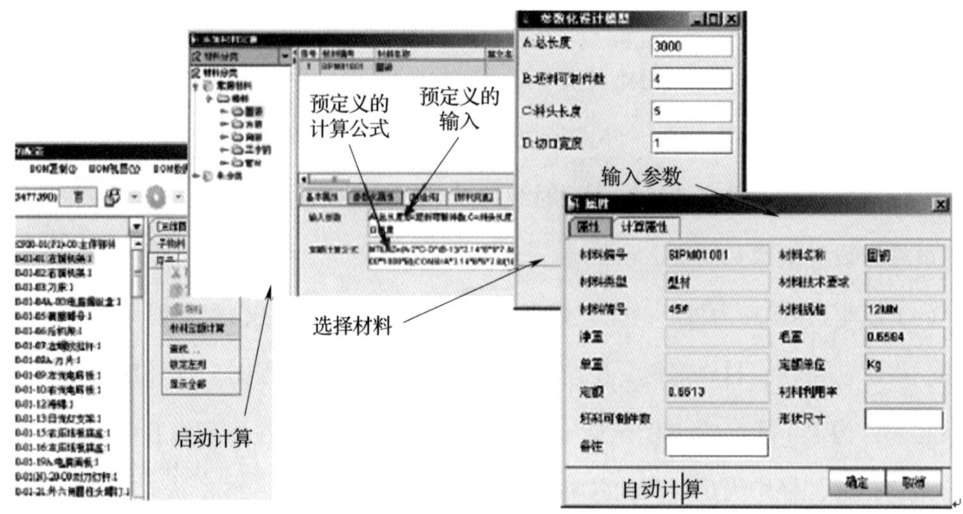

图 2-26　材料定额计算

（6）基于 MBOM 的智能化工艺设计。在制造 BOM 上直接调用标准工艺库进行工艺设计，并自动输出卡片，真正意义上的设计工艺一体化解决方案，实现工艺设计标准化。具体步骤如下：

- 在 PLM 中建立标准工序库，维护工序关联信息。
- 建立设备/工装/工位器具/辅料，方便调用，如图 2-27 所示。

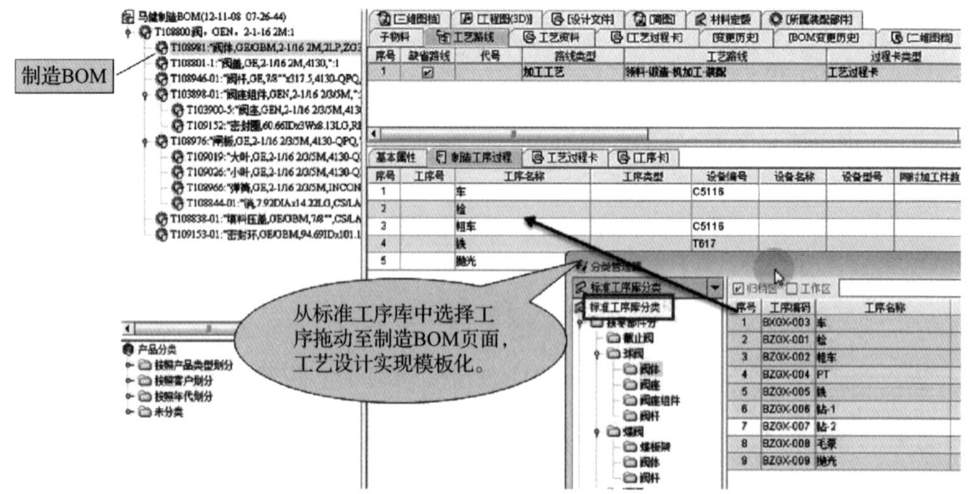

图 2-27　标准工艺库

- 引用标准工序库进行快速工艺设计，并通过模板直接输出卡片文件，解放工艺

工程师繁杂的卡片表格排版设计输入等无价值劳动。

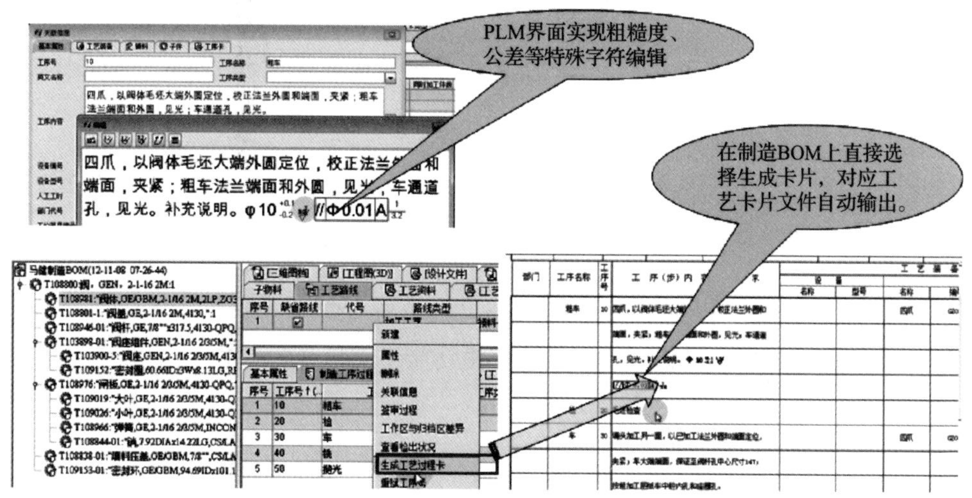

图 2-28　标准工序库

（7）对多版本工艺文件的支持。一个零件的生产加工，可以有多种方法实现，SIPM/PLM 提供多版本工艺的支持，允许企业对同一零件编制多套工艺方法和工艺文件。

（8）多工厂生产的支持。在集团化企业中，往往会有同一产品在不同工厂制造的情况，每个企业由于生产设备、当地配套能力情况不同，形成制造结构不同、工艺方法不同，SIPM/PLM 提供一个设计 BOM 可以对应任意多个制造 BOM 的功能，对每个制造 BOM 的零件设计不同的工艺能力，全面适应集团化异地设计与制造的环境。

2. SIPM/PLM 工艺管理的功能

主要包括以下功能：

- 提供基于统一 BOM 的智能化、结构化、可扩展的全新工艺解决方案。
- 支持结构化的工艺符号描述，多标准的工艺卡片输出。
- 支持在 PLM 中建立标准工序库，维护工序关联信息。
- 支持建立设备、工装、工位、器具、辅料库的方便调用。
- 支持引用标准工序库进行快速工艺设计，并通过模板直接输出卡片文件，解放工艺工程师繁杂的卡片表格排版设计输入等无价值劳动。

• 企业可以在制造 BOM 上直接调用标准工艺库进行工艺设计，并自动输出卡片，实现了设计工艺一体化解决方案，实现工艺设计标准化管理。

3. SIPM/PLM 工艺管理的优势

SIPM/PLM 工艺管理解决方案提供了工艺、设计一体化功能，能够无缝查看设计内容，及时传递设计变更内容。若安装了 SIPM/QIS，还能自动接收质量反馈信息，保证了完整的质量管理体系的实施。此外，还可从工艺管理扩展到设备管理、工装管理以及 NC 代码的管理等，具备工艺模型的重构功能，满足各种 ERP 对工艺信息的集成需求。

4. SIPM/PLM 集成 ERP 方案

PLM 作为 ERP 系统的物料、BOM、工艺路线数据源头，为整个 ERP 的顺利运行提供了数据保证。思普软件经过 20 余年与国内外各种 ERP 的集成，经过总结和标准化，形成了稳定的集成解决方案，实现了广义设计 BOM、广义工艺 BOM 的统一管理。同时，将工艺 BOM 通过规则自动形成 ERP 所需的生产 BOM(PBOM)、物料和工艺路线信息，从而完美实现了设计角度构建设计 BOM、工艺角度构建工艺 BOM，并自动形成 ERP 所需的 PBOM 信息，在保持设计、工艺习惯思维情况下实现信息集成。

ERP 集成 PLM 端功能的目标是自动生成符合 ERP 要求的生产 BOM 和工艺路线。

(1) PLM 集成 ERP 端方案的特点。总体方案如图 2-29 所示。

支持 ERP 类型：①国外 ERP 软件包括 SAP、Oracle、QAD、Infor 等；②国内 ERP 软件包括金蝶 ERP、用友 ERP、鼎捷 ERP、金思维 ERP 等。

PLM 端集成程序主要工作：生成 ERP 所需的目标 BOM、物料和工艺路线。BOM 中包含了工艺过程件、材料并将数据转化成 ERP 所需的格式。ERP 端集成程序是将目标 BOM、物料、工艺路线和 ERP 中已有数据进行比较，确定增量信息，并准确的更新到 ERP 中，实现 ERP 中的 BOM、物料和工艺路线与 PBOM 包一致，如图 2-30 所示。

(2) PLM 集成 ERP 端方案的效益。主要包括以下几方面：保证 ERP 所需的 BOM 数据、工艺路线数据正确性；ERP 中生产管理的调整往往引起 BOM 层次结构的变化，

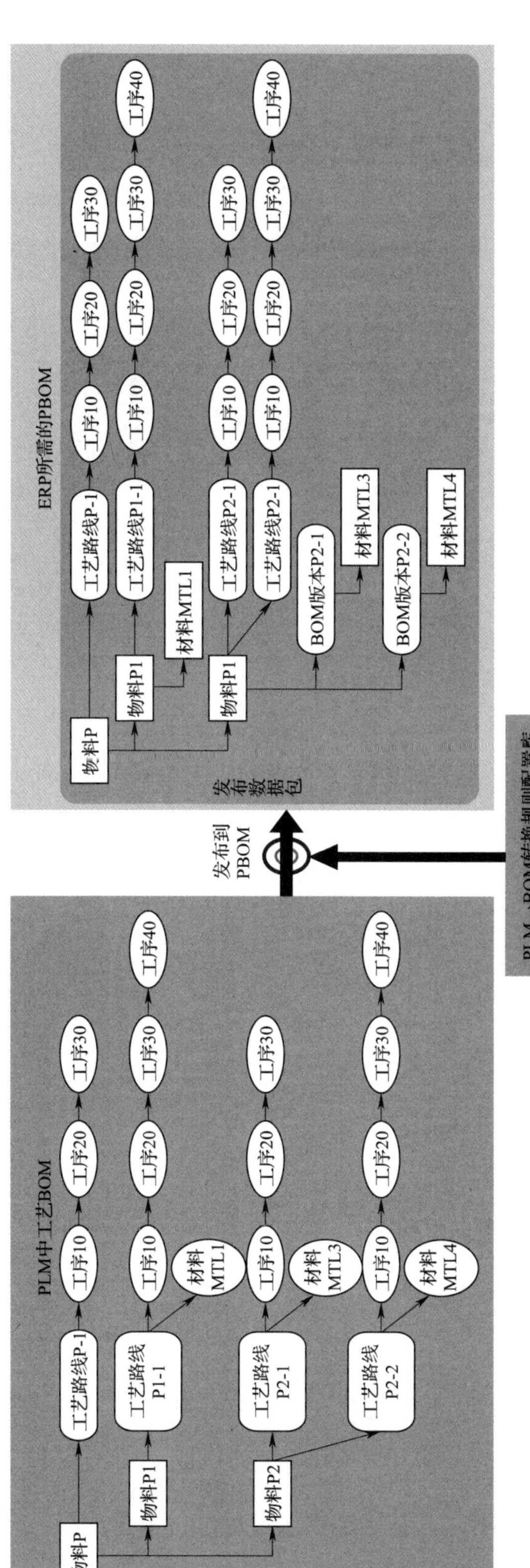

图2-29　PLM集成ERP方案

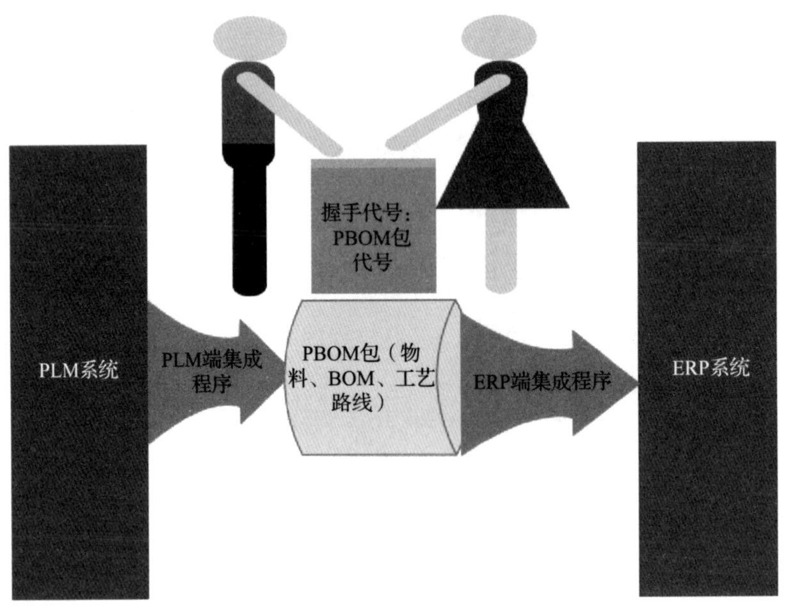

图 2-30　PLM 端集成

而此变化无须通过工艺 BOM 重建实现，保证了工艺 BOM 的稳定性；设计 BOM、工艺 BOM、生产 BOM 数据一致性通过系统得到保证，为 ERP 稳定运行提供了数据保证；可调整的生成规则，为将来企业发展管理精细化提供了方便；开放的数据结构和 WEB SERVICE API 支持任意系统获取生产 BOM 数据。

(3) PLM 集成 ERP 端方案的优势。优势如下：保持设计、工艺人员的思维模式不变，提升设计和工艺的效率；完整实现了设计 BOM、工艺 BOM、生产 BOM 的演变，数据严格保持一致；按照规则生成工艺过程件；生产管理的调整不影响工艺本身的工作；生产 BOM 生成规则可调整和自定义。

5. SIPM/PLM 工艺设计管理项目案例

(1) SIPM 提供结构化的工艺解决方案案例。SIPM/PLM 工艺管理解决方案实现产品设计、工艺设计的一体化管理。通过直接调用标准的工艺基础库(见图 2-31)，实现工艺的快速编制(见图 2-32)。结构化的工艺管理为 ERP、MES 系统提供的有力的数据支撑。

(2) 工艺路线及 PBOM 管理模式案例。关于工艺过程件，工艺工程师对设计 BOM 需要根据生产线情况进行调整 BOM 层级结构的管理方案(见图 2-33)，SIPM/PLM 采

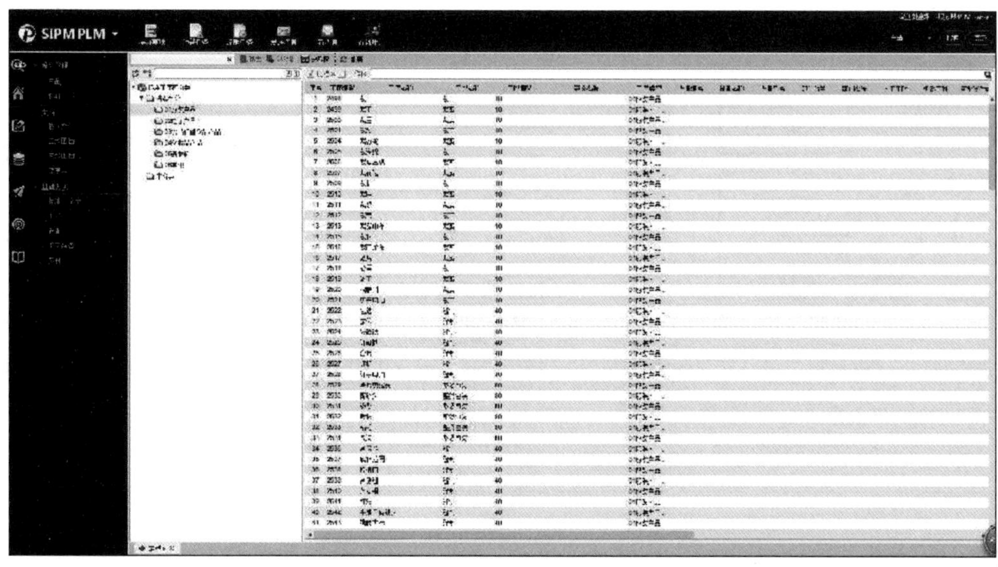

图 2-31　工艺基础库管理

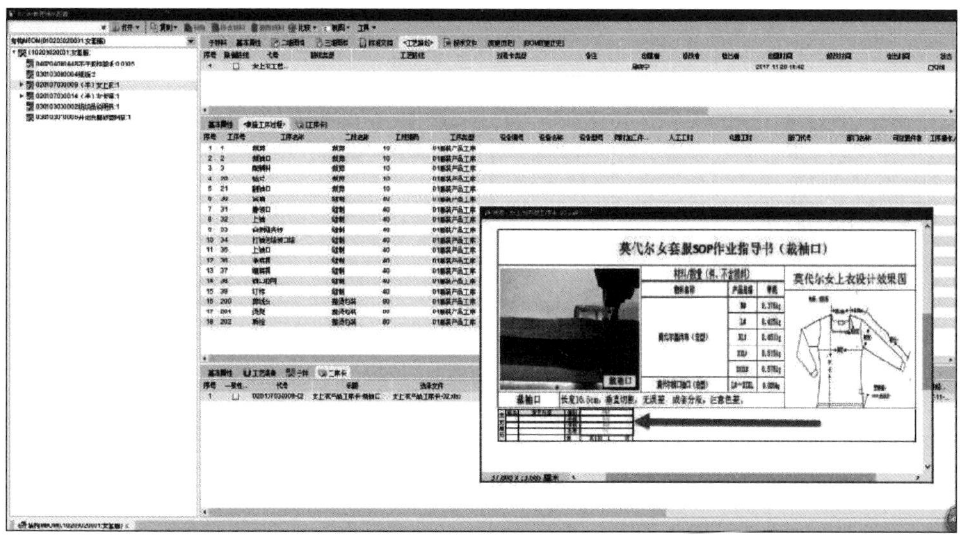

图 2-32　工艺路线编制

用结构工程师、硬件工程师、软件工程师维护产品设计 BOM，工艺工程师维护工艺路线过程及过程中应用的辅料，对工艺过程中可能产生的过程件进行标识，通过工艺路线中加入的过程件、子件生成 PBOM（见图 2-34）传输至 ERP 的管理方案（见图 2-35、图 2-36）。

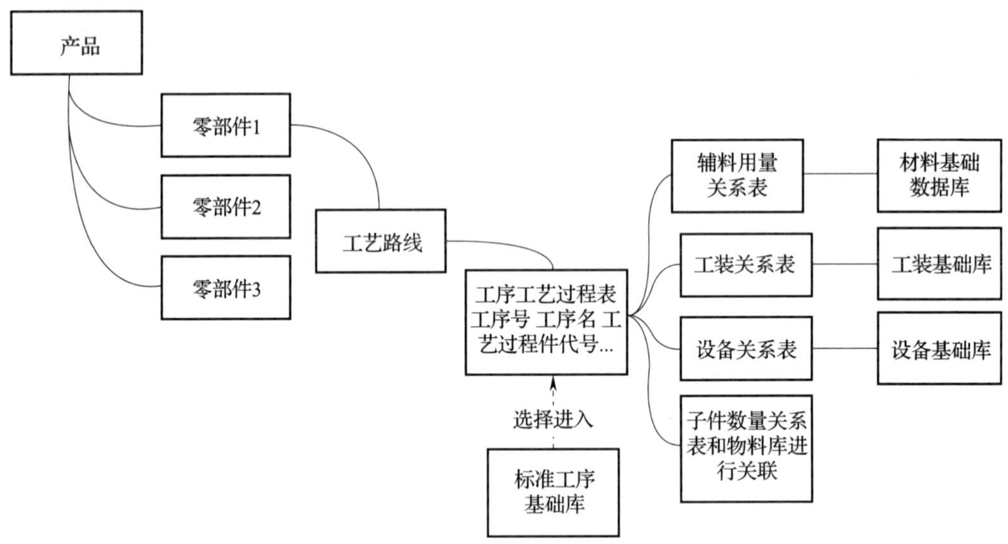

图 2-33　工艺路线管理模型

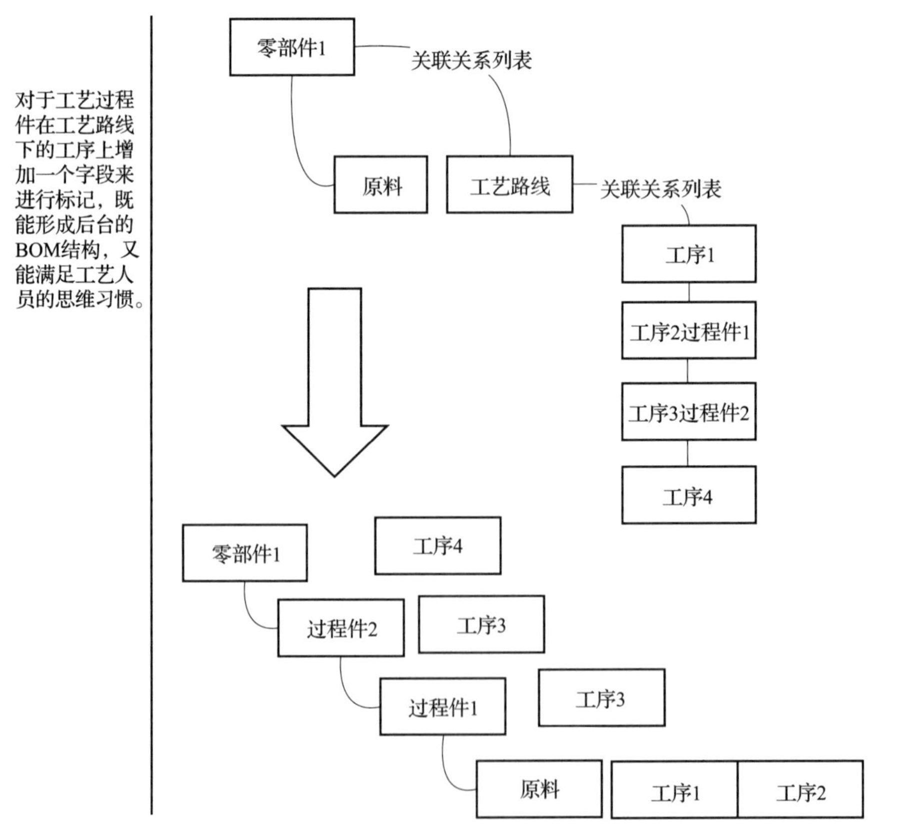

图 2-34　工艺 PBOM 生成逻辑方案

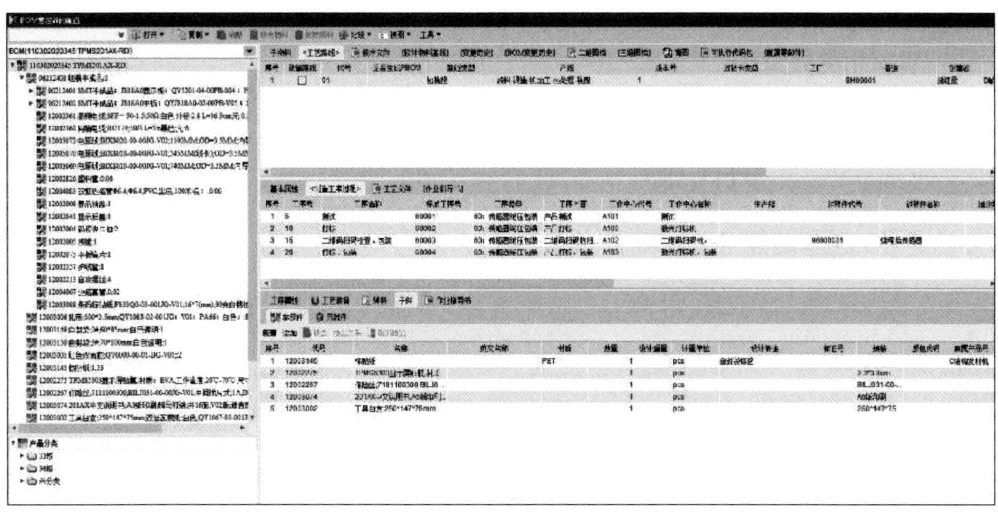

图 2-35　工艺路线管理

图 2-36　PBOM 浏览

(六)工艺设计实验——SIPM/PLM 系统工艺设计

1. 实验目的

实验目的如下:

- 了解 SIPM/PLM 系统的工艺设计架构原理。
- 学习 SIPM/PLM 系统如何实现企业工艺设计数据的结构化管理，以实现企业工艺设计数据的源头管理，为 ERP、MES 系统提供正确、一致的数据。

2. 实验相关知识点

实验相关知识点如下：

• 了解工艺设计在 PLM 系统中架构。

• 学习工艺基础数据库管理。

• 学习工艺设计管理，包括工艺路线管理、制造工序过程管理、材料定额计算，输出工艺卡片等。

3. 实验内容及主要步骤

利用提供的 SIPM/PLM 系统，在 PLM 系统中实现对零部件的加工工艺和装配工艺设计模拟操作。具体实验步骤如下：①打开 SIPM/PLM 软件客户端，通过用户、密码进入 PLM 系统；②了解、熟悉 PLM 系统操作界面；③在 PLM 系统中建立工艺基础数据库，包括标准工序库、材料库、设备库、工艺装备库、工位器具库、辅料库等；④在 PLM 系统中设计零件加工工艺；⑤在 PLM 系统中设计部件装配工艺；⑥在 PLM 系统中生成工艺过程卡和工序卡；⑦对设计的工艺数据进行正确性、一致性校验，签审工艺设计数据、归档；⑧生成 ERP、MES 所需的工艺设计数据。

（七）工艺设计实验——Teamcenter Manufacturing 实施服务基础操作

1. 实验目的

实验目的如下：

• 了解 Teamcenter Manufacturing 数字化工艺基本概念。

• 掌握 TCM 客户端的基本使用，包括 Manufacturing Process Planner、多结构化管理器、流程管理器等。

• 了解制造工艺规划实施服务具体工作内容。

2. 实验相关知识点

实验相关知识点如下：

• 了解制造工艺规划的业务模式。

• 学习数字化工艺基本概念。

• 学习 TCM 各功能基本操作。

3. 实验内容及主要步骤

利用提供的西门子 TCM 平台，开展数字化工艺具体业务操作实验。具体实验步骤如下：①了解 Teamcenter Manufacturing 基础知识，配置 Teamcenter Manufacturing 客户端用户界面；②在 Teamcenter Manufacturing 中创建、查看、修改工艺对象，定义粗工艺路线；③了解 MBOM 基本概念，构建 MBOM；④EBOM、MBOM 一致性检查；⑤创建工艺结构、定义工艺次序、利用模板创建工艺结构；⑥创建 In Process Assembly；⑦工艺结构的配置定义；⑧工厂结构的创建和定义；⑨生成电子作业指导书；⑩EWI 工艺数据查看；⑪工艺数据电子审批发放。

第三节　数字化制造装备

考核知识点及能力要求：

• 了解数控机床工作原理、组成及关键技术。

• 掌握数控机床操作和编程方法。

• 能够对数控机床进行选型。

• 了解工业机器人分类和系统组成。

• 熟悉工业机器人常用的应用场景。

• 能够根据需求进行工业机器人选型和编程与操作。

一、数控机床

（一）数控机床原理与组成

数控技术是现代数控系统综合运用了计算机、自动控制、电气传动、精密测量和机械制造等多门技术发展而来的，它是自动化机械系统、机器人、柔性制造系统（FMS）和计算机集成制造系统（CIMS）等高新技术的基础。

1. CNC 系统的组成

计算机数控系统，即 CNC 系统，主要是靠存储程序来实现各种机床的不同控制要求。由图 2-37 可知，整个数控系统是由程序、输入设备、输出设备、计算机数控（CNC）装置、可编程控制单元、主轴控制单元和速度控制单元等部分组成，习惯上简称为 CNC 系统。CNC 系统能自动阅读输入载体上事先给定的数字值并将其译码，从而驱使机床动作并加工出符合要求的零件。

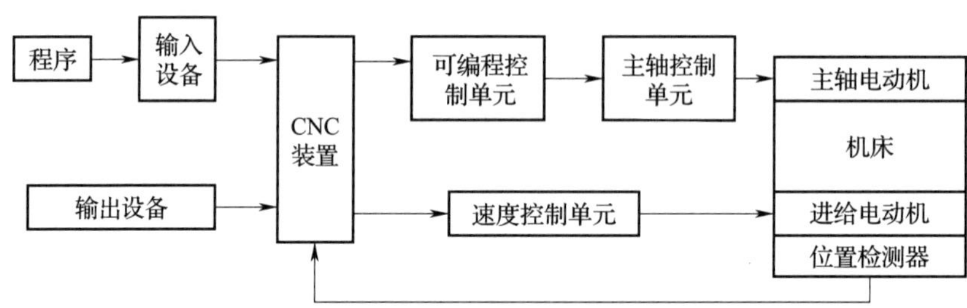

图 2-37　CNC 系统的组成框图

2. CNC 装置的工作原理

CNC 系统的核心是 CNC 装置。CNC 装置实质上是一种专用计算机，它除了具有一般计算机的结构外，还有与数控机床功能有关的功能模块结构和接口单元。CNC 装置由硬件和软件两大部分组成。CNC 装置的工作过程是在硬件的支持下，执行软件的过程。CNC 装置的工作原理是通过输入设备输入机床加工所需的各种数据信息，经过译码、计算机的处理和运算，将每个坐标轴的移动分量送到其相应的驱动电路，经过转换、放大，驱动伺服电动机，带动坐标轴运动；同时进行实时位置反馈控制，使每个坐标轴都能精确移动到指令所需求的位置。

对于连续切削的CNC机床，不仅要求工作台准确定位，而且必须控制刀具以相对于工件的给定速度，沿着指定的路径，进行切削运动，并保证切削过程中每一点的加工精度和表面粗糙度，这取决于CNC装置的插补功能，如当利用数控机床加工曲线时，用小段折线逼近要加工的曲线。插补实质上是数控系统根据零件轮廓线型的有限信息，计算出刀具的一系列加工点、完成所谓的数据“密化”工作。数控系统中完成插补工作的装置称为插补器。硬件插补器由分立元件或集成电路组成，特点是运算速度快，但灵活性差、不易改变；软件插补器利用CPU通过软件编程实现，其特点是灵活易变，但插补速度受CPU速度和插补算法影响。现代数控系统大多采用软件插补和硬件插补相结合的方法。

（二）数控机床组成

数控机床主要由机床主体、伺服系统、数控装置和存储系统四部分组成。机床主体主要指机床的整体结构和执行部件，其运动和定位精度较普通机床高，对控制系统的响应时间短，另外还配有其他附属设施；伺服系统主要指数控系统的信号放大和控制部件，可以有效驱动执行部件进行精确运动，最终实现零件的自动加工；数控装置和存储系统主要进行数控程序的存储，修改和控制，数控装置可将程序读取转化为伺服系统能够识别的信号，对伺服系统进行驱动和控制，再由伺服系统控制机床中相关工作轴的运动。

（三）数控加工程序设计

数控加工程序是按照标准编写的程序代码，经伺服系统接受识别后对数控机床进行控制，从而实现加工的信号指令。数控机床之所以能够自动进行加工，成为高效的自动化设备，主要得益于数控编程技术的发展。理想的加工程序不仅应保证加工出符合要求的合格产品，同时应能使数控机床的功能得到合理的利用和充分的发挥，尽可能提高加工效率，并应使机床能安全、可靠地高效工作。

数控编程指根据零件的加工工艺特征，合理选择刀具、切削参数、工艺参数，如主运动、进给运动的速度和切削深度、辅助操作等，如换刀，主轴的正、反转，切削液的开、关，刀具夹紧、松开等的加工信息等，这些将被加工零件的加工顺序、刀具运动轨迹的尺寸数据等用规定的文字、数字及符号组成的代码，按一定格式编写成数控加工程序的全过程。数控编程的主要任务是计算加工走刀中的刀位点。刀位点一般取为刀具轴线与刀具表面的交点，多轴加工中还要给出刀轴矢量。

零件程序编制的主要步骤包括零件图样的工艺特征分析、加工工艺分解和处理、编制加工程序清单和程序的调试几个主要步骤。

(四)数控机床操作实验

1. 实验目的

实验目的如下：

- 了解零件的数控加工过程。
- 了解数控机床基本操作。

2. 实验相关知识点

实验相关知识点如下：

- 数控机床操作。
- 通用夹具选择及使用。
- 工件原点设置。
- 刀具分类及选择。
- 程序的导入和编辑。
- 卡尺等常用量具使用。
- 加工管控。

3. 实验内容及主要步骤

实验步骤如下：

- 开通气源电源，启动机床。
- 机床初始化。
- 熟悉机床操作界面。
- 台钳检测，练习打表(零件找正)。
- 定义工件原点(XYZ)。
- 刀具安装及长度设置。
- 刀库配置。

- 程序导入与编辑。
- 零件加工及管控。
- 零件检测。

二、工业机器人

(一) 工业机器人分类

工业机器人分类的方法很多，这里仅按机器人的系统功能、驱动方式、控制方式以及机器人的结构形式进行分类。根据系统功能，工业机器人可以划分为以下几种。

(1) 专用机器人。这种机器人在固定地点以固定程序工作，无独立的控制系统，具有动作少、工作对象单一、结构简单、实用可靠和造价低的特点，如附属于加工中心机床上的自动换刀机械手。

(2) 通用机器人。它是一种具有独立控制系统、动作灵活多样，通过改变控制程序能完成多种作业的机器人。它的结构较为复杂、工作范围大、定位精度高、通用性强，适用于不断变换生产品种的柔性制造系统。

(3) 示教再现式机器人。这种机器人具有记忆功能，能完成复杂动作，适用于多工位和经常变换工作路线的作业。它比一般通用机器人先进在编程方法上，能采用示教法进行编程，即由操作者通过手动控制“示教”机器人做一遍操作示范，完成全部动作过程以后，其存储装置便能记忆所有这些工作的顺序。此后，机器人便能“再现”操作者教给它的动作。

(4) 智能机器人。这种机器人具有视觉、听觉、触觉等各种感觉功能，能够通过比较识别做出决策，自动进行反馈补偿，完成预定的工作。它采用计算机控制，是一种具有人工智能的工业机器人。

(二) 工业机器人系统组成

现代工业机器人一般由机械系统(执行机构)、控制系统、驱动系统、智能系统四大部分组成，如图 2-38 所示。

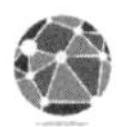

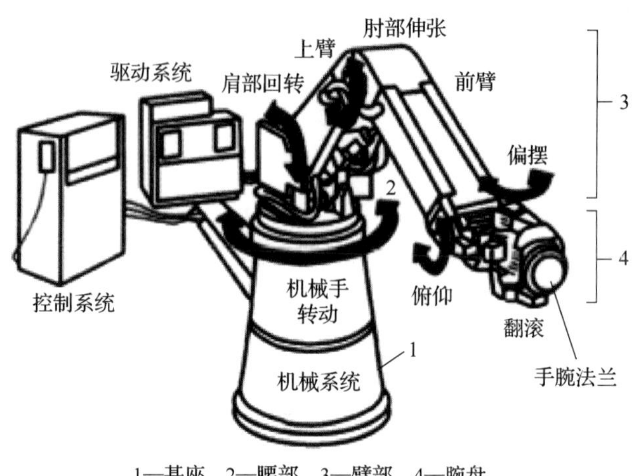

图 2-38 工业机器人的组成示意图

1. 机械系统

机械系统是工业机器人的执行机构(即操作机)，是一种具有和人手相似的动作功能，可在空间抓放物体或执行其他操作的机械装置。通常由手部、腕部、臂部、腰部和基座组成。

2. 控制系统

控制系统是机器人的大脑，支配着机器人按规定的程序运动，并记忆人们给予的指令信息(如动作顺序、运动轨迹、运动速度等)，同时按其控制系统的信息对执行机构发出执行指令。控制系统一般由控制计算机和伺服控制器组成，前者协调各关节驱动器之间的运动，后者控制各关节驱动器，使各个杆件按一定的速度、加速度和位置要求进行运动。

3. 驱动系统

驱动系统是按照控制系统发来的控制指令进行信息放大，驱动执行机构运动的传动装置。驱动系统包括驱动器和传动机构，常和执行机构连成一体，驱动臂杆完成指定的运动。常用的驱动器有液压、气压、电气和机械四种传动形式，目前使用最多的是交流伺服电动机。传动机构常用的有谐波减速器、RV 减速器、丝杆、链、带以及其他各种齿轮轮系。

4. 智能系统

智能系统是机器人的感受系统，由感知和决策两部分组成。前者主要靠硬件(如各类传感器)实现，后者则主要靠软件(如专家系统)实现。

(三)工业机器人应用

工业机器人主要应用在汽车制造、机械制造、电子器件、集成电路及塑料加工等较大规模的生产行业，工业机器人可以以单机形式使用，也可以作为生产系统中的一个构成部分使用。随着社会需求发展的变化，工业机器人的灵活性和性能越来越好，在柔性制造系统及其他系统中的应用也越来越多。

(四)工业机器人示教编程实验

1. 实验目的

实验目的如下：

- 了解工业机器人组成及性能。
- 掌握基于智能产线的工业机器人工作过程。
- 学会工业机器人虚拟仿真软件操作及离线编程方法。
- 学会基于智能产线的工业机器人作业轨迹编程方法。

2. 实验相关知识点

实验相关知识点如下：

- 六自由度工业机器人结构和组成。
- 工业机器人工作空间、关节、坐标系知识。
- 工业机器人示教编程、离线编程知识。

3. 实验内容及主要步骤

(1) 登录国家虚拟仿真实验教学项目共享平台网站 http://www.ilab-x.com/。以注册用户名登录，搜索“基于智能制造的工业机器人作业轨迹与过程仿真实验”，如图 2-39 所示，点击“我要做实验”，进入实验网站(见图 2-40)。实验实验流程如图 2-41 所示。

图 2-39　登录国家虚拟仿真共享平台

图 2-40　仿真软件实验网站

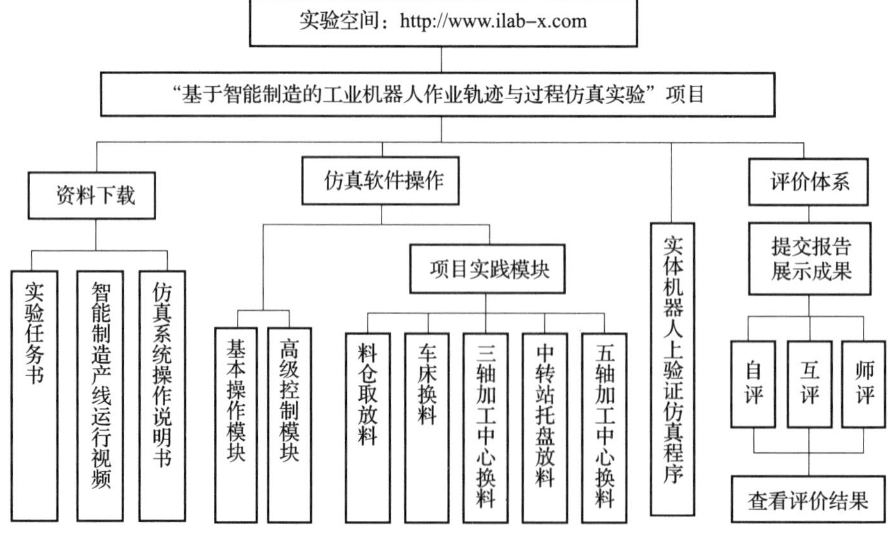

图 2-41　实验操作流程

(2) 下载关于智能制造学科交叉创新实践平台的相关资料。了解实验应用环境，掌握基于微涡发动机典型零件智能生产过程中的工业机器人运转物料作业过程。

(3) 选择“软件学习——软件平台”跳转到工业机器人仿真软件系统。按照“工业机器人仿真平台说明书”，自学基本操作、高级控制模块内容，掌握虚拟仿真软件基本操作和示教编程方法。

(4) 找到项目实践模块。完成一项或多项工业机器人作业轨迹的示教编程实验。主要包括：①车床上、下料机器人作业轨迹仿真实验；②铣床上、下料机器人作业轨迹仿真实验；③五轴上、下料机器人作业轨迹仿真实验；④基于车铣工站的机器人作业轨迹仿真实验(综合一)；⑤基于五轴工站的机器人作业轨迹仿真实验(综合二)；⑥基于产线系统的机器人作业轨迹仿真实验(通用实验)。

(5) 示教编程仿真无误后，点击“完成/导出”按键。导出程序代码，同时提交国家虚拟仿真实验网数据中心。

(6) 录屏机器人作业轨迹演示视频。在“评价体系”中上传视频(视频不要超过50 M)。

(7) 学习操作与编程。具体为智能产线中实体 HSR612 与 HSR620 机器人操作与编程。

(8) 将示教编程导出的程序代码，传输到智能产线的实体机器人中。验证仿真效果。

三、增材制造装备

随着 1988 年美国的 3D Systems 公司推出第一台光固化成型商品化设备 SLA-250 以来，世界范围内相继推出了和增材制造产艺方法相对应的多种商品化设备和实验室阶段的设备。目前，商品化比较成熟的设备有立体光固化成型设备、选择性激光烧结成型设备、分层实体制造设备、熔融沉积制造设备、三维印刷设备等。

(一) 立体光固化成型设备

目前，研究光固化成型(SLA)设备的单位有美国的 3D Systems 公司、德国的 EOS 公司、法国的 Laser3D 公司、日本的 SONY/D-MEC 公司、以色列的 Cubital 公司以及国内的西安交通大学、上海联泰科技有限公司、华中科技大学等。

在上述研究 SLA 设备的众多单位中，美国 3D Systems 公司的 SLA 技术在国际市场上占的比例最大。3D Systems 公司在继 1988 年推出第一台商品化设备 SLA-250 以来，又于 1997 年推出了 SLA250HR、SLA3500、SLA5000 三种机型，在光固化成型设备技术方面有了长足的进步。其中，SLA3500 和 SLA5000 使用半导体激励的固体激光器，扫描速度分别达到 2. 54 m/s 和 5 m/s，成层厚最小可达 0. 05 mm，成型时间平均缩短了 20%。

国内的西安交通大学在光固化成型技术、设备、材料等方面进行了大量的研究工作，推出了自行研制与开发的 SPS、LPS 和 CP 三种机型。每种机型有不同的规格系列，其工作原理都是光固化成型原理。其中，SPS600 成型机如图 2-42 所示。

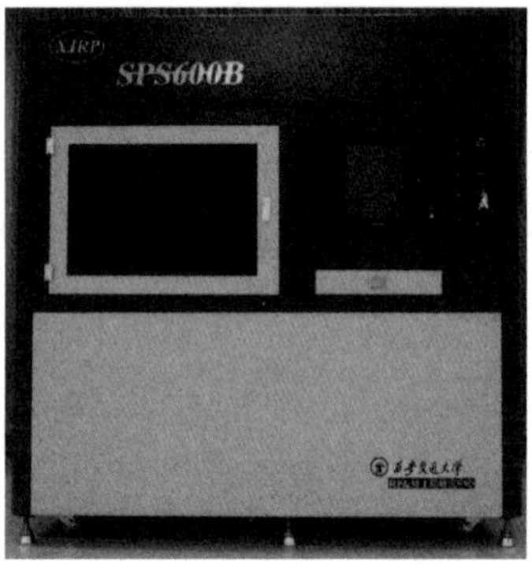

图 2-42　SPS600 设备

(二) 选择性激光烧结成型设备

研究粉末激光烧结成型设备的单位有美国的 DTM 公司和 3D Systems 公司，德国的 EOS 公司，国内的华中科技大学、北京隆源公司、中北大学等。1986 年，美国得克萨斯大学的研究生 C. Deckard 提出了选择性激光烧结（SLS）的思想，稍后组建了 DTM 公司，并于 1992 年推出 SLS 成型机。DTM 公司分别于 1992 年、1996 年和 1999 年先后推出了 Sinterstation2000、Sinterstation2500、Sinterstation2500 Plus 机型。其中 Sinterstation2500 Plus 机型的成型体积比过去增加了 10%，同时通过对加热系统的优化，减少了辅助时间，提高了成型速度。

德国 EOS 公司基于 SLS 原理开发了用于塑料粉末烧结成型的系列设备，型号分别为 FORMIGA P110、EOSINT P395、EOSINT P760、EOSINT P800，以及用于烧结覆膜砂的 EOSINT S750。

3D Systems 公司在以 SLA 设备占据绝对优势的同时，近年来也推出了基于 SLS 的增材成型设备，其型号有 sProl40、sPro230、sPro60HD、sPro60SD 等。

华中科技大学的 HRPS-III 激光粉末烧结系统在选择性激光烧结成型（SLS）技术方面有着自己先进的特点。

(三) 分层实体制造设备

目前开发成功的、用于增材制造的箔材主要有纸材和 PVC 薄膜，相对应的成型工

艺为叠层实体制造工艺(LOM)。目前研究叠层实体制造成型设备的单位有美国的Helisys公司，日本的Kira公司、Sparx公司，以色列的Solid公司，新加坡的Kinergy公司以及国内的华中科技大学和清华大学等。

Helisys公司的技术在国际市场上所占的比例最大。1984年，MichaelFeygin提出了分层实体制造的方法，并于1985年组建Helisys公司，1992年推出第一台商业机型LOM-1015(台面380 mm×250 mm×350 mm)后，又于1996年推出台面达815 mm×550 mm×508 mm的LOM-2030机型，其成型时间比原来缩短了30%。Helisys公司除原有的LPH、LPS和LPF三个系列纸材品种以外，还开发了塑料和复合材料品种。软件方面Helisys公司开发了面向WindowsNT4.0的LOMSlice软件包新版本，增加了STL可视化、纠错、布尔操作等功能，故障报警更完善。

国内华中科技大学研制的HRP系列箔材叠层成型机，无论在硬件还是在软件方面都有自己独特的特点，其硬件系统采用国际著名厂家生产的元器件，保证了整机的高可靠性和高性能。

(四)熔融沉积制造设备

供应熔丝沉积制造(FDM)设备的单位主要有美国的Stratasys公司、3D Systems公司、MedModeler公司以及国内的清华大学等。

Stratasys公司的FDM技术在国际市场上所占比例较大。美国学者斯科特·克伦普(Scott Crump)在1988年提出了熔融沉积(FDM)的思想，并于1991年开发了第一台商业机型。Stratasys公司于1993年开发出第一台FDM1650(台面为254 mm×254 mm×254 mm)机型。Stratasys公司又先后推出了FDM2000、FDM3000和FDM8000机型。1998年Stratasys公司又推出FDM Quantum机型，最大成型尺寸为600 mm×500 mm×600 mm。由于采用了挤出头磁浮定位系统，可在同一时间独立控制两个挤出头，因此其成型速度为过去的5倍。

国内清华大学研制的熔融挤压沉积成型(MEM，Melted Extrusion Modeling)设备也有其独特的特点，MEM机型侧重于特殊的喷嘴和设备的开发，成卷轴状的丝质原材料通过加热喷头挤出，原型在一个垂直上下移动的底座上逐层制造出来。该设备采用先进的喷嘴设计(包括丝质材料加热、挤出、输入和控制)，起停补偿和超前控制，保证了熔化材料的堆积精度；采用了先进、独特的悬挂式装置，因而机床具有良好的吸振性能，扫描精度也大大提高，性能可靠，稳定性好；由于未采用激光，因此它的运行费用在所有的同类设备中是较低的；该设备无噪声，对环境无污染。

(五)三维印刷设备

自三维印刷技术应用于增材制造工艺方法以来，其工艺材料及设备得到了迅速发展。三维印刷技术与传统的 SLA 技术结合，以色列 Objet 公司推出了 Connex、Eden、Objet 等系列机型。随后，美国 3D Systems 公司也推出了 ProJet 系列机型。针对三维印刷技术与传统的 SLS 技术结合，ZCorp. 公司(现已并入 3D Systems 公司)推出了 Z 系列 3DP 设备。

3D Systems 公司作为增材成型设备全球最早的设备供应商，一直以来致力于增材成型技术的研发与技术服务工作，在引领 SLA 光固化成型技术的同时，也陆续开展了其他增材成型技术的研究，陆续推出 SLS 设备及 3D 打印设备等。成功并购 Z Corp. 公司后，公司 3D 打印技术的实力和地位再上新台阶。公司面向不同用户的需求，目前推出的 3D 打印设备分为个人系列与专业系列。2009 年以来，3D Systems 公司推出价格 1 万美元以下的面向小客户的个人 3D 打印设备，主要型号有 Glider，Axis Kit、Rap-Man、3D Touch. ProJet 1000 等。个人系列设备中的 Projet 机型是基于喷射技术的 SLA 建造方式。专业系列的机型都是采用的三维印刷技术。

(六)3D 打印操作实验

1. 实验目的

实验目的如下：

- 了解 3D 打印基本原理、具体步骤。
- 掌握切片软件、3D 打印机的使用方法。

2. 实验相关知识点

实验相关知识点如下：

- 了解 3D 打印机的机械构造。
- 学习使用切片软件。
- 学习 3D 打印的具体步骤。

3. 实验内容及主要步骤

利用提供的3D打印机打印一件自己设计的作品。具体实验步骤如下：①安装切片软件并学习使用方法；②自己设计用于打印的3D模型；③对准备好的模型进行切片处理；④选择之前准备好的切片文件并开始打印。

第四节　数字化制造技术应用案例

一、汽车行业数字化制造应用案例

（一）业务目标

汽车行业进行数字化升级改造，以建设开放的具有可持续发展能力的透明汽车工厂为方向，主要业务目标包括以下几个方面。

1. 优质

即在生产规划过程中应用智能检测、在线测量、工艺参数监控、关键过程追溯等技术或软件，实现产品过程质量的提升，确保产品质量和可靠性。

2. 高效

即通过自动化设备与数字化、信息化技术的结合，实现“人、机、物”互联和信息共享，快捷响应市场需求，实现制造效率、开发效率和管理效率的综合提升。

3. 绿色

即通过采用绿色节能设备和工艺，与先进的能源管理系统、智能节能技术手段相结合，降低污染排放，实现低耗节能的目标。

（二）实施方案

为了实现汽车行业的数字化生产与制造，结合企业制造云，在汽车行业研发 PDM 系统的基础上，集成“制造工艺数据管理”和“制造业务分析工具管理”于一体，秉承“设计面向制造”的思想，构建面向汽车行业的数字化制造工程系统。集成工艺虚拟验证工具，以结构化、可视化的产品数据、工艺数据、工厂数据和资源数据，通过该系统统一管理各类规划数据，在计算机虚拟环境内，对整车全生命开发周期中进行制造评审、规划、虚拟仿真、输出指导生产的工艺文件，依此将原本繁杂的研发生产过程简化或重构，使得虚拟生产成为可能，从而减少物理样车数量，降低能耗，大幅提高研发效率和质量。以 SIEMENS Teamcenter 为基础数字化平台，打通研发、工艺、制造三大业务领域数据传递，实现设计、工艺与生产的数字化、一体化。

1. 数据管理

构建汽车数字化制造系统，进行产品数据开发和管理。具体可实现统一结构的虚拟样车，统一的设计成熟度规范，合理的发布控制和管理，可以帮助工艺设计部门确定阶段性设计要求，打通部门间的协同工作，并有效建立完善的反馈机制，形成科学的评审指标。如工艺部门需要实时获取设计部门最新状态的产品数据，以针对产品变更情况及时调整工艺。

2. 工艺规划

基于汽车行业数字化制造工程系统，以数字化手段满足工艺和设备验证，产品优化，资源重用，最优工厂规划、平台化标准化等工艺需求。在系统中，以树形结构体现工艺设计过程及结果，系统中定义工厂工艺、生产线工艺、工位工艺、工艺操作等工艺数据类型，定义工厂区域、生产线区域、工位区域的工厂数据类型，以及资源数据类型。通过 3PR(产品、工艺、工厂、资源)单一数据源，以工艺结构树为主干，将 3PR 各要素间相互关联和引用，各工艺节点下关联了相应的产品、工装及工具，通过提取工艺结构树信息，依照工艺文档模板输出工艺卡、控制计划、PFMEA 等工艺交付物，提高文档编制效率；各文档基于同一数据源，内部信息有效互联，提高文档编制准确性。

3. 工艺管理

汽车行业数字化制造工程系统的建设将大大提升汽车行业的工艺管理能力，通过工艺早期规划、适时调整更新，便于制造工艺信息及时获取和共享，工艺路线、工装设备清单、工艺文件等工艺交付物形成作业标准化和知识积累，如工厂标准、送料标准、工艺标准、设备标准等，同时结合生产布局验证、人机仿真等功能模块，可进行早期的装配能力分析、模拟验证分析、优化分析、人机工程分析、装配次序分析等，如通过系统管理作业工时库，对工艺编程进行快速线平衡分析，并利用工艺仿真软件对生产节拍进行动态验证。通过对工艺的有效管理，从而缩短工艺开发周期，降低验证成本，提升制造效率。通过对冲压、焊装、涂装、总装工艺操作进行标准化定义，定义标准工艺方法与工时，并建立基于工厂工艺、生产线工艺、工位工艺、工艺操作的标准工艺库，在新车型工艺开发过程中，直接克隆标准工艺，快速形成新产品工艺，提高工艺设计效率。

4. 数字化虚拟制造

通过汽车行业数字化制造工程系统的建设，以及与研发云的数据交互和有效打通，不仅可以实现在产品开发时考虑生产制造时的需要，提升产品生产品质，降低工程成本，缩短产品开发周期。而且可以实现通过虚拟制造仿真，尽早发现并解决工程设计问题，保证整车开发进度，提高整车开发质量。实现产品开发数据贯通整个生产制造过程中，以及生产制造环节前探至产品开发过程中，如果再结合客户云提供的市场用户信息，可有效提升数字化制造水平和能力。在实物制造前，可通过数字化模型，在计算机虚拟环境下模拟制造过程、验证工艺可行性、调试设备、降低后期实物变更成本，以达到缩短项目开发周期的目的。

5. 数字化工厂运行

虚拟调试是通过连接虚拟模型与物理设备，对控制信号进行仿真和虚拟调试，模拟生产系统的真实状况，以达到缩短现场调试时间、减少现场错误、优化节拍时间、提高生产效率的目的。虚拟试运行是通过连接仿真模型与物理的 PLC 设备，使用虚拟试生产测试 PLC 对复杂系统的控制，并对生产系统进行有效的验证，提升 PLC 代码的编制质量，减少生产准备时间。

（三）实施效果

通过运用数字化工厂、大数据、云计算、互联网+和工业以太网等技术，将自动化、柔性化生产线及装备与产品开发、资源管理、制造执行、生产设备、物流、质量、能源等相关系统-整合与互联。这一方面使得管理与控制更加智能化，提高了管理效率；另一方面，企业内部和外界的信息互联越来越紧密，信息交换也越来越方便，为企业管理经营的效率提升打下了良好的基础。

二、航空行业数字化制造案例

（一）业务需求

航空航天行业泛指与航空发动机等各种复杂飞行装备研发设计、生产制造和运维服务等活动相关的各个行业的总称。航空航天产品的特点决定了航空航天行业的性质和结构。首先，航空航天行业是典型的知识与技术密集和附加产值很高的工业。航空航天设备在其设计制造过程中涉及结构材料和电子元器件等多种先进科学技术成果，反映了一个国家科学技术和工业发展水平。其次，航空航天行业是高度精密的综合性工业。航空航天产品的技术指标高，研制周期较长，零、部件种类繁多。在研制过程中还要作充分的研究和试验，需要有完备的试验设施和完善的技术保障措施。

在新工业革命及新经济时代的发展背景下，航空航天行业借助数字化，实现相关企业转型升级，开展广泛合作支持及数字化建设，实施全面的数字化转型举措及数字化新能力建设，这已成为航空航天行业升级转型的关键。

但是航空航天行业在迈向精益企业的转型过程之中，存在以下问题：①产品开发过程的特点就是串行式工作流，即使用和传递纸张文件；②人事组织效率低下，采用统一分配式人事制度；③信息技术系统过时落后，并且缺少协同。

（二）实施方案

在精益生产和数字化制造需求的指导下，要实现数字化生命周期管理系统，需要通过使用 Siemens PLM Software 公司的计算机辅助设计与制造软件 NX®、数字化生命周期管理解决软件系统 Teamcenter®和综合性数字化制造解决方案系统 Tecnomatix TM

等企业级解决方案，引入了产品生命周期管理系统，建立了多项目进度管理和产品数据管理的协同平台，并实现了与物资系统、生产管理系统的无缝连接，为各管理、科研、生产等部门相关人员提供了无障碍交流的渠道和工具，为在产品研制中落实戴明循环(PDCA 循环)打下了坚实的基础。

在实施过程中，基于工艺管理平台在企业各类项目中实施了逐级分解、逐级核销、逐级考评，把各级任务落实到人，所有开发、生产、物资、试验和交付多层级任务都能快速追溯到责任人。建立了问题早发现早解决，问题按重要程度分级归类、解决、核销的风险控制体系，有效降低了系统性的重大设计风险，提高了整个企业科研生产效率。

通过数据管理平台实现了光、机、电、软件数据的集中管理和控制，为各部门设计人员和生产、试验人员提供了有效的知识管理手段和协同支持，通过专家库成功管理了设计知识和物料分类知识，促进了企业知识财富的积累、有效控制及最优实践在企业内的传播。基于工艺管理平台实现了产品设计信息和实物物资的统一管理，有效地控制了各系统物料信息和实物的标识使用，基于进度平台真实反馈和跟踪物资、生产零件的采购和加工进度，并能够在统一了产品 BOM 标识之后进行有效的配套和生产，极大提高了企业产品的交付速度并降低了研制成本。通过所实施的工艺管理平台，企业实现了对人力资源和物资资源的集中掌握、资源调配的统一管理，改变了原来分散的资源管理模式，有效降低了研发成本，提高了企业的整体效率。

(三)实施效果

基于设计并开发的产品生命周期管理系统，加快企业转型过程。新产品开发过程是建立在一种统一的数字化产品模式之上的，该模式是在设计阶段由 NX 创造的。在下游作业(包括制造作业)中，这一模式将获得一定的支持，如 Tecnomatix 软件的支持，以进行制造作业。Teamcenter(设计、机加三维工艺、装配三维工艺、维护维修等)可以提供产品知识管理功能和协同基础设施，并帮助企业在可管理的开发环境下获得产品和设计信息。

实施 PLM 解决方案为企业带来的最明显效果：一是信息检索速度变得更快了；二

是数据共享变得方便了。另外，通过实施 PLM 解决方案，产品开发过程也得到了改进，取得了明显的经济效益。如缩短了产品更改设计所需的时间；降低了流程规划时间(包括批准周期)；信息检索速度更快，数据共享更方便；缩短了夹具与固定装置开发时间；提升了 BOM 管理效率。

本章思考题

1. 先进制造方法主要包括那些制造技术？其主要工作原理是什么？
2. 主流增材制造工艺方法和设备有哪些？
3. 什么是成组技术？它产生的背景是什么？简述 JLBM01 零件分类编码系统。
4. 什么是计算机辅助工艺规划(CAPP)？简述其主要功能、主要组成模块及种类。
5. CNC 系统的基本组成是什么？其主要工作原理是什么？
6. 数控机床主要由哪几部分组成？分析各部分的功能及工作原理。
7. 工业机器人的基本组成和分类有哪些？简述工业机器人的编程方法。

第三章 工业网络与通信技术基础

本章围绕网络与通信技术，讲解了路由、交换与防火墙的基本原理，介绍了常见的工业总线与网络技术，介绍了 5G 及其工业应用。工业网络与通信技术能够有效支撑智能装备与智能产线之间的互联互通，是智能装备和产线开发的重要基础。

- **职业功能：** 智能装备与产线开发
- **工作内容：** 进行智能装备与产线单元模块的功能设计
- **专业能力要求：** 能进行智能装备与产线单元模块的功能设计；能进行智能装备与产线单元模块的选型
- **相关知识要求：** 网络与通信技术基础，包括传感、通信协议、通信接口、物理安全、功能安全、信息安全等

第一节　路由器技术

考核知识点及能力要求：

- 了解路由的基本概念及作用。
- 了解路由表的作用。
- 了解 VRRP、DHCP 协议。
- 掌握配置路由器、设置子网与 DHCP 方法。

一、路由器简介

路由器又可以称为网关设备。路由器就是在 OSI/RM 中完成的网络层中继以及第三层中继任务，对不同的网络之间的数据包进行存储、分组转发处理。而数据从一个子网中传输到另一个子网中，可以通过路由器的路由功能实现。在网络通信中，路由器具有判断网络地址以及选择 IP 路径的作用，可以在多个网络环境中构建灵活的链接系统，通过不同的数据分组以及介质访问方式对各个子网进行链接。路由器在操作中仅接受源站或者其他相关路由器传递的信息，是一种基于网络层的互联设备。

二、路由器工作原理

当主机向不同 IP 网络中的设备发送数据包时，数据包将会转发到默认网关，因为主机设备不能直接与本地网络之外的设备通信。默认网关是将流量从本地网络路由到远程网络设备的中间设备。它通常用于将本地网络连接到互联网。由于路由器可以在网络之间路由数据包，因此位于不同网络中的设备能够实现通信。

路由器的作用就是将各个网络彼此连接起来。如果没有路由器选择通往目的地的最佳路径，并将流量转发到路径下一路由器，就不可能实现网络之间的通信。路由器负责网络间流量的路由。

当数据包到达路由器接口时，路由器使用其路由表来确定如何到达目标网络。IP 数据包的目的地可能是另一国家/地区的 Web 服务器，也可能是局域网中的邮件服务器。路由器负责高效传输这些数据包。在很大程度上，网际通信的效率取决于路由器的性能，即取决于路由器是否能以最有效的方式转发数据。

三、路由器协议

1. VRRP 协议简介

VRRP 是一种路由容错协议，多用于具有组播或广播能力的局域网中。如以太网设计，它可以保证当局域网内主机的下一跳路由器出现故障时，可以及时地由另一台路由器来代替，从而保持通信的连续性和可靠性。为了使 VRRP 正常工作，要在路由器上配置虚拟路由器号和虚拟 IP 地址，同时产生一个虚拟 MAC 地址，这样在这个网络中就加入了一个虚拟路由器。而网络上的主机与虚拟路由器通信，就无须了解这个网络上物理路由器的任何信息。一个虚拟路由器由一个主路由器和若干个备份路由器组成。主路由器实现真正的转发功能，当主路由器出现故障时，备份路由器将成为新的主路由器，接替它的工作。

VRRP 中只定义了一种报文——VRRP 报文，这是一种组播报文，封装在 IP 报文上，由主路由器定时发出来通告它的存在。使用这些报文可以检测虚拟路由器各种参数，还可以用于主路由器的选举。

VRRP 还定义了三种状态模型：初始状态（Initialize）、活动状态（Master）、备份状态（Backup）。其中只有活动状态可以为到虚拟 IP 地址的转发请求服务。

VRRP 协议仅仅适用于 IPv4 版本的路由器，对于 IPv6 版本的路由器将会有新的规范来规定相关内容。

2. VRRP 协议工作原理[27]

如图 3-1 所示，VRRP 将局域网的一组路由器(RouterA 和 RouterB)组织成一个虚拟的路由器。这个虚拟的路由器拥有自己的 IP 地址：10.100.10.1(这个 IP 地址可以和某个路由器的接口地址相同，被称为 IP 地址拥有者)。当然，物理路由器 RouterA、RouterB 也有自己的 IP 地址。局域网内的主机仅仅知道这个虚拟路由器的 IP 地址，而并不知道具体的 RouterA、RouterB 的 IP 地址，于是局域网内的主机将自己的缺省路由设置为该虚拟路由器的 IP 地址 10.100.10.1。于是，网络内的主机就通过这个虚拟的路由器来与其他网络进行通信。而对于这个虚拟路由器则需要进行如下工作。

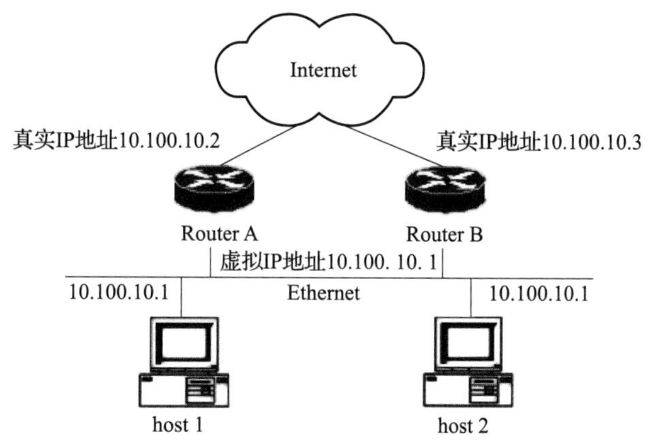

图 3-1　VRRP 原理示意图

一是根据优先级的大小挑选主路由器。优先级最大的成为主路由器，状态为 Master。若优先级相同，则比较接口的主 IP 地址，主 IP 地址大的就成为主路由器，由它提供实际的路由服务。

二是将其他路由器作为备份路由器，随时监测主路由器的状态。当主路由器正常工作时，它会每隔一段时间发送一个 VRRP 组播报文，以通知组内的备份路由器、主路由器处于正常工作状态。如果组内的备份路由器长时间没有接收到来自主路由器的报文，则将自己状态转为 Master。当组内有多台备份路由器时，将有可能产生多个主路由器，这时每一个主路由器就会比较 VRRP 报文中的优先级和自己本地的优先级，如果本地的优先级小于 VRRP 报文中的优先级，则将自己的状态转为 Backup，否则保持自己的状态不变。通过这样一个过程，就会将优先级最大的路由器选成新的主路由器，完成 VRRP 的备份功能。

从上述分析可以看到，对于网络中的主机来说，它并没有做任何额外的工作，但是它对外的通信工作再也不会因为一台路由器出现故障而受到影响了。

3. VRRP 协议状态转换

组成虚拟路由器的路由器会有三种状态：Initialize(初始状态)、Master(主状态)、Backup(备份状态)。下面对这三种状态进行说明。

(1) Initialize。系统启动后进入此状态，当收到接口 startup 的消息，将转入 Backup(优先级不为 255 时)或 Master 状态(优先级为 255 时)。在此状态时，路由器不会对 VRRP 报文做任何处理。

(2) Master。当路由器处于 Master 状态时，它将会做下列工作：①定期发送 VRRP 组播报文；②发送免费(gratuitous)ARP 报文，以使网络内各主机知道虚拟 IP 地址所对应的虚拟 MAC 地址；③响应对虚拟 IP 地址的 ARP 请求，并且响应的是虚拟 MAC 地址，而不是接口的真实 MAC 地址；④转发目的 MAC 地址为虚拟 MAC 地址的 IP 报文；⑤如果它是这个虚拟 IP 地址的拥有者，则接收目的 IP 地址为这个虚拟 IP 地址的 IP 报文，否则丢弃这个 IP 报文。需要注意的是，由于有这一点要求，所以除非主路由器是 IP 地址拥有者，否则主机 ping(Packet Internet Groper)虚拟 IP 地址不能 ping 通；在 Master 状态中，只有接收到比自己的优先级大的 VRRP 报文时，才会转为 Backup；只有当接收到接口的 Shutdown(关机)事件时才会转为 Initialize。

(3) Backup。当路由器处于 Backup 状态时，它将会做下列工作：①接收 Master 发送的 VRRP 组播报文，从中了解 Master 的状态；②对虚拟 IP 地址的 ARP 请求不做响应；③丢弃目的 MAC 地址为虚拟 MAC 地址的 IP 报文；④丢弃目的 IP 地址为虚拟 IP 地址的 IP 报文。

只有当 Backup 接收到 MASTER_DOWN 这个定时器到时的事件时，才会转为 Master；而当接收到比自己的优先级小的 VRRP 报文时，它只是做丢弃这个报文的处理，从而就不对定时器做重置处理。这样定时器就会在若干次后转为 Master。只有当接收到接口的 Shutdown 事件时才会转为 Initialize。

4. DHCP 协议简介

每一台联网设备均需要唯一的 IP 地址。网络管理员将静态 IP 地址分配给路由器、服务器、打印机和其他不可能更改位置(物理位置或逻辑位置)的网络设备。这些设备通常为网络上的用户和设备提供服务；因此，分配给它们的地址应保持不变。此外，静态地址使管理员能够远程管理这些设备。当网络管理员很容易确定设备的 IP 地址时，会更容易访问该设备。

不过，组织中的计算机和用户经常更改其物理位置和逻辑位置。对管理员而言，每次员工移动时，分配新的 IP 地址既麻烦、又费时。将 DHCP 服务器引入本地网络简化了桌面和移动设备的 IP 地址分配。采用集中式 DHCP 服务器使组织能够从单个服务器管理所有动态 IP 地址分配。此操作使 IP 地址管理更有效，并能确保整个组织(包括分支机构)的一致性。

IPv4(DHCPv4)和 IPv6(DHCPv6)均可使用 DHCP。本章主要介绍 DHCPv4。DHCPv4 动态分配 IPv4 地址和其他网络配置信息，如图 3-2 所示，客户端从 DHCP 服务器请求 IP 配置。服务器回复并和 DHCP 客户端协商 IP 配置。

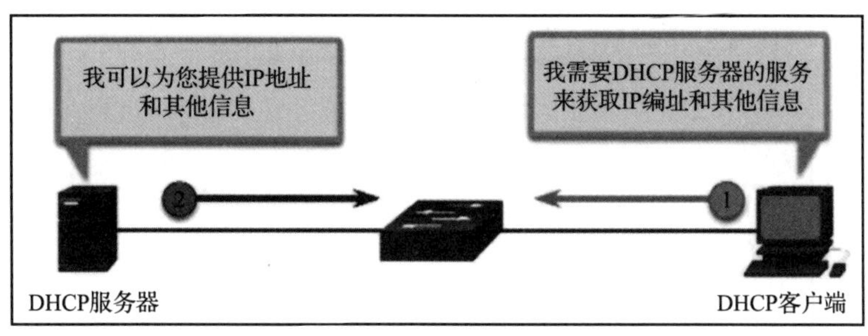

图 3-2 DHCP 概述

由于网络节点大多由桌面客户端构成，因此对于网络管理员来说，DHCPv4 是一个非常有用和省时的工具。DHCP 具有可扩展性，且相对容易管理。

DHCPv4 服务器动态地从地址池中分配或出租 IPv4 地址，使用期限为服务器选择的一段有限时间，或者可使用到客户端不再需要该地址为止。

客户端的租用期限由管理员确定。管理员在配置 DHCPv4 服务器时，可为其设定不同的租期届满时间。租用时间通常都是 24 小时到一周或更长时间。租期届满后，客户端必须申请另一地址，但通常是把同一地址重新分配给客户端。

5. DHCP 协议工作原理[27]

DHCPv4 在客户端/服务器模式下工作。当客户端与 DHCPv4 服务器通信时，服务器会将 IPv4 地址分配或出租给该客户端。客户端使用租用的 IP 地址连接到网络，直到租期届满。客户端必须定期联系 DHCP 服务器以续展租期。这种租用机制确保移动或关闭的客户端不保留它们不再需要的地址。租期届满后，DHCP 服务器会将地址返回地址池，如有必要，可将其再次分配。

(1) 租赁发起。图 3-3 描述了 DHCPv4 的租约过程。当客户端启动时(或要连接网络)，它开始进行四步过程以获取租约。客户端使用包含自己 MAC 地址的广播 DHCPDISCOVER 消息，开始该过程以查找可用的 DHCPv4 服务器。

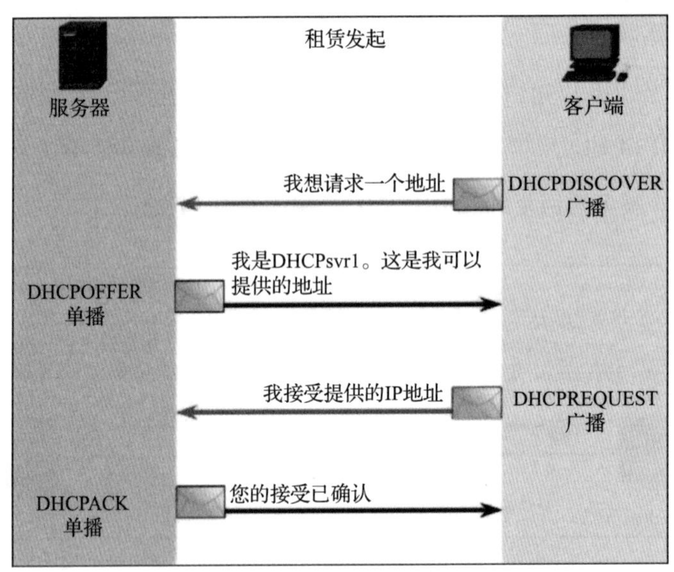

图 3-3　DHCPv4 的租约过程

(2) DHCP 发现(DHCPDISCOVER)。DHCPDISCOVER 消息在网络上查找 DHCPv4 服务器。由于客户端启动时没有有效的 IPv4 信息，因此，它将使用第 2 层和第 3 层广播地址与服务器通信。

(3) DHCP 提供(DHCPOFFER)。当 DHCPv4 服务器收到 DHCPDISCOVER 消息时，会保留一个可用 IPv4 地址以租赁给客户端。服务器还会创建一个地址解析协议(ARP)条目，该条目包含请求客户端的 MAC 地址和客户端的租用 IPv4 地址。DHCPv4 服务器

将绑定 DHCPOFFER 消息发送到请求客户端。以服务器的第 2 层 MAC 地址为源地址，以客户端的第 2 层 MAC 地址为目标地址，将 DHCPOFFER 消息作为单播发送。

（4）DHCP 请求（DHCPREQUEST）。当客户端从服务器收到 DHCPOFFER 时，会发回一条 DHCPREQUEST 消息。此消息用于发起租用和租约更新。用于发起租用时，将 DHCPREQUEST 用作已提供参数所选定服务器的绑定接受通知，并隐式拒绝任何其他可能已为客户端提供了绑定服务的服务器。

许多企业网络使用多台 DHCPv4 服务器。DHCPREQUEST 消息以广播的形式发送，将已接受提供的情况告知此 DHCPv4 服务器和任何其他 DHCPv4 服务器。

（5）DHCP 确认（DHCPACK）。收到 DHCPREQUEST 消息后，服务器使用 ICMP ping 验证该地址的租用信息以确保该地址尚未使用，为客户端租用创建新的 ARP 条目，并以单播 DHCPACK 消息作为回复。除消息类型、字段不同外，DHCPACK 消息与 DHCPOFFER 消息一模一样。客户端收到 DHCPACK 消息后，记录下配置信息，并为所分配的地址执行 APR 查找。如果没有对 ARP 的应答，客户端就会知道 IPv4 地址是有效的，并开始像使用自己的地址一样使用该地址。

（6）租赁续约。图 3-4 说明了 DHCPv4 租约更新过程。

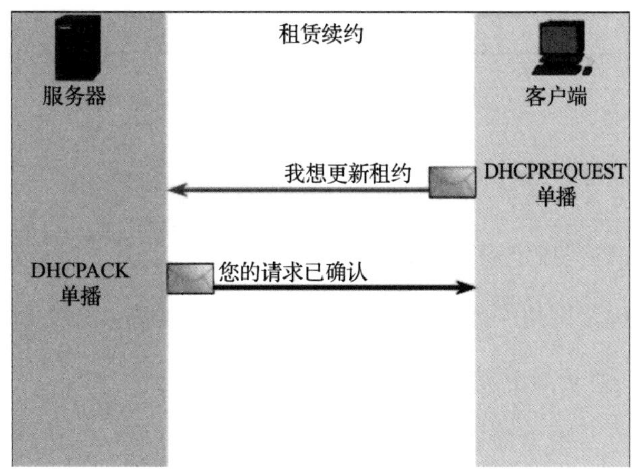

图 3-4　DHCPv4 租约更新过程

（7）DHCP 请求（DHCPREQUEST）。在租期届满前，客户端将 DHCPREQUEST 消息直接发送到最初提供 IPv4 地址的 DHCPv4 服务器。如果在指定的时间内没有收到 DHCPACK，客户端会广播另一个 DHCPREQUEST。这样，另外一个 DHCPv4 服务器便可续展租期。

（8）DHCP 确认(DHCPACK)。收到 DHCPREQUEST 消息后，服务器通过返回一个 DHCPACK 来验证租用信息。

6. DHCP 协议消息格式

DHCPv4 消息格式用于所有 DHCPv4 事务。DHCPv4 消息封装在 UDP 传输协议中。从客户端发出的 DHCPv4 消息，使用 UDP(用户数据报协议)源端口 68 和目标端口 67。从服务器发往客户端的 DHCPv4 消息，使用 UDP 源端口 67 和目标端口 68。图 3-5 中显示了 DHCPv4 消息的格式。

8	16	24	32
操作代码（1）	硬件类型（1）	硬件地址长度（1）	跳数（1）
事务标识符			
秒数：2字节		标记：2字节	
客户端IP地址（CIADDR）：4字节			
您的IP地址（YIADDR）：4字节			
服务器IP地址（SIADDR）：4字节			
网关IP地址（GIADDR）：4字节			
客户端硬件地址（CHADDR）：16字节			
服务器名称（SNAME）：64字节			
启动文件名：128字节			
DHCP选项：变量			

图 3-5　DHCPv4 消息的格式

DHCPv4 字段定义如下：

• 操作(OP)代码：指定通用消息类型。1 表示请求消息，2 表示回复消息。

• 硬件类型：确定网络中使用的硬件类型。例如，1 表示以太网，15 表示帧中继，20 表示串行线路。这与 ARP 消息中使用的代码相同。

• 硬件地址长度：指定地址的长度。

• 跳数：控制消息的转发。客户端传输请求前将其设置为 0。

• 事务标识符：客户端使用事务标识符将请求和从 DHCPv4 服务器接收的应答进行匹配。

• 秒数：确定从客户端开始尝试获取或更新租用以来经过的秒数。当有多个客户

端请求未得到处理时，DHCPv4 服务器会使用秒数来排定应答的优先顺序。

• 标记：发送请求时，不知道自己 IPv4 地址的客户端会使用标记。只使用 16 位中的一位，即广播标记。此字段中的 1 值告诉接收请求的 DHCPv4 服务器或中继代理应将应答作为广播发送。

• 客户端 IP 地址：当客户端的地址有效且可用时，客户端在租约更新期间(而不是在获取地址的过程中)使用客户端 IP 地址。当且仅当客户端在绑定状态下有一个有效的 IPv4 地址时，该客户端才会将其 IPv4 地址放在此字段中。否则，它会将该字段设置为 0。

• 您的 IP 地址：服务器使用该地址将 IPv4 地址分配给客户端。

• 服务器 IP 地址：服务器使用该地址以确定在 bootstrap 过程的下一步骤中，客户端应当使用的服务器地址，它不一定是发送该应答的服务器。发送服务器始终会把自己的 IPv4 地址放在称作“服务器标识符”的 DHCPv4 选项字段中。

• 网关 IP 地址：涉及 DHCPv4 中继代理时会路由 DHCPv4 消息。网关地址可以帮助位于不同子网或网络的客户端与服务器之间传输 DHCPv4 请求和回复。

• 客户端硬件地址：指定客户端的物理层。

• 服务器名称：由发送 DHCPOFFER 或 DHCPACK 消息的服务器使用。服务器可能选择性地将其名称放在此字段中。这可以是简单的文字别名或域名系统(DNS)域名，例如 dhcpserver. netacad. net。

• 启动文件名：客户端选择性地在 DHCPDISCOVER 消息中使用它来请求特定类型的启动文件。服务器在 DHCPOFFER 中使用它来完整指定启动文件目录和文件名。

• DHCP 选项：容纳 DHCP 选项，包括基本 DHCP 运行所需的几个参数。此字段的长度不定。客户端与服务器均可以使用此字段。

四、实验

实验一：路由器配置

1. 实验目的

实验目的如下：

- 了解路由器基本概念。
- 掌握路由器的基本配置，包括子网、DHCP 等。

2. 实验相关知识点

实验相关知识点如下：

- 了解路由表的作用。
- 学习路由器的基本工作原理。
- 学习路由器的基本操作。

3. 实验内容及主要步骤

配置一个通用路由器，实现网络互通互联。具体实验步骤如下：

- 在路由器界面中创建、查看、配置子网。
- 设置本机 IP 地址。
- 接口管理-VLAN 设置。
- 配置 Trunk 端口。
- 配置 DHCP。

第二节　交换机技术

考核知识点及能力要求：

- 了解交换机的概念。
- 了解转发方法与 STP 协议。
- 掌握交换机的设置方法。

一、交换机简介

在计算机网络系统中，交换概念的提出是对于共享工作模式的改进。集线器(HUB)就是一种共享设备，集线器本身不能识别目的地址。当同一局域网内的A主机给B主机传输数据时，数据包在以HUB为架构的网络上是以广播方式传输的，由每一台终端通过验证数据包头的地址信息来确定是否接收。在这种工作方式下，同一时刻的网络上只能传输一组数据帧的信息，如果数据包发生碰撞还得重试。这种方式就是共享网络带宽。

交换机的主要功能包括物理编址、网络拓扑结构、错误校验、帧序列以及流控。目前交换机还具备了一些新的功能，如对VLAN(虚拟局域网)的支持、对链路汇聚的支持，甚至有的还具有防火墙的功能。

以太网交换机了解每一端口相连设备的MAC地址，并将地址同相应的端口映射起来存放在交换机缓存中的MAC地址表中。

转发/过滤：当一个数据帧的目的地址在MAC地址表中有映射时，它被转发到连接目的节点的端口而不是所有端口(如该数据帧为广播/组播帧则转发至所有端口)。

消除回路：当交换机包括一个冗余回路时，以太网交换机通过生成树协议避免回路的产生，同时允许存在后备路径。

二、交换机工作原理

1. 工作原理

交换和转发帧的概念在网络和电信中是通用的。各类交换机将会在LAN、WAN和公共交换电话网(PSTN)中使用。交换的基本概念是指设备根据以下两个标准进行决策：

- 入口端口。
- 目标地址。

关于交换机如何转发流量的决策，与该流量的传输有关。术语“入口”用于描述帧由何处进入端口上的设备。术语“出口”用于描述帧从特定端口离开设备。

LAN 交换机会维护一个表，用它来确定通过交换机转发流量的方式。使用如图 3-6 所示的示例，消息进入交换机端口 1 且目标地址为 EA。交换机查找 EA 的传出端口，并将流量从端口 4 转发出去。

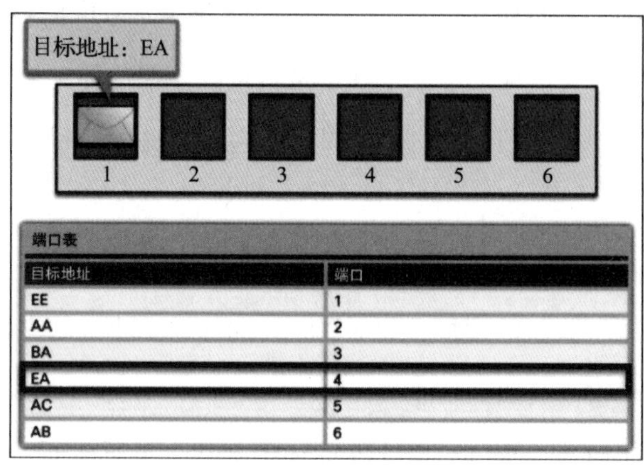

图 3-6　交换示意 1

继续图 3-7 中的示例，消息进入交换机端口 5，且目标地址为 EE。交换机查找 EE 的传出端口并将流量从端口 1 转发出去。

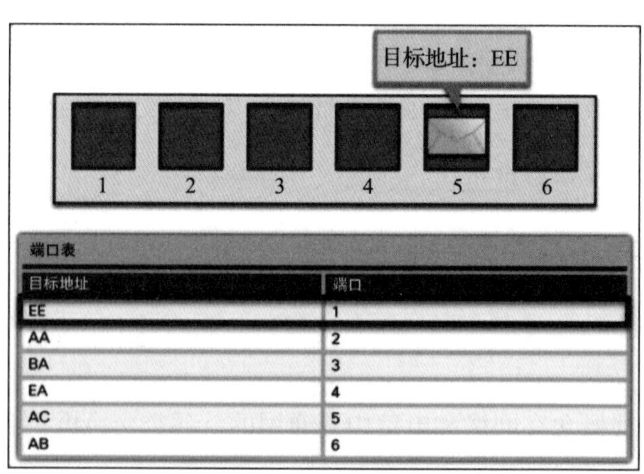

图 3-7　交换示意 2

在图 3-8 的最后一个示例中，消息进入交换机端口 3 而且目标地址为 AB。交换机查找 AB 的传出端口并将流量从端口 6 转发出去。

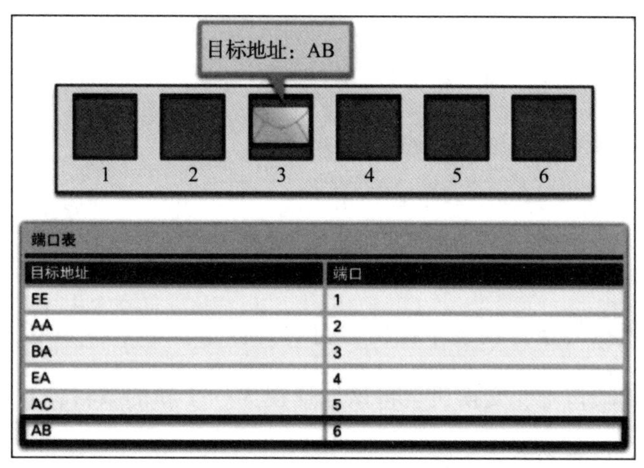

图 3-8 交换示意 3

LAN 交换机唯一智能化的地方是它能够使用自己的表，根据入口端口和消息的目标地址来转发流量。使用 LAN 交换机时，只有一个主交换表用于描述地址和端口之间的严格对应；因此，已给定目标地址的消息无论从哪个入口端口进入，始终都会从同一出口端口退出。

第 2 层以太网交换机根据帧的目标 MAC 地址来转发以太网帧。

2. 交换机 MAC 表更新

交换机使用 MAC 地址，通过指向相应端口的交换机，将网络数据转向目标。交换机是由集成电路以及相应软件组成的，这些软件控制经过交换机的数据通路。交换机为了知道要使用哪个端口来传送帧，必须首先知道每个端口上存在哪些设备。当交换机获知端口与设备的关系后，就会在内容可编址内存(CAM)表中构建一个 MAC 地址表。CAM 是一种特殊类型的内存，用于高速搜索应用程序(注意：MAC 地址表通常也称为 CAM 表)。

LAN 交换机通过维护 MAC 地址表来确定如何处理传入的数据帧。交换机通过记录与其每个端口相连的每个设备的 MAC 地址来构建其 MAC 地址表。交换机使用 MAC 地址表中的信息，将指向特定设备的帧从为此设备分配的端口发送出去。

对进入交换机的每个以太网帧执行下列两步流程。

步骤 1：学习——检查源 MAC 地址

检查进入交换机的每个帧的新信息进行学习。它是通过检查帧的源 MAC 地址和帧进入交换机的端口号来完成这一步的。

如果源 MAC 地址不存在，会将其和传入端口号一并添加到表中。

如果源 MAC 地址已存在于表中，则交换机会更新该条目的计时器。默认情况下，大多数以太网交换机将条目在表中保留五分钟。注意：如果源 MAC 地址已存在于表中，但是在不同的端口上，交换机会将该地址视为一个新的条目，并使用相同的 MAC 地址和最新的端口号来替换该条目。

步骤 2：转发——检查目标 MAC 地址

如果目标 MAC 地址为单播地址，该交换机会查找帧中的目标 MAC 地址与 MAC 地址表中条目的匹配项。

如果表中存在该目标 MAC 地址，交换机会从指定端口将帧转发出去。

如果表中不存在该目标 MAC 地址，交换机会从除传入端口外的所有端口将帧转发出去。这称为未知单播。注意：如果目标 MAC 地址为广播或组播，该帧将泛洪(flooding)到除传入端口外的所有端口。

3. 交换机转发方法

随着网络的发展，企业开始体会到网络性能变差，因此将以太网网桥(交换机的早期版本)添加到网络中以提升可靠性。20 世纪 90 年代，集成电路技术的提高使以太网 LAN 交换机取代了以太网网桥。这些交换机能够将第 2 层转发决策从软件转移到专用集成电路(ASIC)。ASIC 减少了设备中的数据包处理时间，并使设备能够处理更多端口而不会降低性能。这种在第 2 层转发数据帧的方法称为存储转发交换。这一术语使其与直通交换区分开来。

存储转发方法会在其收到整个帧，并使用称为循环冗余检查(CRC)的数学错误检查机制检查帧是否存在错误后，对帧作出转发决策。相反，直通方法在确定了传入帧的目标 MAC 地址和出口端口后就开始转发过程。

三、交换机协议

1. STP 协议简介

生成树协议(STP，Spanning-Tree Protocol)是一个用于在局域网中消除环路的协议。运行该协议的交换机通过彼此交互信息而发现网络中的环路，并适当对某些端口进行阻塞以消除环路。由于局域网规模的不断增长，STP 已经成了当前最重要的局域网协议之一。

图 3-9 展示了现在普遍采用的通过多交换机实现的冗余局域网结构。

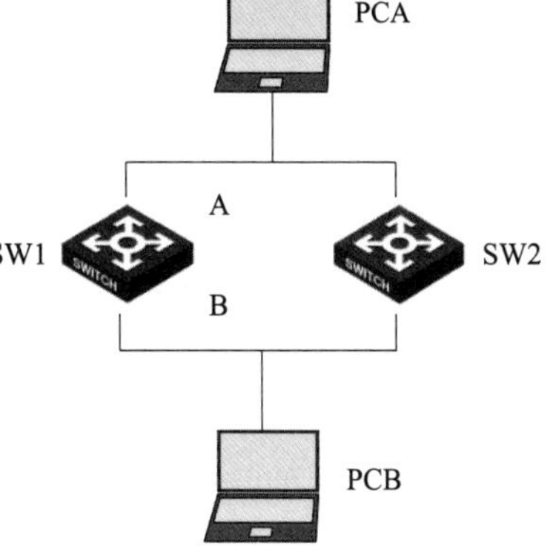

图 3-9 带冗余网络

在图 3-9 所示的网络中，可能产生如下两种情况。

一是广播环路(Broadcast Loop)。显然，当 PC A 发出一个 DMAC 为广播地址的数据帧时，该广播会被无休止转发。

二是 MAC 地址表震荡(Bridge Table Flapping)。在图 3-9 中，即使是单播，也有可能导致异常。交换机 SW1 可以在端口 B 上学习到 PC B 的 MAC 地址，但是由于 SW2 会将 PC B 发出的数据帧向自己其他端口转发，所以 SW1 也可能在端口 A 上学习到 PC B 的 MAC 地址。如此 SW1 会不停地修改自己的 MAC 地址表。这样就引起了 MAC 地址表的抖动(Flapping)。

2. STP 协议工作原理[28]

STP 可以消除网络中的环路。其基本理论依据是根据网络拓扑构建(生成)无回路的连通图(就是树)，从而保证数据传输路径的唯一性，避免出现环路报文流量增生和循环。STP 是工作在 OSI 第二层(Data Link Layer)的协议。

如图 3-10 所示，在使用了 STP 后，SW3 的 B 端口不再转发流量，从而达到修剪冗余链路的目的。

STP 协议通过在交换机之间传递特殊的消息并进行分布式的计算，来决定一个有环路的网络中，哪台交换机的哪个端口应该被阻塞(Blocking)，用这种方法来剪切掉环路。

树形的网络结构必须要有根，于是 STP 引入了根桥(Root Bridge)的概念。

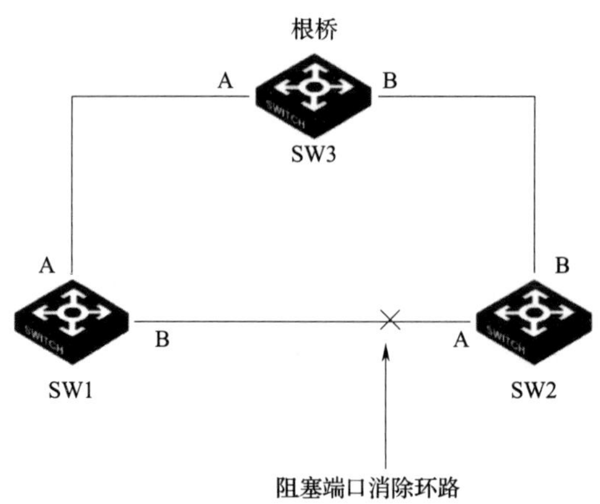

图 3-10　STP 阻塞端口

对于一个 STP 网络，根桥有且只有一个。它是整个网络的逻辑中心，但不一定是物理中心。但是根据网络拓扑的变化，根桥可能改变。而且一旦网络收敛之后，只有根桥按照一定的时间间隔产生并且向外发送一种称为“配置消息”的协议报文，其他的交换机仅对该种报文进行“接力”，以此来保证拓扑的稳定。

生成树的生成计算有两大基本度量依据：ID 和路径开销(PC，Path Cost)。其中，ID 又分为两种：BID 和 PID。

BID 即 Bridge ID，或称为桥 ID。电气和电子工程师协会的 IEEE 802.1D 标准对这个值的规定是由 16 位的桥优先级(Bridge Priority)与桥 MAC 地址构成。BID 桥优先级占据高 16 位，其余的低 48 位是 MAC 地址。在 STP 网络中，桥 ID 最小的交换机会被选举为根桥。

PID 即 Port ID，或称为端口 ID，也是由两部分构成的，高 8 位是端口优先级，低位是端口号。PID 只在某些情况下对选择指定端口有作用。

路径开销(Path Cost)是一个端口量，反映了本端口所连接网络的开销。该值越低，表示这个端口连接的网络越好。在一个 STP 网络中，某端口到根桥累计的路径开销，就是通过所经过的各个桥上的各端口的路径开销累加而成，这个值叫作根路径开销(Root Path Cost)。

从一个初始的有环拓扑生成树状拓扑，总体来说有三个要素：根桥、根端口和指

定端口。

根桥：适用于全网范围内。通过交换特殊的协议报文，网络中很快就会对最小的BID达成一致。

根端口：指一个非根桥的STP交换机上离根桥最近的端口，这个端口的选择标准就是上面提过的根路径开销。在本交换机上所有使能STP的端口中，根路径开销最小者就是根端口。

指定端口：针对某网段，是流量从根桥方向来而从这个端口转发“出去”。从一个连接到STP交换机的网段来说，该网段通过指定端口接收到根桥方向过来数据。根桥上的所有端口都是指定端口。在每一个网段上，指定端口有且只有一个。

在拓扑稳定状态，只有根端口和指定端口转发流量，其他的非根非指定端口都处于阻塞(Blocking)状态，它们只接收STP协议报文而不转发用户流量。

一旦根桥、根端口、指定端口选举成功，则整个树形拓扑就建立完毕了。

3. 状态转换

STP选举有四个比较原则，这四个比较原则构成消息优先级向量：根桥ID，累计根路径开销，发送交换机BID，发送端口PID。

STP交换机协议采用特殊的协议报文(又称协议数据单元，Bridge Protocol Data Unit)来交互信息，这种特殊的消息称为“配置消息(Configuration Message)”，或者一般简称为BPDU。

消息优先级向量携带在配置BPDU中。

BPDU分为两类：配置BPDU(配置BPDU)和TCN BPDU(Topology Change Notification BPDU)。配置BPDU用来生成树拓扑的配置BPDU，维护网络拓扑；TCN BPDU则只在拓扑发生变化的时候发出，用来通知相关的交换机网络发生变化。

配置BPDU主要携带如下的几个重要信息：①根桥BID：每个STP网络有且只有一个根；②累计根路径开销：发送这个BPDU的端口到根桥的“距离”；③发送交换机BID：发送这个BPDU的交换机的BID；④发送端口PID：发送这个BPDU的端口的PID。

STP交换机接收配置BPDU，并处理上述字段。

最低BID用来选根桥。STP交换机之间根据上页表中所示根桥BID字段选择最低的 BID。

最小的累计根路径开销用来在非根桥上选择根端口。在根桥上，每个端口到根桥的根路径开销都是 0。在接收到 BPDU 后，端口会根据 BPDU 中携带的 RPC 加上自己的 PC，计算出自己到根的累计根路径开销。

当一台 STP 交换机要在两个以上根路径开销相等的端口之中选择出根端口的时候，会选择收到的配置消息中发送者 BID 较小的那个端口。如图 3-11 所示，假设 SW2 的 BID 小于 SW3 的 BID，如果在 SW4 的 A、B 两个接收到的 BPDU 里面的根路径开销相等，那么端口 B 将成为根端口。

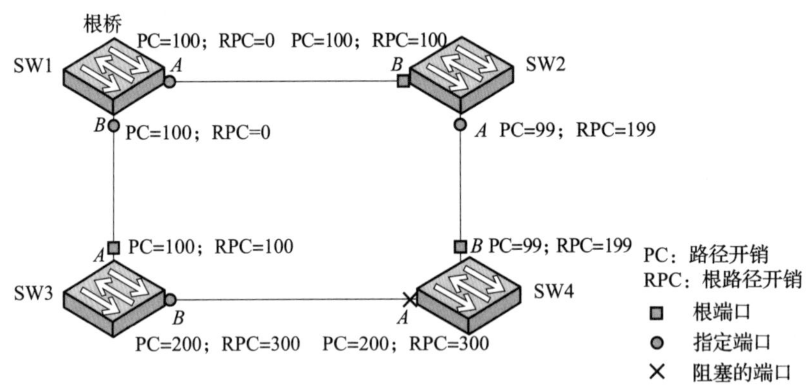

图 3-11　STP 示意 1

最小 PID 用于在根路径开销相同的情况下，适当去阻塞某些端口。只有在如图 3-12 所示的情况下，PID 才起到了作用。SW1 的端口 A 的 PID 小于端口 B 的 PID。由于两个端口上收到的 BPDU 中，根路径开销、发送交换机 BID 都相同，所以消除环路的依据就剩下 PID 了。

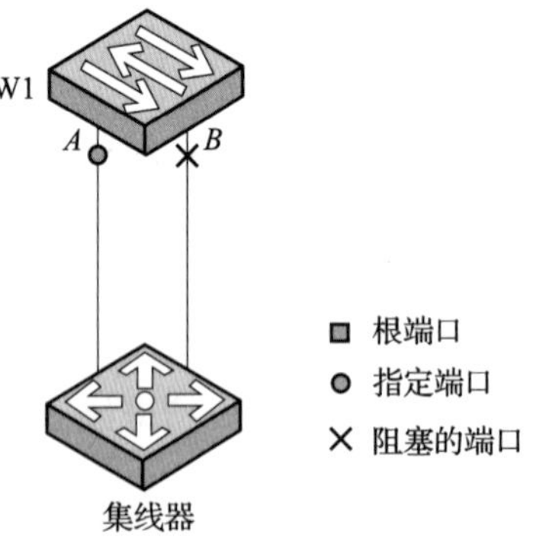

图 3-12　STP 示意 2

在 STP 的所有的比较量中，都遵循“数值越低就越好”的原则，如 BID、PID 和路径开销等都是这样的。分为以下五种状态：

• 转发（Forwarding）：在这种状态下，端口转发用户流量的状态，只有根端口或指定端口采用这种状态。

• 学习(Learning)：这是一种过渡状态。在这种状态下，交换机会根据收到的用户流量(但仍不转发流量)构建 MAC 地址表，所以叫作“学习状态”

• 倾听(Listening)：这是一种过渡状态。在这种状态下，上述的三步选择(根桥、根端口、指定端口)就是在该状态内完成。

• 阻塞(Blocking)：在这种状态下，端口仅仅接受并处理 BPDU，不转发用户流量。STP 之所以能够阻断环路，就是依赖于将某些端口置入 Blocking 状态。

• 禁用(Disabled)：或 Down，可以认为是物理上断开的状态。

端口处于 Listening 和 Learning 状态的时间是由 Forward Delay Timer 来统一控制的，这两个时间总是一样长的。这 5 种状态在相应条件下的相互转化。

四、实验

实验一：交换机配置(利用提供的 H3C 交换机，配置一个通用交换机，实现网络互通互联)

1. 实验目的

实验目的如下：

• 了解交换机的基本概念。

• 掌握交换机的基本配置，包括 Vlan、Trunk、互联地址等。

2. 实验相关知识点

实验相关知识点如下：

• 了解交换机的作用。

• 学习交换机的基本工作原理。

• 学习交换机的基本操作。

3. 实验内容及主要步骤

实验主要步骤如下：

• 在交换机界面中配置、查看交换机信息。

• 设置交换机管理 IP 地址。

• 接口管理-VLAN 设置。

• 配置 Trunk 端口。

第三节　访问控制技术

考核知识点及能力要求：

- 了解防火墙的概念与作用。
- 了解 ACL 访问控制的命令。
- 掌握防火墙的设置方法。

一、防火墙简介

防火墙(Firewall)是一个硬件和软件的结合体，它将一个机构的内部网络与整个因特网隔离开，允许一些数据分组通过而阻止另一些分组通过。防火墙允许网络管理员控制外部和被管理网络内部资源之间的访问，这种控制是通过管理流入和流出这些资源的流量实现的。

防火墙具有 3 个目标。

一是实现从外部到内部和从内部到外部的所有流量都通过防火墙。图显示了一个防火墙，位于被管理网络和因特网其余部分之间的边界处。如图 3-13 所示，这使得管理和施加安全访问策略更为容易。

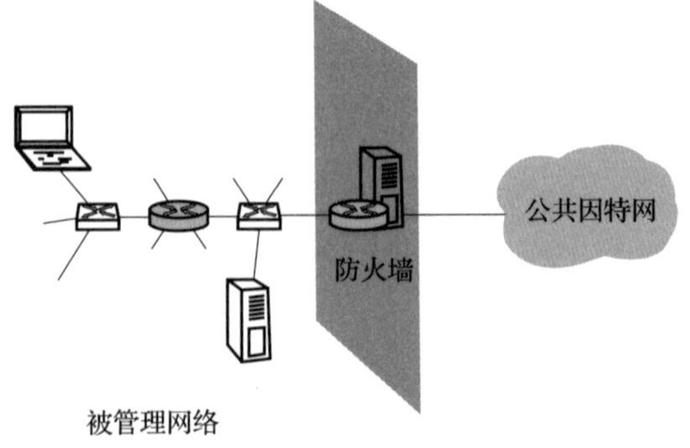

图 3-13　防火墙示意图

二是仅让被授权的流量(由本地安全策略定义)允许通过。随着进入和离开机构网络的所有流量流经防火墙，该防火墙能够限制对授权流量的访问。

三是防火墙自身免于渗透。防火墙自身是一种与网络连接的设备，如果设计或安装不当，将可能危及安全，在这种情况下它仅提供了一种安全的假象。

防火墙能够分为 3 类，即传统分组过滤器(Traditional Packet Filter)、状态过滤器(Stateful Filter)和应用程序网关(Application Gateway)在下面小节中，将依次学习它们。

二、防火墙工作原理

1. 包过滤

防火墙的包过滤技术一般只应用于 OSI7 层的模型网络层的数据中，其能够完成对防火墙的状态检测，从而预先可以确定逻辑策略。逻辑策略主要针对地址、端口与源地址，通过防火墙所有的数据都需要进行分析。如果数据包内具有的信息与策略要求是不相符的，则其数据包就能够顺利通过；如果是完全相符的，则其数据包就被迅速拦截。计算机数据包传输的过程中，一般都会分解成为很多由目的地址等组成的一种小型数据包，当它们通过防火墙的时候，尽管其能够通过很多传输路径进行传输，而最终都会汇合于同一地方。在这个目地点位置，所有的数据包都需要进行防火墙的检测，在检测合格后才会允许通过。如果传输的过程中出现数据包的丢失以及地址的变化等情况，则就会被抛弃。

2. 状态检测

状态检测防火墙在网络层有一个检查引擎截获数据包并抽取出与应用层状态有关的信息，并以此为依据决定对该连接是接受还是拒绝。这种技术提供了高度安全的解决方案，同时具有较好的适应性和扩展性。状态检测防火墙一般也包括一些代理级的服务，它们提供附加的对特定应用程序数据内容的支持。状态检测技术最适合提供对 UDP 协议的有限支持。它将所有通过防火墙的 UDP 分组均视为一个虚连接，当反向应答分组送达时，就认为一个虚拟连接已经建立。状态检测防火墙克服了包过滤防火墙和应用代理服务器的局限性，不仅仅检测“to”和“from”的地址，而且不要求每个访问的应用都有代理。

3. 应用代理

应用代理防火墙主要的工作范围就是在 OIS 的最高层，位于应用层之上。其主要的特征是可以完全隔离网络通信流，通过特定的代理程序可以实现对应用层的监督与控制。这两种防火墙是应用较为普遍的防火墙，其他一些防火墙应用效果也较为显著，在实际应用中要综合具体的需求以及状况合理的选择防火墙的类型，这样才可以有效地避免防火墙的外部侵扰等问题的出现。

三、ACL 访问控制

1. ACL 访问控制简介

ACL 是一系列 IOS 命令，其根据数据包报头中找到的信息来控制路由器应该转发还是应该丢弃数据包。ACL 是思科公司 IOS 软件中最常用的功能之一。

在配置后，ACL 将执行以下任务。

(1) 限制网络流量以提高网络性能。例如，如果公司政策不允许在网络中传输视频流量，那么就应该配置和应用 ACL 以阻止视频流量。这可以显著降低网络负载并提高网络性能。

(2) 提供流量控制。ACL 可以限制路由更新的传输，从而确保更新都来自一个已知的来源。

(3) 提供基本的网络访问安全性。ACL 可以允许一台主机访问部分网络，同时阻止其他主机访问同一区域。例如，人力资源网络仅限授权用户进行访问。

(4) 根据流量类型过滤流量。例如，ACL 可以允许邮件流量，但阻止所有 Telnet 流量。

(5) 屏蔽主机以允许或拒绝对网络服务的访问。ACL 可以允许或拒绝用户访问特定文件类型，如 FTP 或 HTTP。

默认情况下，路由器并未配置 ACL；因此，路由器不会默认过滤流量。进入路由器的流量仅根据路由表内的信息进行路由。但是，当 ACL 应用于接口时，路由器会在网络数据包通过接口时执行另一项评估所有网络数据包的任务，以确定是否可以转发

数据包。

除了允许或拒绝流量外，ACL 还可用于选择需要以其他方式进行分析、转发或处理的流量类型。例如，ACL 可用于对流量进行分类，以实现按优先级处理流量的功能。此功能与音乐会或体育赛事中的 VIP 通行证类似。VIP 通行证使选定的客人享有未向普通入场券持有人提供的特权，例如优先进入或能够进入专用区。

2. ACL 访问控制工作原理

ACL 定义了一组规则，用于对进入入站接口的数据包、通过路由器中继的数据包，以及从路由器出站接口输出的数据包施加额外的控制。

ACL 对路由器自身产生的数据包不起作用。如图 3-14 所示，ACL 可配置为应用于入站流量和出站流量。

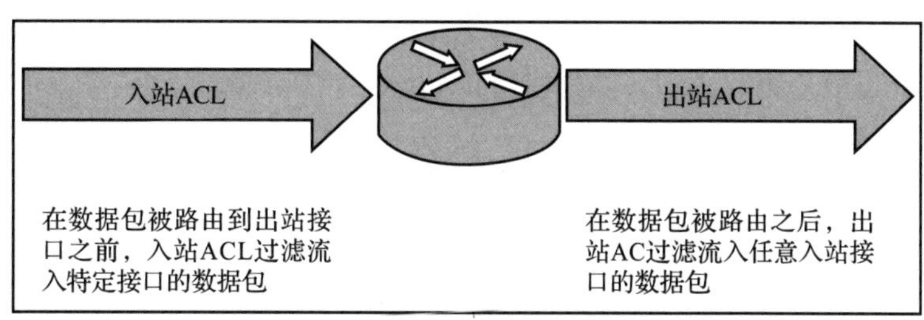

图 3-14 ACL 出入站规则

(1) 入站 ACL。传入数据包经过处理之后才会被路由到出站接口。因为如果数据包被丢弃，就节省了执行路由查找的开销，所以入站 ACL 非常高效。如果 ACL 允许该数据包，则会处理该数据包以进行路由。当与入站接口连接的网络是需要检测的数据包的唯一来源时，最适合使用入站 ACL 来过滤数据包。

(2) 出站 ACL。传入数据包路由到出站接口后，由出站 ACL 进行处理。在来自多个入站接口的数据包通过同一出站接口之前，对数据包应用相同过滤器时，最适合使用出站 ACL。

3. ACL 数据包过滤

ACL 是一系列由被称为访问控制条目(ACE)的许可(permit)或拒绝(deny)语句组成的顺序列表。ACE 通常也称为 ACL 语句。当网络流量经过配置了 ACL 的接口时，路由器会将数据包中的信息与每个 ACE 按顺序进行比较，以确定数据包是否匹配其中的一个 ACE。此过程称为数据包过滤。

数据包过滤通过分析传入和传出的数据包，然后根据特定条件转发或丢弃分析后的数据包，从而控制对网络的访问。数据包过滤可以发生在第 3 层或第 4 层。标准 ACL 仅在第 3 层执行过滤。扩展 ACL 在第 3 层和第 4 层执行过滤。

源 IPv4 地址是在标准 IPv4 ACL 的每个 ACE 中设置的过滤条件。配置了标准 IPv4 ACL 的路由器从数据包报头中提取源 IPv4 地址。路由器从 ACL 顶部开始，按顺序将地址与每个 ACE 进行比较。当找到一个匹配项时，路由器执行，允许或拒绝数据包的指令。在匹配之后，不会继续分析 ACL 中剩余的 ACE。如果源 IPv4 地址不匹配 ACL 中的任何 ACE，则数据包会被丢弃。

ACL 的最后一条语句都是隐式拒绝语句。每个 ACL 的末尾都会自动插入此语句，尽管实际上 ACL 中并无此语句。隐式拒绝语句会阻止所有流量。由于具有此隐式拒绝语句，一条 permit 语句也没有的 ACL 将会阻止所有流量。

第四节　常用工业网络

考核知识点及能力要求：

- 了解现场总线的特征与主要类型。
- 了解工业以太网的特征与主要类型。
- 了解实时以太网的特征与主要类型。
- 掌握工业网络的配置方法。

一、现场总线

现场总线是用于过程自动化和制造自动化的现场设备或现场仪表互连的通信网络，它把通信线路一直延伸到生产现场。

1. 现场总线的特征

(1) 现场通信网络。传统的集散控制系统(DCS，Distributed Control System)的通信网络截止于过程控制单元和过程采集(输入/输出单元)单元，现场仪表仍然是一对一模拟信号传输。现场总线是用于过程自动化和制造自动化的现场设备或现场仪表互连的通信网络，把通信线一直延伸到生产现场或生产设备。

(2) 互操作性。来自不同制造厂的现场设备，不仅可以相互通信，而且可以统一组态，构成所需的控制回路，共同实现控制策略。也就是说，用户选用各种品牌的现场设备集成在一起，实现“即接即用”。现场设备互连是基本要求，只有实现互操作性，用户才能自由地集成现场控制系统(FCS，Field Control System)。

(3) 分散功能块。FCS 废弃了 DCS 的输入/输出单元和控制站，把 DCS 控制站的功能块分散给现场仪表，从而构成虚拟控制站。由于功能块分散在多台现场仪表中，并可以统一组态，因此用户可以灵活选用各种功能块，构成所需要的控制系统，实现彻底的分散控制。

(4) 通信线供电。现场总线的传输线常用双绞线，并使用通信线供电方式，采用低功耗现场仪表，允许现场仪表直接从通信线上获取电能。这种低功耗现场仪表可以用于本质安全环境，与其配套的还有安全栅。

(5) 开放式网络互连。现场总线为开放式互联网络，既可与同类网络互连，也可与不同类网络互连。开放式互联网络还体现在网络数据库共享，通过网络对现场设备和功能块统一组态，把不同厂商的网络及设备融为一体，构成统一的现场总线控制系统。

2. 常用现场总线

目前国际上有 40 多种现场总线，但没有任何一种现场总线能覆盖所有的应用面。按其传输数据的大小，可分为 3 类：传感器总线(Sensorbus)，属于位传输；设备总线

(Devicebus)，属于字节传输；现场总线，属于数据流传输。主流的现场总线有FF现场总线，LonWorks现场总线，Profibus现场总线，CAN现场总线，Devicenet现场总线，HART现场总线，CC-Link现场总线，WorldFIP现场总线，INTERBUS现场总线等。

二、工业以太网

工业以太网是指在工业环境的自动化控制及过程控制中应用以太网的相关组件及技术。工业以太网采用TCP/IP协议和IEEE802.3标准兼容，但在应用层加入各自特有的协议。

1. 工业以太网的特征

(1) 系统响应的实时性。工业以太网是与工业现场测量控制设备相连接的一类特殊通信网络，控制网络中数据传输的及时性与系统响应的实时性是控制系统最基本的要求。在工业自动化控制中需要及时地传输现场过程信息和操作指令，要能够支持和完成实时信息的通信。这不仅要求工业以太网传输速度要快，而且响应也要快，即响应实时性要好。具有相当高的数据传输速率(目前已达到100 Mb/s)，能提供足够的带宽。

(2) 网络传输的确定性。即要保证以太网设备间的传输不能发生冲突或数据的碰撞，让不同设备对网络资源的使用合理有序化。以前，以太网被认为不能用于工业控制领域，这主要是因为以太网的CDMA/CD媒体访问方式不能保证网络(传输时间)的确定性，而现在随着以太网速率不断提高，加上确定性调度算法的研究突破，使网络负荷进一步减轻、碰撞减少，系统的确定性已得到了很大提高。

(3) 总线供电技术。电气电子工程师协会于2003年6月批准了以太网供电PoE标准-IEEE802.3af。PoE技术是指对现有的以太网CAT-5布线基础架构不用作任何改动的情况下，借助于一根常规以太网线缆在传输数据的同时供应电力，从而保证该线缆在为以太网终端设备传输数据信号的同时，还能为此类设备提供直流供电。

(4) 要求极高的可靠性。工业控制网络必须连续运行，它的任何中断和故障都可能造成停产，甚至引起设备和人身事故，因此必须具有极高的可靠性，具体表现在以下三个方面：①可使用性要好，网络自身不发生故障；②容错能力强，网络系统局部

单元出现故障，不影响整个系统的正常工作；③可维护性高，故障发生后能及时发现和及时处理，通过维修使网络及时恢复。

2. 常用的工业以太网

（1）Ethemet/IP。Ethemet/IP 是基于 CIP 协议的网络，能够保证网络上隐式信息（实时 I/O 数据）和显式信息（协议信息和行为信息）的有效传输。Ethemet/IP 采用标准的 Ethemet 和 TCP 技术传送 CIP（Control and Information Protocol）通信数据包。开放的应用层协议 CIP 加上 TCP/IP 协议，构成了 Ethemet/IP 协议的体系结构。

（2）ModBus。由施耐德公司推出的 ModBus 协议是 TCP/IP 协议的简单衍生，只是在 TCP 帧中嵌入 ModBus 帧，使 ModBus 与以太网和 TCP/IP 结合。这是一种面向连接的新的控制方式，每一个呼叫都要求一个应答，这种呼叫、应答的机制与 ModBus 的主、从机制相互配合，使交换式以太网具有非常高的确定性，通过利用 TCP/IP 协议，客户可以通过网页的形式利用网络浏览器便可以查看企业网内部设备运行情况。施耐德公司已经专门为 ModBus 注册了 502 端口，可以将实时数据嵌入到网页中，通过在设备中嵌入 Web 服务器，将 Web 浏览器作为设备的操作终端。

（3）HSE。基金会现场总线是一种全数字的、双向传输、多点通信由总线供电、用于连接智能设备和自动化系统的通信链路。基金会现场总线是由现场总线基金会（Field Bus Foundation）于 2000 年发布的 Ethemet 规范，又称 HSE（High Speed Ethemet）。现场总线 HSE 技术的核心部分就是链接设备，它是 HSE 体系结构将 HI（31. 25 kb/s）设备连接 100 Mb/s 的 HSE 主干网的核心组成部分，同时还具有网桥和网关的功能。HSE 现场设备有 HSE 链接设备、运行功能块的 HSE 现场设备和主机。HSE 链接设备是一种将 HSE 层和多个 Hl 现场总线网络/网段互联，创建更大 Hl 网络系统的转换单元。HSE 交换器是一种标准以太网设备，可用于连接多个高速以太网（HSE）设备，如 HSE 链接设备和 HSE 现场设备，从而形成更大的 HSE 网络。

三、实时以太网

实时以太网是一种全新的适用于工业现场设备的开放性实时以太网标准，将大量成熟的 IT 技术应用于工业控制系统，利用高效、稳定、标准的以太网和 UDP/IP 协议的确定性通信调度策略，为适用于现场设备的实时工作建立了一种全新的标准。

1. 实时以太网的特征

(1) 确定性和可靠性。如 EtherCAT G 和 G10，传输速度分别为 1 Gbit/s 和 10 Gbit/s，可以为高分辨率的机器视觉、高端测量、高级运动控制、机器人技术和复杂机电系统等应用提供必要的带宽。结合新引入的分支控制器模式，EtherCAT G 可将工业通信时间缩短 2~7 倍，带宽提高 10 倍(具体取决于应用)。而 EtherCAT G10 甚至可以将带宽提高 100 倍。

(2) 提供同步功能。单个 EtherCAT 网络可以支持 65 535 个设备，无须 MAC 或 IP 地址即可自动配置硬件。内置了自由拓扑选择，无论是星形、线形、树形还是其他类型，都不会造成性能损失。通过改进诊断界面，可以从网络中收集现有的诊断信息，从而改善已经强大的诊断功能，使故障排除变得更加容易。通过动态处理，EtherCAT 能以 100 Mbit/s 的速率在以太网帧中与许多节点循环通信。使用 EtherCAT，每 30μs 就可以轮询 1 000 个分布式数字 I/O，每 100 μs 可轮询 100 个伺服轴。从站中集成了 EtherCAT ASIC 或 FPGA 硬件，并且可以通过主站网卡直接访问内存。通信协议处理独立于 CPU 性能、协议栈或软件实现的信息。EtherCAT 网络设备通过分布式时钟进行同步。所有 EtherCAT 设备都内置了本地时钟，以连续保持标准时基，时钟之间的偏差小于 100 ns，这代表了不同的通信运行时间。这样就可以确保所有设备之间的精确同步。它还可以实现确定性的实际值采集和确定性的设定值输出，以实现绝对精确的响应时间。

(3) 功能安全性。EtherCAT 还提供 FsoE(Safety over EtherCAT)，这是经德国技术监督协会(TÜV)认证的功能安全协议。所有其他冗余安全设备均使用 FSoE，它使用“黑色通道”方法通过用于机器控制的同一条以太网电缆，提供必要的安全通信冗余。FSoE 为众多离散和过程工业应用提供数字和模拟安全性。EtherCAT 的功能原理还有助于保护工厂免受网络威胁。EtherCAT 主设备控制所有从设备，从而使中间人攻击无效。由于系统不是基于因特网协议的，因此恶意软件无法通过 EtherCAT 传播。网络仅转发 EtherCAT 帧，从控制器芯片会过滤掉其他任何以太网帧，包括那些损坏的数据或受到感染的帧。这些特性，再加上不使用管理型交换机，因此不需要 IT 部门介

入生产系统。

2. 常用的实时以太网

实时以太网技术中，有五个主要的竞争者：Ethernet PowerLink、PROFINET、SERCOS III、EtherCAT 和 Ethernet/IP。

开源实时通信技术 Ethernet PowerLink 是一项在标准以太网介质上，用于解决工业控制及数据采集领域数据传输实时性的最新技术。其遵循 ISO 模型，在某种意义上说 PowerLink 就是 Ethernet 上的 CANopen，物理层、数据链路层使用了 Ethernet 介质，而应用层则保留了原有的 SDO 和 PDO 对象字典的结构。

PROFINET 由 PROFIBUS 国际组织（PI，PROFIBUS International）推出，是新一代基于工业以太网技术的自动化总线标准。根据其实时性方面能力不同，分为三种通信方式：ProfiNet TCP/IP、ProfiNet RT（实时 5～10ms 响应时间）、ProfiNet IRT（同步实时响应时间小于 1ms）。

SERCOS III 由德国 Rexroth 公司开发，是一个面向数字驱动接口的免费提供的实时通信标准，使用工业以太网作为它的传输机制，其在界面、消息结构以及同步化等方面保持了对以前版本的兼容性，且保留了实时运动以及 IO 控制描述参数的集合。

Ethernet/IP 建立在标准的 UDP/IP 和 TCP/IP 协议之上，由罗克韦尔自动化和 ODVA（开放 DeviceNet 供应商协会）开发，利用固定的以太网软硬件，为访问、配置及控制设备定义了一个应用层的协议。Ethernet/IP 使用的传统以太网协议，意味着它可以同所有标准的以太网设备进行透明衔接工作且能随着以太网技术平台的发展而继续发展。

EtherCAT 由德国 Beckhoff 公司开发，采用一种“数据列车”的设计方式，一边传输一边处理，按照逻辑顺序将数据包发送到各个从站节点，然后再回到主站。主节点一般采用 PC 机，不同从节点的控制器芯片之间采用 LVDS-低压差分驱动信号的传输方式，可以达到非常高的数据交换。其采用 IEEE1588 时间同步机制实现分布时钟的精确同步，可以在 30μs 内处理约 1 000 个开关量，或在 50μs 内处理约 200 个 16 位模拟量，其通信能力可以使 100 个伺服轴的控制、位置和状态数据在 100μs 内更新。

四、实验

实验一：PROFINET 与 KUAK 机器人信号交互

1. 实验目的

- 了解 PROFINET 总线数据通信方法。
- 学习 PROFINET 与 KUKA 机器人交互。

2. 实验相关知识点

- 总线基础知识。
- 数据采集的形式。
- PROFINET 总线通信形式。

3. 实验内容及主要步骤

学习第三章知识内容并完成西门子 PLC Profinet 总线配置与 Work Visual 软件与西门子映射方法，具体实验步骤如下：①打开博图软件并建立项目；②完成 KUKA 机器人的硬件组态与 I/O 地址分配；③并将程序下载到设备；④完成程序编译下载后，打开 Work Visual 软件；⑤找到在线机器人项目并打开；⑥在项目结构选中添加 PROFINET 总线组件；⑦完成机器人的 Profinet 配置和信号映射后，将项目下载到机器人；⑧通过监控表监视机器人与 PLC 交互信号，完成机器人与 PLC 的交互。

实验二：视觉相机的实时通信控制

1. 实验目的

- 了解同网段设备通信（TCP/IP）的基本原理及方法。
- 学习使用通信协议的接口，发送和接收相关信息。

2. 实验相关知识点

- 通信协议基础知识。
- 计算机编程基础知识。
- PLC 编程基础知识。

3. 实验内容及主要步骤

利用提供的视觉平台，对设备和工业相机直接进行连接，实现设备与工业视觉相

机之间的通信，具体实现步骤如下：①使用网线连接相机；②打开电脑网络设置，设置本机电脑 IP 地址，保持与 MES 系统所在电脑同一网段，以便能够互相 ping 通机的图像；③打开电脑上相关软件，导入 TCP/IP 协议封装包，配置好相应的软件编程环境；④根据所需通信的变量的类型以及格式，借助封装好的协议通信包，通过少量的编程代码，实现与 MES 之间的通信；⑤运行程序，根据程序运行的结果，查看是否已经实现通信，并且查看通信的表现是否满足项目的要求。

第五节　5G 通信技术

考核知识点及能力要求：

- 了解 5G 的含义及主要技术场景、基本特征与关键技术。
- 了解 5G 的网络架构及核心网构成。
- 熟悉 5G 的应用场景。

一、5G 的含义

5G 是面向 2020 年以后移动通信需求而发展的新一代移动通信系统。根据移动通信的发展规律，5G 具有超高的频谱利用率和能效，在传输速率和资源利用率等方面较 4G 移动通信提高一个量级或更高，其无线覆盖性能、传输时延、系统安全和用户体验也将得到显著的提高。5G 移动通信与其他无线移动通信技术密切结合，构成新一代无所不在的移动信息网络，满足未来 10 年移动互联网流量增加 1 000 倍的发展需求。5G

移动通信系统的应用领域也将进一步扩展，对海量传感设备及机器与机器(M2M)通信的支撑能力将成为系统设计的重要指标之一。未来5G系统还须具备充分的灵活性，具有网络自感知、自调整等智能化能力，以应对未来移动信息社会难以预计的快速变化。

二、5G主要应用场景

连续广域覆盖场景，是移动通信最基本的覆盖方式，以保证用户的移动性和业务连续性为目标，为用户提供无缝的高速业务体验。该场景的主要挑战在于随时随地(包括小区边缘、高速移动等恶劣环境)为用户提供100 Mbps以上的用户体验速率。

热点高容量场景，主要面向局部热点区域，为用户提供极高的数据传输速率，满足网络极高的流量密度需求。1 Gbps用户体验速率、数10 Gbps峰值速率和数10 Tbps/km^{2}的流量密度需求是该场景面临的主要挑战。

低功耗大连接场景，主要面向智慧城市、环境监测、智能农业、森林防火等以传感和数据采集为目标的应用场景，具有小数据包、低功耗、海量连接等特点。这类终端分布范围广、数量众多，不仅要求网络具备超千亿连接的支持能力，满足100万/km^{2}连接数密度指标要求，而且还要保证终端的超低功耗和超低成本。

低时延高可靠场景主要面向车联网、工业控制等垂直行业的特殊应用需求，这类应用对时延和可靠性具有极高的指标要求，需要为用户提供毫秒级的端到端时延和接近100%的业务可靠性保证。

三、5G基本特点

• 高速度：5G的基站峰值要求不低于20 Gb/s（一说为100 G），移动速度500 km/h。

• 泛在网：一是广泛覆盖，一是纵深覆盖。

• 低功耗：5G要支持大规模物联网应用，就必须要有功耗的要求。NB-IoT的能力是大大降低功耗，为了满足5G对于低功耗物联网应用场景的需要，和eMTC技术一样，是5G网络体系的一个组成部分。

• 低时延：5G 对于时延的最低要求是 1 毫秒。

• 万物互联（连接密度）：每一平方公里连接 100 万个移动终端；流量密度数+Tbps。

• 重构安全：智能互联网的基本精神是安全、管理、高效、方便。安全是 5G 之后的智能互联网第一位的要求。

四、5G 关键技术[29]

5G 关键技术包括以下内容：

• 基于 OFDM 优化的波形和多址接入，具有高频谱效率和较低的数据复杂性。

• 实现可扩展的 OFDM 间隔参数配置，支持多种部署模式的不同信道宽度，适应同一部署下不同的参数配置，在统一的框架下提高多路传输效率。

• OFDM 加窗提高多路传输效率，提升频率局域化，应对大规模物联网的挑战。

• 灵活的框架设计，进一步提高 5G 服务多路传输的效率，满足 5G 的不同服务和应用场景。

• 先进的新型无线技术。

（1）大规模 MIMO。通过天线的二维排布，可以实现 3D 波束成型，并提高信道容量和覆盖。

通过调节各天线的相位，使信号进行有效叠加，产生更强的信号增益，来克服路损，从而为 5G 信号的传输质量提供了强有力的保障。

（2）毫米波。将频率大于 24GHz 以上频段（通常称为毫米波）应用于移动宽带通信，大量可用的高频段频谱可提供极致数据传输速度和容量。

（3）频谱共享。用共享频谱和非授权频谱，可将 5G 扩展到多个维度，实现更大容量、使用更多频谱、支持新的部署场景。

（4）先进的信道编码设计。LDPC 的传输效率远超 LTE Turbo，且易平行化的解码设计，能以低复杂度和低时延，扩展达到更高的传输速率。

（5）超密集异构网络。5G 需要做到每平方公里支持 100 万个设备，这个网络必须非常密集，需要大量小基站来进行支撑，需要采用一系列措施来保障系统不同的网络性能。包括不同业务在网络中的实现、各种节点间的协调方案、网络的选择以及节能配置方法等。

(6) 网络的自组织。网络部署阶段的自规划和自配置；网络维护阶段的自优化和自愈合。自配置即新增网络节点的配置可实现即插即用，具有低成本、安装简易等优点。自规划的目的是动态进行网络规划并执行，同时满足系统的容量扩展、业务监测或优化结果等方面的需求。自愈合指系统能自动检测问题、定位问题和排除故障，大大减少维护成本并避免对网络质量和用户体验的影响。

(7) 网络切片。把物理网络切分成多个虚拟网络，每个网络适应不同的服务需求，这可以通过时延、带宽、安全性、可靠性来划分不同的网络，以适应不同的场景。通过网络切片技术在一个独立的物理网络上切分出多个逻辑网络，避免了为每一个服务建设一个专用的物理网络，这样可以大大节省部署的成本。5G 切片网络，可以向用户提供不一样的网络、不同的管理、不同的服务、不同的计费，让业务提供者更好地使用 5G 网络。

(8) 内容分发网络。在 5G 网络，音频、视频业务大量出现，网络适应内容爆发性增长。内容分发网络是在传统网络中添加新的层次，即智能虚拟网络。CDN 技术的优势正是为用户快速地提供信息服务，同时有助于解决网络拥塞问题。CDN 技术成为 5G 必备的关键技术之一。

(9) 设备到设备通信。这是一种基于蜂窝系统的近距离数据直接传输技术。设备到设备通信(D2D)会话的数据直接在终端之间进行传输，不需要通过基站转发，可以减轻基站负担，降低端到端的传输时延，提升频谱效率，降低终端发射功率。

(10) 边缘计算。5G 要实现低时延，如果数据都是要到云端和服务器中进行计算机和存储，再把指令发给终端，就无法实现低时延。边缘计算是要在基站上建立计算和存储能力，在靠近物或数据源头的一侧，采用网络、计算、存储、应用核心能力为一体的开放平台，就近提供最近端服务，在最短时间完成计算，发出指令。

(11) 软件定义网络和网络虚拟化。SDN 架构的核心特点是开放性、灵活性和可编程性。它主要分为三层：基础设施层位于网络最底层，包括大量基础网络设备，该层根据控制层下发的规则处理和转发数据；中间层为控制层，该层主要负责对数据转发

面的资源进行编排，控制网络拓扑、收集全局状态信息等；最上层为应用层，该层包括大量的应用服务，通过开放的北向 API 对网络资源进行调用。

NFV（Network Function Virtualization）即网络功能虚拟化，实质是采用虚拟化技术、基于通用硬件实现电信功能节点的软件化，打破传统电信设备的竖井式体系，其核心特征是分层解耦和引入新的 MANO 管理体系。NFV 作为一种新型的网络架构与构建技术，其倡导的控制与数据分离、软件化、虚拟化思想，为突破现有网络的困境带来了希望。

五、5G 网络架构

1. 5G 网络总体架构

5G 网络从终端、无线网、传送网、核心网一直到业务，与 4G 相比都有非常大的变化。

➢ 终端

（1）更多形态的终端。由于各种各样的应用场景的出现，终端形态也发生了较大的变化，如智能手机、VR/AR 眼镜、车的设备、无人机等。

（2）更高的发射功率。比现在发射功率高了 3 db，即将达到 26 dbM。

（3）更多的天线。现在测试基本采用 2T4R。

➢ 无线

（1）更大带宽。6G 以下低频段达到 100 M 带宽，6G 以上高频段达到 400 M 带宽。

（2）更多天线数。64 通道 192 个阵子。

（3）系统设计。出现波束概念、新的参考信号 DMRS 的设计、新的编码方式、灵活参数、新的网络架构（DU-CI 架构分离）、新的终端状态（LTE 终端有连接态和空闲态两种状态，5G 新增去激活态）。

➢ 传输网

（1）更大交换容量。从 640 G 提升到 12. 8 T。

（2）更高性能。传输时延达到 10 纳秒级、时间误差达到纳秒级。

（3）支持切片技术。引入 SDN 技术，实现全局的智能调度、实现全局的智能运维。

➢ 核心网

实现了四化：IT 化、互联网化、极简化、服务化。最典型核心网的网络架构的变化，是提出 SBA 基于服务的网络架构，进行了控制面和用户面的分离，支持切片技术和边缘计算技术。

2. 软件化、服务化的 5G 核心网架构

总线型架构，出现不同的功能模块，每个功能可以通过总线进行连接，需要功能的时候，进行总线上的接口的调用。

核心网最重要的三个设备：AMF、SMF、UPF。

3. NSA（非独立组网）和 SA（独立组网）

（1）NSA（非独立组网）。具体特征如下：① 5G 网络不能独立运行，必须依托于 4G 网络的存在；②基站设备可能会依托 LTE 进行网络连接；③信令都是经过 4G 基站 4G 核心网连接；④ 5G 基站只进行数据分流。

NSA（非独立组网）在标准上出现了很多选项，最典型的如图 3-15 所示，终端通过 LTE 的基站连接到 4G 的 EPC 上。

（2）SA（独立组网）。如图 3-16 所示。①从终端到基站到核心网都是独立的 5G 新设备；② 5G 网络可以独立运营；③ 4G 同 5G 之间的操作，可能通过 5G 的核心网和 4G 的 EPC 之间的操作。

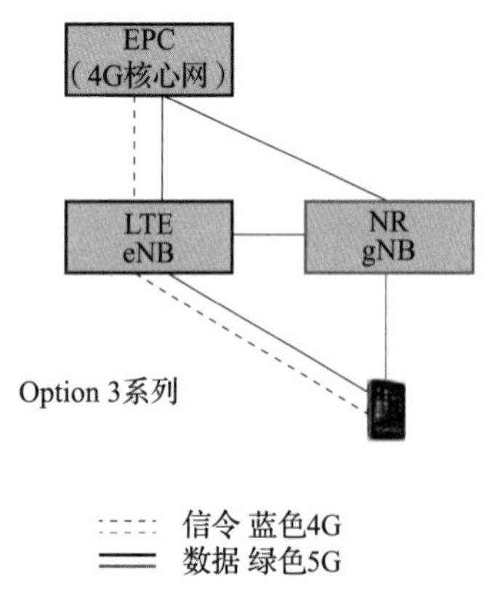

图 3-15　NSA 网络组成

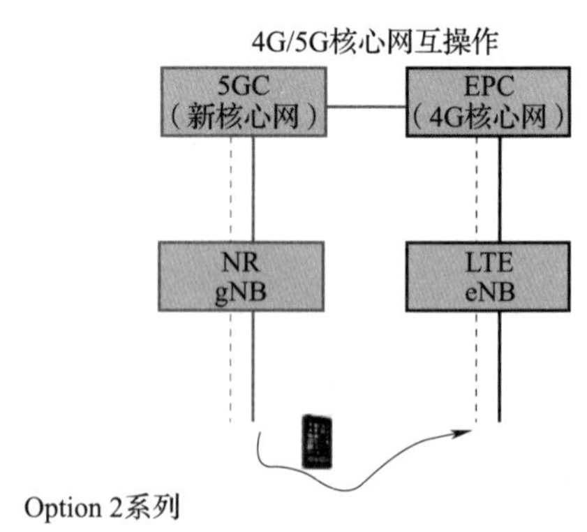

图 3-16　SA 网络组成

六、5G在工业领域的应用

我国在制造业生产要素利用效率及劳动生产率方面与发达国家相比还有一定的差距，工业利用5G技术的优势来提高生产效率、优化生产工艺，实现降本提效就成为工业企业发展的重中之重。制造业工厂对无线连接的可靠性、可扩展性、性能和安全性提出了更高的要求，因此相关制造业企业需要仔细研究5G的技术和市场情况。除了改善工厂内的生产流程和运营，还要通过更大的跨行业来实现更大的价值和新的商业模式，许多智能工厂和工业4.0应用对连接性提出了独特而严格的要求。

1. 5G在航空航天制造领域的应用

航空航天水平是一个国家科技和综合国力的体现，其中被称为“工业皇冠”的大飞机制造更是高端制造业的代表。我国航空工业制造领域在大飞机研发设计、零部件精细化制造等环节的工艺水平还不够先进，还未实现高度智能化。未来在大飞机制造中，利用5G的高速率、低时延、大容量特性，将生产的各个流程高效串通起来，实现生产的高度自动化和智能化，既提高了产品的质量和安全，也降低了生产成本。在飞机生产过程中，可利用5G技术的低时延和高可靠性特性提升闭环控制系统的收敛效率，大大降低装配错误率。5G将提升大飞机制造流程的效率，助力航空领域的发展和创新。

2. 5G在汽车工业的应用

汽车工业的发展一直很迅速，现在正处在关键的技术变革期，朝着自动驾驶领域发展，而5G技术的快速发展则加快了汽车产业变革的进程。5G在汽车生产制造过程中，利用5G技术可以实现装配线监控，结合视频分析可用于自动检测和补救产品线中的异常情况，这样可以做到装配线的产品跟踪、监控和质量保证；在自动驾驶运用中，利用5G的超低时延特性，可实现汽车的准确定位、更快速的机动反应和防止碰撞，这为自动驾驶的有效性和安全性提供了技术保障。

3. 5G在人工智能产业的应用

5G在人工智能产业的应用主要体现在与大数据、云计算等技术相结合的AR/VR、智能机器人等工业制造方面。AR/VR业务利用5G的高速稳定特性进行大数据传输，用户能够体验到实时、高速和高清的视觉享受。智能机器人借助5G技术、大数据技术和云计算技术，能够根据不同场景需求进行自主判断和执行精密度超高的工作。

4. 5G网络在业务互联中的应用

在工业互联网发展中，任何网络传输误差的存在都将导致业务受到损害。建设5G高速网络，能够对工业企业内外网进行升级改造，完成标准体系的构建，引入高可靠、低时延、广覆盖的网络基础设施建设，满足各类业务数据的安全、可靠传输需求。在工业互联网中包含管理控制、数据采集和信息交互三类业务，提出了不同数据连接性能要求。过去企业底层网络为有线网络，在工业场景向着复杂化、多元化方向发展背景下，提出的无线通信连接需求日渐增加，利用现有网络难以满足可靠连接需求。而新建无线网络系统缺少统一标准接口协议，难以实现互联互通，跨层间数据交互困难。5G网络则具有海量数据、超大带宽等诸多优势，通过与工业互联网实现深度连接，能够提供边缘IaaS基础能力，实现丰富应用场景衍生，为各种业务网络的可靠连接提供强有力的技术支撑。

5. 5G无线在数字化生产中的应用

在工业生产中，目前无线网络、WIFI技术等新兴科技都得到了应用，但也同时存在数据传递容易受环境影响的缺点，无法满足工业互联网无线化、高效化发展需求。应用5G无线技术加强物与物的联结，真正实现万物互联，能够完成人、机、系统交互场景的构造，促使工业互联网与移动互联网等网络稳固联接。利用5G无线对各种工业设备进行连接，可以快速、可靠地完成类型多样的数据传输，将工业生产中的固定检测变为移动性检测，使车间各种生产要素得到互联调配，促使生产流程得到优化，在降低生产消耗的同时，促使生产良率得到提高。如在工业相机中接入5G无线网络，能够将拍摄高清照片实时回传至边缘云，依托分布式计算机和智能识别算法完成快速精确分析，发挥5G低时延特性将结果及时反馈给自动化控制设备，使零件质量得到有效控制。利用5G优势，对工业传感、RFID、人脸识别等各种技术进行融合，能够完成全连接管理平台建设，实现对生产现场的全面数字化管理，促使生产过程高度透明。

6. 5G技术在产业整合中的应用

建设工业互联网，不仅需要实现数字化、智能化生产组织管理，还要推动工业产

业的网络化发展，以便使设计企业、生产制造企业等各个企业有效协同开展工作，在延长产业链条的同时提高行业生产效率。应用5G的多接入边缘计算基数MEC，能够通过与AI等高新技术融合实现产业分布重新部署，通过为各行各业提供大带宽、高运算、低时延网络打造产业数据汇聚平台，以及接入海量终端实现行业数据汇总，从而完成有价值数据挖掘、制定科学发展决策、不断推动客户业务体验升级。运用5G的软件定义网络架构SDN，能够使网络设备控制面板与数据转发面相互分离，为通够控制软件配置网络为产业数据传递提供高带宽和动态网络。应用网络功能虚拟化技术NFV实现软硬件解耦，能够利用虚拟化软件实现专用硬件设备功能，促使企业摆脱硬件资源限制，顺利接入工业互联网。通过对工业数据进行采集融合，并利用边缘计算实现自动化解析和智能分析控制，能够完成互信、共赢工业互联生态圈打造，促进垂直行业整合发展，从而形成完整的工业体系。

七、案例："5G+工业互联网" 智能焊接工厂数字化车间

根据各大企业的生产和管理现状，将智能焊接项目分为四大阶段，以实现阶梯式的目标推进。

第一阶段是"单元级"焊接自动化及信息网控。推动车间焊接专机、机器人自动化建设，并通过数字化改造升级的方式，建成焊接生产车间单元级焊接自动化及信息网控（见图3-17）。

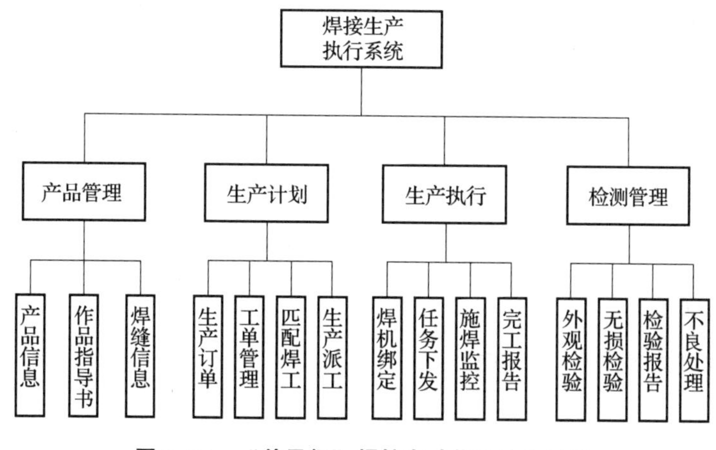

图3-17　"单元级"焊接自动化及信息网控

第二阶段是“车间级”焊接数字化。以“单元级”焊接信息网控系统为基础建设“车间级”焊接数字化车间，实现焊接车间焊接设备物联监控、焊材能耗等数字化统计、焊接工艺下达，柔性排产与派工及焊接质量追溯等(见图 3-18)。

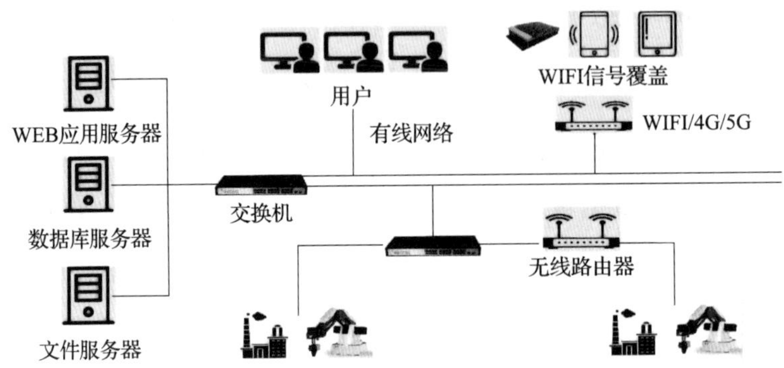

图 3-18　“车间级”焊接数字化

第三阶段是数字化工厂。搭建生产执行系统，实现 ERP/MES、PLM、CAPP 等信息系统互联互通及生产制造全流程数字化管控。推进制造下料、焊接、加工、总装、检测等全工序数字化建设，打造数字化工厂。

第四阶段是智慧工厂建设。基于数字化工厂基础，打造工厂智能设计、智能生产、供应链协同等一体化制造系统，逐步探索企业大数据挖掘、智能决策等，达到企业管理智能化。

建设内容总体可以归纳为以下四大板块。

1. 5G 基础网络建设 TITTLES

与运营商(移动、电信、联通)接洽，在集团工作范围内，部署 5G 基站，并提供 5G 专网通道，为工业互联网提供基础的网络条件。

车间设备采用 5G 进行网络连接及数据传输，上位机系统采用 B/S(浏览器/服务器)或其他网络架构，可方便地通过企业网络实现数据远程访问，及可实现与企业信息系统对接实现数据共享。

2. 设备物联大数据采集 TITTLES

通过设备联网，采集设备实时的生产数据，实时掌握设备运行状态、设备开机率、资源消耗(焊丝、气体、电能)等情况，通过实时的焊接参数与焊接工艺对比，掌控焊

接质量。通过系统的运行积累生产大数据，形成多种统计分析报告，为企业决策提供支持。建立与 MES、ERP 等业务系统的数据接口，以便实现智能工厂系统集成。

3. 生产计划集成 TITTLES

公司生产主管部门根据公司订单完成要求时间、原材料准备情况，将生产信息录入系统，并实时推送到各焊接分厂。分厂的生产管理部门、车间负责人、班组长等根据产品订单计划，完成焊接计划。班组长根据部件焊接计划，将任务根据焊工资质、时间等将焊接任务分派到焊工或特定焊接设备。其中任务派送与执行以接头为基本单元，系统自动通过接头工艺编号与焊接工艺智能设计与系统工艺数据建立联系。

4. 大数据积累及应用 TITTLES

通过上述三个部分建设，积累工厂生产制造大数据，可为焊接质量分析、焊接工艺优化、生产成本评估、质量趋势判断等提供基础数据依据，产生更高的数据价值。

(1) 焊工管理。基于车间看板采集信息(条码扫描、感应式刷卡终端机)等，将焊工、接头工艺、焊接过程与质量检测数据全程绑定，实现生产过程全程追溯。通过统计分析接头实际工时，焊接质量，可有效评估焊工技能水平、工作态度等关键信息。

(2) 任务监控。任务执行进度、预设工艺参数、任务消耗(总消耗时长、在线时长、焊接时长)等状态监控。系统可跟踪到每层每道执行情况。根据焊接工艺卡/任务书号查询，动态实时展现指定工艺卡/任务书的进度，焊缝接头的进度以及每个焊缝接头下的焊层焊道的进度。

本章思考题

1. 简要说明路由的概念与作用、DHCP 协议的基本原理。
2. 简要说明交换机的概念、转发方法与 STP 协议的基本原理。
3. 简述常见的工业网络、应用场景与优缺点。
4. 简要说明 5G 的网络架构、核心网的构成。
5. 举例说明 5G 在工业领域的应用。

第四章 信息物理系统基础

信息物理系统等新技术的应用使装备和产线具备感知、分析、决策和执行等智能化特征，是智能装备和产线开发的重要基础和支撑。信息物理系统（CPS）的核心要素有“一硬”（感知和自动控制）、“一软”（工业软件）、“一网”（工业网络）和“一平台”（工业云和智能服务平台）。其中嵌入式系统和物联网是信息物理系统的重要基础。本章首先介绍嵌入式系统和物联网的系统架构、组成及应用，并阐述信息物理系统的内涵、组成与层次结构及在智能设计中的应用。

- **职业功能：** 智能装备与产线开发
- **工作内容：** 进行智能装备与产线单元模块的功能设计
- **专业能力要求：** 能进行智能装备与产线单元模块的功能设计；能进行智能装备与产线单元模块的选型
- **相关知识要求：** CPS 基本构成与功能、嵌入式系统、物联网技术基础

第一节　嵌入式系统基础

考核知识点及能力要求：

- 了解嵌入式系统的软硬件构成、特点、应用现状与领域。
- 熟悉嵌入式系统开发环境。
- 能够使用嵌入式系统设计简单功能。

一、嵌入式系统基本原理

1. 嵌入式系统的定义

嵌入式系统将计算机硬件和软件结合起来，构成一个专门的计算装置，完成特定的功能和任务。它在一个与外界发生交互并受到时间约束的环境中工作，在没有人工干预的情况下对机器和设备进行实时控制。

电气电子工程师学会的定义为：嵌入式系统是用于控制、监视或者辅助操作机器和设备的装置。一般定义为“以应用为中心、以计算机技术为基础、软硬件可裁减，满足功能、可靠性、成本、体积、功耗严格要求的专用计算机系统”。

2. 嵌入式系统的层次结构

嵌入式系统是由嵌入式处理器、存储器等硬件、嵌入式系统软件和嵌入式应用软件组成，其系统构架如图 4-1 所示。

(1) 嵌入式系统硬件系统。嵌入式系统的硬件是以嵌入式处理器为核心，配置必要的外围接口部件。在嵌入式系统设计中，应尽可能选择适用于系统功能接口的 SoC/

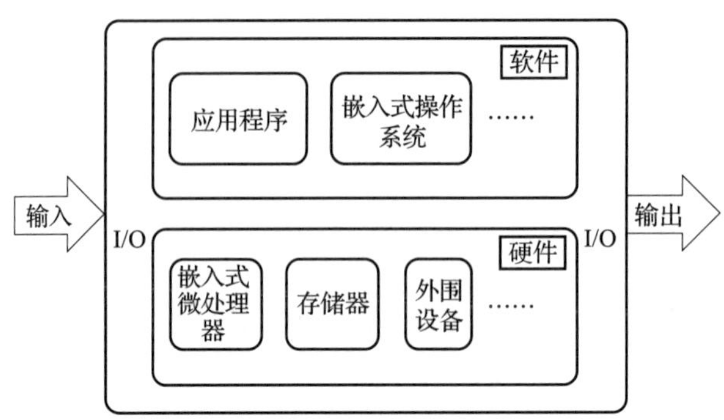

图 4-1　嵌入式系统简要构架

片上系统芯片，以最少的外围部件构成一个应用系统，满足嵌入式系统的特殊要求。一般包括嵌入式处理器，存储器，I/O 系统，外设。

（2）嵌入式系统的软件系统。系统软件层由实时操作系统（RTOS，Real-time Operation System）、文件系统、图形用户接口（GUI，Graphic User Interface）、网络系统及通用组件模块组成。RTOS 是嵌入式应用软件的基础和开发平台。一般包括操作系统和应用软件。

（3）中间层。它将系统软件与底层硬件部分隔离，使得系统的底层设备驱动程序与硬件无关。具体包括硬件抽象层（HAL）和板极支持包（BSP）。

HAL 是位于操作系统内核与硬件电路之间的接口层。其目的是将硬件抽象化，可通过程序来控制所有硬件电路入 CPU、I/O、存储器等的操作，提高了系统的可移植性。HAL 一般包含相关硬件的初始化、数据的输入输出操作、硬件设备的配置操作等功能。

BSP 介于主板硬件和操作系统中驱动程序之间，一般认为它属于操作系统的一部分，主要是实现对操作系统的支持，为上层的驱动程序提供访问硬件设备寄存器的函数包，方便主板运行。BSP 一般实现：

- 单板硬件初始化，主要是 CPO 的初始化，为整个软件系统提供底层硬件支持。
- 为操作系统提供设备驱动程序和系统中断服务程序。
- 定制操作系统的功能，为软件系统提供一个实时多任务的运行环境。
- 初始化操作系统，为操作系统的正常运行做好准备。

嵌入式系统的层次结构如图 4-2 所示。

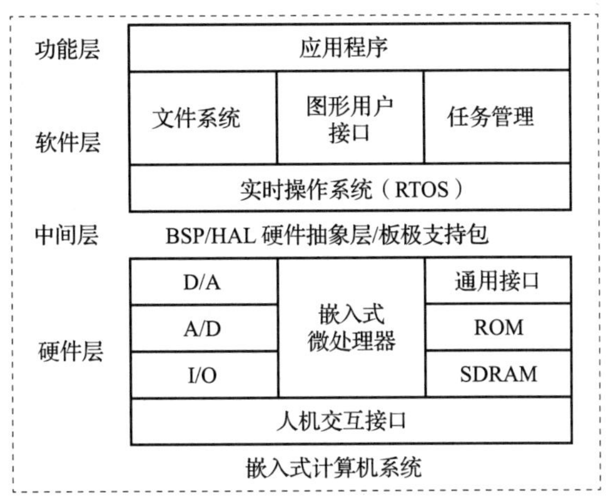

图 4-2 嵌入式系统的层次结构

3. 嵌入式系统组成

(1) 嵌入式系统的硬件组成。嵌入式系统基本硬件架构主要包括有嵌入式微处理器、外围电路及接口和外部设备三大部分。其中，外围电路一般包括有时钟、复位电路、程序存储器、数据存储器和电源模块等部件组成；外部设备一般应配有 USB、显示器、键盘和其他等设备及接口电路；硬件架构的核心部件是微处理器。

在一片嵌入式微处理器基础上增加电源电路、时钟电路和存储器电路（ROM 和 RAM 等），就构成了一个嵌入式核心控制模块。其中操作系统和应用程序都可以固化在 ROM 中。

①嵌入式微处理器。嵌入式系统的核心是嵌入式微处理器，嵌入式微处理器一般就具备以下 4 个特点：对实时多任务有很强的支持能力，能完成多任务并且有较短的中断响应时间从而使内部的代码和实时内核的执行时间减少到最低限度；具有功能很强的存储区保护功能。这是由于嵌入式系统的软件结构已模块化，而为了避免在软件模块之间出现错误的交叉作用，需要设计强大的存储区保护功能，同时也有利于软件诊断；可扩展的处理器结构，以能迅速地开发出满足应用的最高性能的嵌入式微处理器；嵌入式微处理器必须功耗很低，尤其是用于便携式的无线及移动的计算和通信设备中，靠电池供电的嵌入式系统更是如此，如需要功耗只有 mW 级或 W 级。

②嵌入式微处理器分类。嵌入式处理器主要可以分为微处理器、微控制器、嵌入

式 DSP 和片上系统。

a. 微处理器。部分嵌入式系统使用通用微处理器作为微处理器。微处理器能完成取指令、执行指令，以及与外界存储器和逻辑部件交换信息等操作，是微型计算机的运算控制部分。它可与存储器和外围电路芯片组成微型计算机。

b. 嵌入式微控制器。嵌入式微控制器(MCU)的典型代表是单片机，这种 8 位的微处理器目前在嵌入式设备中仍然有着极其广泛的应用。目前通常使用单片机、芯片内部集成 FlashROM、RAM、总线、总线逻辑、定时/计数器、I/O、串行口、脉宽调制输出等必要功能模块和外设。由于具有低廉的价格，优良的功能，所以拥有的品种和数量最多。它还支持 I^2C、CAN-Bus、LCD、A/D 和 D/A 及众多专用 MCU 和兼容系列。嵌入式微控制器(MCU)的典型代表是单片机(见图 4-3)。

微控制器的最大特点是单片化，由于其体积大大减小，从而使功耗和成本下降、可靠性提高。微控制器目前在工业中的应用很多，由于适于控制，因此称为微控制器。

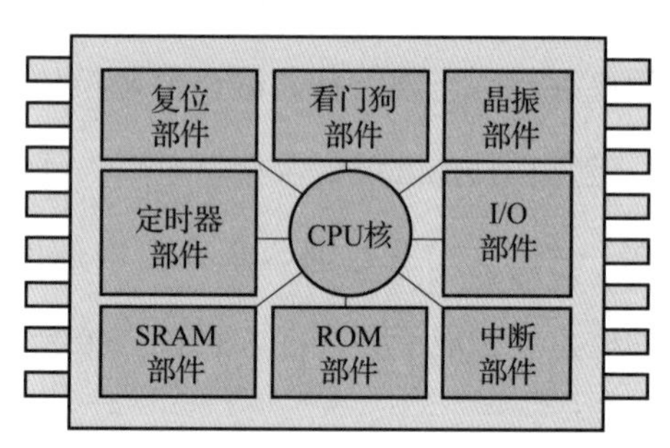

图 4-3　单片机

c. 嵌入式 DSP 处理器。DSP 处理器是专门用于信号处理方面的处理器，其在系统结构和指令算法方面进行了特殊设计，在数字滤波、FFT、谱分析等数字信号处理方面，DSP 获得了大规模的应用。DSP 处理器对系统结构和指令进行了特殊设计，使其适合于执行 DSP 算法，编译效率较高，指令执行速度也较高。

DSP 的理论算法在 20 世纪 70 年代就已经出现，但是由于专门的 DSP 处理器还未出现，所以这种理论算法只能通过 MPU 等由分立元件实现。1982 年，世界上诞生了首枚 DSP 芯片。在语音合成和编码解码器中得到了广泛应用。DSP 的运算速度进一步提高，应用领域也从上述范围扩大到了通信和计算机方面。

有代表性的产品是德州仪器公司(Texas Instruments)的TMS320系列和摩托罗拉(Motorola)的DSP56000系列。TMS320系列处理器包括用于控制的C2000系列、移动通信C5000系列、性能更高的C6000和C8000系列。摩托罗拉公司的DSP56000已经发展成为DSP56000、DSP56100、DSP56200和DSP56300等几个不同系列的处理器。

d. 嵌入式片上系统(System on Chip)。SoC技术是一种高度集成化、固件化的系统集成技术。其核心思想就是把整个应用电子系统全部集成在一个芯片中。将ARM RISC、MIPS RISC、DSP等微处理器核，与信号采集、转换、存储、处理等功能模块以及通用串行端口(USB)，TCP/IP通信单元、GPRS通信接口、GSM通信接口、IEEE1394、蓝牙模块等接口集成。这些单元以往都是依照各单元的功能做成独立的处理芯片。SoC是追求产品系统最大包容的集成器件，SoC最大的特点是成功实现了软硬件无缝结合，直接在处理器片内嵌入操作系统的代码模块，如图4-4所示。

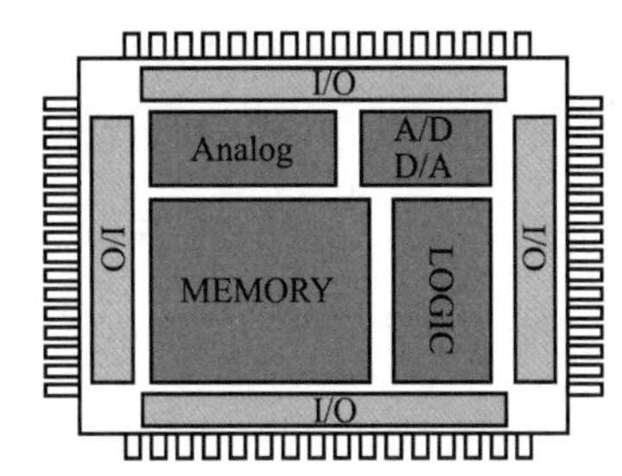

图4-4　嵌入式片上系统

由于SoC往往是专用的，将在声音、图像、影视、网络及系统逻辑等应用领域中发挥重要作用。SoC微处理器所具有的其他好处可以分为下列几点：利用改变内部工作电压，降低芯片功耗；减少芯片对外管脚数，简化制造过程；减少外围驱动接口单元及电路板之间的信号传递，可以加快微处理器数据处理的速度；内嵌的线路可以避免外部电路板在信号传递时所造成系统杂讯。

(2) 嵌入式系统的软件组成。嵌入式系统的软件包括嵌入式操作系统和相应的各种应用程序。

嵌入式操作系统：包括与硬件相关的底层驱动软件、系统内核、设备驱动接口、通信协议、图形界面、标准化浏览器等，具有编码体积小、面向应用、可裁剪和移植、实时性强、可靠性高、专用性强等特点。

嵌入式系统的开发工具和开发系统：开发工具一般用于开发主机(如微机)，包括语言编译器、连接定位器、调试器等。嵌入式系统的开发平台一般由4部分组成：硬件平台、操作系统、编程语言和开发工具。

值得注意的是，嵌入式系统的硬件和软件位于嵌入式系统产品本身，开发工具则独立于嵌入式系统产品之外。

嵌入式操作系统可以按照以下方式进行分类。

按其应用对象不同，有如下 4 类：①基于 Windows 兼容，包括 WindowsCE、嵌入式 Linux 等；②工业和通信类，包括 VxWorks、Psos、QNX 等；③单片机类，包括 uC/OS、CMX、iRMX 等；④面向 Intelnet 类，包括 Plam、Visor、Hopen、PPSM 等。

依据操作系统的类型，主要包括实时系统、分时系统和顺序执行系统：①实时操作系统内有多个程序运行，每个程序有不同的优先级，只有最高优先级的任务才能占有 CPU 的控制权；②分时操作系统内可以同时有多个程序运行，把 CPU 的时间分按顺序分成若干片，每个时间片内执行不同的程序，如 UNIX；③顺序执行系统内只含有一个程序，独占 CPU 的运行时间，按语句顺序执行该程序，直至执行完毕，另一程序才能启动运行，如 DOS 操作系统。

按实时性分类。实时嵌入式系统是为执行特定功能而设计的，可以严格地按时序执行功能。其最大的特征就是程序的执行就有确定性。具体可分为三种形式：①具有强(硬)实时特点的嵌入式操作系统：在实时系统中，如果系统在指定时间内未能实现某个确定的任务，会导致系统的全面失败，则系统被称为硬(强)实时系统，其系统响应时间在毫秒或微秒级(数控机床)，一个硬实时系统通常在硬件上需要添加专门用于时间和优先级管理的控制芯片，uC/OS 和 VxWorks 是典型的实时操作系统；②具有弱(软)实特点的嵌入式操作系统：在软实时系统中，虽然响应时间同样重要，但是超时却不会发生致命的错误，软实时系统则主要在软件方面通过编程实现现实的管理，一般软实时系统响应时间在毫秒或几秒的数量级上，其实时性的要求比强实时系统要差一些(电子菜谱的查询)。

按经济分类。大致可以分为两种：商用型和免费型。商用型的实时操作系统功能稳定、可靠，有完善的技术支持和售后服务，但价格昂贵，如有 VxWorks、Windows Embedded、Psos、Palm、OS-9、LynxOS 和 QNX 等；免费型的在价格方面具有优势，目前主要有 Linux 和 uC/OS，但不可靠，无技术咨询。

4. 嵌入式系统的重要特征

(1) 系统内核小。嵌入式系统是将先进的计算机技术、半导体技术和电子技术与各个行业的具体应用相结合后的产物。这一点就决定了它必然是一个技术密集、资金密集、高度分散、不断创新的知识集成系统。由于嵌入式系统一般是应用于小型电子装置的，系统资源相对有限，所以内核较之传统的操作系统要小得多。比如 ENEA 公司的 OSE 分布式系统，内核只有 5K，而 Windows 的内核则要大得多。

(2) 专用性强。嵌入式 CPU 与通用型的最大不同就是嵌入式 CPU 大多工作在为特定用户群设计的系统，它通常都具有低功耗、体积小、集成度高等特点，能够把通用 CPU 中许多由板卡完成的任务集成在芯片内部，从而有利于嵌入式系统设计趋于小型化，移动能力大大增强，跟网络的耦合也越来越紧密。嵌入式系统的个性化很强，其中的软件系统和硬件的结合非常紧密，一般要针对硬件进行系统的移植。

即使在同一品牌、同一系列的产品中，也需要根据系统硬件的变化和增减不断进行修改。同时针对不同的任务，往往需要对系统进行较大更改，程序的编译下载要和系统相结合，这种修改和通用软件的“升级”是完全不同的概念。

一个嵌入式系统通常只能重复执行一个特定的功能。例如，一台寻呼机永远是寻呼机；而台式系统可以执行各种程序，如电子数据表、字处理和游戏，还经常加入其他新程序。当然也有例外：一种情况是嵌入式系统中的程序的新版本程序更新，例如，有些手机(移动电话)就是这样更新的；另一种情况是由于系统大小的限制，使得几个程序只能轮流输入到系统中，例如，有些导弹在巡航模式下执行一个程序，在锁定目标时又执行另一个程序。即便如此，这些嵌入式系统仍只具有特定的功能。

(3) 系统精简和高时性 OS。嵌入式系统一般没有系统软件和应用软件的明显区分，不要求其功能设计及实现上过于复杂，这样一方面利于控制系统成本，另一方面利于实现系统安全。这是嵌入式软件的基本要求，而且软件要求固态存储，以提高速度。软件代码要求高质量和高可靠性、实时性。很多嵌入式系统都需要不断地对所处环境的变化做出反应，而且要实时地得出计算结果，不能延迟。

（4）高效率设计。嵌入式系统是将先进的计算机技术、半导体技术和电子技术与各个行业的具体应用相结合后的产物。这一点就决定了它必然是一个技术密集、资金密集、高度分散、不断创新的知识集成系统。嵌入式系统的硬件和软件都必须高效率地设计，量体裁衣、去除冗余，力争在同样的硅片面积上实现更高的性能，这样才能在具体应用中对处理器的选择更具有竞争力。

（5）创新性和有效性。嵌入式系统和具体应用有机地结合在一起，它的升级换代也是和具体产品同步进行，因此嵌入式系统产品一旦进入市场，具有较长的生命周期。为了提高执行速度和系统可靠性，嵌入式系统中的软件一般都固化在存储器芯片或单片机本身中，而不是存储于磁盘等载体中。

（6）嵌入式软件开发走向标准化。嵌入式系统的应用程序可以没有操作系统直接在芯片上运行。为了合理地调度多任务、利用系统资源、系统函数以及和专家库函数接口，用户必须自行选配实时操作系统（RTOS，Real-Time Operating System）开发平台，这样才能保证程序执行的实时性、可靠性，并减少开发时间，保障软件质量。

（7）嵌入式系统开发需要开发工具和环境。由于其本身不具备自主开发能力，即使设计完成以后，用户通常也是不能对其中的程序功能进行修改，必须有一套开发工具和环境才能进行开发。这些工具和环境一般是基于通用计算机上的软硬件设备以及各种逻辑分析仪、混合信号示波器等。开发时往往有宿主机和目标机的概念，宿主机用于程序的开发，目标机作为最后的执行机，开发时需要交替结合进行，开发环境示意图如图 4-5 所示。

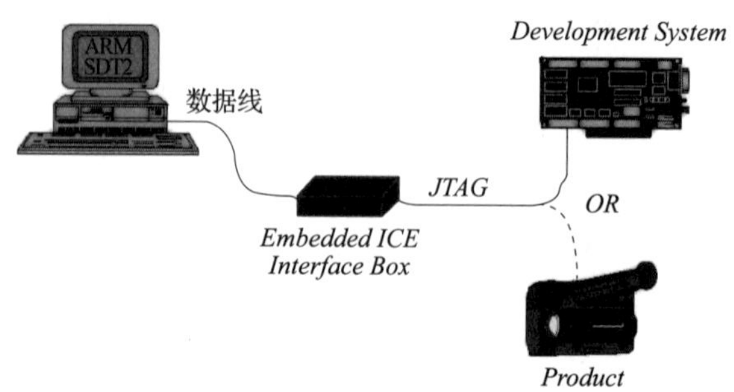

图 4-5　嵌入式系统开发环境

采用32位RISC嵌入式微处理器和实时操作系统组成的嵌入式控制系统，与传统基于单片机的控制系统和基于PC的控制方式相比，具有以下突出优点：①性能方面：采用32位RISC结构微处理器，主频从30MHz到1 200MHz以上，处理能力大大超出单片机系统，接近PC机的水平，但体积更小，能够真正地“嵌入”到设备中；②实时性方面：嵌入式机控制器内嵌实时操作系统（RTOS），能够完全保证控制系统的强实时性；③人机交互方面：嵌入式控制器可支持大屏幕的液晶显示器，提供功能强大的图形用户界面，这方面与PC机相比略要逊色一些；④系统升级方面：嵌入式控制器可为控制系统专门设计，其功能专一，成本较低，而且开放的用户程序接口（API）保证了系统能够快速升级和更新。

嵌入式系统的设计特点：①通常是面向特定应用；②空间和各种资源相对不足，必须高效率地设计，量体裁衣，去除冗余；③产品升级换代和具体产品同步，具有较长的生命周期；④软件一般都固化在存储器芯片；⑤不具备自主开发能力，必须有一套开发工具和环境才能进行开发。

5. 嵌入式系统与单片机、PC机的区别

（1）嵌入式系统与单片机的区别。嵌入式系统不等同于单片机系统。首先，目前嵌入式系统的主流是以32位嵌入式微处理器为核心的硬件设计和基于实时操作系统（RTOS）的软件设计。而单片机系统多为4位机、8位机、16位机，它们不适合运行操作系统，难以进行复杂的运算及处理功能。其次，嵌入式系统强调基于平台的设计、软硬件协同设计，单片机大多采用软硬件流水设计。同时，嵌入式系统设计的核心是软件设计（占70%左右的工作量），单片机系统软硬件设计所占比例基本相同。

（2）嵌入式系统与PC的区别。首先，嵌入式系统一般是专用系统，而PC是通用计算平台。其次，嵌入式系统的资源比PC少得多；软件故障带来的后果比PC机大得多。同时，嵌入式系统一般采用实时操作系统；有成本、功耗的要求；得到多种微处理体系的支持；需要专用的开发工具。

通用计算机系统需要高速、海量的数值运算，在技术发展上追求总线速度不断提升、存储容量不断扩大。而嵌入式计算机系统要求的是对象体系的智能化控制能力，在技术发展方向追求对特定对象系统的嵌入性、专用性和智能化。这种技术发展的分歧导致 20 世纪末计算机进入了两大分支并行发展的时期，人们称之为后 PC 机时代。

二、嵌入式系统应用

1. 嵌入式系统的现状

随着信息化、智能化、网络化的发展，嵌入式系统技术也获得广阔的发展空间。美国著名未来学家尼葛洛庞帝预言，嵌入式智能工具将是个人电脑和因特网之后最伟大的发明。其在硬件方面，不仅有各大公司的微处理器芯片，还有用于学习和研发的各种配套的软件开发包。目前，底层系统和硬件平台已经相对比较成熟，实现各种功能的芯片应有尽有，巨大的市场需求提供了学习研发的资金和技术力量。

除此之外，也有相当多的成熟软件系统。国外嵌入式实时操作系统有 WindRiver、Microsoft、QNX 和 Nuclear 等产品。我国自主开发的嵌入式系统软件产品，如科银京城（CoreTek）公司的开发平台 DeltaSystem、中科院推出的 Hopen 嵌入式操作系统等。读者可以在网上找到各种各样的免费资源及各种驱动程序源代码。

2. 嵌入式系统的应用领域

嵌入式系统的应用领域主要有工业控制、消费电子、网络、军事国防等，如图 4-6 所示。

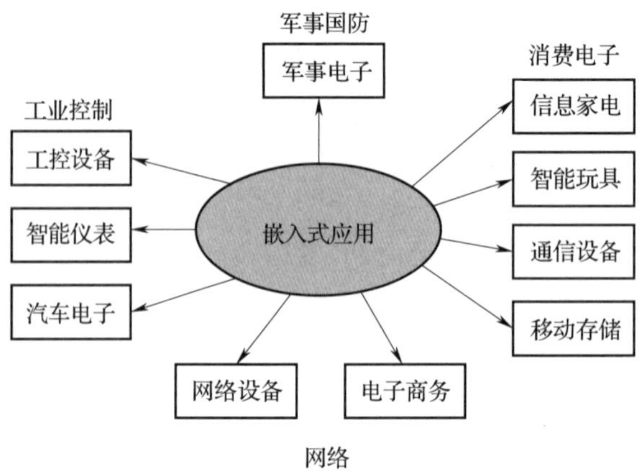

图 4-6　嵌入式系统应用领域

还可以细分为如下几个方面。

(1) 智能交通。智能交通系统主要由交通信息采集、交通状况监视、交通控制、信息发布和通信 5 大子系统组成。各种信息都是 ITS 的运行基础，而以嵌入式为主的交通管理系统就像人体内的神经系统一样在 ITS 中起着至关重要的作用。嵌入式系统应用在测速雷达(返回数字式速度值)、运输车队遥控指挥系统、车辆导航系统等方面，在这些应用系统中能对交通数据进行获取、存储、管理、传输、分析和显示，以提供交通管理者或决策者对交通状况现状进行决策和研究。

智能交通系统对产品的要求比较严格，而嵌入式系统产品的各种优势都可以非常好地符合要求。对于嵌入式一体化的智能化产品在智能交通领域内的应用已得到越来越多的人的认同。在车辆导航、流量控制、信息监测与汽车服务方面，嵌入式系统技术已经获得了广泛应用，内嵌 GPS 模块，GSM 模块的移动定位终端已经在各种运输行业获得了成功的使用。

(2) 智慧家庭。随着嵌入式系统在物联网中广泛运用，智能家居控制系统可以对住宅内的家用电器、照明灯光进行智能控制，并实现家庭安全防范，并结合其他系统为住户提供温馨舒适、安全节能、先进高尚的家居环境，让住户充分享受到现代科技给生活带来的方便与精彩。

智能家居网络通常能够分为家庭数据网络和家庭控制网络两种：家庭数据网络旨在提供高速率的数据传输服务，如家用计算机和数字电视、视频和音频播放器、资源共享及高速上网等；家庭控制网络旨在提供便捷的和低速率的控制和互联网络，用于灯光照明控制、家居安防、家居环境监测以及家庭应急求助等功能。智能家庭控制网络是智能住宅系统的重要组成部分，家庭控制网络子网和远程管理是该系统的重点和难点。与家居数据通信网络的应用目的不一样，数据通信网络中音、视频等大数据传输需要高速的数据通信接口，而家居控制系统需要的是经济、低功耗的控制网络，该控制网络的主要功能在于设备的连接与控制，基本上无须高速的通信方式来支撑。在这些设备中，嵌入式系统将大有用武之地。

(3) 机电产品。相对于其他领域，机电产品可以说是嵌入式系统应用最典型、最广泛的领域之一。从最初的单片机，到现在的工控机，SOC 在各种机电产品中均有着巨大的市场。工业设备是机电产品中最大的一类，在目前的工业控制设备中，工控机的使用非常广泛，这些工控机一般采用的是工业级的处理器和各种设备，其中以 X86 架构的 MPU 最多。

工控的要求往往较高，需要各种各样的设备接口，除了进行实时控制，还须将设备状态，传感器的信息等在显示屏上实时显示，这些要求 8 位的单片机是无法满足的。以前多数使用 16 位的处理器，随着处理器快速的发展，目前 32 位、64 位的处理器逐渐替代了 16 位处理器，进一步提升了系统性能。采用 PC 104 总线的系统，体积小，稳定可靠，受到了很多用户的青睐。不过这些工控机采用的往往是 DOS 或者 Windows 系统，虽然具有嵌入式的特点，却不能称作纯粹的嵌入式系统。

(4) 智慧医疗。它通过打造健康档案区域医疗信息平台，利用最先进的物联网技术，实现患者与医务人员、医疗机构、医疗设备之间的互动，逐步达到信息化。嵌入式技术未来智慧医疗的核心，实质是通过将传感器技术、RFID 技术、无线通信技术、数据处理技术、网络技术、视频检测识别技术、GPS 技术等综合应用于整个医疗管理体系中进行信息交换和通信，以实现智能化识别、定位、追踪、监控和管理的一种网络技术，从而建立起实时、准确、高效的医疗控制和管理系统。

在不久的将来，医疗行业将融入更多人工智慧、传感技术等高科技，使医疗服务走向真正意义的智能化，推动医疗事业的繁荣发展。在中国新医改的大背景下，智慧医疗正在走进寻常百姓的生活。

(5) 机器人。机器人技术的发展从来都是与嵌入式系统的发展紧密联系在一起的。最早的机器人技术是 20 世纪 50 年代麻省理工学院提出的数控技术，当时使用的还远未达到芯片水平，只是简单的与非门逻辑电路。之后由于处理器和智能控制理论的发展缓慢从 50 年代到 70 年代初期，机器人技术一直未能获得充分的发展。

近年来由于嵌入式处理器的高度发展，机器人从硬件到软件也呈现了新的发展趋势。嵌入式芯片的发展将使机器人在微型化，高智能方面优势更加明显，同时会大幅度降低机器人的价格，使其在工业领域和服务领域获得更广泛的应用。

(6) 环境工程。如今我们的生存环境受气候变暖、工业污染、农业污染等因素的影响，在传统的人工检测下，无法实现对大规模环境的管理。嵌入式系统在环境工程

里的应用包含很多，如水文资料实时监测、防洪体系及水土质量监测、堤坝安全、地震监测、实时气象信息等，通过利用最新的技术实现水源和空气污染监测，在很多环境恶劣、地况复杂的地区，嵌入式系统将实现无人监测。

(7) 智能汽车(见图 4-7)。它是一个集环境感知、规划决策、多等级辅助驾驶等功能于一体的综合系统，它集中运用了计算机、现代传感、信息融合、通信、人工智能及自动控制等技术，是典型的高新技术综合体。

近年来交通事故的频频发生，让智能汽车操作系统成为新的市场需求，通过先进的电子技术让司机更安全的驾驶。嵌入式系统将应用在汽车的智能温度调控、汽车 MCU 系统、车载娱乐系统、智能导航、智能驾驶和汽车雷达管理等方面。

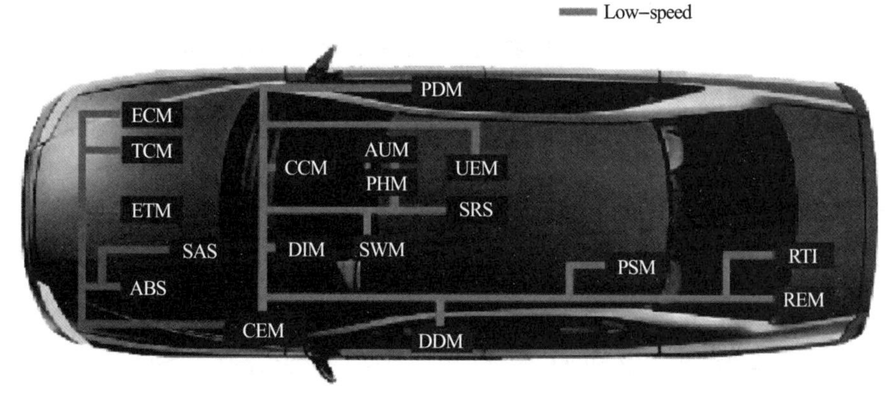

图 4-7　智能汽车

(8) 工业自动化。智能制造作为国家战略，已经在逐步地推进，应用自动化技术实现工业生产和管理是一大趋势，而嵌入式系统就是其中的关键技术之一。在工业自动化里面需要各种智能测量仪表、数控装置、可编程控制器、控制机、分布式控制系统、现场总线仪表及控制系统、工业机器人、机电一体化机械设备、汽车电子设备等，它们广泛采用微处理器/控制器芯片级、标准总线的模板级及系统嵌入式系统。

第二节　物联网基础

考核知识点及能力要求：

- 了解物联网的基本概念、架构体系、应用领域与典型应用。
- 掌握基于 RFID 的信息交互。

一、物联网的基本构成

1. 物联网的基本概述

物联网的概念英文术语为 Internet of things。20 世纪 90 年代有关物联网的研究开始萌芽，此后其概念不断演进和发展。物联网表现为信息技术（IT，Information Technology）和通信技术（CT，Communication Technology）的融合发展，是信息社会发展的趋势（见图 4-8）。

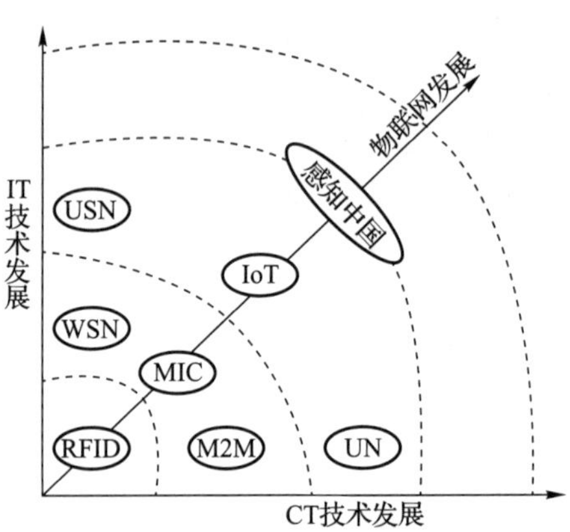

图 4-8　物联网技术发展

物联网是通过感知设备，按照约定协议，连接物、人、系统和信息资源，实现对物理和虚拟世界的信息进行处理并作出反应的智能服务系统。RFID 技术、M2M 技术、传感器网络技术、多媒体技术、生物识别技术、3S 技术和条码技术等感知技术

属于物联网技术体系的重要组成部分。这些技术在不同行业领域的物联网系统中应用，是物联网系统实现的重要技术手段。

2. 物联网的定义

物联网(Internet of Things)指的是将各种信息传感设备，如射频识别(RFID)装置、红外感应器、全球定位系统、激光扫描器等种种装置与互联网结合起来而形成的一个巨大网络。其目的是让所有的物品都与网络连接在一起，方便识别和管理。

3. 物联网架构

物联网从架构上面可以分为感知层、网络层和应用层，如图 4-9 所示。

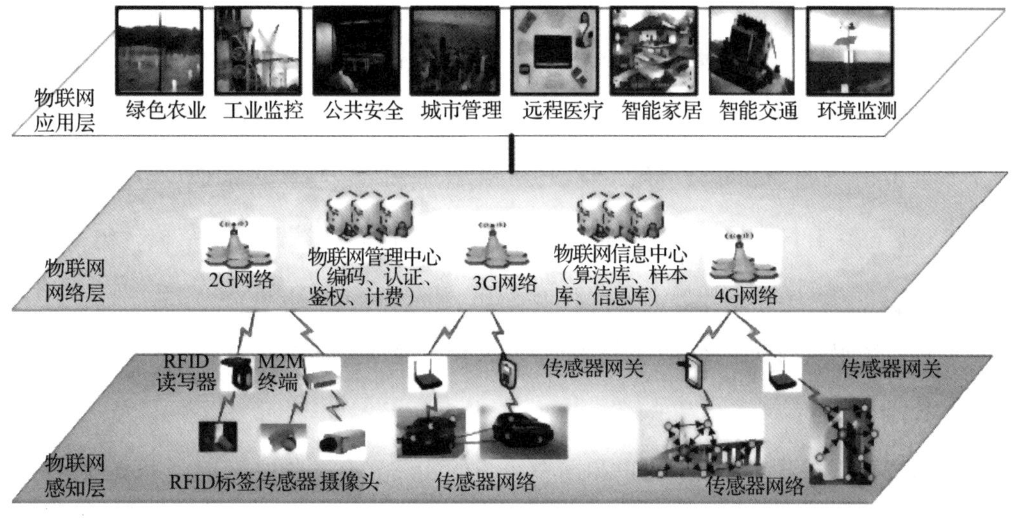

图 4-9　物联网架构

(1) 感知层。负责信息采集和物物之间的信息传输，信息采集的技术包括传感器、条码和二维码、RFID 射频技术、音视频等多媒体信息，信息传输包括远近距离数据传输技术、自组织组网技术、协同信息处理技术、信息采集中间件技术等传感器网络。感知层是实现物联网全面感知的核心能力，是物联网中包括关键技术、标准化方面、产业化方面亟待突破的部分，关键在于具备更精确、更全面的感知能力，并解决低功耗、小型化和低成本的问题。

(2) 网络层。是利用无线和有线网络对采集的数据进行编码、认证和传输，广泛覆盖的移动通信网络是实现物联网的基础设施，是物联网三层中标准化程度最高、产业化能力最强、最成熟的部分，关键在于为物联网应用特征进行优化和改进，形成协同感知的网络。

(3) 应用层。提供丰富的基于物联网的应用，是物联网发展的根本目标，将物联网技术与行业信息化需求相结合，实现广泛智能化应用的解决方案集，关键在于行业融合、信息资源的开发利用、低成本高质量的解决方案、信息安全的保障以及有效的商业模式的开发。

各个层次所用的公共技术包括编码技术、标识技术、解析技术、安全技术和中间件技术。

基于嵌入式系统的互联架构如图 4-9 所示。

4. 物联网参考体系结构

物联网参考体系结构作为物联网系统的顶层全局性描述，指导国家物联网基础标准工作组 3/61 各行业物联网应用系统设计，对梳理和形成物联网标准体系具有重要指导意义。目前，有许多国际标准化组织或联盟研究物联网参考体系结构，包括 ISO/IEC JTC1/WG10、ITU SG20、IEEE P2413、IIC、IoT-A、OneM2M 等。物联网参考体系结构可从系统组成角度描述物联网系统，如图 4-10 所示，它提供了物联网标准体系的依据和参照。

用户域是不同类型物联网用户和用户系统的实体集合。物联网用户可通过用户系统及其他域的实体获取物理世界对象的感知和操控服务，目标对象域是物联网用户期望获取相关信息或执行相关操控的对象实体集合，可包括感知对象和控制对象。感知对象是用户期望获取信息的对象，控制对象是用户期望执行操控的对象。感知对象和控制对象可与感知控制域中的实体(如传感网系统、标签识别系统、智能设备接口系统等)以非数据通信类接口或数据通信类接口的方式进行关联，实现物理世界和虚拟世界的接口绑定。

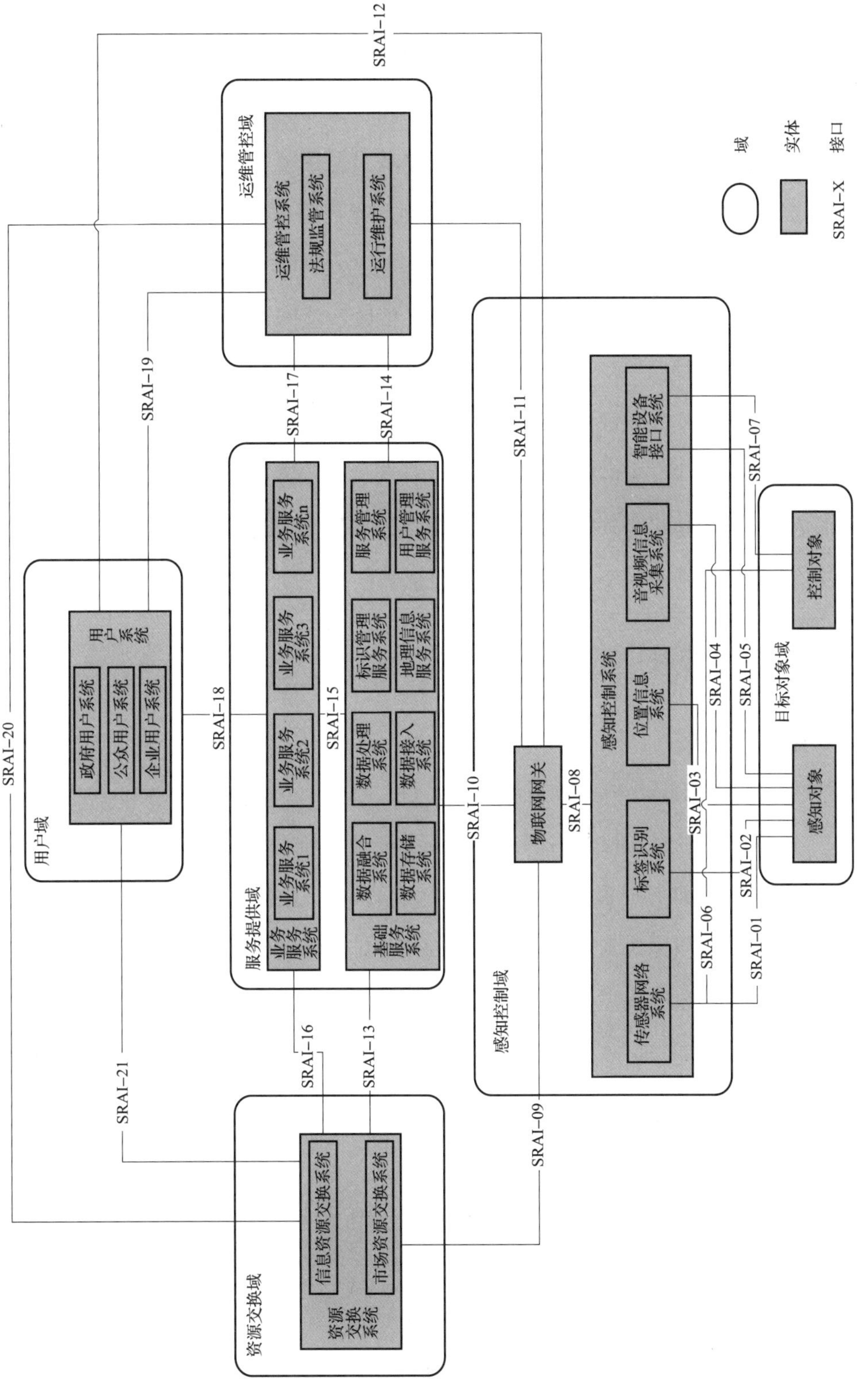

图4-10　物联网标准体系结构

感知控制域是各类获取感知对象信息与操控控制对象的软硬件系统的实体集合。感知控制域可实现针对物理世界对象的本地化感知、协同和操控，并为其他域提供远程管理和服务的接口。服务提供域是实现物联网基础服务和业务服务的软硬件系统的实体集合。服务提供域可实现对感知数据、控制数据及服务关联数据的加工、处理和协同，为物联网用户提供对物理世界对象的感知和操控服务的接口。运维管控域是实现物联网运行维护和法规符合性监管的软硬件系统的实体集合。运维管控域可保障物联网的设备和系统的安全、可靠、高效运行，及保障物联网系统中实体及其行为与相关法律规则等的符合性。

资源交换域旨在实现物联网系统与外部系统间信息资源的共享与交换，以及物联网系统信息和服务集中交易的软硬件系统的实体集合。资源交换域可获取物联网服务所需外部信息资源，也可为外部系统提供所需的物联网系统的信息资源，以及为物联网系统的信息流、服务流、资金流的交换提供保障。

二、物联网的应用

1. 物联网的应用

物联网目前主要有以下几方面应用。

(1) 电力电网。通过在智慧的电力中安装先进分析和优化引擎，电力提供商可以突破“传统”网络的瓶颈，而直接转向能够主动管理电力故障的“智能”电网。对电力故障的管理计划不仅考虑到了电网中复杂的拓扑结构和资源限制，还能够识别同类型发电设备，这样，电力提供商就可以有效地安排停电检测维修任务的优先顺序。如此一来，停电时间和频率可减少约 30%，停电导致的收入损失也相应减少，而电网的可靠性以及客户的满意度都得到了提升。

江西省电网对分布在全省范围内的 2 万台配电变压器安装传感装置，对运行状态进行实时监测，实现用电检查、电能质量监测、负荷管理、线损管理、需求侧管理等高效一体化管理，一年来降低电损 1. 2 亿千瓦时。

(2) 医疗系统。一是整合的医疗平台：整合的医疗保健平台根据需要通过医院的各系统收集并存储患者信息，并将相关信息添加到患者的电子医疗档案，所有授权和

整合的医院都可以访问。这样，资源和患者能够有效地在各个医院之间流动，共享各医院之间的管理系统、政策、转诊系统等。这个平台满足一个有效的多层次医疗网络对信息分享的需要。二是电子健康档案系统：电子健康档案系统通过可靠的门户网站集中进行病历整合和共享，这样各种治疗活动就可以不受医院行政界限而形成一种整合的视角。有了电子健康档案系统，医院可以准确顺畅地将患者转到其他门诊或其他医院，患者可随时了解自己的病情，医生可以通过参考患者完整的病史为其做出准确的诊断和治疗。

(3) 城市设施。一是实时城市管理：实时城市管理设立一个城市监控报告中心，将城市划分为多个网格，这样系统能够快速收集每个网格中所有类型的信息。城市监控中心依据事件的紧急程度上报或指派相关职能部门(如火警、公安局、医院等)采取适当的行动，这样政府就可实时监督并及时响应城市事件。二是整合的公共服务：新的公共服务系统将不同职能部门(如民政、社保、公安局、税务等)中原本孤立的数据和流程整合到一个集成平台，并创建一个统一流程来集中管理系统和数据，为居民提供更加便利和高效的一站式服务。

(4) 交通管理。一是实时交通信息：智慧的道路是减少交通拥堵的关键，但我们仍不了解行人、车辆、货物和商品在市内的具体移动状况。因此，获取数据是重要的第一步。通过随处都安置的传感器，我们可以实时获取路况信息，帮助监控和控制交通流量。人们可以获取实时的交通信息，并据此调整路线，从而避免拥堵。未来，我们将能建成自动化的高速公路，实现车辆与网络相连，从而指引车辆更改路线或优化行程。二是道路收费：通过 RFID 技术以及利用激光、照相机和系统技术等的先进自由车流路边系统来无缝地检测、标识车辆并收取费用。

(5) 物流供应。一是供应链网络优化：智慧的供应链通过使用强大的分析和模拟引擎来优化从原材料至成品的供应链网络。这可以帮助企业确定生产设备的位置，优化采购地点，亦能帮助制定库存分配策略。使用后，公司可以通过优化的网络设计来实现真正无缝的端到端供应链，这样就能提高控制力，同时还能减少资产、降低成本(交通运输、存储和库存成本)、减少碳排放，也能改善客户服务(备货时间、按时交付、加速上市)。二是提供供应链可视化：供应链的每个成员都应当能够追溯产品生产者以及产品成分、包装、来源等特征，也应当能够向前追踪产品成分、包装和产品的每一项活动，这变得越来越重要。要设计一个具有对整个价值链可追溯性的供应链，公司必须创建流程和基础架构来收集、集成、分析和传递关于产品来源和特征的可靠信息，这应当贯穿于供应链的各个阶段。它将不同的技术解决方案整合起来，使物理供应链(商品的运动轨迹)和信息供应链(数据的收集、存储、组织、分析和访问控制)能够相互集成。有了这样的供应链可视性，公司就能保护和推广品牌、主动地吸引其他股东并降低安全事故的影响。

(6) 通信行业。在 2009 年中国国际信息通信展览会上，中国移动展出了手机支付，这就是典型的物联网概念应用。手机支付实际上主要是手机 SIM 卡的更换，由普通 SIM 卡更换为 RFID-SIM 卡，而不需要对手机进行更换。用户在消费时，只需要将手机从接收器上轻轻一扫，就可以方便进行各种购物，以及获得详细的费用清单。

中国电信一直在推介自己的全球眼技术，其实就是远程监控的物联网应用。比如，上海海关都采用中国电信的远程监控系统，通过画面可以对货物进行通关检查，也减少人力。中国联通日前在上海推出了公交卡手机，通过刷手机可以实现公交车票支付，这些都是典型的应用。

三、实验

实验一：RFID 实验

1. 实验目的

实验目的如下：

- 了解 RFID 的原理和作用。
- 了解 RFID 的使用方法。

2. 实验相关知识点

实验相关知识点如下：

- 了解 RFID 的应用。

• 学习 RFID 的原理。

3. 实验内容及主要步骤

利用第四章知识内容实验 RFID 的信息写入与读取，具体实验步骤如下：①打开博图软件并建立项目；②完成 RFID 硬件的硬件组态与地址分配；③参考 TURCKRFID 的用户手册，完成 RFID 控制程序的编写；④将 PLC 程序编译下载到设备；⑤编写 RFID 的 Hmi 控制监控画面；⑥将 Hmi 程序编译下载到设备；⑦通过 Hmi 验证 RFID 的数据写入/读取测试。

第三节　信息物理系统基本原理及应用

考核知识点及能力要求：

• 了解 CPS 的基本概念、层次、基本功能与架构及应用场景。

• 能够针对产线特定功能模块的开发需求设计单元级 CPS。

一、CPS 基本原理

1. CPS 定义及本质[30]

（1）CPS 的定义。CPS 通过集成先进的感知、计算、通信、控制等信息技术和自动控制技术，构建了物理空间与信息空间中人、机、物、环境、信息等要素相互映射、适时交互、高效协同的复杂系统，实现系统内资源配置和运行的按需响应、快速迭代、动态优化。把信息物理系统定位为支撑两化深度融合的一套综合技术体系，这套综合技术体系包含硬件、软件、网络、工业云等一系列信息通信和自动控制技术，这些技术的有机组合与应用，构建起一个能够将物理实体和环境精准映射到信息空间并进行实时反馈的智能系统，作用于生产制造全过程、全产业链、产品全生命周期，重构制造业范式。

（2）CPS 的本质。它是基于硬件、软件、网络、工业云等一系列工业和信息技术构建起的智能系统，其最终目的是实现资源优化配置。实现这一目标的关键要靠数据的自动流动，在流动过程中数据经过不同的环节，在不同的环节以不同的形态（隐性数据、显性数据、信息、知识）展示出来，在形态不断变化的过程中逐渐向外部环境释放蕴藏在其背后的价值，为物理空间实体“赋予”实现一定范围内资源优化的“能力”。因此，信息物理系统的本质就是构建一套信息空间与物理空间之间基于数据自动流动的状态感知、实时分析、科学决策、精准执行的闭环赋能体系，解决生产制造、应用服务过程中的复杂性和不确定性问题，提高资源配置效率，实现资源优化。

2. CPS 的层次[30]

CPS 具有层次性，一个智能部件、一台智能设备、一条智能产线、一个智能工厂都可能成为一个 CPS。同时，CPS 还具有系统性，一个工厂可能涵盖多条产线，一条产线也会由多台设备组成。

CPS 划分为单元级、系统级、SoS 级（System of Systems，系统之系统级）三个层次。单元级 CPS 可以通过组合与集成（如 CPS 总线）构成更高层次的 CPS，即系统级 CPS；系统级 CPS 可以通过工业云、工业大数据等平台构成 SoS 级的 CPS，实现企业级层面的数字化运营。CPS 的层次演进如图 4-11 所示。

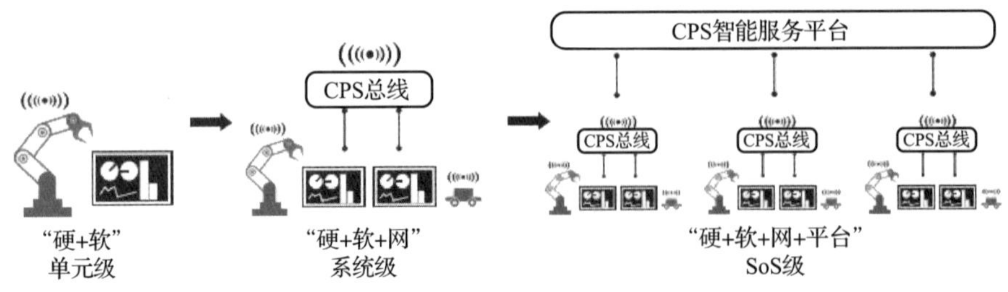

图 4-11　CPS 的层次演进

（1）单元级 CPS。一个部件如智能轴承、一台设备如关节机器人等都可以构成一个 CPS 最小单元，单元级 CPS 具有不可分割性，其内部不能分割出更小 CPS 单元，如图 4-12 所示。单元级 CPS 能够通过物理硬件（如传动轴承、机械臂、电机等）、自身嵌入式软件系统及通信模块，构成含有“感知分析—决策—执行”数据自动流动基本的闭环，实现在设备工作能力范围内的资源优化配置（如优化机械臂、AGV 小车的行驶路径等）。在这一层级上，感知和自动控制硬件、工业软件及基础通信模块主要支撑和定义产品的功能。

“硬+软”单元级

图 4-12　单元级 CPS

（2）系统级 CPS。如图 4-13 所示，在单元级 CPS 的基础上，通过网络的引入，可以实现系统级 CPS 的协同调配。在这一层级上，多个单元级 CPS 及非 CPS 单元设备的集成构成系统级 CPS，如一条含机械臂和 AGV 小车的智能装配线。多个单元级 CPS 汇聚到统一的网络（如 CPS 总线），对系统内部的多个单元级 CPS 进行统一指挥，实体管理（如根据机械臂运行效率，优化调度多个 AGV 的运行轨迹），进而提高各设备间协作效率，实现产线范围内的资源优化配置。在这一层级上，网络联通（CPS 总线）至关重要，确保多个单元级 CPS 能够交互协作。

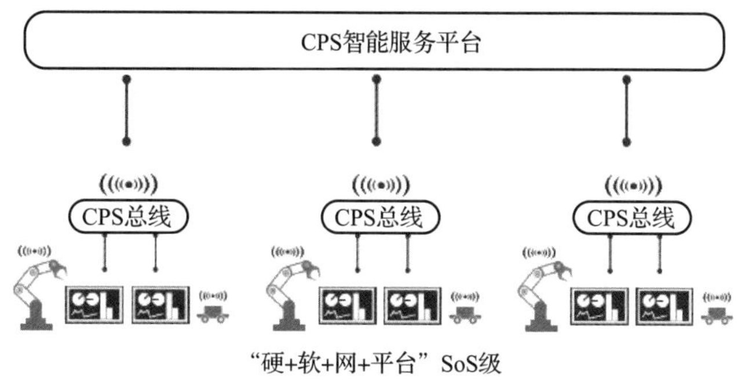

“硬+软+网+平台”SoS级

图 4-13　系统级 CPS

（3）系统之系统（SoS）级 CPS。如图 4-14 所示，在系统级 CPS 的基础上，可以通过构建 CPS 智能服务平台，实现系统级 CPS 之间的协同优化。在这一层级上，多个系统级 CPS 构成了 SoS 级 CPS，如多条产线或多个工厂之间的协作，以实现产品生命周期全流程及企业全系统的整合。CPS 智能服务平台能够将多个系统级 CPS 工作状态统一监测，实时分析，集中管控。利用数据融合、分布式计算、大数据分析技术对多个系统级 CPS 的生产计划、运行状态、寿命估计统一监管，实现企业级远程监测诊、供应链协同、预防性维护。实现更大范围内的资源优化配置，避免资源浪费。

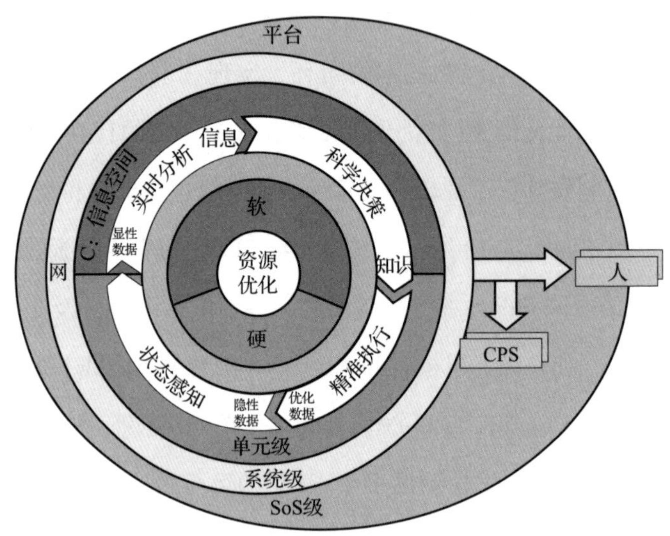

图 4-14　系统之系统(SoS)级 CPS

3. CPS 基本功能单元及架构

(1) CPS 的基本功能单元。CPS 的基本组件包括传感器、执行器和决策控制单元。基本组件结合反馈循环控制机制构成了 CPS 的基本功能逻辑单元，执行 CPS 最基本的监测与控制功能。

(2) CPS 的系统构架。如图 4-15 所示。CPS 系统是由众多异构元素构成的复杂系统，对于不同行业的特定应用通常需要构建特定的系统结构。但是从技术实现的角度分析，一般可以将其分为物理层(PL)、网络层(NL)和应用层(AL)。这样的结构仅反映了实现技术的层次关系，实践中要包含的组成元素可能千差万别，层间的联系与信息传递关系也可能相当复杂。

物理层：物理层是 CPS 系统的基础，是联系物理世界与虚拟信息世界的纽带。它是直接与物理世界交互的部分，CPS 通过物理层感知环境，反之又是通过物理层作用于环境改变环境。物理层由地理上分布的各种 CPS 单元组成，这里的 CPS 单元可以是

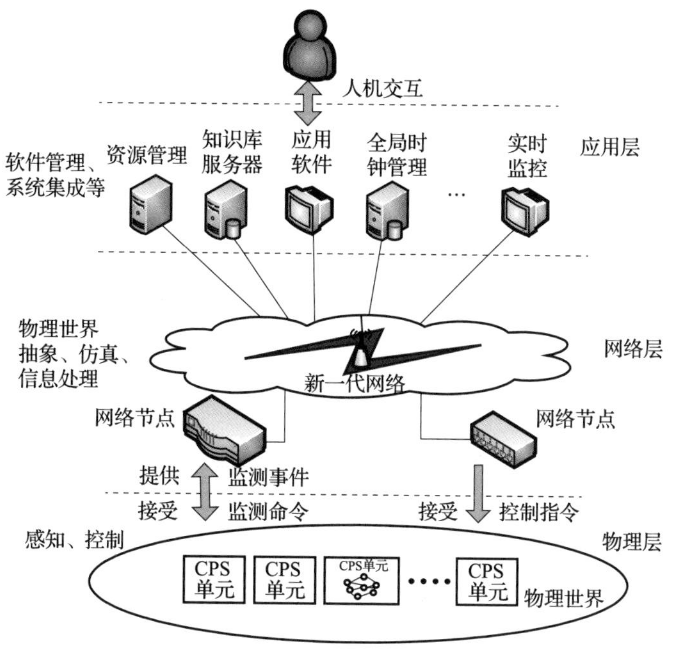

图 4-15　CPS 系统构架

一个单独的 CPS 节点，例如，一台手持终端 PDA 或移动手机就是一个 CPS 单元。另外，一个 CPS 单元也可以是一组 CPS 节点集合，如一组探测仓库温度的智能传感器集合通过一个超级智能传感器组合连接入新一代网络与其他 CPS 单元交互，这一组智能传感器被认为是一个 CPS 单元，其中每个智能传感器是一个 CPS 节点。

网络层：网络层将物理层的大量异构 CPS 单元实现互联互通，并支持 CPS 单元之间的互操作。网络层是 CPS 实现资源共享的基础。CPS 网络需要屏蔽掉物理层 CPS 单元的异构性，实现无缝连接，为应用层提供资源共享的基础网络，以透明的方式为用户提供即插即用式服务。网络层是由大量的中间件服务器组成的，这里的中间件主要用于不同网络协议和网络体系结构的转换，相当于异构网络的中间转换服务器。不同公司生产的、功能各异的、甚至编码方式和硬件都不兼容的设备，通过中间件服务器可以将异质信息转化为同质，无障碍地进行数据交换。

应用层：应用层是面向用户的一个一体化平台，该层将网络层和物理层的详细信息封装成为不同的应用模块，使用户不用关心低层细节而直接进行业务处理。

二、CPS在智能设计中的应用[31]

目前，在产品及工艺设计、生产线或工厂设计过程中，借助于仿真分析手段使设计的精度得到大幅度提高，但由于缺少足够的实际数据为设计人员提供支撑，使得设计、分析、仿真过程中不能有效模拟真实环境，从而影响了设计精度。所以需要建立实际应用与设计之间的信息交互平台，使得在设计过程中可以直接提取真实数据，通过对数据进行分析处理来直接指导设计与仿真，最后形成更优化的设计方案，提高设计精度，降低研制成本。

随着CPS不断发展，在产品及工艺设计、生产线或工厂设计过程中，企业流程正在发生深刻变化，研发设计过程中的试验、制造、装配都可以在虚拟空间中进行仿真，并实现迭代、优化和改进。通过基于仿真模型的“预演”，可以及早发现设计中的问题，减少实际生产、建造过程中设计方案的更改，从而缩短产品设计到生产转化的时间，并提高产品的可靠性与成功率。

1. 产品及工艺设计

通常为了更好地满足设计目标，需要通过基于产品应用环境进行产品使用性能的仿真，如机械产品包括结构强度仿真、机械动力学仿真、热力学仿真等。传统的仿真系统各自独立，在仿真过程中不能完整描述产品的综合应用环境，而CPS很好地解决了这个问题。在进行产品研发设计过程中，通过将已有的相关经验设计数据或者试验数据等不同种类的数据进行采集，建立结构、动力、热力等异构仿真系统组成的集成综合仿真平台，将数据及仿真模型以软件的形式进行集成，从而实现更全面、真实的产品使用工况仿真，同时结合产品设计规范、设计知识库等信息，形成以某一目标的优化设计算法，通过数据驱动形成产品优化设计方案，实现产品设计与产品使用的高度协同。在产品工艺设计方面，为了使产品的制造工艺设计更加精准、高效，需要对实际制造工艺的具体参数进行采集，如机加工中刀具的切削参数、电机功率参数等，在软件系统或平台中将工艺参数、工艺设计方案、工艺模型进行信息的组织和融合，考虑不同的工艺参数对产品制造质量、产品制造效率、产品制造设备可承受力等方面的影响，建立关联性模型，依据工艺设计目标和制造现场实际条件，以实时采集的工

艺数据进行仿真，并以已有的工艺方案、工艺规范作为支撑，形成制造工艺优化方案，场景如图 4-16 所示。

2. 生产线/工厂设计

在生产线/工厂设计方面，首先建立产品生产线/工厂的初步方案，初步形成产品的制造工艺路线，通过采集实际和试验所生成的工时数据、物流运输数据、工装和工具配送数据等，在软件系统中基于工艺路线建立生产线/工厂中的人、机械、物料等生产要素与生产线产能之间的信息模型。在此过程中，综合考虑生产线/工厂中不同设备、不同软件系统、不同网络通信协议之间的集成，根据生产线/工厂建设环境、能源等现有条件，结合系统采集的工时、运输等数据来分析计算出合理的设备布局、人员布局、工装工具物料布局、车间运输布局，建立生产线/工厂生产模型，进行生产线/工厂生产仿真，依据仿真结果优化生产线/工厂的设计方案。同时，生产线/工厂的管理系统设计要通过数据传递接口与企业管理系统、行业云平台及服务平台进行集成，从而实现生产线/工厂设计与企业、行业的协同。如图 4-17 所示。

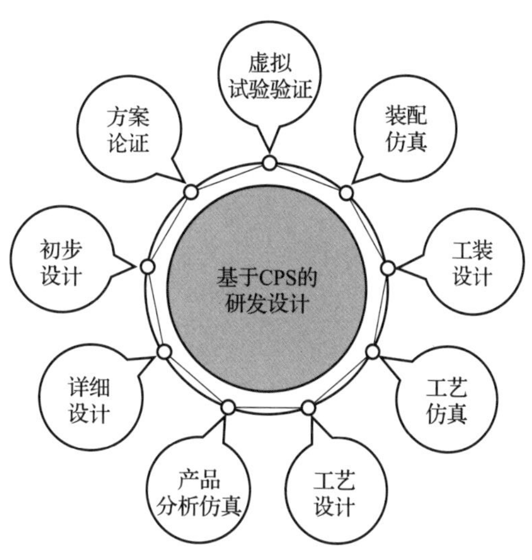

图 4-16　CPS 在研发设计的场景

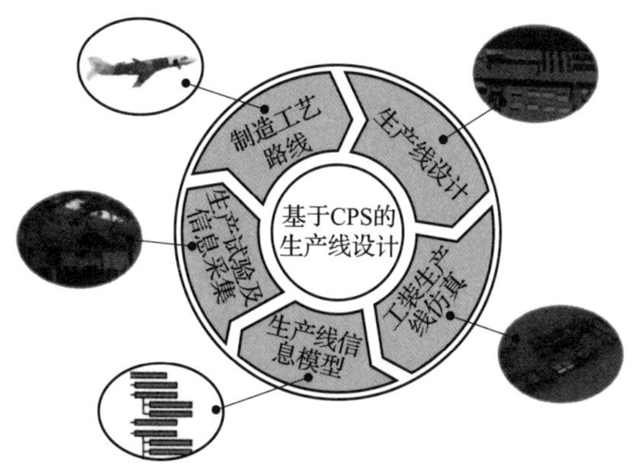

图 4-17　CPS 在生产线设计的场景

第四节　CPS 应用案例

CPS 通过“智能感知—实时分析—科学决策—精准执行”的智能闭环，完成对物理系统形态的精准控制；实现 CPS 的重要基础是数字孪生。数字孪生是在数字虚体空间中所创建的虚拟事物，与物理实体空间中的现实事物形成了在形、态、质地、行为和发展规律上都极为相似的虚实精确映射，让物理孪生体与数字孪生体具有了多元化映射关系，反映了相对应物理实体产品的全生命周期过程。

CPS 与数字孪生都包括真实物理世界和虚拟信息世界，真实的生产活动是由物理世界来执行，而智能化的数据管理、分析和计算，则是由虚拟信息世界中各种应用程序和服务来完成。同时，CPS 和数字孪生各有所侧重。CPS 强调计算、通信和控制功能，传感器和控制器是 CPS 的核心组成部分，其面向的是工业物联网基础下的信息与物理世界融合的多对多连接管理；而数字孪生则更多地关注虚拟模型，根据模型的输入和输出，解释和预测物理世界的行为，强调虚拟模型和显示对象的一对一映射关系。

数字孪生根据产品生命周期可划分为产品数字孪生、生产数字孪生和运营数字孪生。产品数字孪生是指产品的数字化设计、仿真和验证，包括机械、多重物理量、电子和软件管理等方面。生产数字孪生是指生产的数字化规划、仿真、预测和优化，包括 PLC 代码生成和虚拟调试等；生产数字孪生主要是确保产品可以被高效、高质量和低成本的生产，它所要设计、仿真和验证的对象主要是生产系统。运营数字孪生把数字化模型和运营的数据结合起来进行综合分析，发现影响性能、故障和停机的原因，并支持预测性的维修维护。基于运营数字孪生，可以持续改进用户体验、产品研发、

制造工艺和供应链管理。

一、应用案例：卫星总装数字孪生车间物料准时配送方法[32]

卫星总装是卫星生产的关键环节，总装工时占卫星整个研制周期的30%~50%，是制约卫星批量生产的重要因素之一。传统的卫星总装仍然采用研制型单星单工位总装模式，在总装工艺实施过程中，卫星在固定工位不移动，人员、工装设备、物流等资源均围绕卫星所在的工位展开。这种以单星为生产单元的装配过程对生产资源需求较大，自动化程度较低，研制周期往往长达1~2年。基于传统的研制型单星单工位总装模式显然无法满足如此大批量的生产需求，卫星总装正向生产型多星组批脉动式总装模式转型，即卫星在总装生产线中按照特定的顺序移动来完成总装过程，其典型特征是产品按节拍间歇式移动，在不同工位内完成某阶段的装配工作。相比于传统的单星单工位总装模式，脉动式总装生产节奏更加紧凑，各个工位之间的联系也更加紧密。

然而，在脉动式总装过程中，某一工位物料配送延迟会延误对应工位的工艺推进，严重影响其他工位的装配进程；若物料配送过早，则会造成物料积压，影响其他物料的配送，严重降低卫星总装的效率，只有准时高效精准的物流配送才能保证脉动式总装过程顺利运行。因此，物料的准时配送是脉动式总装的重要保障。

针对卫星总装由研制型单星单工位总装模式向生产型多星组批脉动式总装模式转型的迫切需求，开展了大量研究工作：①建设了面向多星组批脉动式总装模式的卫星总装数字孪生生产线，能够采集总装过程中设备级、工位单元级、车间级的实时状态数据，实现了总装过程状态的实时感知；②构建了高保真的车间数字化模型，实现了对物理车间的仿真验证与真实映射；③搭建了“人—机—料—法—环”融合的生产线运行集成管控平台，实现了对总装过程的高效精准管控。卫星总装数字孪生车间的建设提升了卫星总装的效率与质量。

然而，在卫星总装数字孪生车间运行过程中，发现由于总装工艺完成时间不确定，无法准确预测物料需求时间；同时转运设备在转运物料时常常产生路径冲突，造成物料配送延后。这些问题导致卫星总装过程中的物料配送不准时，严重影响了卫星总装效率。因此，本项目团队在前期卫星总装数字孪生车间建设的基础上，进一步开展卫星总装物料需求时间预测和混合环境下时间可控的无碰路径规划研究。

卫星总装数字孪生车间物料准时配送方法包括以下研究内容。

(1) 车间物流虚拟模型构建。提取车间物流的关键要素，建立数学模型，作为后续研究的基础。

(2) 物料需求时间预测。首先，构建操作节点完成时间灰色理论预测模型，针对卫星总装仍然为手工作业主导、完成时间与工人熟练度强相关的特点，模型增加了工人维度，有效解决了因工人熟练度造成的预测误差问题；其次，在此基础上依次计算工步、工序和工艺的完成时间；最后，根据工艺完成时间预测及物料需求模型生成物料转运任务列表，明确何时何地需要何种物料。

(3) 混合环境下的准时路径规划。对于多 AGV 的路径规划任务，通过多 AGV 准时路径规划算法在拓扑图模型中搜索路径；对于无导轨的运载工具路径规划任务，通过无导轨运载工具准时路径规划算法在栅格模型中搜索路径；为避免多 AGV 与无固定导轨运载工具之间可能产生的路径冲突，建立了基于时间窗的模型间信息交互机制，以保证拓扑图模型与栅格模型之间的信息交互。

(4) 路径仿真。对任务列表中的物料转运任务进行路径规划后，将路径数据下发至卫星总装虚拟车间，通过虚拟车间的高实时、高保真模型进行仿真，来避免潜在的路径冲突。

(5) 任务执行。通过与卫星总装数字孪生车间交互控制指令，保证转运设备按照规划好的路径对物料进行精准配送。

(6) 状态监控。任务开始执行后开启状态监控，与数字孪生车间的数据中心进行实时的数据交互，监测车间内的工艺推进情况、生产过程中的离散事件等数据信息。

(7) 偏差检测。由车间内的工艺推进或离散事件触发。触发后，对比孪生车间的实时数据与仿真数据。若超过阈值，则对物料配送任务进行调整，并为调整后的物料转运任务重新规划路径；若未超过阈值，则继续对车间的状态进行监控。

按照提出的卫星总装数字孪生车间物料准时配送方法开发了卫星总装车间物料准时配送服务系统，并在卫星总装数字孪生车间进行了实地验证，如图 4-18 所示。卫星总装数字孪生车间的组成如下。

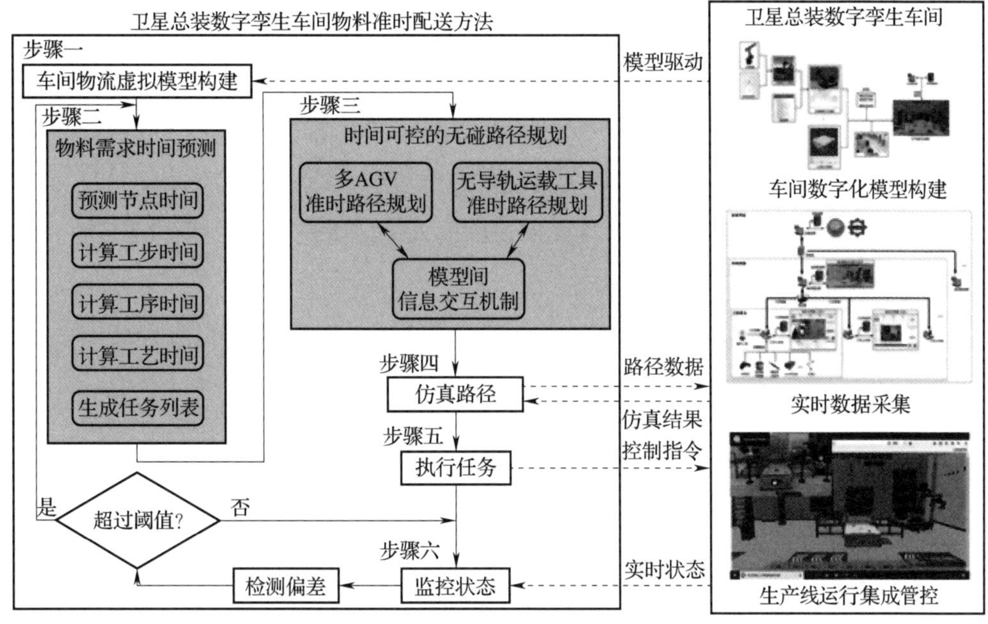

图 4-18 卫星总装数字孪生车间物料准时配送方法总体架构

(1) 卫星总装物理车间。为卫星总装实施的场所，除了具有普通装配车间的功能外，还具有车间状态全面感知、设备精准控制等能力。

(2) 卫星总装虚拟车间。为物理车间虚拟模型的集合，能够精准刻画物理车间内总装要素的物理属性。虚拟车间可以对物理车间的总装过程进行仿真，提前发现总装过程中可能出现的问题，指导和优化物理车间的总装过程。

(3) 卫星总装车间服务系统。为卫星总装数字孪生车间的控制中心，卫星总装车间复杂运行逻辑的载体。对内可以精准管控总装过程，对外提供接口，接受用户或上层系统的指令输入，同时可以将车间的实时运行数据提供给上层系统，为上层系统的决策提供数据支撑。卫星总装车间物料准时配送服务系统是车间服务系统的一个子系统。

(4) 卫星总装车间孪生数据。为卫星总装数字孪生车间数据的集合，包括物理车间采集的数据、虚拟车间的运行仿真数据和车间服务系统相关的数据。

(5) 卫星总装车间连接。为卫星总装数字孪生车间各个模块连接的纽带，包括物理车间、虚拟车间、服务系统和车间孪生数据相互之间的连接。

卫星总装车间物料准时配送服务系统包括以下模块。

(1) 物流系统虚拟模型构建模块。依托于卫星总装数字孪生车间对物理车间的精准刻画与强大的数据感知能力，用于构建能够反映物理车间物流运行流程的虚拟模型。模型构建模块由数字孪生车间的卫星总装物理车间的实时数据驱动，以保证模型的准确性和实时性。同时，该模块可以接受用户的输入，包括物料配送任务的下发、设备的调度和模型的配置等。

(2) 物料需求时间预测模块。为物料需求时间预测方法的逻辑实现。在车间物流虚拟模型构建的基础上，实现对卫星总装过程中物料需求时间的预测，并生成物料转运任务的列表，存储在物流系统虚拟模型构建模块中的物料需求模型中。

(3) 路径规划模块。为混合环境下时间可控的无碰路径规划方法的逻辑实现。读取物流系统虚拟模型构建模块中的物料转运需求模型，将其解析为路径规划任务，然后为所有的任务规划路径，规划完成后将规划的路径数据下发至卫星总装虚拟车间进行路径的虚拟仿真。虚拟车间会对路径的合理性和是否出现碰撞进行检测，并将仿真结果返回给路径规划模块。若路径仿真结果合理，则将路径解析为设备的控制指令，并下发至卫星总装物理车间，驱动设备精准地执行物料转运任务；若路径仿真结果不合理，则重新进行路径规划。

(4) 监控中心模块。用于监测车间孪生数据中心上报的实时数据，并对数据进行处理。监测到工艺操作节点完成时，对比节点的实际完成时间与之前预测的时间，若超过阈值，则重新预测物料需求时间，以保证物料需求预测时间的准确性；当监测到车间内的突发情况，如设备故障时，需要重新更新车间物流系统虚拟模型构建模块中对应的模型，然后触发路径规划模块进行重规划，并向孪生数据中心发送消息通知，以保证物料准时配送服务系统对车间内突发情况的及时响应。

实验表明，卫星总装车间物料准时配送服务系统在卫星总装数字孪生车间得到了良好的应用，卫星总装数字孪生车间对车间状态的全面感知和设备的精准控制能力为物料准时配送方法的实施与验证提供了平台。同时，卫星总装车间物料准时配送服务系统的实施显著提升了卫星总装数字孪生车间的物料配送水平，进一步促进了卫星总装效率与质量的提升。

本章思考题

1. 简述嵌入式系统的构成与各部分之间的作用与关系。
2. 举例说明嵌入式系统在生产方面的应用情况。
3. 简述互联网的层次结构与各层的作用。
4. 简述 CPS 的基本功能单元及架构。
5. 简述 CPS 的核心技术。

第五章 智能产线开发与集成技术基础

智能产线利用智能制造相关技术实现产品工艺过程的生产组织形式，是智能工厂的核心环节。具体包括智能加工与装配、智能感知与检测、智能物流等内容，并融合了“数字化、自动化、信息化、智能化”四化共性技术。本章节包括智能产线认知、执行机构、运动控制、传感器、电气电路设计和可编程逻辑控制器，共六个章节，重点介绍智能产线核心组成部分及相关集成技术。最后通过电机柔性制造系统案例分析和综合实验平台，强化读者对智能产线开发与集成技术的理解与掌握。

- **职业功能：** 智能装备与产线开发
- **工作内容：** 进行智能装备与产线单元模块的功能设计
- **专业能力要求：** 能进行智能装备与产线单元模块的功能设计；能进行智能装备与产线单元模块的三维建模；能进行智能装备与产线单元模块的选型；能进行智能装备与产线单元模块功能的安全操作设计；能开发单元模块的控制系统
- **相关知识要求：** 智能产线技术基础，包括执行机构、运动控制等基础；可编程逻辑控制器(PLC)技术

第一节 智能产线认知

考核知识点及能力要求：

• 了解智能产线的基本知识，包括智能产线特征、要素、互联互通和系统集成。

• 熟练掌握产线单元的组成单元，包括执行机构、传动系统、运动控制、传感器与控制系统、工件或产品的自动输送以及自动上下料系统、辅助机构、电气系统和 PLC 可逻辑编程控制器的功能特点，能够进行设备选型。

• 熟练掌握智能产线的规划与实施的步骤。

一、 智能产线概述

1. 智能产线简介

产线是按生产单元组织起来、完成产品工艺过程的一种生产组织形式。随着产品制造精度、质量稳定性和生产柔性化的要求不断提高，传统产线正在向着自动化、数字化和智能化的方向发展，即发展成了智能产线。智能产线的自动化是通过机器代替人参与劳动过程来实现的；智能产线的数字化主要解决制造数据的精确表达和数字量传递，实现生产过程的精确控制和流程的可追溯；智能产线的智能化解决机器代替或辅助人类进行生产决策，实现生产过程的预测、自主控制和优化。智能产线与自动化产线相比，具有如下特征。

(1) 具有柔性。生产线能够实现快速换模，能够支持多种相似产品的混线生产和装配，灵活调整工艺，适应小批量、多品种的生产模式。

（2）具有一定冗余。如果出现设备故障，能够调整到其他设备上生产。

（3）具有感知能力。在生产和装配过程中，能够通过传感器或 RFID 自动进行数据采集，实时监控生产状态、驱动执行机构的精准执行。能够通过机器视觉和多种传感器进行质量检测，自动剔除不合格品，并对采集的质量数据进行 SPC 分析，找出质量问题的成因。

（4）具有决策和执行能力。对多样的生产目标和有限的产能拥有优化配置的能力。

（5）具有人机协作能力。针对人工操作的工位，能够给予智能引导。

2. 智能产线要素

（1）生产线管控系统。生产线具有计划、控制、反馈、调整的完整管控系统，通过接口进行计划、命令的传递，使生产计划、控制指令、实时信息在整个过程控制系统及自动化体系中透明、及时、顺畅地交互与传递，并逐步实现生产全过程数字化。

（2）核心控制器。生产线具有 PLC、工控机等核心控制器。控制器，主要由 CPU、存储器、输入/输出单元、外设 I/O 接口、通信接口及电源共同组成，根据实际控制对象的需要配备编程器、打印机等外部设备，具备逻辑控制、顺序控制、定时、计数等功能，能够完成对各类机械电子装置的控制任务。核心控制器可以收集、读取设备状态数据并反馈给上位机（SCADA 或 DCS 系统），也可以将接收并执行上位机发出的指令，直接控制现场层的生产设备。

（3）智能传感器与信息标签。传感器能感受到被测量的信息，并能将感受到的信息变换成为电信号或其他所需形式的信息输出，传感器使智能生产线有了感知、监测能力。RFID、条形码等标签通过射频识别技术、图像识别技术等，可以将物料、在制品、成品等生产信息存储、记录，实时读取。

（4）工业通信网络。工业通信网络总体上可以分为有线通信网络和无线通信网络。有线通信网络主要包括现场总线、工业以太网、工业光纤网络、TSN（时间敏感网络）等，现阶段工业现场设备数据采集主要采用有线通信网络技术，以保证信息实时采集和上传，对生产过程实时监控的需求。无线通信网络技术正逐步向工业数据采集领域渗透，是有线网络的重要补充，主要包括短距离通信技术（RFID、Zigbee、WIFI 等），

用于车间或工厂内的传感数据读取、物品及资产管理、AGV 等无线设备的网络连接，专用工业无线通信技术(WIAPA/FAWireless HART、ISA100.11a 等)，以及蜂窝无线通信技术(4G/5G、NB-IoT)等，用于工厂外智能产品、大型远距离移动设备、手持终端等的网络连接。

(5) 智能制造装备。数控加工中心、装配机器人等制造装备是智能生产线柔性生产的保障，智能生产的落地基础。智能制造装备是指具有感知、分析、推理、决策、控制功能的制造装备，它是先进制造技术、信息技术和智能技术的集成和深度融合。目前智能制造装备有数控机床、工业机器人等。

二、产线单元基本组成

产线示意图如图 5-1 所示。

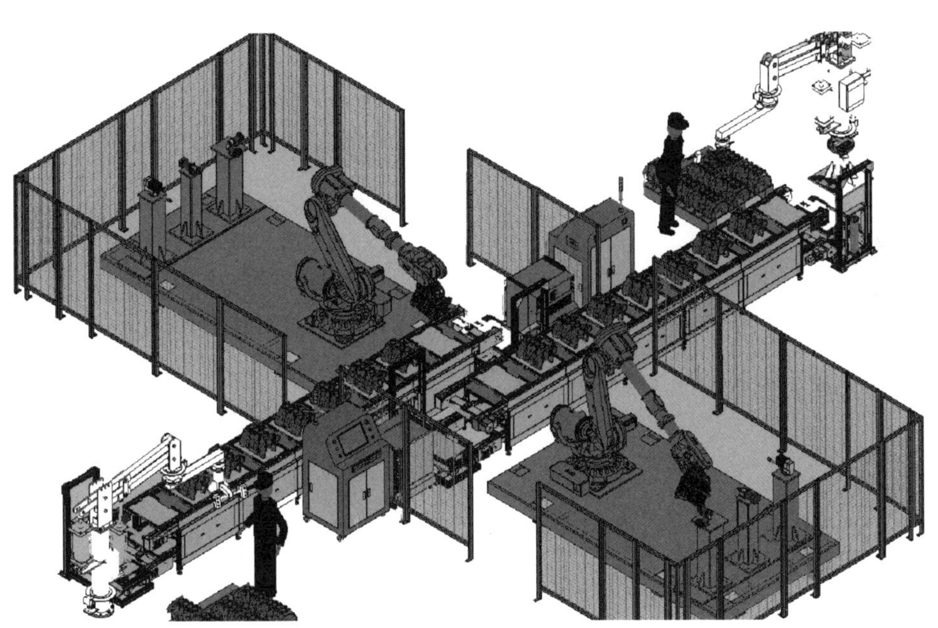

图 5-1　产线示意图

1. 执行机构

执行机构是使用液体、气体、电力或其他能源并通过电机、气缸或其他装置将其转化成驱动作用的机构。普通的执行机构用于把阀门驱动至全开或全关的位置，而用于控制阀的执行机构能够精确地使阀门走到任何想去的位置。尽管大部分执行机构都是用于开关阀门，但是如今的执行机构的功能远远超出了简单的开关功能，它们包含了位置感应装置、力矩感应装置、电极保护装置、逻辑控制装置、数字通讯模块及 PID 控制模块等，而这些装置全部安装在一个紧凑的外壳内。

根据采用动力源的不同，通常有电动执行机构、气动执行机构、液动执行机构等。目前最常用的执行机构是电信号气动长行程执行机构和电动执行器。

(1) 电信号气动长行程执行机构。以压缩空气为动力，可直接接受标准电流控制信号的气动执行机构，具有动作平稳、推力大、精度高、本质防爆、易于实现所要求的控制规律等特点。其多数品种带有断电源、断气源、断电信号的“三断”自锁保位功能，使用安全性高。

图 5-2 为气动执行机构原理框图。气动执行机构由自动工作系统和各种辅助装置两大部分组成。前者包括电—气转换器、定位器、气缸、连杆等部件，后者包括手操机构、“三断”自锁装置、阀位变送器、行程开关等。电—气转换器将电流控制信号变为气压控制信号。按力平衡原理工作的定位器和作为动力部件的气缸以及连杆等构成的自动工作系统的功能是使执行机构的输出角位移与输入控制信号相对应。手操机构用于装置调整和就地应急操作。“三断”自锁装置由气源、电源、电信号的监控回路和断气源时的锁紧装置构成。当上述故障之一发生时，执行机构输出保位，保证设备和运行安全。阀位变送器将执行机构的输出角位移转变为相应的电流信号，行程开关用来发出极限位置的开关量信号。

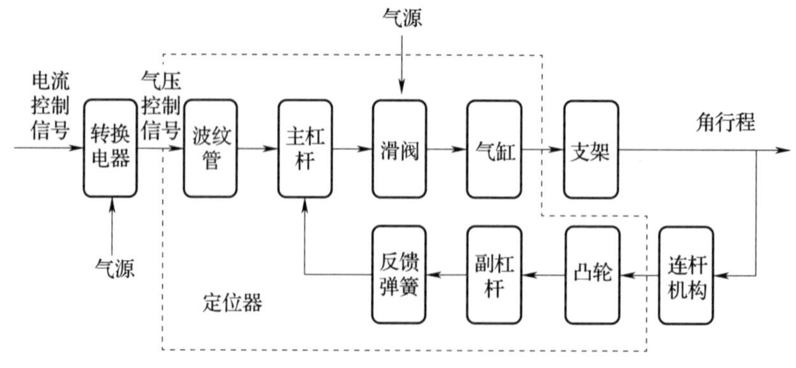

图 5-2　气动执行机构原理框图

功能完善的带“三断”保护的气动执行机构广泛用于各个工业部门。但其结构复杂，维护工作量较大。常见的气动执行机构有仅带断气源保护功能的气动执行机构、气动隔膜调节阀、脉冲电信号气动长行程执行机构等。前两者结构简单，后者采用脉冲控制，安全性好。

(2) 电动执行器。分角行程、直行程两大类。根据信号制和全行程时间的不同，又分基型品种和多个派生品种。在自动控制系统中，它们和不同型号电动操作器配用，可实现过程参数的自动控制，控制系统的手动/自动双向无扰切换，中途限位及远方手操等功能。

电动执行器由伺服放大器和伺服机构两大部件配套组成。图 5-3 为电动执行器原理框图。它是一个位置自动控制系统。来自控制仪表的控制信号和由位置发送器返回的阀位反馈信号的偏差，经伺服放大器放大功率，然后驱动伺服电机，使减速器推动调节机构朝减小偏差方向转动，将输出轴最后稳定在与控制信号相对应的转角位置上。电动操作器的作用是进行控制系统的手动/自动切换及远方手动操作。

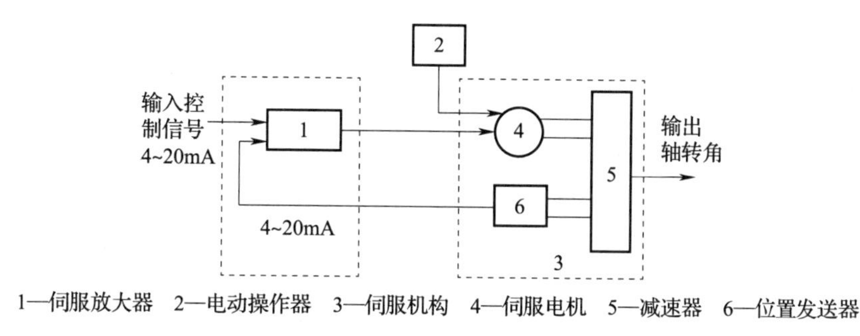

图 5-3　电动执行器原理框图

2. 运动控制

运动控制(MC)是自动化的一个分支，它使用通称为伺服机构的一些设备(如液压泵、线性执行机或者是电机)来控制机器的位置或速度。运动控制被广泛应用在包装、印刷、纺织和装配工业中。

运动控制起源于早期的伺服控制。简单地说，运动控制就是对机械运动部件的位置、速度等进行实时的控制管理，使其按照预期的运动轨迹和规定的运动参数进行运动。

3. 传感器

传感器(Transducer/Sensor)是一种检测装置，能感受到被测量的信息，并能将感受到的信息，按一定规律变换成为电信号或其他所需形式的信息输出，以满足信息的传输、处理、存储、显示、记录和控制等要求。

传感器的特点包括微型化、数字化、智能化、多功能化、系统化、网络化。它是实现自动检测和自动控制的首要环节。传感器的存在和发展，让能够实时掌控产线各个机构的运行情况，并发出合适的指令让产线平稳运行。传感器通常根据基本感知功能，可以分为热敏元件、光敏元件、气敏元件、力敏元件、磁敏元件、湿敏元件、声敏元件、放射线敏感元件、色敏元件和味敏元件十大类。

4. 自动上下料系统

自动上下料系统是能够将待加工工件送装到产线上的加工位置、能将已加工工件从加工位置取下的一种自动系统，该系统包括输送装置、自动送料机和上下料机械手等装置。

在自动上下料系统中，传动是其重要的一部分。传动是指机械之间的动力传递。也可以说将机械动力通过中间媒介传递给终端设备，这种传动方式包括链条传动、摩擦传动、螺旋传动、齿轮传动以及皮带式传动等。

(1) 倍速链输送。主要用于装配及加工生产线中的物料输送，其输送原理是运用倍速链条的增速功能，使其上承托货物的工装板快速运行，通过阻挡器停止于相应的操作位置；或通过相应指令来完成积放动作及移行、转位、转线等功能。

(2) 皮带输送。皮带传输机一般包含牵引件、承载构件、驱动装置、张紧装置、改向装置和支承件等。牵引件用以传递牵引力，可采取输送带、牵引链或钢丝绳；承载构件用以承放物料，有料斗、托架或吊具等；驱动装置给输送机以动力，一般由电动机、减速器和制动器(结束器)等组成；张紧装置一般有螺杆式和重锤式两种，可使牵引件坚持必定的张力和垂度，以保证皮带传输机正常运转；支承件用以承托牵引件或承载构件，可采取托辊、滚轮等。

(3) 滚筒输送。滚筒输送机适用于各类箱、包、托盘等件货的输送，散料、小件物品或不规则的物品需放在托盘上或周转箱内输送。它能够输送单件重量很大的物料，

或承受较大的冲击载荷，滚筒线之间易于衔接过滤，可用多条滚筒线及其他输送机或专机组成复杂的物流输送系统，完成多方面的工艺需要，可采用积放滚筒实现物料的堆积输送。滚筒输送机结构简单，可靠性高，使用维护方便。滚筒输送机适用于底部是平面的物品输送，主要由传动滚筒、机架、支架、驱动部等部分组成，具有输送量大，速度快，运转轻快，能够实现多品种共线分流输送的特点。

(4) 自动送料机。自动送料机指能自动的按规定要求和既定程序进行运作，人只需要确定控制的要求和程序，不用直接操作的送料机构。即把物品从一个位置送到另一个位置的过程中不需人为的干预即可自动准确完成的机构。一般具有检测装置，送料装置等，主要用于各种材料和工业产品半成品的输送，也能配合下道工序使生产自动化。

(5) 上下料机械手。上下料机械手主要实现机床制造过程的完全自动化，并采用集成加工技术，适用于生产线的上下料、工件翻转、工件转序等。在国内的机械加工，很多都是使用专机或人工进行机床上下料的方式，这在产品比较单一、产能不高的情况下是非常适合的，但是随着社会的进步和发展，科技的日益进步，产品更新换代加快，使用专机或人工进行机床上下料就暴露出了很多不足和弱点。一方面，专机占地面积大结构复杂、维修不便，不利于自动化流水线的生产；另一方面，它的柔性不够，难以适应日益加快的变化，不利于产品结构的调整；此外，使用人工会造成劳动强度增加，容易产生工伤事故，效率也比较低下，且使用人工上下料的产品质量的稳定性不够，不能满足大批量生产的需求。

5. 辅助机构

产线的辅助机构包括定位、夹紧、分隔、换向、防护等机构，主要用来辅助生产物料的运输和工人人身安全的防护。

(1) 定位机构。无论是在自动机械加工设备还是自动化装配设备，各种机构的工作都是在固定的位置重复进行的，定位机构是使工件在加工或者装配操作过程中能够重复性地具有确定的姿态方向和空间位置。对于单个工件来说，工件多次重复放置在定位机构中时都能够占据同一个位置；对一批工件而言，每个工件放置在定位机构中时都必须占据同一个准确位置。

(2) 夹紧机构。工件在上述定位机构进行定位后，为了保证工件加工或装配的精度和下一道工序操作的稳定性，都需要采用夹紧机构对工件进行预紧。夹紧机构的设计需要考虑工件的尺寸大小、材料、需要的预紧力、工件表面涂层、是否需要防静电、生产效率等要求。在各种夹紧机构中，以斜楔、螺旋、偏心、铰链机构以及它们组合而成的机构应用最为普遍。

(3) 分隔机构。工件会按照整列定向和连续供给的方式在产线上连续自动输送，但在实施生产工艺时，往往又是单个工件作业，所以大多数情况下，分隔机构就是将物料从连续输送状态分隔成单个状态的机构。

(4) 换向机构。工件在产线上连续输送时，根据工艺、输送等需求，换向机构将工件进行运动方向的改变，以满足产线生产的需要。换向机构的具体形式很多，如利用皮带、齿轮、摩擦轮、棘轮、螺旋或离合器等换向。

(5) 防护机构。产线必须设计防止意外事故的防护罩，必要时设置安全光栅、双手操作按钮、极限位置限位器、马达装扭力限制器、气缸装压力限制器等措施，确保操作人员的人身安全。

6. 电气系统

产线电气系统包括主回路和控制回路。电气系统原理图如图 5-4 所示。

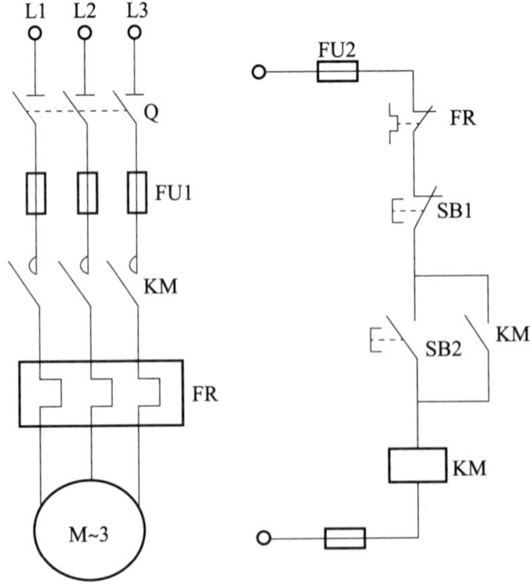

图 5-4　电气系统原理图

主回路指直接接入供电系统(380 V 或 220 V)的用电设备所在的回路。主回路一般包括主电源、开关、熔断器、接触器(主触点)、热继电器(主端子)、控接线端子、电缆、电机。

控制回路是指经由熔断器或者断路器引出电源，连接各仪表、元器件以实现控制、检测、保护主回路的回路。控制回路一般包括主回路保险、控制回路线、按钮、接触器辅助触点和线圈、热继电器辅助触点、电磁继电器、时间继电器。

7. 可编程逻辑控制器

控制系统是由控制装置和被控对象组成，能对被控对象的控制量(或工作状态)进行控制的系统[33]。其中控制装置是对被控对象进行控制的装置，包括传感器、控制器、执行器等环节；被控对象指工作状态需要给以控制的机械、装置或过程；被控对象则描述被控对象工作状态的物理量，也是系统的输出量。

可编程逻辑控制器(PLC，Programmable Logic Controller)，是一种具有微处理器的用于自动化控制的数字运算控制器，可以将控制指令随时载入内存进行储存与执行。可编程逻辑控制器由 CPU、指令及数据内存、输入/输出接口、电源、数字模拟转换等功能单元组成[34]。

其功能特点如下。

(1) 可靠性高。由于 PLC 大都采用单片微型计算机，因而集成度高，再加上相应的保护电路及自诊断功能，提高了系统的可靠性。

(2) 编程容易。PLC 的编程多采用继电器控制梯形图及命令语句，由于梯形图形象而简单，因此容易掌握、使用方便，甚至不需要计算机专业知识，就可进行编程。

(3) 组态灵活。由于 PLC 采用积木式结构，用户只需要简单地组合，便可灵活地改变控制系统的功能和规模，因此，可适用于任何控制系统。

(4) 输入/输出功能模块齐全。PLC 的最大优点之一，是针对不同的现场信号(如直流或交流、开关量、数字量或模拟量、电压或电流等)，均有相应的模板可与工业现场的器件(如按钮、开关、传感电流变送器、电机启动器或控制阀等)直接连接，并通过总线与 CPU 主板连接。

(5) 安装方便。与计算机系统相比，PLC 的安装既不需要专用机房，也不需要严格的屏蔽措施。使用时只需把检测器件与执行机构和 PLC 的 I/O 接口端子正确连接，便可正常工作。

(6) 运行速度快。由于 PLC 的控制是由程序控制执行的，因而不论其可靠性还是运行速度，都是继电器逻辑控制无法相比的。

三、智能产线设计过程

智能产线是智能工厂规划的核心环节，企业需要根据生产线要生产的产品族、产能和生产节拍，采用价值流图等方法来合理规划智能产线。智能产线设计过程中需要考虑生产现场的空间利用率、物品流动、工作者身体条件、设备搬运工具布置和设计、增加生产并最有效地利用空间。

智能产线设计的范围包括传输设备、生产设备、通道、工作区域。其中，传输设备根据工作者身体条件来设计；生产设备根据设备特点决定所需面积和设备数量，并按设备功能布置和设计流程方法；通道根据人和搬运工具考虑宽度设计；工作区域设计间隔、工作高度等。

智能产线在规划设计条件时，要尽量缩短物流动线，布置时考虑交叉和逆行，使物品迅速顺利地流动；要提升空间效率，由平面性布置转为立体性布置；要进行最佳布置，最大限度减少建筑物结构上的障碍因素，能灵活改变生产线布置；要考虑安全性，设定适当的工作空间和通道，确保人员、材料、通道布置的效率与安全性，并易于监督管理。

智能产线规划实施步骤主要包括以下几方面。

1. 系统方案设计

系统方案设计既要考虑实现产品的装配工艺，满足要求的生产节拍，同时还要考虑输送系统与各专机和机器人之间在结构与控制方面的衔接，通过工序与节拍优化，使生产线的结构最简单、效率最高。因此，系统方案设计的质量至关重要，需要重点从以下两个方面开展设计：①对产品的结构、使用功能及性能、装配工艺要求、工件的姿态方向、工艺方法、工艺流程、要求的生产节拍、生产线布置场地要求等进行深入研究，必要时可能对产品的原工艺流程进行调整；②确定各工序的先后次序、工艺

方法、各工位节拍时间、各工位占用空间尺寸、输送线方式及主要尺寸、工件在物送线上的分隔与挡停、工件的换向与变位等。

总体方案设计完成后，组织专家对其进行评审，发现可能的缺陷或错误，避免造成更大的损失。

2. 虚拟产线仿真验证

根据系统方案的整体规划，构建数字化模型，并对该模型进行集成与融合，生成虚拟产线。所形成的虚拟产线必须与现实机床、工业机器人、工件、物料单元实时位置、位姿、速度、状态信息一致。然后，根据物理产品的真实工艺路线，将产品生产过程在虚拟产线上虚拟可视化试运行，验证产线设备的摆放布局，产线现场的物流、人流、工位、夹具的摆放部位，模拟零件运转、自动上下料以及系统的运动等的可行性。

3. 详细技术设计

系统方案通过虚拟产线的全流程可视化的虚拟试运行的验收后，可进行详细技术设计阶段，主要包括机械结构设计和电气控制系统设计。

(1) 机械结构设计。产线设计实际上是一项对各种工艺技术及装备产品的系统集成工作，核心技术就是系统集成技术。机械结构设计主要进行各专机结构设计和输送系统设计。由于目前自动机械行业产业分工高度专业化，因此在机械结构设计方面，通常并不是全部的结构都自行设计制造，例如输送线经常采用整体外包的方式，委托专门生产输送线的企业设计制造，部分特殊的专用设备如机器人也直接向专业制造商订购，然后进行系统集成，这样可以充分发挥企业的核心优势和竞争力。

(2) 电气控制系统设计。电气控制系统设计人员首先充分理解机械结构设计人员的设计意图，并对控制对象的工作过程有详细的了解。然后根据机械结构的工作过程及要求，设计各种位置用于工件或机构检测的传感器分布方案、电气原理图、接线图、输入输出信号地址分配图、PLC 控制程序、电气元件及材料外购清单等。

详细设计完成后，必须组织专家对详细设计方案及图纸进行评审，对发现的缺陷及错误及时进行修改、完善。

4. 产线装配与调试

在完成各种专用设备、元器件的订购及机加工件的加工制造后，进入设备的装配调试阶段，一般由机械结构与电气控制两方面的设计人员及技术工人共同进行。在装配与调试过程中，既要解决各种有关机械结构装配位置方面的问题，包括各种位置调整，又要进行各种传感器的调整与控制程序的试验、优化和部分位置的重新设计，以实现虚拟产线的虚拟试运行效果。

5. 产线试运行与优化

在此阶段，所设计的产线必须经过双方约定的一定时间、一定批量的试运行考核的合格率和稳定性等的验证。由于种种原因，通常许多问题只有通过运行才能暴露出来，如设备或部件的可靠性问题等，在试运行阶段必须逐一解决暴露出来的所有问题。

6. 投入生产和维护

产线通过试运行验证后，就能进行产品正式生产了。产线的长期正常运行离不开正确的操作方法和定期维护。还需要系统编制的产线操作说明书、图纸和培训等资料，并对产线工作人员和维护人员进行相关培训，重点关注在线检测设备，定期标定。

第二节　执行机构

考核知识点及能力要求：

• 熟悉执行机构的分类与功能特点，包括气动执行机构、电动执行机构和电液动执行机构。

• 熟练掌握执行机构的驱动方式和优缺点，包括气压驱动、电机驱动和液压

驱动。

- 熟练掌握执行机构的控制方法，包括气压驱动、电机驱动和液压驱动。
- 能够完成执行系统程序调试、故障分析和排除。

一、执行机构的功能

执行机构是一种能提供直线或旋转运动的驱动装置，它利用液体、气体、电力或其他能源并通过电机、气缸或其他装置将其转化成驱动作用并在某种控制信号作用下工作。其基本类型有部分回转(Part-Turn)、多回转(Multi-Turn)及直线行程(Linear)三种驱动方式。

二、执行机构的分类

执行机构的驱动方式主要是气动、电动、液压这三种，液动执行机构也有搭配电动、液压驱动方式，但是其本质和液压没有太大区别。三种驱动方式为执行机构带来的特性不同，在工作性能、造价、使用方便性等方面各有优点，适用于不同的工作场合。

1. 气动执行机构

气动执行器的执行机构和调节机构是统一的整体，是以压缩气体作为能源，可分为单作用和双作用两种类型：执行器的开关动作都通过气源来驱动执行，叫作 DOUBLE ACTING(双作用)。SPRING RETURN(单作用)的开关动作只有开动作是气源驱动，而关动作是弹簧复位。其执行机构有活塞式、薄膜式、拨叉式和齿轮齿条式。活塞式行程长，适用于要求有较大推力的场合；而薄膜式行程较小，只能直接带动阀杆；拨叉式气动执行器具有扭矩大、空间小、扭矩曲线更符合阀门的扭矩曲线等特点，但不是很美观，常用在大扭矩的阀门上；齿轮齿条式气动执行机构具有结构简单、动作平稳可靠、安全防爆等优点。气动薄膜(有弹簧)执行机构的输出信号是直线位移，输出特性是比例式，即输出位移与输入信号成比例关系。

动作原理如下：信号压力通常为 0.2～1.0 bar 或 0.4～2 bar，通入薄膜气室时，在薄膜上产生一个推力，使推杆部件移动。与此同时，弹簧被压缩，直到弹簧的反作用力与信号压力在薄膜上产生的力平衡。信号压力越大，在薄膜上产生的推力也越大，则与之平衡的弹簧反力也越大，于是弹簧压缩量也越大，即推杆的位移量越大，它与输入薄膜气室信号压力成比例。推杆的位移即为气动薄膜执行机构的直线输入位移，其输出位移的范围为执行机构的行程。

2. 电动执行机构

电动执行机构是电动单元组合式仪表中的执行单元。它是以单相、三相交流或直流电源为动力，接受统一的标准直流信号，通过控制单元驱动电机旋转，带动减速机构运动，从而输出相应的转角位移。操纵风门、挡板等调节机构可配用各种电动操作器完成调节系统“手动—自动”的无扰动切换，及对被调对象的远方手动操作，电动执行机构还设有电气限位和机械限位双重保护来完成自动调节的任务。

电动执行机构近年来的使用率越来越高，电动执行机构表现出其他两种执行机构所不具备的优点。电动执行机构的输出/推力大、稳定性高，但同时造价又低于液动执行器，是高性价比的选择。

电动执行机构的安装成本也不高。和气动执行机构相比，它的能源更易获取，但是电动执行机构的结构复杂、更容易发生故障、维修难度也比较大，需要有较高技术水平的专业人员操作并维护。电动执行机构比气动执行机构更具优势的地方在于，电动执行机构的输出力更大，控制更精确，运行也更稳定。而且可以无须动力即保持负载。电动执行机构使用电源为动力，因此不需要对各种气动管线进行安装和维护，但操作过程中容易出现电火花的问题，在防火、防爆等安全性上就要逊色于其他两种执行机构。

3. 电液动执行机构

电液动执行机构是将电机、油泵、电液伺服阀集成于一体，只要接入电源和控制信号即可工作，而液动执行器和气缸相近，但是比气缸能耐更高的压力，它的工作需要外部的液压系统，工厂中需要配备液压站和输油管路。相比之下，还是电动执行器更方便一些。

三、执行机构的选型

执行机构的驱动方式不外乎气动、电动、液动这三种。这三种方式驱动的执行机

构，在工作性能、造价、使用方便性等方面各有优点，适用于不同的工作场合。

1. 气压驱动

执行机构的三种驱动方式中，应用最广的是气动执行机构，这是因为气动执行机构的门槛最低。它的性价比好、使用简单方便、易于维护，对人员技术要求相对较低。另外，气动执行机构最具防火、防爆优势，安全性最高，适合应用于石化、石油、油品加工等行业。

气压驱动的优点如下：①以空气为工作介质，用后可直接排到大气中，处理方便。与液压传动相比不必设置回收的油箱和管道；②动作迅速、反应快、维护简单、工作介质清洁，不存在介质变质问题；③工作环境适应性好，特别是在易燃、易爆、多尘埃、强磁、强振、潮湿、有辐射和温度变化大的恶劣环境中工作时，安全可靠性优于液压、电子和电气机构；④因空气的黏度很小(约为液压油动力黏度的万分之一)，其损失也很小，所以便于集中供气、远距离输送；⑤与液压传动相比，气压传动动作迅速、反应快、维护简单、工作介质清洁，不存在介质变质等问题；⑥成本低，过载能自动保护。

气压驱动的缺点如下：①控制精度低，不能和电动、液动执行机构相比；②由于空气具有可压缩性，因此工作速度稳定性稍差，但采用气液联动装置会得到较满意的效果；③因工作压力低，又因结构尺寸不宜过大，总输出力不宜大于 40 kN；④噪声较大，在高速排气时要加消声器；⑤气动装置中的气信号传递速度在声速以内，比电子及光速慢，因此，气动控制系统不宜用于元件级数过多的复杂回路。

2. 电机驱动

随着电子技术的飞速发展，新的技术元器件在电动执行机构上得到广泛应用，使执行器的功能与性能有了很大提高，老一代模拟器件正全面被高集成度数字式微处理器所取代，对执行机构的可靠性、可操作性、通信功能、诊断保护功能得到极大的扩展，尤其是近年来交流变频调速，直流无刷电机等在电动执行器的应用，更是将电动执行器技术推向全新的高度。电机的调速功能不仅使执行器的运行速度可由用户根据自己的需要设置，减少了执行器厂家的产品规格，由调速功能衍生出来的如“柔性开启”“柔性关闭”等功能，则使执行器的性能有了更大的提高。随着电力电子、稀土永磁材料技术的发展，具有更高性价比的直流无刷调速电机也逐步被用于电动执行器。

3. 液压驱动

电液动执行机构是以液体驱动，液体有不可压缩的特性，这赋予了液压驱动很好的抗偏移能力，调节非常稳定、冲击、振动和噪声都较小；液压驱动的输出推动力要高于气动执行器和电动执行器，且液压驱动的输出力矩可以根据要求进行精确的调整，响应速度快，能实现高精确度控制；传动更为平稳可靠，有缓冲无撞击现象，适用于对传动要求较高的工作环境；易于实现频繁的启动、换向，能够完成旋转运动和各种往复运动，噪声小；操纵简单、调速方便，并能在大的范围内实现无级调速，速比可达 5 000，可实现低速大力矩传动，无须减速装置。

但是，液压驱动需要外部的液压系统支持，运行液压执行器要配备液压站和输油管路，这造成液压驱动相对电机驱动和气压驱动来说，一次性投资更大，安装工程量也更多，因此液动执行机构的使用范围相对较小。

四、实验

实验一：液压驱动三自由度平台设计

1. 实验目的

实验目的如下：

- 了解液压机构的基本结构和使用方法。
- 熟悉可编程序控制器的使用方法。
- 利用可编程序控制器对简单系统进行控制的过程。

2. 实验相关知识点

实验相关知识点如下：

- PLC 编程基础知识。
- 液压机构知识。
- 电气原理设计和工艺设计知识。
- 电气元件选型知识。

3. 实验内容及主要步骤

实验内容：三自由度平台用三个成等边三角形布置的液压杆、上下各三只万向铰链(虎克铰)和上下两个平台组成。下平台固定在基础设施上，借助三支液压杆的伸缩运动，完成平台在空间三个自由度(X、Y、Z、α、β、γ)的运动，从而可以模拟出各种空间运动姿态。

实验步骤：①设备能按设定好的运动轨迹进行运动(从最低点上升至中间位置，接着朝X轴方向倾斜，然后旋转一圈，最后回到水平位置再回到最低点)；②设备能实时响应输入进行姿态调整和整体升降；③在平台上固定上不同的配重后，设备能正常运转。

实验二：输送机构、气动机构实验

1. 实验目的

实验目的如下：

- 了解传送单元的机械主体结构，通过系统运行过程理解传感检测元件和执行机构的作用。
- 了解气动执行机构的原理及使用。
- 读懂工程图纸，按照图纸完成输送系统安装接线。
- 能够根据要求编制和调试输送机构和气动机构的控制程序。
- 掌握系统调试和分析、查找、排除故障的方法。

2. 实验相关知识点

实验相关知识点如下：

- PLC编程基础知识。
- 电机及传动机构基础知识。
- 气动机构知识。

3. 实验内容及主要步骤

实验内容：利用PLC控制输送系统正传和反转；利用PLC控制档停气缸的开与关。

实验步骤：①根据图纸检查电气接线图和气动连接图；②绘制输入输出IO表；③编写程序和HMI界面，依次控制输送带正传、反转；④编写程序和HMI界面，控制档停气缸。

第三节　运动控制

考核知识点及能力要求：

- 了解运动控制与伺服电机的分类及工作原理。
- 熟悉运动控制的控制方法。
- 熟悉伺服电机的控制参数。
- 能够掌握仓储设备的调试方法。

一、运动控制系统原理

1. 运动控制系统

运动控制系统（Motion Control System）也可称作为电力拖动控制系统（Control Systems of Electric Drive）。[35]

运动控制系统就是通过对电动机电压、电流、频率等输入电量的控制，来改变工作机械的转矩、速度、位移等机械量，使各种工作机械按人们期望的要求运行，以满足生产工艺及其他应用的需要。工业生产和科学技术的发展对运动控制系统提出了日益复杂的需求，同时也为研制和生产各类新型的控制装置提供了可能[36]。

2. 运动控制系统的组成

运动控制系统是以电动机为控制对象，以控制器为核心，以电力电子、功率变换装置为执行机构，在控制理论指导下组成的电气传动控制系统。运动控制系统多种多样，但从基本结构上看，一个典型的现代运动控制系统的硬件主要由上位计算机、运

动控制器、功率驱动装置和传感器反馈检测装置和被控对象等几部分组成，如图 5-5 所示。电动机及其功率驱动装置作为执行器主要为被控对象提供动力。

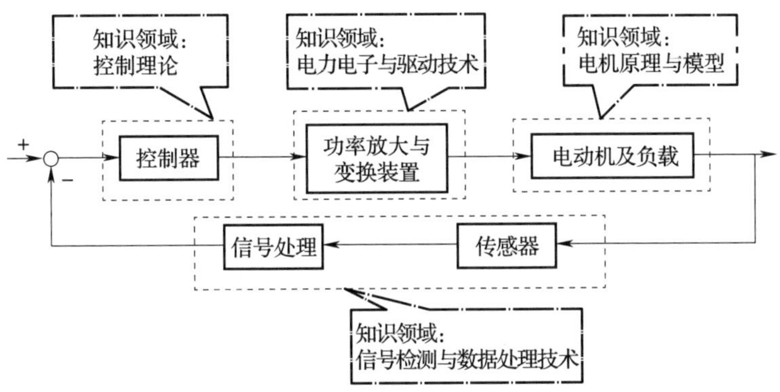

图 5-5　运动控制系统及其组成

（1）电动机——运动控制系统的控制对象。包括以下几种形式：①直流电动：结构复杂，制造成本高，电刷和换向器限制了它的转速与容量，优点是易于控制；②交流异步电动：结构简单、制造容易，无须机械换向器，其允许转速与容量均大于直流电动机；③同步电动机：转速等于同步转速，具有机械特性硬，在恒频电源供电时调速较为困难，变频器的诞生不仅解决了同步电动机的调速，而且解决了其起动和失步问题，促进了同步电动机在运动控制中的应用；④伺服电机。

（2）功率放大与变换装置——执行手段，指电力电子器件组成电力电子装置。包含三个种类：①第一代：半控型器件，如 SCR，方便的应用于相控整流器和有源逆变器，但用于无源逆变或直流 PWM 方式调压时必须增加强迫换流回路，使电路结构复杂；②第二代：全控型器件，如 GTO、BJT、IGBT、MOSFET 等，此类器件用于无源逆变和直流调压时，无须强迫换流回路，主回路结构简单，还可以大大提高开关频率，用脉宽调制（PWM）技术控制功率器件的开通与关断；③第三代：由单一的器件发展为具有驱动、保护功能的复合功率模块，提高了使用的安全性和可靠性。

（3）控制器。包括以下两种：①模拟控制器：模拟控制器常用运算放大器及相应的电气元件实现，具有物理概念清晰、控制信号流向直观等优点，其控制规律体现在硬件电路和所用的器件上，因而线路复杂、通用性差，控制效果受到器件性能、温度因素的影响；②数字控制器：硬件电路标准化程度高、制作成本低，而且不受器件温度漂移的影响，此外还拥有信息存储、数据通信和故障诊断等模拟控制无法实现的功能。

（4）信号检测与处理——传感器。运动控制系统中常用的反馈信号是电压、电流、转速和位置，为了真实可靠地得到这些信号，并实现功率电路（强电）和控制器（弱电）之间的电气隔离，需要相应的传感器。信号传感器必须有足够高的精度，才能保证控制系统的准确性。模拟控制系统常采用模拟器件构成的滤波电路，而计算机数字控制系统往往采用模拟滤波电路和计算机软件数字滤波相结合的方法。

二、运动控制的分类

从不同角度出发，运动控制系统有不同的分类方法，常见分类方法如下。

1. 按控制原理角度

包括以下三种：

• 开环控制系统，完全没有反馈的控制系统。

• 半闭环控制系统，执行机构带有反馈装置，在执行时实现闭环。如图 5-6 所示，工作机械/工作台的运动信号处于闭环外，信号反馈取自电动机输出端（即工作机械/工作台的输入端）的编码器等信号采集装置；半闭环系统具有动态性能良好的优势，但其机械传动机构的误差无法得到补偿。

• 全闭环控制系统。指令发出后，执行机构带有反馈，执行的实际结果也要参与闭环进行比较，如图 5-6 所示。全闭环系统的信号反馈取自工作机械/工作台输出端，将机械传动机构纳入闭环系统中，具有较高的调节和控制精度，传动机构的误差在传动机构刚性好传动间隙小的前提下得到闭环补偿。

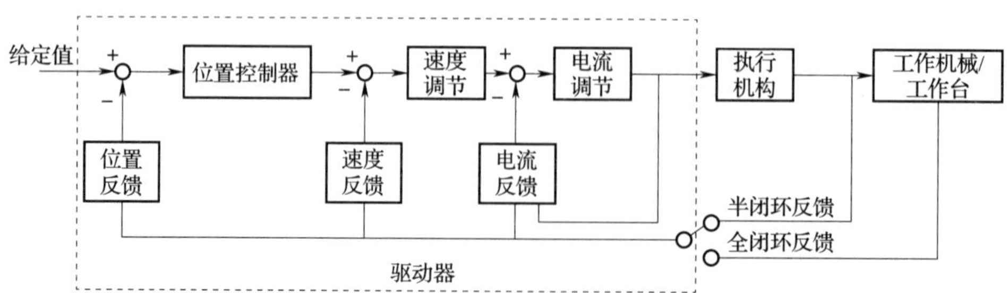

图 5-6　半闭环与全闭环运动控制系统结构

2. 按系统被控制量角度

由系统被控制量角度，可将运动控制系统分为转矩控制、位置控制、速度控制、速度/转矩控制和位置/速度控制方式。其中，最常见的控制方式为位置控制和速度控制，位置控制又可分为连续的轨迹控制和点位控制等。在加工机械中，对被加工器件等的准确定位通常采用位置控制方式，插补生成的曲线位置信号通过上位控制器传至驱动装置，由驱动装置完成器件的精确定位。

3. 按信号输入方式角度

按信号输入方式角度，可将运动控制系统分为模拟运动控制系统和数字运动控制系统。其中，模拟运动控制系统是发展初期普遍采用的方式，它以模拟电路为基础，通过不同的模拟器件完成不同控制律信号的输出。但由于模拟器件存在易饱和、易受温度影响等诸多劣势，在运动控制系统发展进程中，数字运动控制系统已基本替代模拟运动控制系统。

数字运动控制系统以 DSP 等微处理器作为主控芯片，通过软件算法来实现控制律输出；通过微处理器丰富的 I/O 接口完成系统所需各种信号的采集以及各部件间的通信，系统的柔性和精度得到了很大程度的提升。数字运动控制系统的功能、速度、精度等在近十年得到了飞速发展，已成为运动控制系统普遍采用的控制方式。

三、运动控制系统的执行机构

执行机构是运动控制系统的重要部分，可分为电动、气动、液压、电液等不同类型的执行机构。电动执行机构是现代中小功率运动控制系统中最为常见的，通常包含了驱动/放大器和具体执行元件，具有系统简单、易于与控制器连接、控制精度高等特点。电动执行机构原理及结构在电机学、电机与拖动等课程中已有详细介绍，本节主要对几种典型电动机展开简要介绍。

经过 100 多年的发展，电动机为适应不同应用场景的需求呈现多样化发展。电动机根据电源和工作原理不同，可分为直流电动机和交流电动机。电动机根据用途分类，可分为驱动用电动机和控制用电动机，其中控制用电动机又分为步进电动机和伺服电动机。如图 5-7 所示。

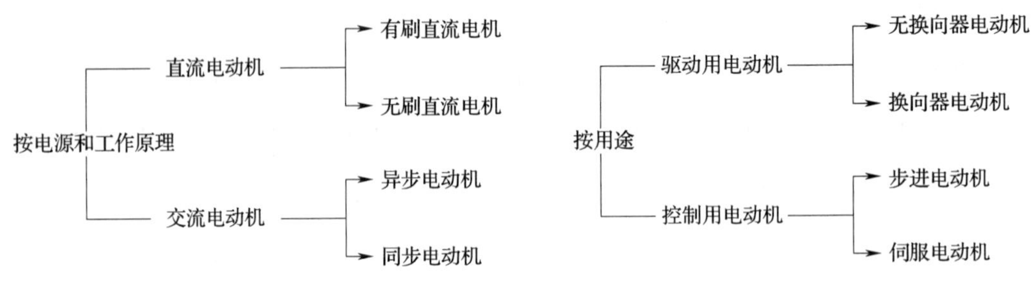

图 5-7　电动机的分类

因输入电流不同，电动机可分为直流电动机(DC Motor)和交流电动机(AC Motor)。

1. 直流电动机

直流电动机结构主要包含以下几个部分。

(1) 定子。直流电动机的定子在其内部产生磁场，根据定子磁场产生的不同方式，直流电动机又分为永磁直流电动机和励磁直流电动机。永磁直流电动机内部磁场由定子上的永磁体产生，励磁直流电动机的定子由硅钢片冲压制成，并在外部绕制励磁线圈，直流电经过励磁线圈在其内部产生恒定磁场。

(2) 转子。在一般的直流电动机中，转子又称为电枢，包括线圈及其支架。电枢线圈通入直流电后，电枢便会在定子磁场作用下输出旋转的电磁转矩，其旋转速度及输出转矩与输入的电流成正比例变化。

(3) 电刷与换向片。直流电动机中的电刷与换向片是为了让转子的转动方向保持恒定，确保转子沿着固定方向连续旋转。其中，电刷与直流电源相接，换向片与电枢导体相接。直流电动机的主要优点为：①启动和调速性能好，调速范围广并且平滑，过载能力较强，受电磁干扰影响小；②具有良好的启动特性和调速特性；③输出转矩大，整体维修成本较低。主要缺点为：①换向器与电刷之间经常性滑动接触，接触电阻的变化在一定程度上影响直流电动机性能稳定性；②电刷产生火花，使得换向器需经常更换，同时应用场景受到限制(如易爆环境下无法使用)。

2. 无刷直流电动机

为了弥补普通直流电动机的缺点，无刷直流电动机(BLDCM，Brushless DC Motor)摒弃了电刷与换向器结构。无刷直流电动机与普通的直流电动机相反，其电枢置于定

子上，而转子则换为永磁体。无刷直流电动机通过定子电枢的不断换相通电(电子换向)，在转子位置变化的情况下，保持定子磁场与转子磁场之间存在 90°左右的空间角，以便于最大转矩的输出。实际上，无刷直流电动机也是一种永磁同步电动机。

无刷直流电动机利用电子换向代替普通直流电动机的机械换向，性能可靠、永无磨损、故障率低，寿命比普通直流电动机提高了约 6 倍，应用前景广阔；同时，无刷直流电动机还具有空载电流小、效率高、体积小等优点。但其仍存在成本较高、控制相对困难等缺点。

不同类型的电动机具有不同的特性，图 5-8 给出了几种典型旋转电动机输出功率和转速的关系。工程实际应用中，需要根据应用场景的要求选择合适的执行电动机。当电动机输出功率越大，电动机的尺寸特别是转子的半径就会越大，离心力也就越大。由于转子材料强度有限，因此高功率同步高速电动机的制造难度极大。近年来，随着计算机辅助设计技术和材料制造业的发展，特别是永磁材料的发展，高速大功率电动机已在涡轮压缩机和飞轮储能等特殊应用中出现。

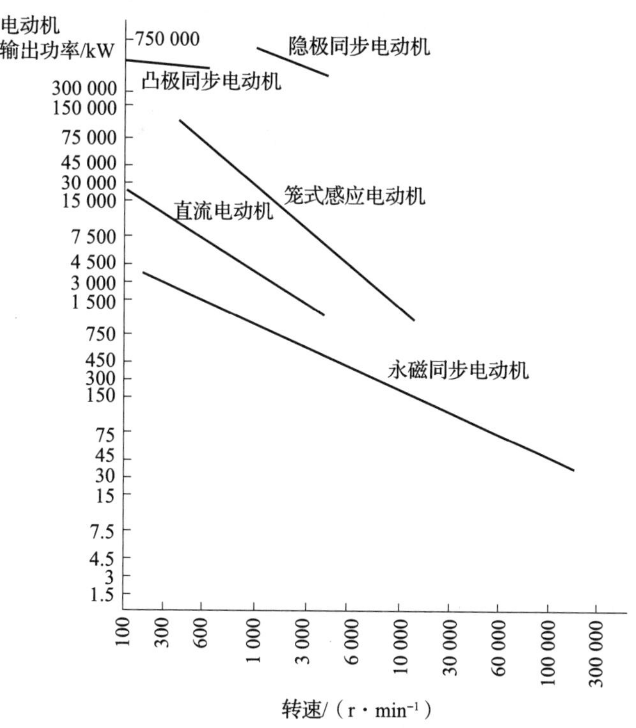

图 5-8　几种典型旋转电动机输出功率和转速的关系

3. 交流异步电机

采用交流电进行励磁的电动机称为交流电动机。按照工作原理的不同，交流电动机又可分为异步电动机和同步电动机两种。

交流异步电动机又称为感应电动机(Introduction Motor)以三相交流异步电动机为例，定子和转子是异步电动机的最重要组成部分，其中，转子安装在定子空心腔内，由电动机轴承支撑在其两个端盖之间，同时，定子和转子间保留了一定的间隙，这种间隙被称为气隙，气隙保证了转子在定子腔内的自由转动，而气隙的大小、对称性等对电动机的性能影响很大，是电动机的重要参数，三相笼型异步电动机的组成部件如图 5-9 所示。

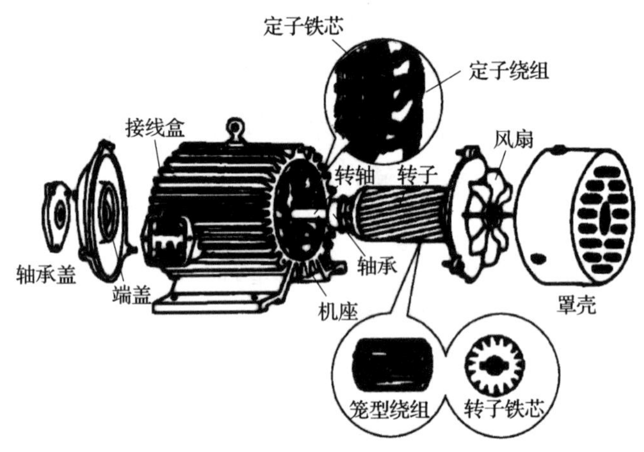

图 5-9　三相笼型异步电机的组成部件

(1) 三相交流异步电动机定子由定子三相绕组、定子铁芯和机座三大部分组成。具体介绍如下。

①定子三相绕组属于异步电动机电路的一部分，它是将电能转换为电动机转动机械能的关键环节。三相交流电动机中的三相绕组分别定义为 A、B、C 三相，绕组嵌入定子铁芯内，对称分布，每相绕组都有首尾两端的出线端，三相绕组合计 6 个出线端子，这 6 个出线端子可根据应用场景的需求接成星形(Y)或三角形(△)。

②定子铁芯属于异步电动机磁路的一部分。由于三相绕组通入的三相交变电流产生的电动机内部主磁场以同步转速旋转，因此定子铁芯一般由 5 mm 厚、两面涂有绝缘

漆的高磁导硅钢片冲压而成，以减小其损耗。

③机座又称机壳。其主要作用有：支撑定子铁芯；承受电动机带载运行时产生的反作用力；散发电动机运行时因内部损耗而产生的热量。中小型电动机中，机座一般由铸铁制成；而大型电动机机座由于浇铸困难，一般由钢板焊接而成。

（2）三相交流异步电动机转子由转子铁芯、转子绕组及转轴组成。具体介绍如下。

与定子铁芯一样，转子铁芯也属于电动机磁路也是由硅钢片冲压而成的。不同的是，转子铁芯冲片开槽位于冲片的外圆上，冲压完成后的转子铁芯外圆柱面上会形成多个均匀的形状相同的槽，为放置转子绕组使用。

转子绕组属于异步电动机电路的一部分。其作用有：切割定子磁场；产生感应电势和电流；在磁场作用下受力驱使转子转动。

转子绕组结构有笼型转子绕组、绕线式转子绕组两种。其中，笼型转子绕组结构简单、经济耐用、制造方便；而绕线式转子绕组结构相对复杂、造价成本较高，但其转子回路中可加入外加电阻用于改善启动和调速性能。笼型转子绕组主要包括导条和两端的端环，其中导条嵌入至转子铁芯的开槽内，其结构闭合，无须由外部电源供电，外形像一个笼子，所以一般称为笼型转子。

异步电动机气隙大小为 0.2~2 mm，其大小决定了电动机的磁阻大小。气隙越大，磁阻就越大，而较大磁阻下产生同等大小的磁场需要一个较大的励磁电流。

在异步电动机三相定子绕组中，通入对称的相位差为 120°的三相交流电，此交变电流即在定子和转子铁芯内产生一个以同步转速旋转的磁场；在该旋转磁场的作用下，静止状态下的转子绕组切割定子旋转磁场产生感应电动势(电动势的方向符合右手定则)。转子绕组两端有短路环短接，感应电动势在转子绕组中产生与其方向一致的感应电流。转子中的载流绕组在定子旋转磁场中受到电磁力的作用(电磁力方向符合左手定则)。该电磁力在转子轴产生电磁转矩，转子在此电磁转矩的作用下开始旋转。

通过上述分析，电动机工作过程简述为：电动机三相定子绕组通入三相对称交流电→产生旋转磁场→旋转磁场切割转子绕组→转子绕组产生感应电流→载流转子绕组产生电磁力→在电动机转轴上形成电磁转矩→电动机旋转。

异步电动机的优点为：①结构简单，制造方便；②使用和维护方便；③运行可靠，质量较小；④成本较低。缺点为：异步电动机的转速与其旋转磁场转速有转差，其调速性能受到影响。

4. 交流同步电机

同步电动机(Synchronous Motor)是由直流供电的励磁磁场(或永磁体磁场)与定子绕组内通入电流产生的旋转磁场相互作用而产生转矩，并以同步转速旋转的交流电动机。

同步电动机的结构主要有两种：一种是旋转磁极式，另一种是旋转电枢式。旋转磁极式同步电动机具有转子重量小、制造工艺相对简单等优点，是最常见的同步电动机结构。而根据转子结构的异同，旋转磁极又可分为凸极和隐极两种，如图 5-10 所示。同步电动机转子形状粗、短，气隙不均匀，一般应用于低转速、高负载的场合；隐极式同步电动机转子形状细、长，气隙均匀，主要应用于高转速、负载不太大的场合。

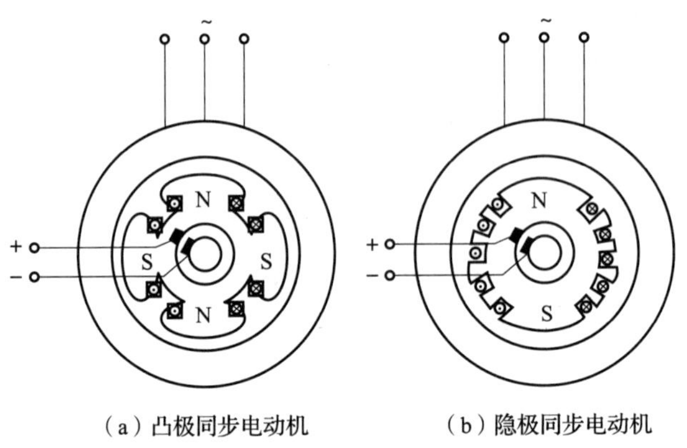

图 5-10　同步电动机结构示意图

与异步电动机类似，交流同步电动机也是由定子和转子两大部分组成的。

旋转磁极式同步电动机定子的主要组成部分包括机座、铁芯和定子绕组。其中，定子铁芯采用薄的硅钢片冲压而成，以减小磁滞和涡流损耗。三相的定子绕组对称地嵌入定子铁芯内表面，以便于在通入交变电流时在电动机内部产生三相对称的旋转磁场。

旋转磁极式同步电动机(励磁式)的转子主要由转轴、滑环、铁芯和励磁绕组构成(永磁同步电动机则由永磁体替代了励磁绕组和滑环)。以励磁同步电动机为例，转子

铁芯一般采用高强度合金钢锻制，以兼顾机械强度和导磁性能要求；励磁绕组安装在转子铁芯，它的两个出线端与两个滑环分别相接。非变控制的励磁的同步电机为便于启动，在凸式转子磁极的表面安装由黄铜制成的导条，用于构成一个不完全的笼型启动绕组。

同步电动机的优点为：功率因数可调、体积较小、运行效率高。缺点为：制造成本高，控制不当则存在启动困难、失步等问题。

5. 步进电机

步进电动机(Stepping Motor)是一种将电脉冲信号变换成相应的角位移或者直线位移的机电执行元件，它又称为步级电动机(Step Motor)、脉冲电动机(Pulse Motor)、步级机(Stepper)或步级伺服(Stepper Servo)。当步进电动机输入一个电脉冲时，电动机就会转动一个角度并前进一步，即每输入一个脉冲，电动机就会转动一步，故称之为“步进电动机”。步进电动机输出转速与输入脉冲频率成正比，在对步进电动机进行控制时，需控制输入脉冲数量、频率及电动机各相绕组通电顺序，进而得到所期望的运动特性；从广义上讲，步进电动机是一种无刷直流电动机，广泛应用于数字控制系统中。

6. 伺服电机

伺服系统(Servo Mechanism)是使物体的位置、方位、状态等输出被控量能够跟随输入目标(或给定值)任意变化的自动控制系统。伺服主要靠脉冲来定位。伺服电机接收到 1 个脉冲，就会旋转 1 个脉冲对应的角度，从而实现位移。因为伺服电机本身具备发出脉冲的功能，所以伺服电机每旋转一个角度都会发出对应数量的脉冲，这样就和伺服电机接受的脉冲形成了呼应，或者叫闭环。如此一来，系统就会知道发了多少脉冲给伺服电机，同时又收了多少脉冲回来，这样就能够很精确地控制电机的转动，从而实现精确的定位，精度可以达到 0.001 mm。直流伺服电机分为有刷和无刷电机。有刷电机成本低、结构简单、启动转矩大、调速范围宽、容易控制、需要经常维护。但其维护不方便(换碳刷)，易产生电磁干扰，对环境有要求。因此它可以用于对成本敏感的普通工业和民用场合。

无刷电机体积小、重量轻、出力大、响应快、速度高、惯量小、转动平滑、力矩稳定。其控制复杂，容易实现智能化；其电子换相方式灵活，可以方波换相或正弦波换相。

电机免维护、效率很高、运行温度低、电磁辐射很小、寿命长，可用于各种环境。

交流伺服电机也是无刷电机，分为同步和异步电机，运动控制中一般都用同步电机，它的功率范围大，可以做到很大的功率。大惯量，最高转动速度低，且随着功率增大而快速降低。因而适合做低速平稳运行的应用。

伺服电机内部的转子是永磁铁，驱动器控制的 U/V/W 三相电形成电磁场，转子在此磁场的作用下转动，同时电机自带的编码器反馈信号给驱动器，驱动器根据反馈值与目标值进行比较，调整转子转动的角度。伺服电机的精度决定于编码器的精度(线数)。

四、运动控制系统的选型

1. 运动控制系统的总体方案

根据系统的技术指标要求和工艺要求，确定以下设计内容：

- 运动控制系统的结构：开环/闭环。
- 执行机构：步进电机/伺服电机。
- 机械传动结构。
- 直接刚性联轴器结构。
- 运动控制器：运动控制方式。
- 反馈元件。

2. 运动控制系统的性能要求

性能要求如下：

- 稳定性高。
- 响应速度快。
- 控制精度高。

3. 运动控制系统的设计

包括以下步骤。

(1) 确定方案。根据装置的运动和力学要求进行计算，确定电机类型及驱动器、减速器、位置监测装置的类型和规格。

(2) 确定电机的传动机构的搭配结构。略。

(3) 选择合适的系列运动控制器。通常根据伺服电机、编码器类型和数量进行选择。

(4) 确定电机的负载情况。包括电机的负载类型，是恒定负载还是变化负载，电机力矩转化为直线推力，或是旋转带动大惯量负载，电机负载是否随转速变化，推算电机在正常工作速度范围内所需的力矩。

(5) 开发应用程序。根据装置在工作时的运动轨迹和速度、位置等运动参数，通过对运动控制器 API 函数的调用实现所需的运动要求。

五、实验

实验一：伺服电机参数设计及调试

1. 实验目的

实验目的如下：

- 了解伺服电机的基本原理及驱动器参数配置方法。
- 学习西门子 V90 伺服电机的控制方式。

2. 实验相关知识点

实验相关知识点如下：

- 了解伺服电机的组成。
- 学习伺服电机参数配置。
- 学习伺服电机的选型。

3. 实验内容及主要步骤

利用提供的立库平台对西门子 V90 伺服电机进行组态，实现堆垛机的单轴运动。具体实验步骤如下：①打开 TIA 软件，进行 PLC 与伺服电机的组态以及网络拓扑连接，将组态好的程序下载到 PLC 里，检查是否有错误；②对伺服电机参数进行配置，主要配置编码器类型、回零方式、电子齿轮比等；③调用 TIA 软件中的 MC 运动函数库，完成单个电机的使能、回零、调速以及定位等功能；④编写程序，完成伺服电机的速度控制；⑤编写 HMI 画面，实现单个电机使能、正反转、抓取和释放位置的指定和伺服故障显示。

实验二：堆垛机的配置及调试

1. 实验目的

实验目的如下：

- 了解伺服电机的应用。
- 配置及调试伺服控制系统。

2. 实验相关知识点

实验相关知识点如下：

- 了解伺服电机及运动控制器的应用。
- 学习 V90 的配置及调试。

3. 实验内容及主要步骤

利用提供的设备及图纸完成智能仓储的配置及调试工作，设计人机界面，并实现堆垛机的位置控制。具体步骤如下：①打开智能仓储工位，并用网线分别将 PLC 编程口与计算机相连；②参考实验一中的伺服电机调试步骤，完成堆垛机各个轴的组态与配置；③新增运动机构工艺对象 TO-Kinematics，对各个轴进行坐标系建立；④编写程序，完成立库中指定位置的抓取与放置；⑤编写 HMI 画面，实现各个电机使能、正反转、抓取和释放位置的指定和伺服故障显示；⑥完成程序编写和 HMI 画面设计后，将程序下载到设备进行程序测试及位置的校准。

第四节　传感器与机器视觉

考核知识点及能力要求：

- 了解主要传感器的类型与基本工作原理。

- 了解传感器的主要性能指标。
- 掌握常见物理量的测量方法与传感器选型。
- 能够正确使用光电传感器和振动传感器。
- 了解机器视觉的基本构成与工作过程。
- 掌握机器视觉图像识别的基本应用。

一、传感器的分类及原理

国家标准(GB7665-87)对传感器(Transducer/Sensor)的定义为：能够感受规定的被测量并按照一定规律转换成可用输出信号的器件或装置。

定义包含以下几方面意思：①传感器是测量装置，能完成检测任务；②它的输入量是某一被测量，可能是物理量，也可能是化学量、生物量等；③它的输出量是某一物理量，这种量要便于传输、转换、处理、显示等等，这种量可以是气、光、电物理量，但主要是电物理；④输出输入有对应关系，且应有一定的精确程度。

传感器根据按变换原理主要分为以下 9 种类型，其工作原理及特点各不相同。

1. 机械式传感器的原理

原理：在测试技术中，以弹性体作为传感器的敏感元件，对力、压力、温度等物理量进行测量，而输出弹性元件本身的弹性变形，经放大后成为仪表指针的偏转，借助刻度指示出被测量的大小。

优点：结构简单、可靠、使用方便、价格低廉、读数直观等。

缺点：弹性变形不宜大，以减小线形误差。

此外，由于放大和指针环节多为机械传动，不仅受间隙的影响，而且惯性大，固有频率低，只宜用于检测缓变或静态被测量。

2. 电阻式传感器的原理

电阻式传感器是把被测量转换为电阻变化的一种传感器。

按其工作原理可分为变阻器式和应变片式两类。

(1) 变阻器式传感器。结构组成：骨架，电阻元件(线圈等)电刷。电刷可直线也可旋转运动，如图 5-11 所示。

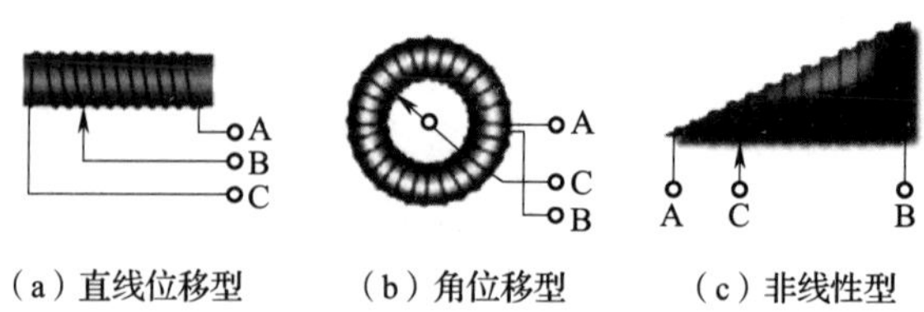

（a）直线位移型　　（b）角位移型　　（c）非线性型

图 5-11　变阻器式传感器

原理：通过改变电位器触头位置，把位移转换为电阻的变化。根据下式。

$$R=\rho\frac{L}{A} \tag{5-1}$$

式中，ρ 代表电阻率；L 代表电阻丝长度；A 代表电阻丝截面积。

当电阻率与截面积不变时，有：

$$R=Kx \tag{5-2}$$

式中，K 是一常数。

传感器的灵敏度公式如下：

$$S=\frac{dR}{dx}=K \tag{5-3}$$

传感器的输出电压（见图 5-12 和图 5-13）计算如下：

$$U_0=\frac{R_x}{R}U=\frac{x}{L}U=\frac{U}{L}x=S_Ux \tag{5-4}$$

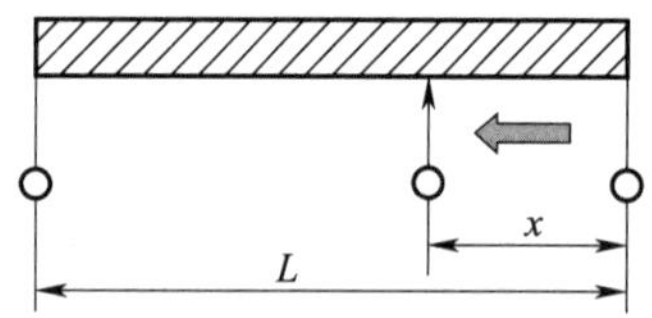

图 5-12　变阻器式传感器

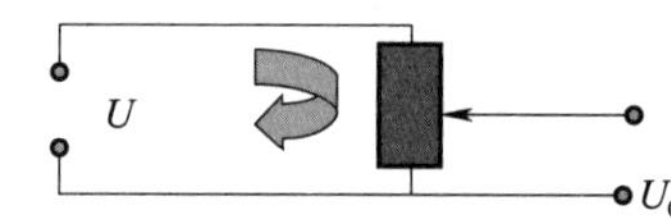

图 5-13　变阻器式传感器输入与输出关系

变阻器式传感器的优点：结构简单、尺寸小、重量轻、价格低廉且性能稳定；受环境因素（如温度、湿度、电磁场干扰等）影响小；可以实现输出—输入间任意函数关系；输出信号大，一般不需要放大。

变阻器式传感器的缺点：因为存在电刷与线圈或电阻膜之间的摩擦，因此需要较大的输入能量；由于磨损不仅会影响使用寿命、降低可靠性，而且会降低测量的精度，所以分辨力较低；动态响应较差，适合于测量变化较缓慢的物理量。

（2）应变式电阻传感器。应变片包括以下几部分：

• 敏感元件。感受应变并将其转换为自身阻值的变化，一般用康铜、镍铬合金或半导体材料做成，它要用黏合剂牢牢地固定在基片上。

• 基片。固定和保护敏感元件，并将应变准确的传递给敏感元件，材料可以是纸、胶膜、玻璃纤维布等。

• 覆盖层。保护敏感元件不受外界环境中灰尘、湿气等的影响。

• 引线。将敏感元件的阻值变化引入后接电路，如图 5－14 所示。

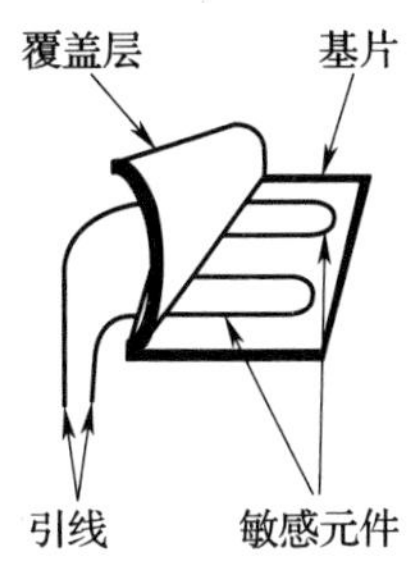

图 5－14　应变片

• 应变效应。导体或半导体在外力作用下产生机械变形而引起导体或半导体的电阻值发生变化的物理现象称为应变效应。

• 传感元件。电阻应变片，它是一种把被测试件的应变量转换成电阻变化量的传感元件。

应变片按敏感元件的材料分为金属电阻应变片和半导体应变片两大类。金属电阻应变片根据敏感元件的形状不同又分为丝式和箔式两种。按用途分为一般应变片、应变花和特殊应变片。当金属丝由于受到轴向力 P 而伸长时，长度增长，截面积减小，其电阻值就增大；反之，如细丝因受压力而缩短，即长度变短，截面积变粗时，则电阻就减小。

应变片的工作原理如下：

• 金属电阻应变片。金属电阻应变片的工作原理是基于金属导体的应变效应（见图 5－15），即金属导体在外力作用下发生机械变形时，其电阻值随着它所受机械变形（伸长或缩短）的变化而发生变化的现象。

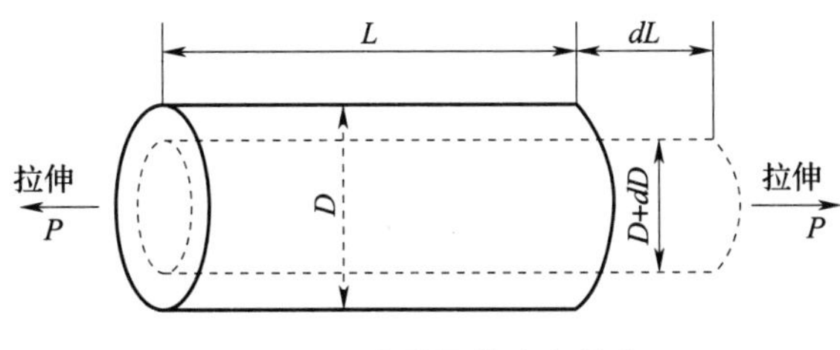

图 5－15　金属导体应变效应

$$R=\rho\frac{L}{A} \tag{5-5}$$

金属导体发生变形，则电阻变化量为：

$$dR=\frac{\partial R}{\partial l}dl+\frac{\partial R}{\partial A}dA+\frac{\partial R}{\partial \rho}d\rho \tag{5-6}$$

式中 $A=\pi r^2$，r 为电阻丝的半径，所以上式为：

$$dR=\frac{\rho}{\pi r^2}dl-2\frac{\rho l}{\pi r^3}dr+\frac{l}{\pi r^2}d\rho=R\left(\frac{dl}{l}-\frac{2dr}{r}+\frac{d\rho}{\rho}\right) \tag{5-7}$$

- 电阻的相对变化工作原理。

计算公式如下：

$$\frac{dR}{R}=\frac{dl}{l}-\frac{2dr}{r}+\frac{d\rho}{\rho} \tag{5-8}$$

当电阻丝沿轴向伸长时，必须沿径向缩小，两者之间的关系为：

dl/l 代表电阻丝轴向相对变形，或称纵向应变：

$$\frac{dl}{l}=\varepsilon \tag{5-9}$$

dr/r 代表电阻丝径向相对变形，或称横向应变：

$$\frac{dr}{r}=-\nu\frac{dl}{l} \tag{5-10}$$

dp/p 代表电阻丝电阻率相对变对置：

$$\frac{d\rho}{\rho}=\lambda\sigma=\lambda E\varepsilon \tag{5-11}$$

E 代表电阻丝材料弹性模量，λ 代表压阻系数，ν 代表电阻丝泊桑比：

$$\frac{dR}{R}=\varepsilon+2\nu\varepsilon+\lambda E\varepsilon=(1+2\nu)\varepsilon+\lambda E\varepsilon \tag{5-12}$$

其中，$(1+2\nu)\varepsilon$ 项是由电阻丝几何尺寸改变引起的。对于同一电阻材料，$1+2\nu$ 是常数。

$\lambda E\varepsilon$ 项是由电阻丝的电阻率随应变的改变而引起的。对于金属电阻丝来说，λE 是很小的，可忽略。这样，上式就可简化为：

$$\frac{dR}{R} \approx (1+2\nu)\varepsilon \qquad (5-13)$$

（3）灵敏度工作原理。如下。

$$S_g = \frac{dR/R}{dl/l} = 1+2\nu = 常数 \qquad (5-14)$$

上式表明电阻相对变化率 dR/R 与应变 ε 成正比，且呈线性关系。

（4）半导体应变片工作原理。半导体应变片的工作原理是基于半导体材料的压阻效应。压阻效应是指单晶半导体材料在沿某一轴向受到外力作用时，其电阻率 ρ 发生变化的现象。

结构组成：由胶膜衬底、半导体敏感栅（P-si）焊接端子 P 型硅单晶三个结构组成。如图 5-16 所示。

金属丝电阻应变片与半导体应变片的主要区别在于：前者利用导体形变引起的电阻的变化，后者利用半导体电阻率变化引起的电阻的变化。

3. 电容式传感器的原理

原理：将被测量的变化转化为电容量变化。电容结构示意图如图 5-17 所示。

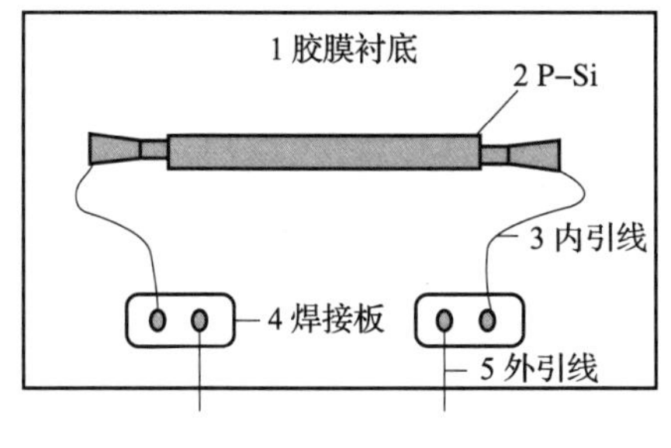

图 5-16　半导体应变片

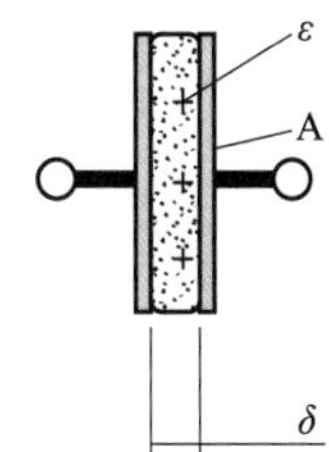

图 5-17　电容结构示意图

$$C = \frac{\varepsilon_0 \varepsilon A}{\delta} \qquad (5-15)$$

上述公式中，δ 为两极板间距离，A 为有效覆盖面积，ε 为极板间介质的相对介电系数，ε_0 为真空介电常数。

如果在 δ、A、ε 三个参数中保持其中的两个不变，而只改变一个参数，则电容器的电容量将随之发生变化。所以电容式传感器可以分成三种类型：极距变化型（变 δ）、面积变化型(变 A)和介质变化型(变 ε)。

(1) 极距变化型。组成：动板，定板。变极距示意及 C-δ 关系如图 5-18 所示。

当极距有微小变化 dδ 时，引起电容变化量 dC 为：

$$dC=-\varepsilon\varepsilon_0 A\frac{1}{\delta^2}d\delta \tag{5-16}$$

(2) 面积变化型。保持电容器极板距离、介质不变，仅改变极板间的相对覆盖面积，如图 5-19 所示。

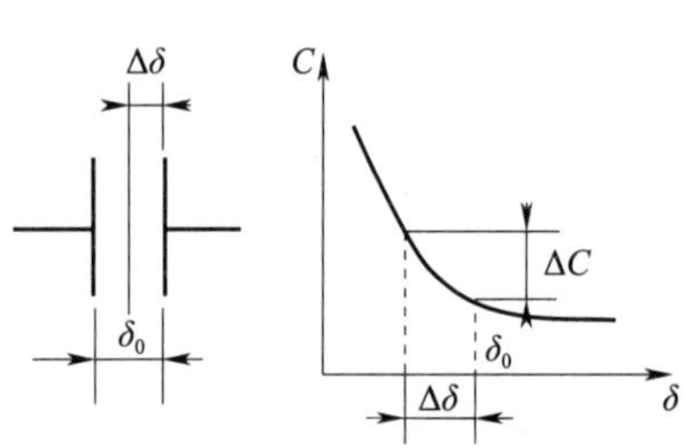

图 5-18　变极距示意及 C-δ 关系图

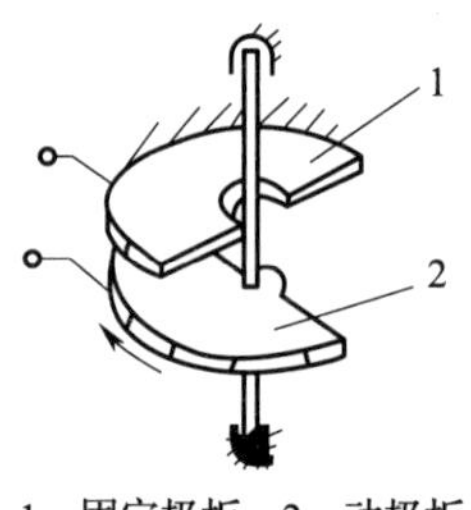

图 5-19　面积变化型传感器原理

(3) 介质变化型。利用介质介电常数的变化将被测量转换为电量的传感器，如图 5-20 所示。

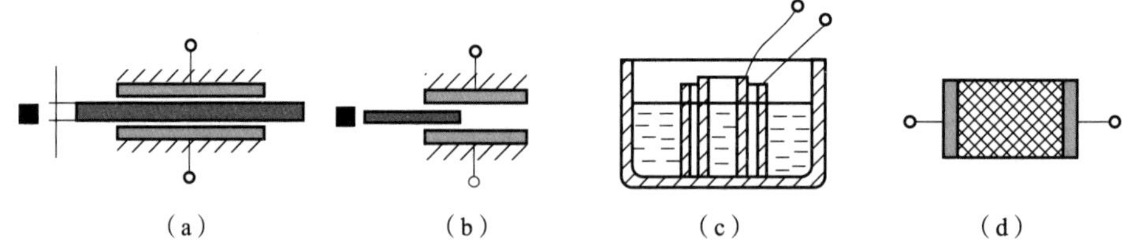

图 5-20　变介电常数型传感器原理

4. 电感式传感器的原理

电感式传感器的工作原理是利用电磁感应把被测量转换成相应电感量(自感量或互感量)变化。电感式传感器可分为自感型和互感型两大类。

(1) 自感式可变磁阻式传感器组成：线圈、铁芯、衔铁，如图 5-21 所示。

电涡流式传感器(涡流式)原理：利用金属体在交变磁场中的涡电流效应，如

图 5-22 所示。

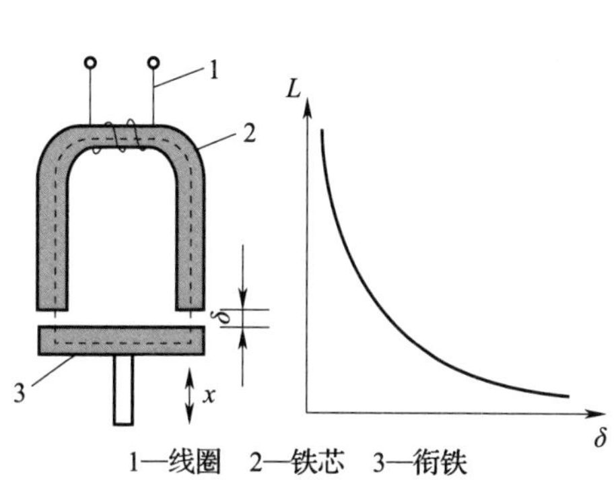

图 5-21　自感式可变磁阻式传感器基本原理

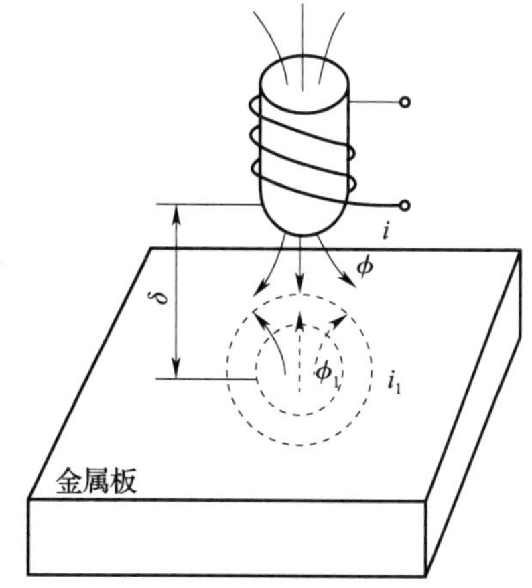

图 5-22　电涡流式传感器运行原理

(2) 互感型。工作原理：利用电磁感应中的互感现象，将被测位移量转换成线圈互感的变化。由于常采用两个次级线圈组成差动式，故又称差动变压器式传感器，如图 5-23 所示。

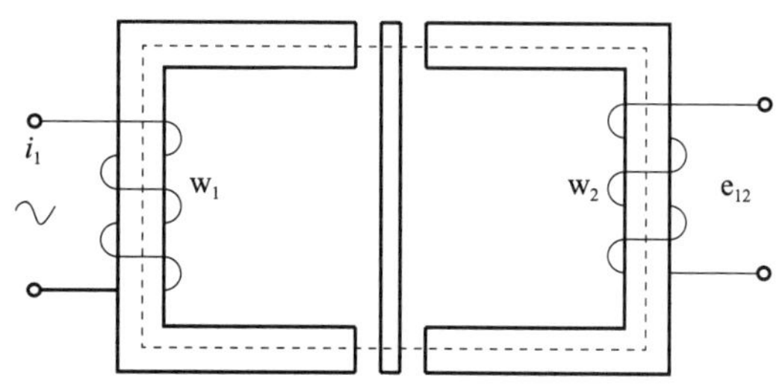

图 5-23　差动变压器式传感器

当线圈 W_1 输入交流电流 i_1 时，线圈 W_2 产生感应电动势 e_{12}，其大小与电流 i_1 的变换率成正比，即

$$e_{12}=-M\frac{di_1}{dt} \tag{5-17}$$

式中，M——比例系数，称为互感。

5. 磁电式传感器的原理

磁电式传感器把被测物理量的变化转变为感应电动势。工作原理：根据电磁感应定理，一个匝数为 N 的线圈，当穿过该线圈的磁通 Φ 发生变化时，其感应电动势的大小为：

$$e=-N\frac{d\Phi}{dt} \tag{5-18}$$

电动势与磁通变化量有关。导致磁通变化的原因有多种，当线圈的匝数及磁感应强度不变时，磁通的变化率与磁路的磁阻及线圈在磁场中的运动速度有关。根据测量线圈速度或磁阻的不同方式，可将电动式传感器分成动圈式传感器和变磁阻式传感器。

（1）动圈式传感器。分为线速度型和角速度型，如图 5-24 所示。

动圈式磁电传感器工作原理
线速度型

（a）线圈在磁场中作直线运动

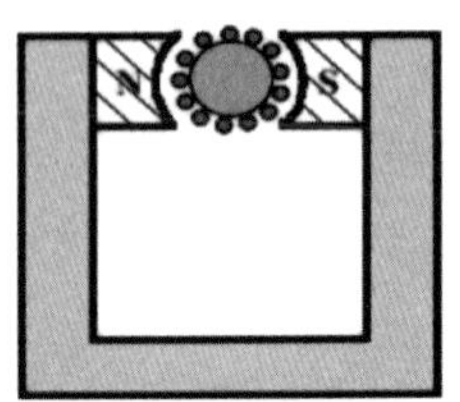

动圈式磁电传感器工作原理
角速度型

（b）线圈在磁场中作旋转运动

图 5-24　动圈式传感器工作原理

（2）变磁阻式传感器。原理：物体运动→磁路磁阻改变→磁通变化→产生感应电动势，如图 5-25 所示。

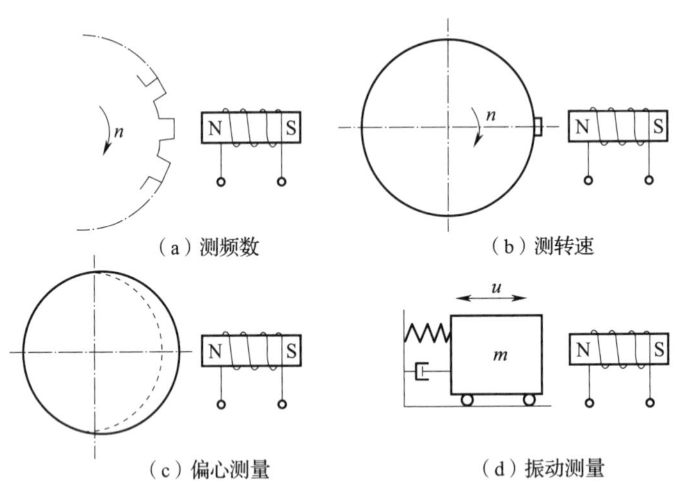

（a）测频数　（b）测转速　（c）偏心测量　（d）振动测量

图 5-25　变磁阻式传感器工作原理

6. 压电式传感器的原理

压电式传感器是利用某些物质的压电效应将被测量转换为电量的一种传感器，如图 5-26 所示。某些材料在某一方向受力时，不仅几何尺寸会发生变化，而且内部也会被极化，表面会产生电荷；当外力去掉时，又重

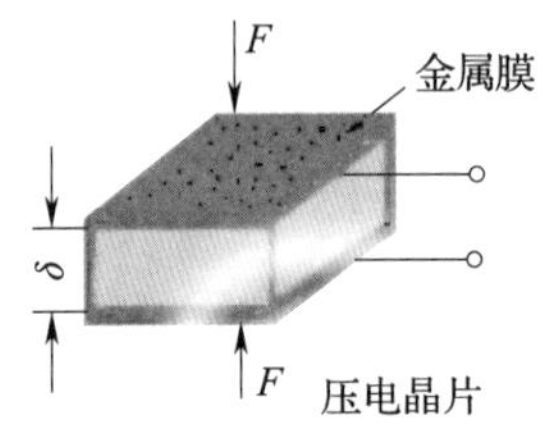

图 5-26　压电传感器的原理

新回到原来的状态。

压电传感器相当于一个电荷发生器，压电式传感器输出电信号很微弱，通常应把传感器信号先输入到高输入阻抗的前置放大器中，经过阻抗变换后，方可输入到后续显示仪表中。

7. 热电式传感器的原理

热电式传感器是将被测量（温度）转换为电量的传感器，可分为热电偶和热电阻两种。

（1）热电偶。原理：热电偶是基于热电势效应原理的测温用传感器，把两种不同的导体或半导体连接，如图 5-27 所示，若 1、2 点温度不同，回路中有电流产生，称之为热电势。对于某个确定的热电偶，当某一端温度 T_0 恒定时，热电势仅与测量端温度 T 有关，故可测温度 T。热电势由两部分组成：接触电势；温差电势。

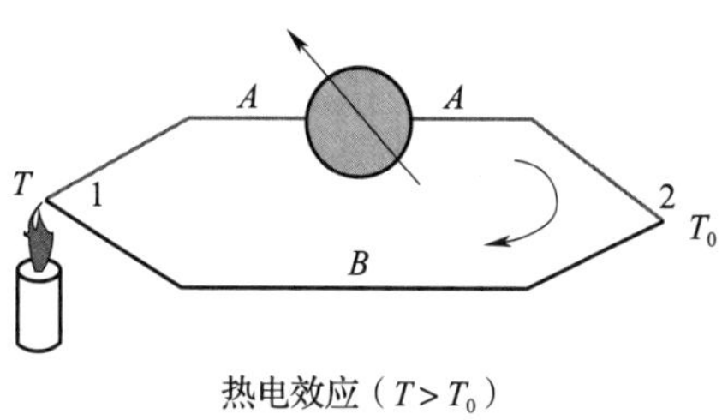

图 5-27　热电偶效应

（2）热电阻。分为金属热电阻（热电阻）与半导体热电阻（热敏电阻）两类。

金属热电阻：基于金属导体的电阻值随温度的增加而增加这一特性进行温度测量。

半导体热电阻：具有负的电阻温度系数，随温度的上升而阻值下降。

8. 光电传感器的原理

光电传感器首先把被测量的变化转换成光信号的变化，光电传感器是将光量转换为电量。光电器件的物理基础是光电效应。

外光电效应：在光线作用下，物质内的电子逸出物体表面向外发射的现象，称为外光电效应。如光电管、光电倍增管。

内光电效应：受光照物体（通常为半导体材料）电导率发生变化或产生光电动势的效应称为内光电效应。如光敏电阻等。

光生伏特效应：在光线作用下使物体产生一定方向电动势的现象，如光电池、光敏晶体管等。

主要包括图 5-28 中的几种形式(吸收式、反射式、遮光式、辐射式)。

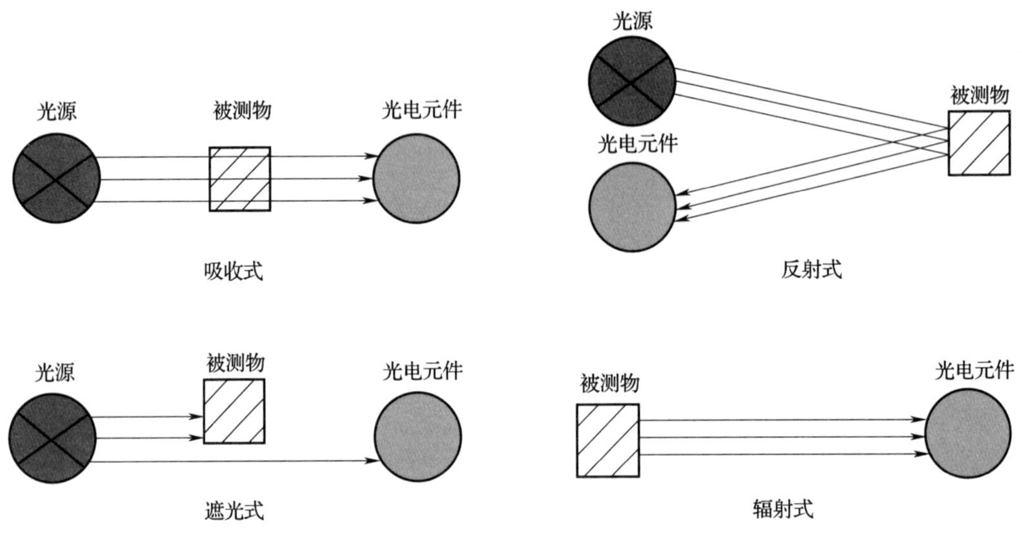

图 5-28　光电传感器的 4 种形式

9. 光纤传感器的原理

光纤传感器以光信号为变换和传输的载体，利用光导纤维传输光信号。

光的电矢量的振动，偏振态(矢量 A 的方向)：

$$\vec{E}=\vec{A}\sin(\omega t+\varphi) \tag{5-19}$$

光纤传感器通过将被测量变换为光波的强度、频率、相位或偏振态四个参数之一的变化进行测量。通常将光波随被测量的变化而变化称为对光波进行调制。相应地，光纤传感器可分为强度调制型、频率调制型、相位调制型及偏振态调制型。

二、传感器的选型

在实际工程应用中，需要根据下列参数选取合适的传感器型号。

1. 灵敏度

理论上讲，我们希望传感器的灵敏度越高越好。灵敏度越高，意味着被测量发生很小变化，传感器就可以有较大的输出。但是，灵敏度高，与测量信号无关的外界干扰也跟着混入，因此要求输入信号信噪比高一些，而且传感器本身要求干扰噪声小，

因此相应的设备复杂，造价高；和灵敏度紧密相关的就是测量范围，理想的测试装置应是线性的，而实际测试时，输入量中含有被测量，也有干扰噪声，二者之和不可以进入非线性区域，因此压缩了被测量的线性区域。

2. 响应特性

在所测频率范围内，传感器的响应特性必须满足不失真测试的条件：

$$A(\omega)=A_0$$

$$\varphi(\omega)=-\omega t_0$$

一般取动态测试误差为 $g=5\%$，g 取值过大会失去测试的意义。实际传感器的响应总有一定的延迟时间，延迟时间越小越好。

3. 线性范围

传感器的线性范围都是一定的。线性范围越宽，表明传感器的工作量程越大，只有在线性区域内，才能保证测量的精确。

4. 可靠性

对传感器来说，可靠性就是其生命。传感器必须在规定的条件下，在规定的时间内，在允许的误差范围内完成其规定的功能。因此，为了保证传感器在使用过程中可靠地完成任务，一方面传感器设计制造要良好，另一方面使用时必须保证传感器工作在规定范围内，注意保养。例如：

• 体重计：只能用于静态量测量，注意防冲击。

• 应变片式传感器：温度的变化会产生零漂，湿度的变化会影响绝缘性能，使用时需考虑温度湿度的影响，长期使用应变片会产生蠕变，超过规定使用年限需替换或报废应变片。

• 磁电式传感器：在电场、磁场中工作会产生误差，甚至不能正常工作，使用时需考虑电磁环境。

5. 精确度

精确度表示输出量与被测量的一致程度。整个测试系统中，传感器处于整个系统的最前端，因此，其精确度影响整个测试系统。

传感器的精确度并非越高越好，精变越高则价格越高。因此在选用时还取决于测试目的。

6. 测量方式

传感器在实际条件下的工作方式，接触与非接触测量、在线与非在线测量等，也是选用传感器时应考虑的重要因素。

7. 其他

选择传感器其他考虑因素，如结构简单、体积小、重量轻、价格便宜、易于维修、易于更换。

三、传感器的应用

针对具体的待测物理量，可以选择多种类型的传感器，需要进一步考虑各类传感器的性能特点，选择合适的传感器。

1. 位移测量

位移是物体上某一点在一定方向上的位置变动，因此位移是矢量。测量方向与位移方向重合才能真实地测量出位移量的大小。若测量方向与位移方向不重合，则测量结果仅是该位移量在测量方向上的分量。

位移测量从被测量来的角度可分为线位移测量和角位移测量；从测量参数特性的角度可分为静态位移测量和动态位移测量。许多动态参数，如力、扭矩、速度、加速度等都是以位移测量为基础的。电阻式位移传感器的性能及特点见表 5-1。

表 5-1　　电阻式位移传感器的性能及特点

<table>
<tr><th rowspan="2">型式</th><th colspan="2">滑线式</th><th colspan="2">变阻器</th></tr>
<tr><th>线位移</th><th>角位移</th><th>线位移</th><th>角位移</th></tr>
<tr><td>测量范围</td><td>1～300 mm</td><td>0～360°</td><td>1～1 000 mm</td><td>0～60 r</td></tr>
<tr><td>精确度</td><td>±0. 1%</td><td>±0. 1%</td><td>±0. 5%</td><td>±0. 5%</td></tr>
<tr><td>直线性</td><td>±0. 1%</td><td>±0. 1%</td><td>±0. 5%</td><td>±0. 5%</td></tr>
<tr><td>特点</td><td colspan="2">分辨力较好，可静态或动态测量。机械结构不牢固</td><td colspan="2">结构牢固，寿命长，但分辨力差，电噪声大</td></tr>
</table>

电阻应变式位移传感器性能及特点见表 5-2。

表 5-2　　电阻应变式位移传感器的性能及特点

型式	非粘贴的	粘贴的	半导体的
测量范围	±0.15%应变	±0.3%应变	±0.25%应变
精确度	±0.1%	±2%~3%	±2%~3%
直线性	±1%	±1%	满刻度±20%
特点	不牢固	牢固，使用方便，需温度补偿和高绝缘电阻	输出幅值大，温度灵敏性高

电感式位移传感器的性能及特点见表 5-3。

表 5-3　　电感式位移传感器的性能及特点

型式	自感式		差动变压器	涡电流式	微动同步器	旋转变压器
	变气隙型	螺管型				
测量范围	±0.2 mm	1.5~2 mm	±0.08~75 mm	±2.5~±250 mm	±10°	±60°
精确度	±1%	±1%	±0.5%	±1~3%	±1%	±1%
直线性	±3%	±3%	±0.5%	<3%	±0.05%	±0.1%
特点	只适用于用于微小位移测量	测量范围较宽使用方便可靠，动态性能较差	分辨力好，受到磁场干扰时需屏蔽	分辨力好，受被测物体材料，形状加工质量影响	非线性误差与变压比和测量范围有关	

电容式位移传感器的性能及特点见表 5-4。

表 5-4　　电容式位移传感器的性能及特点

型式	变面积	变间距
测量范围	10^{-3}~1 000 mm	10^{-5}~10 mm
精确度	±0.005%	0.1%
直线性	±1%	1%
特点	受介电常数因环境温度，湿度而变化的影响	分辨力很好，但测量范围很小，只能在小范围内近似地保存线性

2. 振动测量

机械振动是一种物理现象，而不是一个物理参数，和振动相关的物理量有振动位移、振动速度、振动加速度等，所以振动测试是对这些振动量的检测，它们反映了振动的强弱程度。

测振传感器常称拾振器。按壳体的固定方式可分为相对式和绝对式。相对式传感器是以空间某一固定点作为参考点，测量物体上的某点对参考点的相对振动。绝对式传感器是以大地为参考基准，即以惯性空间为基准测量振动物体相对于大地的绝对振动，又称惯性式传感器。

常用测振传感器如下。

（1）电涡流式位移传感器。电涡流式位移传感器是一种非接触式测振传感器，涡流传感器属于相对式拾振器，能方便地测量运动部件与静止部件间的间隙（位移）变化，如图 5-29 所示。

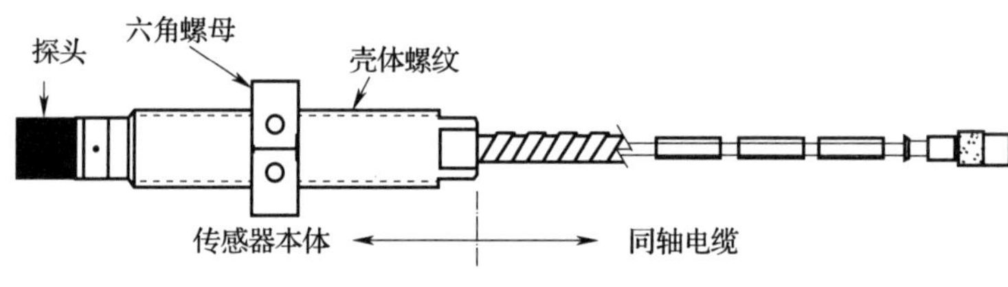

图 5-29　电涡流式位移传感器结构图

（2）电容式位移传感器。电容式位移传感器是一种非接触式测振传感器，传感器属于相对式拾振器，能方便地测量运动部件与静止部件间的间隙（位移）变化。

（3）磁电式速度（计）传感器。测量振动系统中两部件之间的相对振动速度，壳体固定于一部件上，而顶杆与另一部件相连接，从而使传感器内部的线圈与磁钢产生相对运动，发出相应的电动势来，如图 5-30 所示。

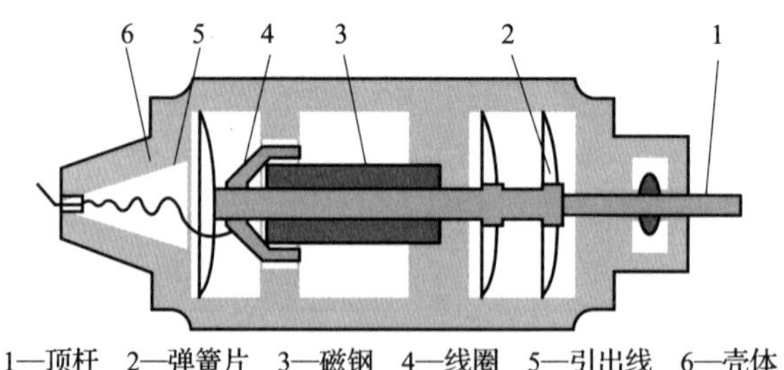

1—顶杆　2—弹簧片　3—磁钢　4—线圈　5—引出线　6—壳体

图 5-30　磁电式速度（计）传感器内部结构图

（4）压电式加速度计。压电式加速度计内部通常有以高密度合金制成的惯性质量块，当壳体连同基座和被测对象一起运动时，惯性质量块相对于壳体或基座产生一定

的位移，由此位移产生的弹性力加于压电元件上，在压电元件的两个端面上就产生了极性相反的电荷，如图 5-31 所示。

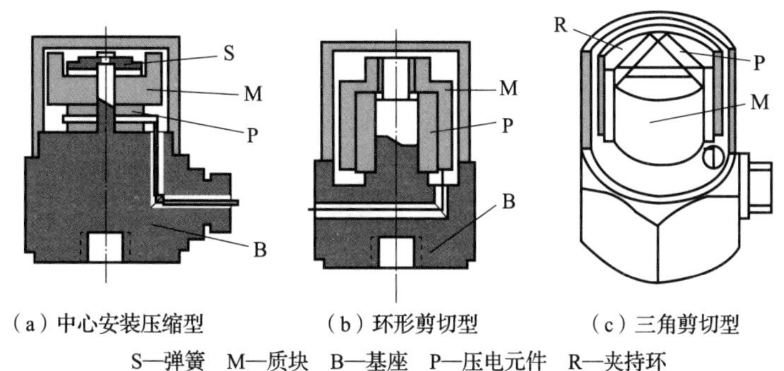

图 5-31　压电式加速度计结构图

3. 声的测量

传声器是将声波转换为相应电信号的传感器。由声音造成的空气压力使传感器的振动膜振动，进而经变换器将此机械运动转换成电参量的变化。传声器根据变换器的形式不同有以下几种：电容式、压电式、电动式等。

(1) 电容式。这是最常用的一种传声器，其稳定性、可靠性、耐震性，以及频率特性均较好。其幅频特性平直部分的频率范围为 10 Hz~20 kHz，如图 5-32 所示。

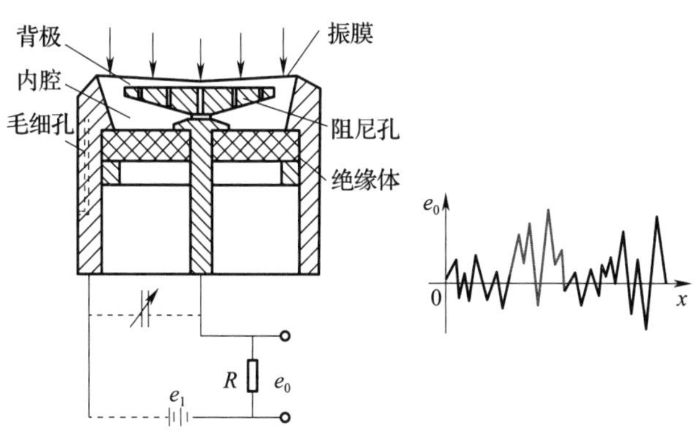

图 5-32　电容式传声器

绷紧的膜片与其靠得很近的后极板组成一电容器。在声压的作用下膜片产生与声波信号相对应的振动，使膜片与不动的后极板之间的极距改变，导致该电容器的电容量发生相应变化。

因此，电容式传声器是一种极距变化型的电容传感器。运用直流极化电路输出变电压，此输出电压的大小和波形由作用膜片上的声压所决定。

(2) 压电式。这种传声器灵敏度较高，频响曲线平坦，结构简单、价格便宜，广泛用于普通声级计中，如图 5-33 所示。

压电式传声器主要由膜片和与其相联的压电晶体弯曲梁所组成。在声压的作用下，膜片位移，同时压电晶体弯曲梁产生弯曲变形，由于压电材料的压电效应，使其两表面生产相应的电荷，得到变的电压输出。

(3) 电动式。这种传声器精度、灵敏度较低，体积大。其突出特点是输出阻抗小，所以接较长的电缆也不降低其灵敏度，如图 5-34 所示。温度和湿度的变化对其灵敏度也无大的影响。

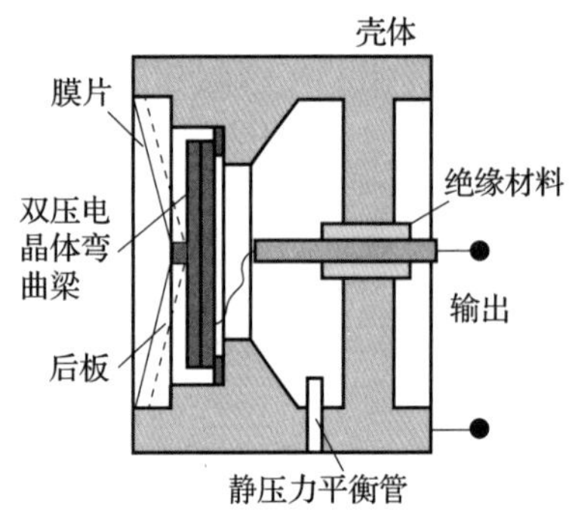

图 5-33　压电式传声器

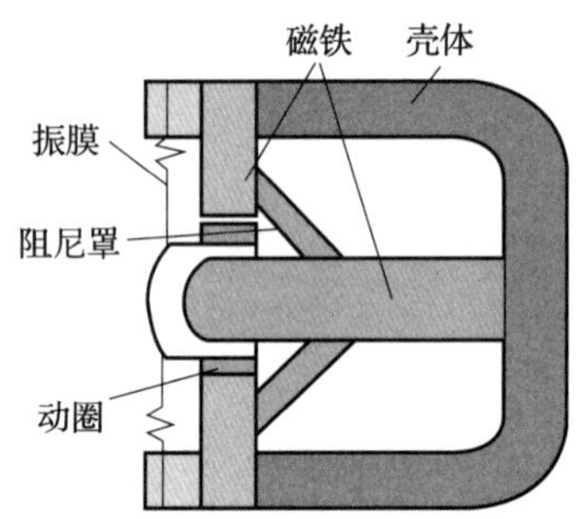

图 5-34　动圈式传声器

电动式传声器，又称动圈式传声器，在膜片的中间附有一线圈(动圈)，此线圈处于永久磁场的气隙中，在声压的作用下，线圈随膜片一起移动，使线圈切割磁力线而产生相应的感应电动势。

4. 力的测量

对机械零件和机械结构进行力的测量，可以分析其受力状况和工作状态，验证设计计算，确定工作过程和某些物理现象的机理。力的测量方法可以归纳为利用力的静力效应和动力效应两种。

利用静力效应测力。力的静力效应使物体产生变形，通过测定物体的变形量或用

与内部应力相对应参量的物理效应来确定力值。例如，可用差动变压器、激光干涉等方法测定弹性体变形达到测力的目的；也可利用与力有关的物理效应，如压电效应、压磁效应等。

利用动力效应测力。力的动力效应使物体产生加速度，测定了物体的质量及所获得的加速度大小就测定了力值。在重力场中地球的引力使物体产生重力加速度，因而可以用已知质量的物体在重力场某处的重力来体现力值。例如基准测力机等。

(1) 弹性变形式的力传感器。常用的弹性元件有柱式、梁式、环式、轮辐等多种形式。

柱式弹性元件：通过柱式弹性元件表面的拉(压)变形测力。

梁式弹性元件：类型有等截面梁、等强度梁和双端固定梁等，通过梁的弯曲变形测力，结构简单，灵敏度较高。

环式弹性元件：分为圆环式和八角环式。它也是通过元件的弯曲变形测力，结构较紧凑。

轮辐式弹性元件：轮辐式弹性元件受力状态可分为拉压、弯曲和剪切。

(2) 差动变压器式测力传感器。差动变压器式力传感器的弹性元件是薄壁圆筒，在外力作用下，变形使差动变压器的铁芯介质微位移，变压器次极产生相应电信号，如图 5-35 所示。

工作过程：被测力作用于弹性元件，使弹性元件发生变形产生铁芯介质微位移，导致电感量变化，外接电路，电压输出。

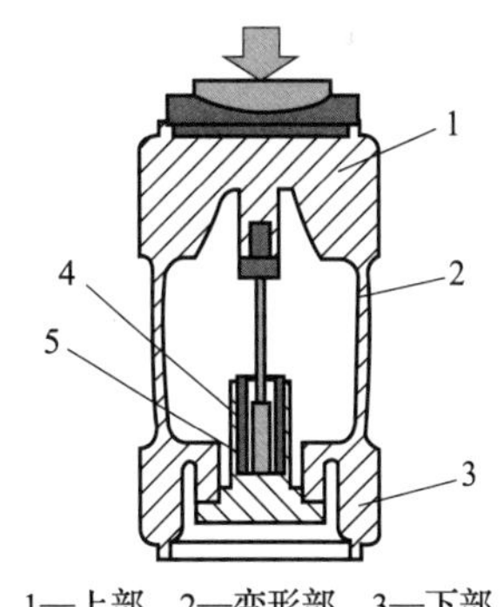

1—上部　2—变形部　3—下部
4—铁芯　5—差动变压器线圈

图 5-35　差动变压器式传感器

(3) 压磁式力传感器。某些铁磁材料受到外力作用时，引起导磁率变化现象，称作压磁效应。其逆效应称作磁致伸缩效应。

在硅钢叠片上开有 4 个对称的通孔，孔中分别绕有互相垂直的两个线圈，如图 5-36 所示，一个线圈为励磁绕组，另一个为测量绕组。

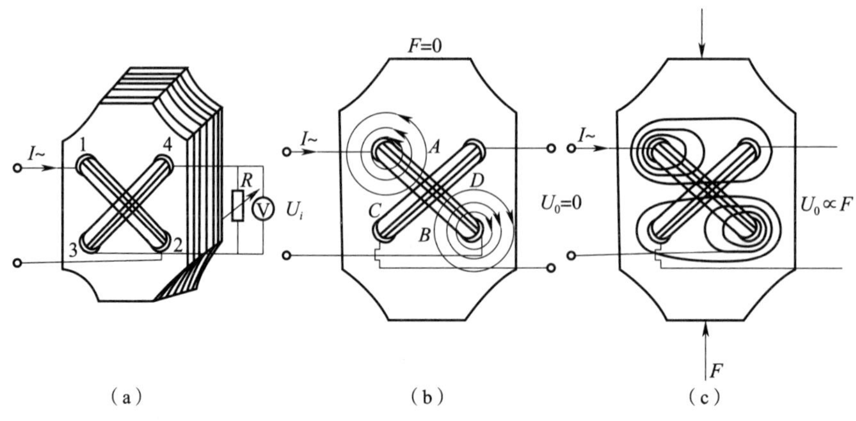

图 5-36　励磁绕组与测量绕组

工作过程：被测力作用在铁磁材料上产生磁导率变化，测量线圈磁场交链，感应电势输出。

(4) 压电式力传感器。压电式测力传感器利用压电材料(石英晶体、压电陶瓷)的压电效应，将被测力经弹性元件转换为与其成正比的电荷量输出，通过测量电路测出输出电荷，从而实现对力值的测量。弹性元件感受力 F 时压电材料产生电荷 Q 输出，如图 5-37 所示。工作过程中，被测力作用在压电材料上，产生电量。

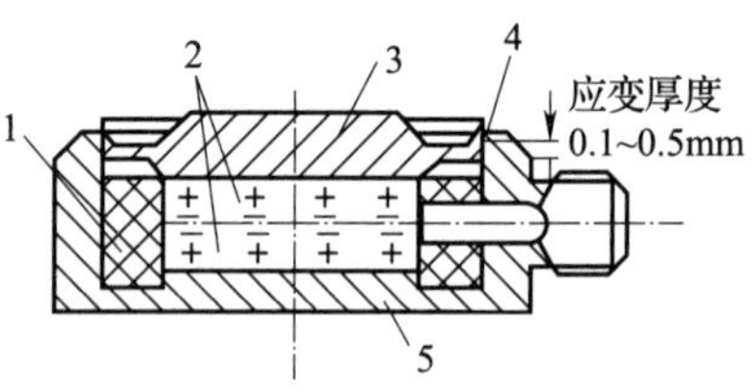

1—聚四氟乙烯套　2—晶片
3—荷重块　4—电子束焊缝　5—基座

图 5-37　单向压电式力敏传感器结构图

5. 扭矩测量

扭矩是各种机械传动轴的基本载荷形式，扭矩的测量对传动轴载荷的确定及传动系统各工作零件的强度设计及电机容量的选择，都有重要意义。

扭矩由力和力臂的乘积来定义，单位是 N · m。扭矩的测量以测量转轴应变和测量转轴两横截面相对扭转角的方法最常用。

(1) 应变片式扭矩传感器。扭矩弹性元件(弹性轴)由材料力学知，当受扭矩作用时，轴表面的主应变和扭矩成正比关系。

在转轴上或直接在被测轴上，沿轴线的 45°或 135°方向将应变片粘贴上，当转轴受转矩 M 作用时，应变片产生应变，其应变量 ε 与转矩 M 呈线性关系。

（2）磁电感应式扭矩传感器。磁电感应式扭矩传感器结构如图 5-38 所示，它是在转轴上固定两个齿轮，通过其所在横截面之间相对扭转角来测量扭矩。

在转轴上固定两个齿轮 1 和 2，它们的材质、尺寸、齿形和齿数均相同。永久磁铁和线圈组成的磁电式检测头 3 和 4 对着齿顶安装。当转轴不受扭矩时，两线圈输出信号相同，相位差为零。转轴承受扭矩后，相位差不为零，且随两齿轮所在横截面之间相对扭转角的增加而加大，其大小与相对扭转角、扭矩成正比。

（3）光电式扭矩传感器。光电式扭矩传感器结构如图 5-39 所示。它是在转轴上固定两只圆盘光栅，通过两光栅之间相对扭转角来测量扭矩。

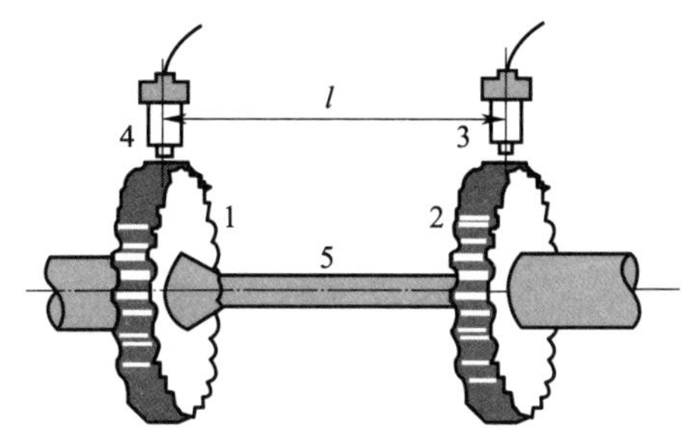

1、2—齿轮　3、4—磁电感应式扭矩传感器　5—扭力棒

图 5-38　磁电感应式扭矩传感器结构

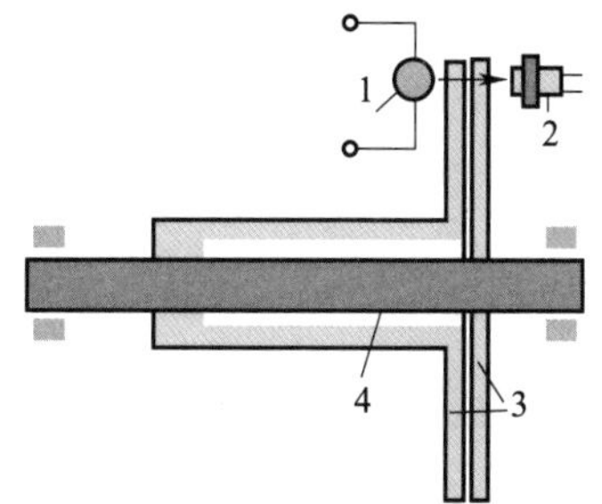

1—光源　2—光敏元件　3—圆盘光栅　4—转轴

图 5-39　光电式扭矩传感器结构

在转轴 4 上固定两只圆盘光栅 3，在不承受扭矩时，两光栅的明暗区正好互相遮挡，光源 1 的光线没有透过光栅照射到光敏元件 2，无输出信号。当转轴受扭矩后，转轴变形将使两光栅出现相对转角，部分光线透过光栅照射到光敏元件上产生输出信号。扭矩愈大，扭转角愈大，穿过光栅的光通量愈大，输出信号愈大，从而可实现扭矩测量。

（4）压磁式扭矩传感器。压磁式扭矩传感器结构如图 5-40 所示。它是利用轴受扭时材料导磁率的变化测量扭矩。其特点是可以非接触测量。

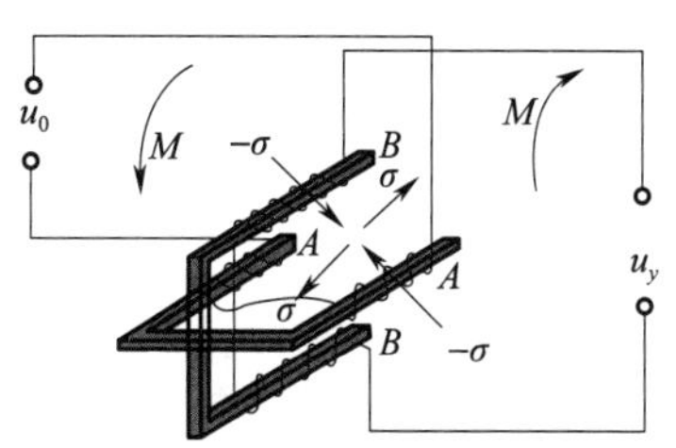

图 5-40　压磁式扭矩传感器结构

铁磁材料的转轴受扭矩作用时，导磁率发生变化。图 5-40 中，分别绕有线圈 A 和 B，其中 A–A 沿轴线，B–B 沿垂直于轴线放置，彼此互相垂直。

两个铁芯的开口端与转轴表面保持 1～2 mm 空隙，当 A–A 线圈通入交流电，形成通过转轴的交变磁场。

当转轴不受扭矩时，磁力线和 $B-B$ 线圈不交链；转轴受扭矩作用时，转轴材料导磁率变化，沿正应力方向磁阻减小，沿负应力方向磁阻增大，从而使磁力线分布改变，使部分磁力线与 $B-B$ 线圈交链，并在 $B-B$ 线圈产生感应电势。感应电势随扭矩增大而增大，并在一定范围内成线性关系。

四、传感器实验

实验一：光电传感器应用

1. 实验目的

实验目的如下：

- 了解光电传感器的应用。
- 配置及调试智能仓储中光电传感器的应用。

2. 实验相关知识点

实验相关知识点如下：

- 了解光电传感器的应用。
- 掌握光电传感器的信号采集。

3. 实验内容及主要步骤

根据传感器的型号和类型，按照图纸完成传感器的安装和调节，并将传感器信号添加到堆垛机限位中的应用里，具体实验步骤如下：①打开智能仓储工位，并用网线分别将 PLC 编程口与计算机相连；②在博途软件中进行 PLC 硬件组态，在组态界面中对传感器进行地址分配；③进行 PLC 控制程序编写，要求满足以下功能：当堆垛机中任意轴的正/负限位传感的触发，伺服停止，无法继续朝当前方向运行，并在触摸屏上提示相应报警故障。

实验二：振动传感器的应用

1. 实验目的

实验目的如下：

- 了解振动传感器的应用。

• 配置及使用振动传感器。

2. 实验相关知识点

实验相关知识点如下：

• 振动传感器的原理。

• 振动传感器的使用。

3. 实验内容及主要步骤

根据传感器的型号和类型，学习振动传感器信号在加工工位中的应用，实验步骤如下：①在设备上完成振动传感器的安装和连接；②打开加工工位，并用网线分别将PLC 编程口与计算机相连；③打开博图软件并打开项目；④完成在变量表中添加振动传感器信号；⑤完成变量建立后，进行 HMI 界面编写，要求满足以下功能：加工过程中主轴振动传感器开始采集数据，并实时在 HMI 上显示振动曲线。

五、机器视觉

1. 机器视觉的概念

机器视觉是人工智能正在快速发展的一个分支；简单说来，机器视觉就是用机器代替人眼来做测量和判断。机器视觉是一项综合技术，包括图像处理、机械工程技术、控制、电光源照明、光学成像、传感器、模拟与数字视频技术、计算机软硬件技术(图像增强和分析算法、图像卡、I/O 卡等)。

一个典型的机器视觉应用系统包括图像捕捉、光源系统、图像数字化模块、数字图像处理模块、智能判断决策模块和机械控制执行模块。

机器视觉系统最基本的特点是提高生产的灵活性和自动化程度。在一些不适于人工作业的危险工作环境或者人工视觉难以满足要求的场合，常用机器视觉来替代人工视觉。同时，在大批量重复性工业生产过程中，用机器视觉检测方法可以大大提高生产的效率和自动化程度。

2. 机器视觉系统基本构成

机器视觉系统是通过机器视觉产品(即图像摄取装置，分为 CMOS 和 CCD 两种)将被摄取目标转换成图像信号，传送给专用的图像处理系统，得到被摄目标的形态信息，根据像素分布和亮度、颜色等信息，转变成数字化信号；图像系统对这些信号进行各种运算来抽取目标的特征，进而根据判别的结果来控制现场的设备动作。

一般来说，机器视觉系统包括了照明系统、镜头、摄像系统和图像处理系统。功能上来看，典型的机器视觉系统可以分为图像采集部分、图像处理部分和运动控制部分。

3. 机器视觉系统的主要工作过程

一个完整的机器视觉系统的主要工作过程如下：

• 将工件运动至接近摄像系统的视野中心，向图像采集部分发送触发脉冲信号。

• 图像采集部分按照事先设定的程序和延时，分别向相机系统和照明系统发出启动脉冲。

• 相机停止目前的扫描，重新开始新的一帧扫描，相机在启动脉冲来到之前处于等待状态，启动脉冲到来后启动一帧扫描。

• 相机开始新的一帧扫描之前打开曝光机构，曝光时间可以事先设定。

• 另一个启动脉冲打开灯光照明，灯光的开启时间应该与摄像机的曝光时间匹配。

• 相机曝光后，正式开始一帧图像的扫描和输出。

• 图像采集部分接收模拟视频信号，通过 A/D 将其数字化，或者是直接接收相机数字化后的数字视频数据。

• 图像采集部分将数字图像存放在处理器或计算机的内存中。

• 处理器对图像进行处理、分析、识别，获得测量结果或逻辑控制值。

• 处理结果控制流水线的动作、进行定位、纠正运动的误差等。

4. 机器视觉的典型应用

（1）物体分拣。在机器视觉应用环节中，物体分拣应用是建立在识别、检测之后的一个环节，通过机器视觉系统将图像进行处理，结合机械臂的使用实现产品分拣。举个例子，在过去的产线上，是用人工的方法将物料安放到注塑机里，再进行下一步工序。现在则是使用自动化设备分料，其中使用机器视觉系统进行产品图像抓取、图像分析，输出结果，再通过机器人，把对应的物料、放到固定的位置上，从而实现工业生产的智能化、现代化、自动化。

（2）图像检测。在生产生活中，每种产品都需要检验是否合格，需要一份检验合格证书，检测在机器视觉应用最广。在过去机器视觉不发达的时候，人工肉眼检测往往会遇到很多问题，比如准确性太低，容易有误差，不能连续工作且易疲劳，而且费时费力。机器视觉的大量应用将产品生产和检测推动到高度自动化的阶段。在具体应用上，比较常见的有硬币字符检测、电路板检测等，以及人民币造币工艺的检测，对精度要求特别高，检测的设备也很多，工序复杂。此外还有机器视觉的定位检测、饮料瓶盖生产的合格性检测、产品条码字符的检测识别、玻璃瓶的缺陷检测、药用玻璃瓶检测，医药领域也是机器视觉的主要应用领域之一。

（3）物体测量。机器视觉工业应用最大的特点就是其非接触测量技术，由于非接触无磨损，所以避免了接触测量可能造成的二次损伤隐患。机器视觉，顾名思义，就是使机械设备具备“看得见”的能力，好比人有了眼睛才能看得到物品。机器视觉对物体进行测量，不需要像传统人工一样对产品进行接触，但是其高精度、高速度性能一样不少，不但对产品无磨损，还解决了造成产品的二次伤害的可能，这对精密仪器的制造水平有特别明显的提升。此外，对螺钉螺纹、麻花钻、IC 元件管脚、车零部件、接插件等的测量，都是非常普遍的测量应用。

（4）视觉定位。视觉定位能够准确检测到产品，并且确认它的位置。在半导体制造领域，芯片位置信息调整拾取头非常不好处理，因为需要准确拾取芯片以及绑定。机器视觉则能够解决这个问题，这也是视觉定位成为机器视觉工业领域最基本应用的原因。

（5）图像识别。图像识别，简单讲就是使用机器视觉处理、分析和理解图像，识别各种各样的对象和目标，功能非常强大。最典型的图像识别应该就是识别二维码了。二维码和条形码是我们生活中极为常见的条码。在商品的生产中，厂家把很多数据储存在小小的二维码中，通过这种方式对产品进行管理和追溯，随着机器视觉图像识别应用变得越来越广泛，各种材质表面的条码变得非常容易被识别读取、检测，从而使现代化水平、生产效率大大提高，生产成本降低。

六、机器视觉实验

实验一：条码的识别

1. 实验目的

实验目的如下：

• 了解机器视觉的工作原理与基本构成。

• 掌握条码识别的应用。

2. 实验相关知识点

实验相关知识点如下：

• 掌握二值化、形态学等方法实现图像预处理。

• 掌握 OCR 识别的一般步骤。

3. 实验内容及主要步骤

实验主要步骤如下：

• 创建训练文件。

• 训练 OCR 分类器。

• 识别条码。

第五节　电气电路设计

考核知识点及能力要求：

• 了解电气控制系统的基本内容，包括原理设计内容和工艺设计内容。

• 掌握电气电路设计方法，包括电气电路的分析设计方法和逻辑设计方法、电气原理图设计的基本步骤。

• 能够进行电气电路设计中元器件的选型，包括根据电动机的基本原则、机构、额定电压、额定转速容量等要求选择合适的电动机，机床常用的低压配电电器、自动控制电器、低压电器的选型。

• 能够完成异步交流电机的电气电路设计。

一、电气控制系统设计的内容

电气控制系统设计的基本任务是根据控制要求设计、编制出设备制造和使用维修过程中所必需的图纸、资料等。图纸包括电气原理图、电气系统的组件划分图、元器件布置图、安装接线图、电气箱图、控制面板图、电器元件安装底板图和非标准件加工图等，另外还要编制外购件目录、单台材料消耗清单、设备说明书等文字资料。

电气控制系统设计的内容主要包含原理设计与工艺设计两个部分，以电力拖动控制设备为例，设计内容如下。

1. 原理设计内容

电气控制系统原理设计的主要内容包括：①拟订电气设计任务书；②确定电力拖动方案，选择电动机；③设计电气控制原理图，计算主要技术参数；④选择电器元件，制订元器件明细表；⑤编写设计说明书。

电气原理图是整个设计的中心环节，它为工艺设计和制订其他技术资料提供依据。

2. 工艺设计内容

进行工艺设计主要是为了便于组织电气控制系统的制造，从而实现原理设计提出的各项技术指标，并为设备的调试、维护与使用提供相关的图纸资料。工艺设计的主要内容有：①设计电气总布置图、总安装图与总接线图；②设计组件布置图、安装图和接线图；③设计电气箱、操作台及非标准元件；④列出元件清单；⑤编写使用维护说明书。

二、电气控制电路设计方法

电气控制原理电路设计是原理设计的核心内容，各项设计指标通过它来实现，它又是工艺设计和各种技术资料的依据。

1. 电气控制原理电路的基本设计方法

电气控制原理电路设计的方法主要有分析设计法和逻辑设计法两种。

(1) 分析设计法。分析设计法是根据生产工艺的要求选择适当的基本控制环节(单元电路)或将比较成熟的电路按其联锁条件组合起来，并经补充和修改，将其综合成满足控制要求的完整线路。当没有现成的典型环节时，可根据控制要求边分析边设计。

分析设计法的优点是设计方法简单、无固定的设计程序，它是在熟练掌握各种电气控制电路的基本环节和具备一定的阅读分析电气控制电路能力的基础进行的，容易为初学者所掌握，对于具备一定工作经验的电气技术人员来说，能较快地完成设计任务，因此在电气设计中被普遍采用；其缺点是设计出的方案不一定是最佳方案，当经验不足或考虑不周全时会影响线路工作的可靠性。为此，应反复审核电路工作情况，有条件时还应进行模拟试验，发现问题及时修改，直到电路动作准确无误，满足生产工艺要求为止。

(2) 逻辑设计法。逻辑设计法是利用逻辑代数来进行电路设计，从生产机械的拖动要求和工艺要求出发，将控制电路中的接触器、继电器线圈的通电与断电，触点的闭合与断开，主令电器的接通与断开看成逻辑变量，根据控制要求将它们之间的关系用逻辑关系式来表达，然后再化简，做出相应的电路图。

逻辑设计法的优点是能获得理想、经济的方案，但这种方法设计难度较大，整个设计过程较复杂，还要涉及一些新概念，因此，在一般常规设计中，很少单独采用。其具体设计过程可参阅专门论述资料，这里不再作进一步介绍。

2. 电气原理图设计的基本步骤

电气原理图设计的基本步骤是：①根据确定的拖动方案和控制方式设计系统的原理框图；②设计出原理框图中各个部分的具体电路，设计时按主电路、控制电路、辅助电路、联锁与保护、总体检查反复修改与完善的先后顺序进行；③绘制总原理图；④恰当选用电器元件，并制订元器件明细表；⑤设计过程中，可根据控制电路的简易程度适当地选用上述步骤。

3. 原理图设计中的一般要求

一般来说，电气控制原理图应满足生产机械加工工艺的要求，电路要具有安全可靠、操作和维修方便、设备投资少等特点，为此，必须正确设计控制电路，合理选择电器元件。原理图设计应满足以下要求。

(1) 电气控制原理应满足工艺的要求。在设计之前必须对生产机械的工作性能、结构特点和实际加工情况有充分的了解，并在此基础上来考虑控制方式，起动、反向、

制动及调速的要求，设置各种联锁及保护装置。

(2) 控制电路电源种类与电压数值的要求。对于比较简单的控制电路，而且电器元件不多时，往往直接采用交流380 V或220 V电源，不用控制电源变压器。对于比较复杂的控制电路，应采用控制电源变压器，将控制电压降到110 V或48 V、24 V。这种方案对维修、操作以及电器元件的工作可靠均有利。

对于操作比较频繁的直流电力传动的控制电路，常用220 V或110 V直流电源供电。直流电磁铁及电磁离合器的控制电路，常采用24 V直流电源供电。

交流控制电路的电压必须是下列规定电压的一种或几种：6 V、24 V、48 V、110 V、220 V、380 V。

直流控制电路的电压必须是下列规定电压的一种或几种：6 V、12 V、24 V、48 V、110 V、220 V。

(3) 确保电气控制电路工作的可靠性、安全性。为保证电气控制电路可靠地工作，应考虑以下几个方面。

一是电器元件的工作要稳定可靠，符合使用环境条件，并且动作时间的配合不致引起竞争。

二是复杂控制电路中，在某一控制信号作用下，电路从一种稳定状态转换到另一种稳定状态，常常有几个电器元件的状态同时变化，考虑到电器元件总有一定的动作时间，对时序电路来说，就会得到几个不同的输出状态。这种现象称为电路的“竞争”。而对于开关电路，由于电器元件的释放延时作用，也会出现开关元件不按要求的逻辑功能输出的可能性，这种现象称为“冒险”。

三是“竞争”与“冒险”现象都将造成控制电路不能按照要求动作，从而引起控制失灵。通常所分析的控制电路电器的动作和触点的接通与断开，都是静态分析，没有考虑电器元件动作时间，而在实际运行中，由于电磁线圈的电磁惯性、机械惯性、机械位移量等因素，使接触器或继电器从线圈的通电到触点闭合，有一段吸引时间；线圈断电时，从线圈的断电到触点断开有一段释放时间，这些称为电器元件的动作时间，是电器元件固有的时间。不同于人为设置的延时，固有的动作延时是不可控制的，而人为的延时是可调的。当电器元件的动作时间可能影响到控制电路的动作时，需要用能精确反映元件动作时间及其互相配合的方法（如时间图法）来准确分析动作时间，从而保证电路正常工作。

四是电器元件的线圈和触点的连接应符合国家有关标准规定。

五是电器元件图形符号应符合 GB4728 中的规定，绘制时要合理安排版面。例如，主电路一般安排在左面或上面，控制电路或辅助电路排在右面或下面，元器件目录表安排在标题上方。为读图方便，有时以动作状态表或工艺过程图形式将主令开关的通断、电磁阀动作要求、控制流程等表示在图面上，也可以在控制电路的每一支路边上标注出控制目的。

在实际连接时，应注意以下几点。

一是正确连接电器线圈。交流电压线圈通常不能串联使用，即使是两个同型号电压线圈也不能采用串联后接在两倍线圈额定电压的交流电源上，以免电压分配不均引起工作不可靠。

二是在直流控制电路中，对于电感较大的电器线圈，如电磁阀、电磁铁或直流电机励磁线圈等，不宜与同电压等级的接触器或中间继电器直接并联使用。

三是合理安排电器元件和触点的位置。对于串联回路，电器元件或触点位置互换时，并不影响其工作原理，但在实际运行中，影响电路安全并关系到导线长短。

四是防止出现寄生电路。寄生电路是指在控制电路的动作过程中，意外出现不是由于误操作而产生的接通电路。

五是尽量减少连接导线的数量，缩短连接导线的长度。

六是控制电路工作时，应尽量减少通电电器的数量，以降低故障的可能性并节约电能。

七是在电路中采用小容量的继电器触点来断开或接通大容量接触器线圈时，要分析触点容量的大小，若不够时，必须加大继电器容量或增加中间继电器，否则工作不可靠。

八是应具有必要的保护环节。控制电路在事故情况下，应能保证操作人员、电气设备、生产机械的安全，并能有效地制止事故的扩大。为此，在控制电路中应采取一定的保护措施。常用的有漏电开关保护、过载、短路、过流、过压、失压、联锁与行程保护等措施。必要时还可设置相应的指示信号。

九是操作、维修方便。控制电路应从操作与维修人员的工作出发，力求操作简单、维修方便。

十是控制电路力求简单、经济。在满足工艺要求的前提下，控制电路应力求简单、经济。尽量选用标准电气控制环节和电路，缩减电器的数量，采用标准件和尽可能选用相同型号的电器。

三、电气元器件的选型

1. 电动机的选择

正确地选择电动机具有重要意义，合理地选择电动机是从驱动机床的具体对象、加工规范，也就是从产线的使用条件出发，结合经济、合理、安全等多方面考虑，使电动机能够安全可靠地运行。电动机的选择包括电动机结构形式、额定电压、额定转速、额定功率和电动机的容量等技术指标的选择。

(1) 电动机选择的基本原则。电动机的机械特性应满足生产机械提出的要求，要与负载的负载特性相适应。保证运行稳定且具有良好的启动、制动性能。工作过程中电动机容量能得到充分利用，使其温升尽可能达到或接近额定温升值。电动机结构形式满足机械设计提出的安装要求，并能适应周围环境工作条件。在满足设计要求前提下，应优先采用结构简单、价格便宜、使用维护方便的三相鼠笼式异步电动机。

(2) 电动机结构的选择。从工作方式上，不同工作制相应选择连续、短时及断续周期性工作的电动机。

从安装方式上分卧式和立式两种。

按不同工作环境选择电动机的防护形式，开启式适用于干燥、清洁的环境；防护式适用于干燥和灰尘不多，没有腐蚀性和爆炸性气体的环境；封闭式分自扇冷式、他扇冷式和密封式 3 种，前两种用于潮湿、多腐蚀性灰尘、多侵蚀的环境，后一种用于浸入水中的机械；防爆式用于有爆炸危险的环境中。

(3) 电动机额定电压的选择。交流电动机额定电压与供电电网电压一致，低压电网电压为 380 V，因此，中小型异步电动机额定电压为 220 V/380 V。当电动机功率较大，可选用 3 000 V、6 000 V 及 10 000 V 的高压电动机。

直流电动机的额定电压也要与电源电压一致，当直流电动机由单独的直流发电机供电时，额定电压常用 220 V 及 110 V。大功率电动机可提高 600~800 V。

(4) 电动机额定转速的选择。对于额定功率相同的电动机，额定转速越高，电动机尺寸、重量和成本越小，因此选用高速电动机较为经济。但由于生产机械所需转速一定，电动机转速愈高，传动机构转速比愈大，传动机构愈复杂。因此，应综合考虑电动机与机械两方面的多种因素来确定电动机的额定转速。

(5) 电动机容量的选择。分析计算法，是根据生产机械负载图，在产品目录上预选一台功率相当的电动机，再用此电动机的技术数据和生产机械负载图求出电动机的负载图，最后，按电动机的负载图从发热方面进行校验，并检查电动机的过载能力是否满足要求，如若不行，重新计算直至合格为止。此法计算工作量大，负载图绘制较难，实际使用不多。

2. 常用电器的选择

完成电气控制电路的设计之后，再选择所需要的控制电器，正确合理地选用，是控制电路安全、可靠工作的重要条件。机床电器的选择，主要是根据电器产品目录上的各项技术指标(数据)来进行的。

(1) 低压配电电器的选择。包括以下几方面。

一是熔断器的选择。

熔断器选择内容主要是熔断器种类、额定电压、额定电流等级和熔体的额定电流。熔体额定电流 I_{NF} 的选择是主要参数。

对于单台电动机，$I_{NF}=(1.5\sim2.5)I_{NM}$。式中，$I_{NF}$ 代表熔体额定电流(A)；I_{NM} 代表电动机额定电流(A)。

轻载启动或启动时间较短，上式的系数取 1.5；重载启动或启动次数较多、启动时间较长时，系数取 2.5。

对于多台电动机，$I_{NF}=(1.5\sim2.5)I_{NM}\max+\sum I_M$。式中，$I_{NM}\max$ 代表容量最大一台电动机的额定电流(A)；$\sum I_M$ 代表其余各台电动机额定电流之和，若有照明电路也计入(A)。

对照明电路等没有冲击电流的负载，熔体的额定电流应大于或等于实际负载电流。

对输配电电路，熔体的额定电流应小于电路的安全电流。

熔体额定电流确定以后，就可确定熔管额定电流，应使熔管额定电流大于或等于熔体额定电流。螺旋式熔断器的外形、结构和符号如图 5-41 所示。

二是刀开关的选择。

刀开关主要作用是接通和切断长期工作设备的电源，也用于不经常启、制动的容量小于 7.5 kW 的异步电动机。当用于启动异步电动机时，其额定电流不要小于电动机额定电流的 3 倍。

一般刀开关的额定电压不超过 500 V，额定电流有 10 A 到上千安培的多种等级。有些刀开关附有熔断器。

刀开关主要根据电源种类、电压等级、电动机容量、所需极数及使用场合来选用。

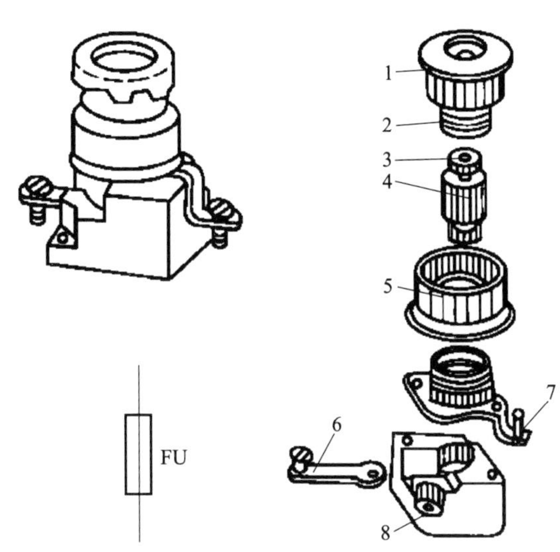

1—瓷帽　2—金属螺管　3—指示器　4—融管
5—瓷套　6—下接线端　7—上接线端　8—瓷座

图 5-41　螺旋式熔断器的外形、结构和符号[37]

刀开关的符号如图 5-42 所示。

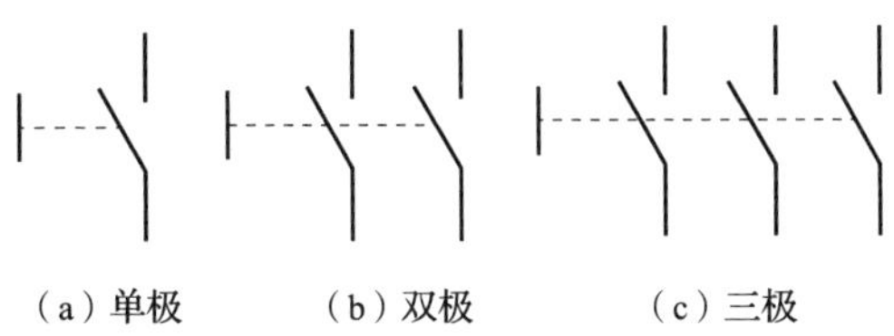

（a）单极　（b）双极　（c）三极

图 5-42　刀开关的符号

三是自动空气开关的选择。

根据电路的计算电流和工作电压，确定自动空气开关的额定电流和额定电压。显然，自动空气开关的额定电流应不小于电路的计算电流。

确定热脱扣器的整定电流。其数值应与被控制的电动机的额定电流或负载的额定电流一致。

确定过电流脱扣器瞬时动作的整定电流：$I_Z \geqslant KI_{PK}$。式中，I_Z 代表瞬时动作的整定电流；I_{PK} 代表电路中的尖峰电流；K 代表考虑整定误差和启动电流允许变化的安全系数。

对于动作时间在 0.02 s 以上的自动空气开关，取 $K=1.35$；对于动作时间在 0.02 s 以下的自动空气开关，取 $K=1.7$。

自动空气开关工作原理和符号如图 5-43 所示。

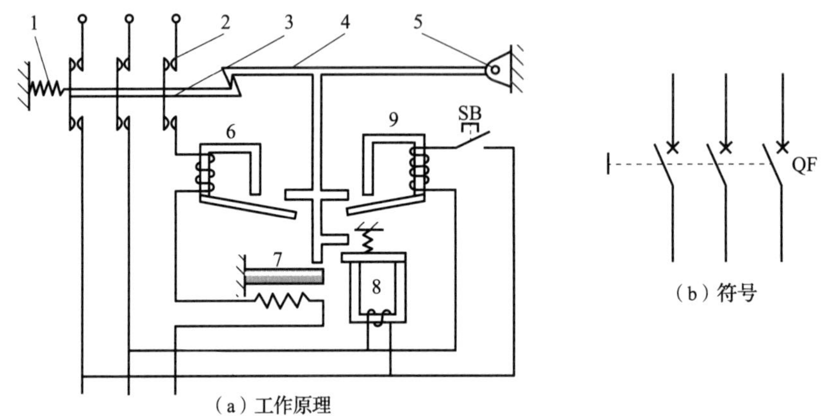

（a）工作原理

1—分闸弹簧　2—主触头　3—传动杆　4—锁扣　5—轴　6—过电流脱扣器　7—热脱扣器　8—欠电压失电压脱扣器　9—分励脱扣器

图 5-43　自动空气开关工作原理和符号[37]

图 5-43 中的三个主触头 2 串接于三相电路中。经操作机构将其闭合，此时传动杆 3 由锁扣 4 钩住，保持主触头的闭合状态，同时分闸弹簧 1 已被拉伸。当主电路出现过电流故障且达到过电流脱扣器 6 的动作电流时，过电流脱扣器 6 的衔铁吸合，顶杆上移将锁扣 4 顶开，在分闸弹簧 1 的作用下使主触头断开。当主电路出现欠电压、失电压或过载时，则欠电压、失电压脱扣器 8 和热脱扣器 7 分别将锁扣 4 顶开，使主触头断开。分励脱扣器 9 可由主电路或其他控制电路供电，由操作人员发出指令或继电保护信号使分励线圈通电，其衔铁吸合，将锁扣顶开，在分闸弹簧作用下使主触头断开，同时也使分励线圈断电。

四是开关电源的选择。

选用合适的输入电压范围。以交流输入为例，常用的输入电压规格有 110 V、220 V，所以相应就有了 110 V、220 V 交流切换，以及通用输入电压（AC：85～264 V）三种规格。应根据使用地区选定输入电压规格。

选择合适的功率。开关电源在工作时会消耗一部分功率，并以热量的形式释放出来。为了使电源的寿命增长，建议选用多 30% 输出功率额定的机种。为了提高系统的

可靠性，建议开关电源工作在50%~80%负载为佳，即假设所用功率为20 W，应选用输出功率为25~40 W的开关电源。

如果负载是马达、灯泡或电容性负载，当开机瞬间时电流较大，应选用合适电源以免过载。如果负载是马达时应考虑停机时电压倒灌。

此外尚需考虑电源的工作环境温度，及有无额外的辅助散热设备，在过高的环温电源需减额输出。需参考环温对输出功率的减额曲线。

根据应用所需选择各项功能：保护功能：过电压保护(OVP)、过温度保护(OTP)、过负载保护(OLP)等。应用功能：信号功能(供电正常、供电失效)、遥控功能、遥测功能、并联功能等。特殊功能：功因矫正(PFC)、不断电(UPS)。

选择所需符合的安规及电磁兼容(EMC)认证。根据使用情况，要确定：需要的输出电压、电流；电源的尺寸、安装方式和安装孔位；有几路输出，各路输出是否需要电气隔离；输入电压范围；根据环境温度，决定开关电源的降额程度，电源功率；是否需要认证及安规标准；电源的冷却方式：自然冷却或强制风冷；电磁兼容标准。

尽量选用厂家的标准电源，包括标准尺寸和输出电压。这样货期比较快；相反，特殊的尺寸和输出电压，则会延长货期、增加成本。开关电源作为电子设备的心脏，对电子设备的比较安全和可靠运行有着至关重要的作用。所以选择品牌的开关电源也很重要。控制回路的开关电源符号如图5-44所示。

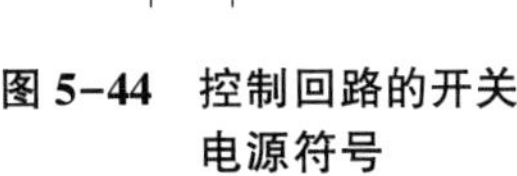

图5-44　控制回路的开关电源符号

(2) 自动控制电器的选择。包括以下几方面。

一是接触器的选择。

选择接触器主要依据以下数据：电源种类(交流或直流)，主触点额定电压、额定电流，辅助触点种类、数量及触点额定电流，电磁线圈的电源种类、频率和额定电压，额定操作频率等。

交流接触器的选择主要考虑主触点的额定电流、额定电压、线圈电压等。

主触点额定电流 I_N 可根据下面经验公式进行选择：

$$I_N \geqslant \frac{P_N \times 10^3}{KU_N}$$

式中，I_N 代表接触器主触点额定电流(A)；K 代表比例系数，一般取 1~1.4；P_N 代表被控电动机额定功率(kW)；U_N 代表被控电动机额定线电压(V)。

交流接触器主触点额定电压一般按高于电路额定电压来确定。

根据控制回路的电压决定接触器的线圈电压。为保证安全，一般接触器吸引线圈选择较低的电压。但如果在控制电路比较简单的情况下，为了省去变压器，可选用 380V 电压。值得注意的是，接触器产品系列是按使用类别设计的，所以要根据接触器负担的工作任务来选用相应的产品系列。

接触器辅助触点的数量、种类应满足电路的需要。

交流接触器的结构和工作原理如图 5-45 所示，接触器的符号如图 5-46 所示。

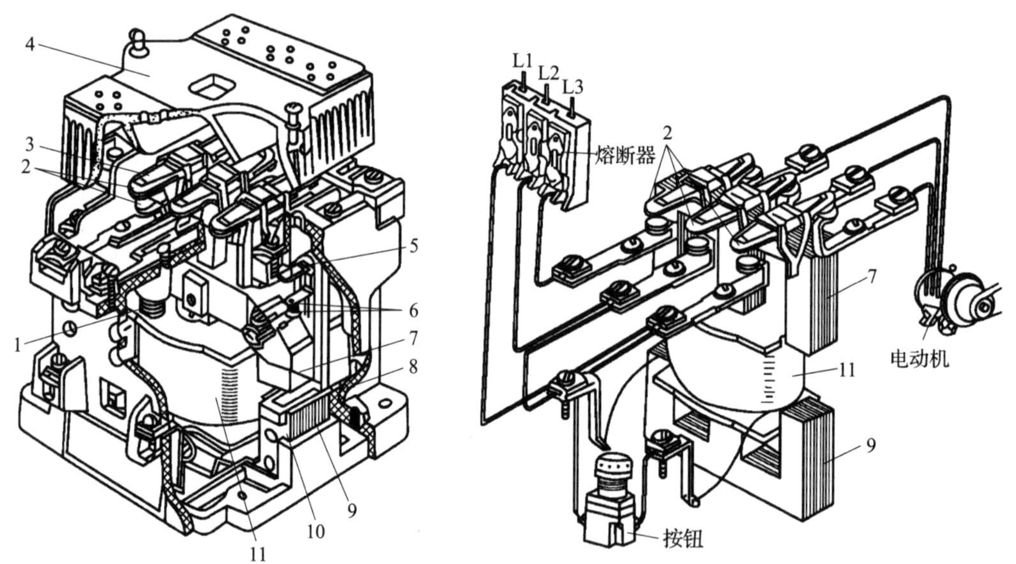

1—释放弹簧　2—主触头　3—触头压力弹簧　4—灭弧罩　5—常闭辅助触头　6—常开辅助触头
7—动铁心　8—缓冲弹簧　9—静铁芯　10—短路环　11—线圈

图 5-45　交流接触器的结构和工作原理[37]

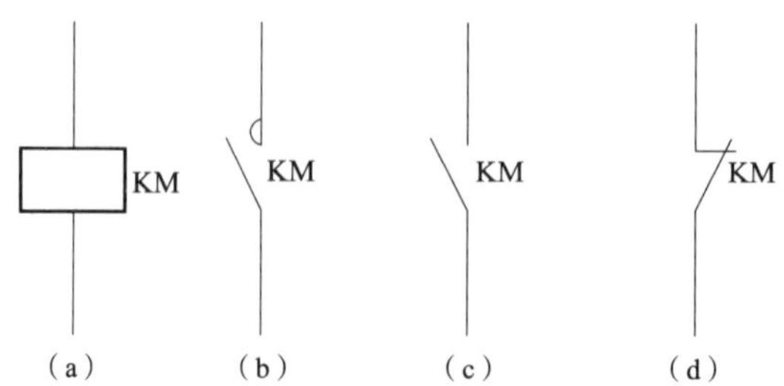

图 5-46　接触器的符号[37]

二是时间继电器的选择。

时间继电器形式多样，各具特点，选择时应从以下几方面考虑。

根据控制电路的要求选择延时方式，即通电延时型或断电延时型。

根据延时准确度要求和延时长、短要求来选择。

根据使用场合、工作环境选择合适的时间继电器。

直流电磁式时间继电器如图 5-47 所示，时间继电器符号如图 5-48 所示。

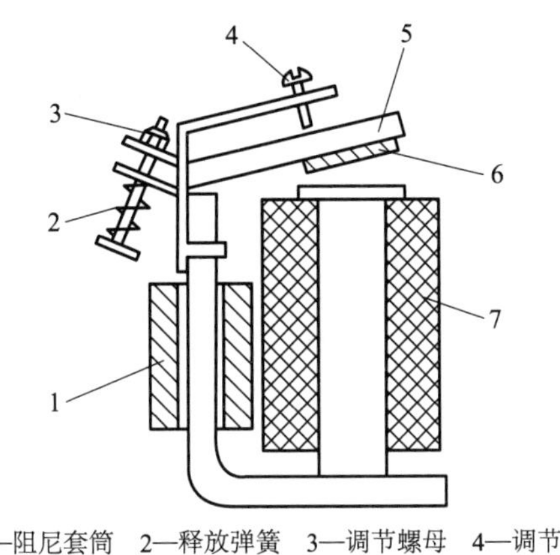

1—阻尼套筒　2—释放弹簧　3—调节螺母　4—调节螺钉
5—衔铁　6—非磁性垫片　7—电磁线圈

图 5-47　直流电磁式时间继电器[37]

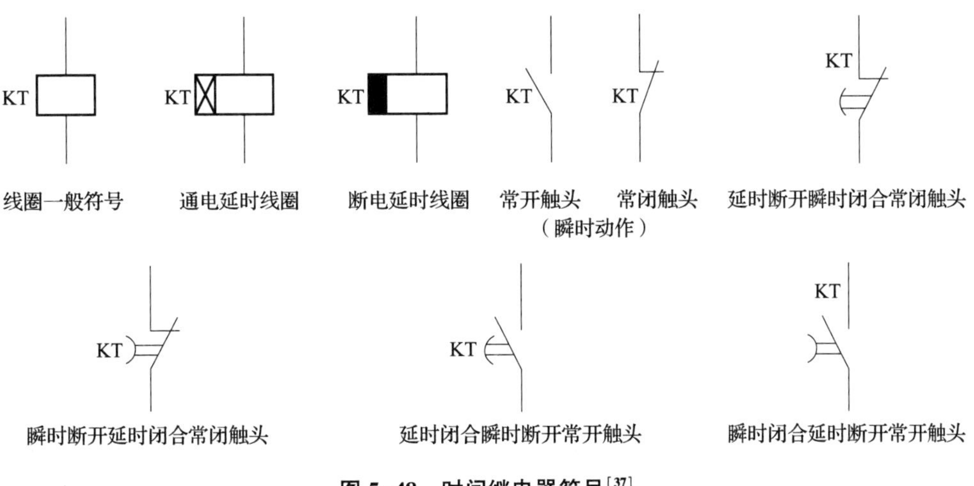

图 5-48　时间继电器符号[37]

三是热继电器的选择。

热继电器的选择应按电动机的工作环境、启动情况、负载性质等因素来考虑。

热继电器结构形式的选择。星形连接的电动机可选用两相或三相结构热继电器，三角形连接的电动机应选用带断相保护装置的三相结构热继电器。

热元件额定电流的选择。一般可按下式选取：$I_R=(0.95\sim1.05)I_N$。式中，I_R 代表热元件的额定电流；I_N 代表电动机的额定电流。

对于工作环境恶劣、启动频繁的电动机，则按下式选取：$I_R=(1.15\sim1.5)I_N$。

热元件选好后，还需根据电动机的额定电流来调整它的整定值。

双金属片式热继电器结构原理图和热继电器的符号如图 5-49 所示。

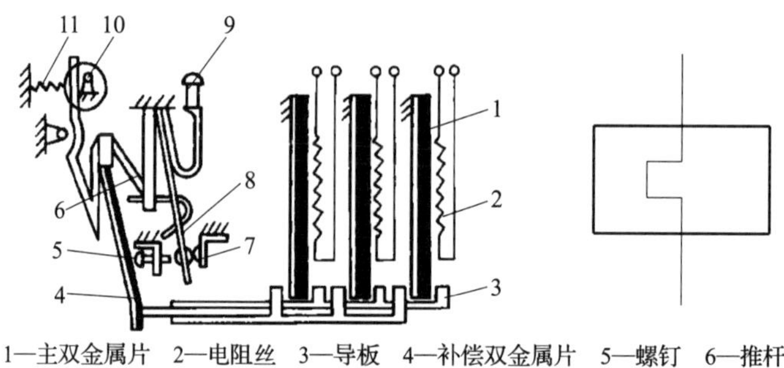

1—主双金属片　2—电阻丝　3—导板　4—补偿双金属片　5—螺钉　6—推杆
7—静触头　8—动触头　9—复位按钮　10—调节凸轮　11—弹簧

图 5-49　双金属片式热继电器结构原理图和热继电器的符号[37]

四是中间继电器的选择。

选择中间继电器，主要依据控制电路的电压等级，同时还要考虑触点的数量、种类及容量满足控制电路的要求。中间继电器结构及符号如图 5-50 所示。

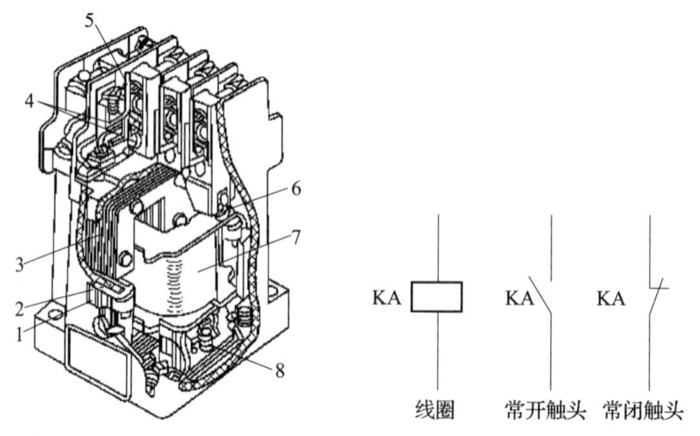

1—静铁芯　2—短路环　3—衔铁　4—常开触头　5—常闭触头　6—释放弹簧　7—线圈　8—缓冲弹簧

图 5-50　中间继电器结构及符号[37]

(3) 低压主令电器的选择。包括以下内容。

一是控制按钮的选择。

根据使用场合，选择控制按钮的种类，如开启式、保护式、防水式、防腐式等。

根据用途，选用合适的形式，如手把旋钮式、钥匙式、紧急式等。

按控制回路的需要，确定不同的按钮数，如单钮、双钮、三钮、多钮等。

按工作状态指示和工作情况的要求，选择按钮及指示灯的颜色。

控制按钮结构与符号如图 5-51 所示。

二是行程开关的选择。

根据应用场合及控制对象选择，有一般用途行程开关和起重设备用行程开关。

根据安装环境选择防护形式，如开启式或保护式。

根据控制回路的电压和电流选择行程开关系列。

根据机械与行程开关的传动与位移关系选择合适的头部形式。

直动式行程开关结构与符号如图 5-52 所示。

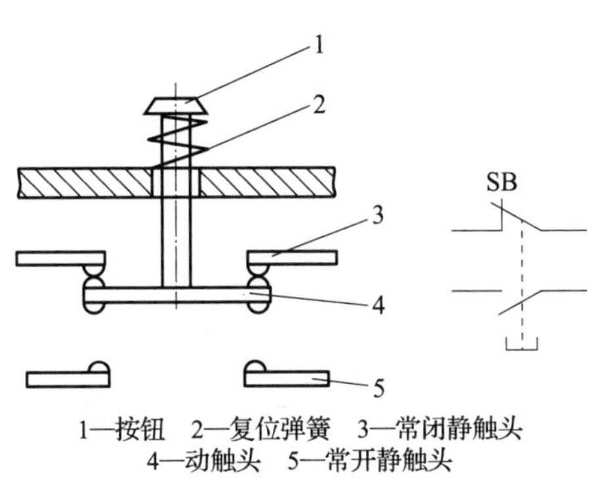

1—按钮　2—复位弹簧　3—常闭静触头
4—动触头　5—常开静触头

图 5-51　控制按钮结构与符号[37]

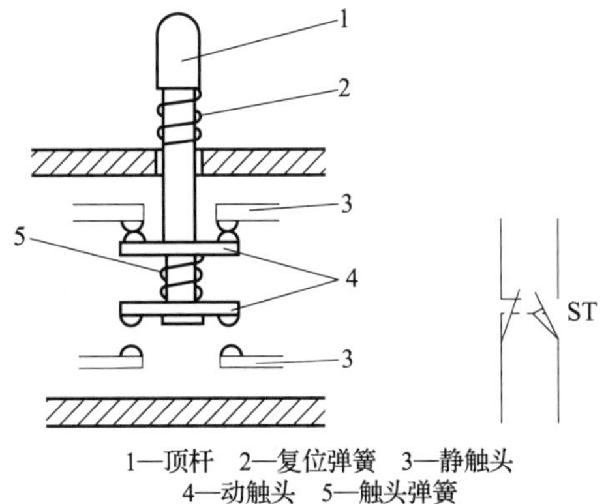

1—顶杆　2—复位弹簧　3—静触头
4—动触头　5—触头弹簧

图 5-52　直动式行程开关结构与符号[37]

三是万能转换开关的选择。

万能转换开关可按下列要求进行选择。

按额定电压和工作电流选择合适的万能转换开关系列。

按操作需要选定手柄形式和定位特征。

按控制要求参照转换开关样本确定触点数量和接线图编号。

选择面板形式及标志。

万能转换开关的结构与符号如图 5-53 所示。

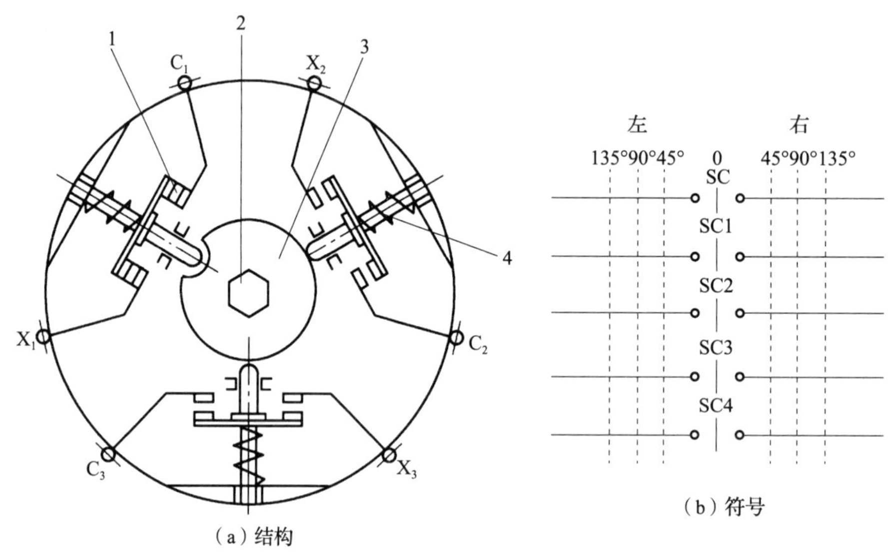

（a）结构

（b）符号

1—触头　2—转轴　3—凸轮　4—触头弹簧

图 5-53　万能转换开关的结构与符号[37]

（4）接近开关的选择。接近开关可按下列要求进行选择。

接近开关价格较高，用于工作频率高、可靠性及精度要求均较高的场合。

按应答距离要求选择型号、规格。

按输出要求是有触点还是无触点以及触点数量，选择合适的输出形式。接近开关的一些原理和电路图，如图 5-54 和图 5-55 所示。磁铁接近时动作的接近开关符号如图 5-56 所示。

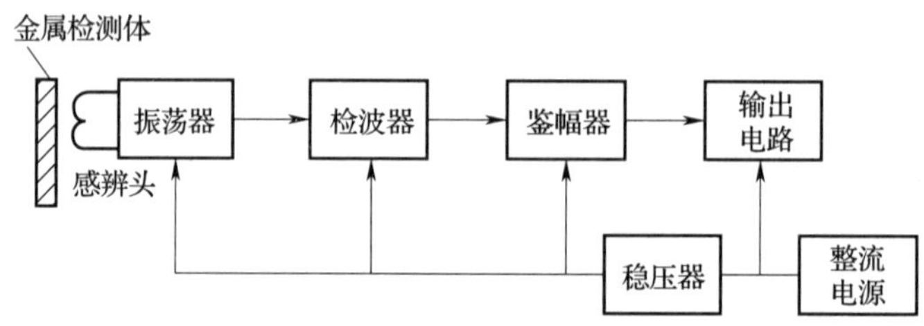

图 5-54　晶体管停振型接近开关结构框图[37]

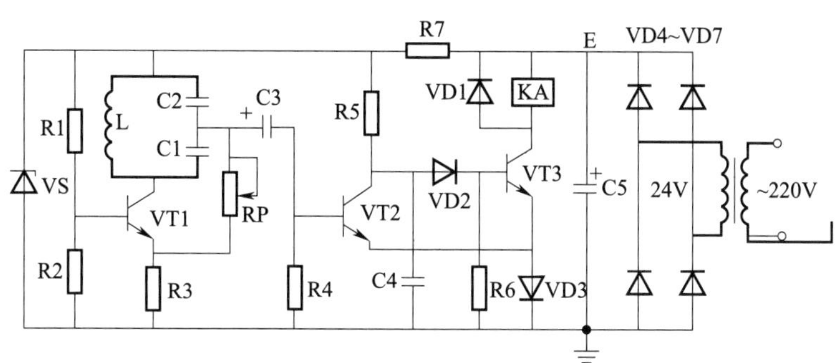

图 5-55　晶体管停振型接近开关电路图[37]

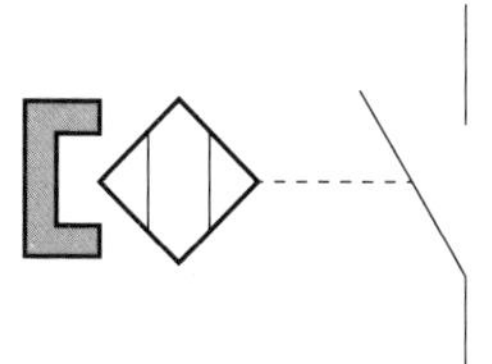
图 5-56　磁铁接近时动作的接近开关

图中采用了电容三点式振荡器，感辨头 L 仅有两根引出线，因此也可做成分离式结构。由 C2 取出的反馈电压经 R2 和 RP 加到晶体管 VT1 的基极和发射极两端，取分压比等于 1，即 C1 = C2，其目的是能够通过改变 RP 来整定开关的动作距离。由 VT2、VT3 组成的射极耦合触发器不仅用作鉴幅，同时也起到电压和功率放大作用。VT2 的基射结还兼作检波器。为了减轻振荡器的负担，选用较小的耦合电容 C3(510 pf) 和较大的耦合电阻 R4(10 kΩ)。振荡器输出的正半周电压使 C3 充电，负半周时 C3 经 R4 放电，选择较大的 R4 可减小放电电流，由于每周期内的充电量等于放电量，所以较大的 R4 也会减小充电电流，使振荡器在正半周的负担减轻。但是 R4 也不应过大，以免 VT2 基极信号过小而在正半周内不足以饱和导通。检波电容 C4 不接在 VT2 的基极而接在，集电极上，其目的是减轻振荡器的负担。由于充电时间常数 R5C4 远大于放电时间常数(C4 通过半波导通向 VT2 和 VD3 放电)，因此当振荡器振荡时，VT2 的集电极电位基本等于其发射极电位，并使 VT3 可靠截止。当有金属检测体接近感辨头 L 使振荡器停振时，VT3 导通，继电器 KA 通电吸合发出接近信号，同时 VT3 的导通因 C4 充电约有数百微秒的延迟。C4 的另一作用是当电路接通电源时，振荡器虽不能立即起振，但由于 C4 上的电压不能突变，使 VT3 不致有瞬间的误导通。

四、实验：输送电机的电路设计

1. 实验目的

实验目的如下：

- 学会交流电机的电路设计。
- 通过电路设计实现输送电机的正传、反转以及停止。

2. 实验相关知识点

实验相关知识点如下：

- 起保停电路的设计。
- 交流异步电机正传、反转及停止，如图 5-57 所示。

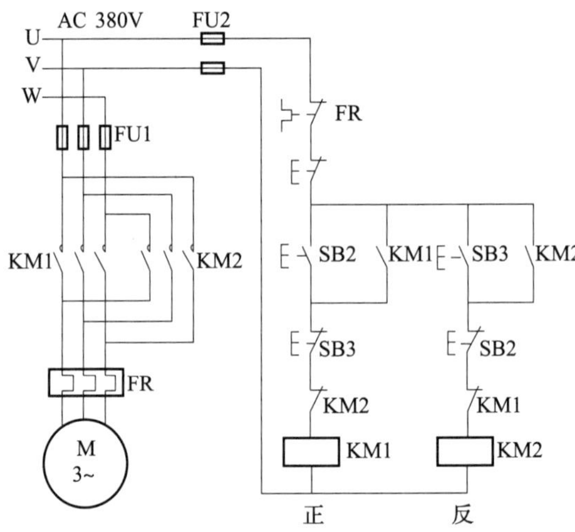

图 5-57 电机正反转电路图

3. 实验内容及主要步骤

实验步骤分为以下三方面。

（1）正向启动过程。按下起动按钮 SB2，接触器 KM1 线圈通电，与 SB2 并联的 KM1 的辅助常开触点闭合，以保证 KM1 线圈持续通电，串联在电动机回路中的 KM1 的主触点持续闭合，电动机连续正向运转。

（2）停止过程。按下停止按钮 SB1，接触器 KM1 线圈断电，与 SB2 并联的 KM1 的辅助触点断开，以保证 KM1 线圈持续失电，串联在电动机回路中的 KM1 的主触点持

续断开，切断电动机定子电源，电动机停转。

(3) 反向启动过程。按下起动按钮 SB3，接触器 KM2 线圈通电，与 SB3 并联的 KM2 的辅助常开触点闭合，以保证 KM2 线圈持续通电，串联在电动机回路中的 KM2 的主触点持续闭合，电动机连续反向运转。

第六节 可编程逻辑控制器

考核知识点及能力要求：

- 了解可编程控制器的基本概念、组成及分类。
- 熟悉可编程控制器程序设计的基本知识。
- 掌握可编程控制器常用编程指令和编程方法。
- 熟悉 PLC 控制系统设计流程，并能进行简单 PLC 控制系统设计。

可编程逻辑控制器(PLC，Programmable Logic Controller)是一种专为在工业环境下应用而设计的数字运算操作的电子系统。它采用可编程的存储器，在其内部存储、执行逻辑运算、顺序控制、定时、计数和算数运算等操作指令，并通过数字或模拟式的输入输出，控制各种类型的机械或生产过程[38]。

可编程逻辑控制器以其结构紧凑、易于扩展、功能强大、可靠性高、运行速度快等特点取代了传统继电器控制系统[39]。其功能更加强大，广泛应用于钢铁、汽车、机械制造、化工、石油等领域。

一、可编程控制器的基本原理及构成

可编程控制器包含了 CPU、存储器、电源、I/O 模块、外部接口，基本组成如图 5-58 所示。

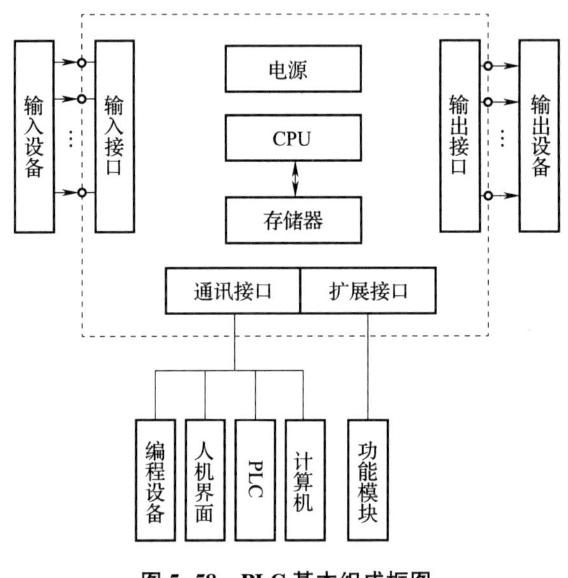

图 5-58　PLC 基本组成框图

（1）中央处理器 CPU。CPU 是由控制器和运算器组成，是可编程控制器的核心。CPU 通过固化在 PLC 系统存储器中的专用系统程序完成对 PLC 内部端口、器件的配置和控制，并按照用户存储器中的用户编写的程序完成逻辑运算、算术运算、数据处理、时序控制、通信等工作。

CPU 的主要任务有：①接收和存储用户的程序和数据；②诊断编程中的语法错误和 PLC 内部的工作故障；③用扫描的方式接收现场的输入信号，并将其存入相应的输入映像存储器或数据存储器；④PLC 进入运行状态后，从用户程序存储器中逐条读出并执行用户指令，进行逻辑运算、算术运算和数据处理；⑤根据运算结果，更新有关标志位状态和输出映像存储器内容，经输出部件实现输出控制或数据通信等功能。

（2）存储器。存储器有两类：一类是只读存储器 ROM、PROM 或 EPROM 和 EEPROM；另一类是支持读/写操作的随机存储器 RAM。在 PLC 中，存储器主要完成存储

系统程序、用户程序和工作数据的功能。

系统程序是由 PLC 制造厂家编写的和 PLC 的硬件组成密切相关的程序，在 PLC 的使用过程中不会改变，所以由制造厂家直接固化在只读存储器中，用户不能修改和访问。

用户程序是根据 PLC 的控制对象的生产工艺和控制要求编写的，为了便于编写、检查和维护，用户程序一般存储在静态 RAM 中，用锂电池做后备电源，也有些厂家直接用 EEPROM 作为用户存储器。

工作数据是随着 PLC 运行过程经常变化、存取的一些数据，存放在 RAM 中。

由于用户在 PLC 的使用过程中，对系统程序和工作数据并无直接接触，所以 PLC 产品手册中所列的存储器形式和容量是指用户存储器。

(3) 输入/输出接口。工业现场的输入和输出信号包括数字和模拟两类，因此，PLC 的输入/输出接口共有 4 种类型，数字信号输入接口(DI)、数字信号输出接口(DO)、模拟信号输入接口(AI)、模拟信号输出接口(AO)。

数字信号输入接口。数字输入信号分为交流和直流两种，数字信号输入接口依次包括数字信号输入电路、光耦合电路，光耦合电路是为了防止现场强电干扰进到 CPU，有的 PLC 还有增加滤波电路，以增强抗干扰能力。

数字信号输出接口。数字输出信号是从 CPU 发出，经过功率放大和隔离，驱动外部负载的信号。根据驱动能力从小到大，依次为晶体管输出、晶闸管输出和继电器输出。

模拟信号输入接口。模拟量输入接口多用于连续变化的电流和电压信号的输入，在数据采集和过程控制系统中有广泛应用。模拟信号输入后，经过模数转换单元(ADC，Analogue-to-digital Converter)，将模拟信号转换成数字信号，在经过光耦隔离后，送入 PLC 内部进行相应处理。模拟信号输入接口选型需要注意输入信号的范围和系统要求的 ADC 转换精度。

模拟信号输出接口。模拟信号输出和模拟信号输入的过程相反，将 CPU 输出的数字信号经过光耦隔离和数模转换器 DAC(DAC，Digital-to-analogue Converter)输出到外部设备。模拟信号输出接口的选项需要注意输出信号的形式、范围以及接线方式。

(4) 电源。PLC 电源的输入电压一般有 AC 220 V、AC 110 V 和 DC 24 V 三种，用户

可以根据实际情况选择，输入电压经过 PLC 电源模块变换后，输出 DC 5 V、DC±12 V 和 DC 24 V 三种类型的电源，用于满足整个 PLC 包括 CPU、存储器和其他设备的不同用电需求。一般采用交流供电的 PLC，会对外预留一路 DC 24 V 的电源，方便用户接传感器或检测元件使用。

(5) 通信接口。PLC 配有各种通信接口，可以通过各种通信协议实现和打印机、编程设备、人机界面、其他 PLC、计算机等的通信。其中，PLC 与其他 PLC 相连，可以连接成网络，实现更大规模的控制；PLC 和计算机相连，可以组成多级分布式控制系统，实现多级控制和管理。

二、可编程控制器的分类

PLC 产品种类很多，规格和性能也各不相同，通常根据其控制规模、结构形式和功能差异进行大致分类。

1. 按控制规模(I/O 点数)分类

PLC 的控制规模的主要指标是数字量和模拟量的 I/O 点数。I/O 点数的多少说明了 PLC 可以处理的输入输出信号的数量，体现了 PLC 的控制规模。根据 I/O 点数，PLC 通常可分为小型、中型、大型三种。

(1) 小型 PLC。I/O 总点数为 256 点以下，用户存储容量小于 4KB，可以连接数字量 I/O 模块、模拟量 I/O 模块以及各种特殊功能模块，能执行基本的逻辑运算、计数、数据处理等指令。具有代表性的有西门子的 S7-200 系列、三菱 FX 系列等。

(2) 中型 PLC。I/O 总点数在 256 点到 2 048 点之间，用户存储容量 4~8 KB，除小型 PLC 的功能外，还具有更强大的通信功能和丰富的指令系统，具有代表性的有西门子 S7-300 系列、三菱 Q 系列等。

(3) 大型 PLC。I/O 总点数大于 2 048 点，用户存储容量 8~16 KB，具有多 CPU，有极强的软硬件功能、自诊断功能，可以构建冗余控制系统，还可以构成三级通信网络，实现工厂自动化管理，具有代表性的有西门子的 S7-1500、通用公司的 GE-IV 系列等。

2. 按结构形式分类

PLC 按照结构分为整体式、模块式和叠装式三种。

（1）整体式 PLC。整体式 PLC 是将 CPU、电源、I/O 接口等部件都装在一个机壳内，具有结构紧凑、体积小、价格低的特点，适用于单体设备的开关量自动控制或机电一体化产品的开发应用等场合，小型 PLC 一般采用整体式结构。

（2）模块式 PLC。模块式 PLC 是将 PLC 的各组成部分，分别作成若干独立模块，如 CPU 模块、I/O 模块、电源模块，以及各种功能模块。存储器组成主控模块。用户可根据需求自行配置主控、电源和 I/O 以及其他扩展模块，直接安装在机架和导轨上。这种 PLC 具有配置灵活、装配方便、便于扩展和维修等优点，多用于中型、大型 PLC。

（3）叠装式 PLC。这种 PLC 是将整体式 PLC 和模块式 PLC 特点各取一些，CPU、存储器、I/O 单元仍是各自独立的模块，但它们之间安装不用基板，而是通过电缆连接，且各单元可层层叠装，节省空间。

3. 按功能分类

PLC 按功能分，可将其分为低档、中档、高档 PLC 三类。

（1）低档 PLC。具有逻辑运算、计时、计数、移位、自诊断、监控等基本功能，有的还有少量模拟量输入/输出、算数运算、数据传输与比较、通信等功能。主要用于逻辑控制、顺序控制或少量模拟量控制的单机控制系统。

（2）中档 PLC。除具有低档机的功能外，还具有较强的模拟量输入/输出、算数运算、数据传送与比较、数制转换、远程 I/O、通信联网等功能。有的还增设了终端控制、PID 控制等功能，主要用于复杂控制系统。

（3）高档 PLC。除中档机的功能外，还具有带符号算数运算、矩阵运算、位逻辑运算、平方根运算及其他特殊功能函数的运算、制表及表格传送等功能。高档 PLC 具有更强的通信联网功能，可用于大规模过程控制或构成分布式网络控制系统，实现自动化管理。

三、可编程控制器的程序设计

1. PLC 编程语言

1994 年国际电工委员会（IEC）公布了 IEC61131-3《PLC 编程语言标准》，该标准阐述了两类编程语言：图形化编程语言和文本化编程语言[40]。前者包括梯形图语言(LD)和功能块语言(FBD)，后者包括指令清单语言(IL)和结构化文本(ST)。标准中并未将顺序功能图(SFC)单独列入编程语言，而是将它划为公共元素，也就是说，无论是图形化语言还是文本编程语言都可以使用SFC的概念和语法。在行业的使用过程中，也有人习惯上将它划为第五种编程语言。

(1) 梯形图语言(LD)。梯形图是使用最广的PLC编程语言，它是基于图形表示的继电器逻辑，直观易懂，主要由触点、线圈和功能块组成。触点代表系统的逻辑输入，常用的有常开触点、常闭触点；线圈表示系统的逻辑输出结果，常用的是一般线圈；功能块代表特殊的指令，实现多种功能，例如数据运算、数据传输、定时、计数等标准功能或者用户自定义的功能块功能。

梯形图中，为分析各个元器件的输入/输出关系，引入了功率流的概念，左右两侧两条线为名义上的电力轨线，左侧的电力轨线，是功率流的起点，功率流从左到右沿着水平阶梯通过各个触点、功能、功能块、线圈等，为其提供能量，功率流的终点是右侧的电力轨线。其中流经的每一个触点代表一个布尔变量的状态；每一个线圈代表实际设备的状态；功能或功能块与IEC61131-3的标准库或用户自定义的功能或功能块相对应，根据这些元素的逻辑状态来决定是否允许能量流通过，便构成了所需的逻辑程序。

(2) 功能块语言(FBD)。功能块语言是和数字逻辑电路类似的一种PLC语言，用矩形框表示，每个功能块左侧有不少于一个的输入端，右侧有不少于一个的输出端，信号经过功能块左端流入，并经过功能块的逻辑运算，从功能块右侧流出结果。

(3) 指令清单语言(IL)。指令清单语言，也叫指令表语言，是和汇编语言类似的注记符编程语言，由操作码和操作数组成，适合在无计算机情况下，采用PLC手持编辑器完成对用户程序的编写。

(4) 结构化文本(ST)。结构化文本是类似于高级编程语言，用文本来表述控制系统中各变量的关系，主要用于其他编程语言难以实现的程序的编制。

(5) 顺序功能图(SFC)。顺序功能图语言是和流程图类似的一种语言，体现了顺序逻辑控制，由步、有向箭头和转换条件组成。步由矩形框组成，表示被控系统的一个控制功能任务或者说一种特殊的状态，每个步中可以有完成相应控制任务的图形化

或文本化编程逻辑；有向箭头表示状态转换的路线；转换条件，是从一种状态转换到另一种状态需要满足的条件。

需要说明的是，这五种编程语言允许在同一 PLC 程序中同时出现，可以针对不同的任务选择最合适的语言，还允许同一控制程序中不同程序模块使用不同的编程语言。

2. PLC 的编程软件

编程开发主要完成程序编辑、程序调试、PLC 程序运行监控等功能，完成 PLC 控制对象的可靠运行。早期的手持式编辑器是 PLC 开发的重要外围设备，但由于功能限制现在已很少使用。随着计算机技术的发展和 PLC 的控制规模变大，PLC 厂家为用户提供了编程软件和硬件接口，用户可以在个人计算机上完成对 PLC 编程、调试和运行状态监控。各大厂商都为自家的 PLC 提供了编程软件，如西门子的 Step7、美国罗克韦尔 Rockwell Allen-Bradly(AB)的 RSLogix5 000、三菱的 GX Developer 等。

四、PLC 控制系统设计

以 PLC 为核心组成的自动控制系统，称为 PLC 控制系统。在掌握 PLC 的工作原理，编程语言、硬件配置及编程方法后，就可以开始进行 PLC 控制系统的设计了。PLC 控制系统设计包括硬件电路设计和软件程序设计两项主要任务，其中软件程序质量的好坏直接影响整个控制系统的性能。

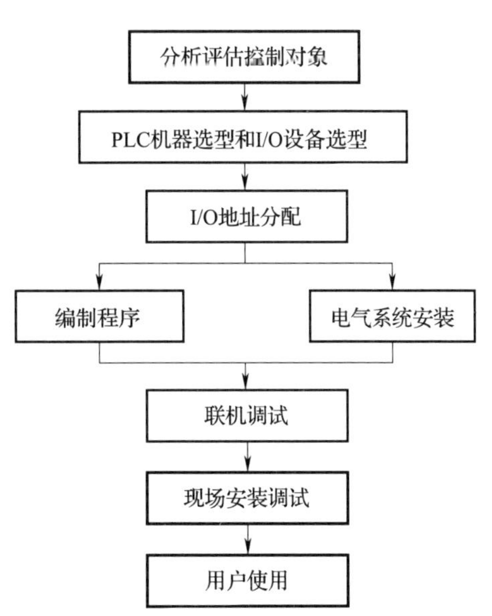

图 5-59　PLC 控制系统设计步骤

PLC 设计的一般步骤和基本内容，如图 5-59 所示。首先，详细了解被控对象的生产工艺过程，分析控制要求，选择 PLC 机型，确定所需输入元件、输出执行元件。然后，分配 PLC 的 I/O 点，设计主电路。PLC 软件程序设计，同时设计控制柜及现场施工。最后，进行系统调试、运行考验，编制技术文件，交付使用。

PLC 控制程序一般都是由一些基本电路及程序构成，设计者应熟练掌握这些典型环节和程序模块，以确保程序的可靠性，并缩短程序开发周期。由于篇幅有限，本小节内容仅介绍部分基本程序案例，其他程序请查阅相关资料。

五、案例

1. 启保停电路程序

为了控制电动机的启动、保持、停止，设计图 5-60 所示的梯形图。PLC 的 I/O 分配如下：启动按钮 I0.0，停止按钮 I0.1，电动机接触器 Q0.0。常开触点 I0.0 闭合，线圈 Q0.0 得电，其对应常开触点闭合，维持线圈 Q0.0 持续得电，电动机持续转动，此时断开 I0.0，电动机仍转动。I0.1 常闭触点断开，线圈 Q0.0 断电，电动机停转。

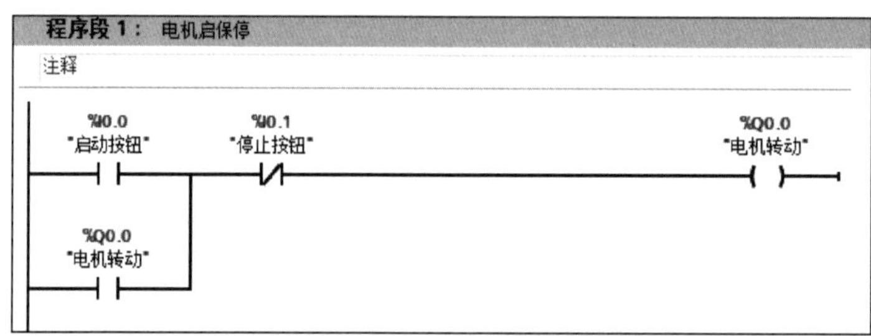

图 5-60　电动机启保停电路梯形图

2. 电动机正反转控制程序

控制电路中两个或两个以上控制回路相互制约，回路之间彼此相互控制，不允许同时运行，这种电路称为互锁电路。电动机正反转控制程序电路即为典型的互锁电路，即电机正转时无法接通反转回路，反转时无法接通正转回路。图 5-61 为电动机正反转梯形图，PLC 的 I/O 分配如下：正转按钮 I0.0、反转按钮 I0.1，正转驱动线圈 Q0.0，反转驱动线圈 Q0.1。

3. 优先权程序

PLC 对多个输入信号的相应有时有顺序要求，例如，当多个信号输入时，优先响应级别高的，或者有多个输入信号时，响应最先输入的信号。有 4 个输入信号 I0.0~I0.3，分别对应线圈 Q0.0~Q0.3，其优先级别从高到低的顺序为 I0.0、I0.1、I0.2、I0.3。其梯形图如图 5-62 所示。

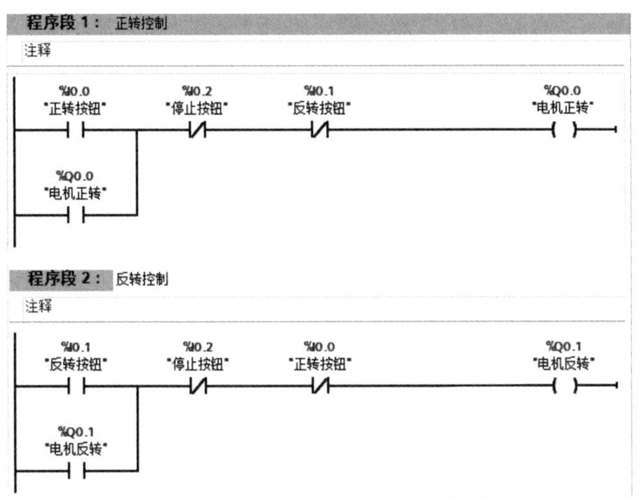

图 5-61　电动机正反转梯形图

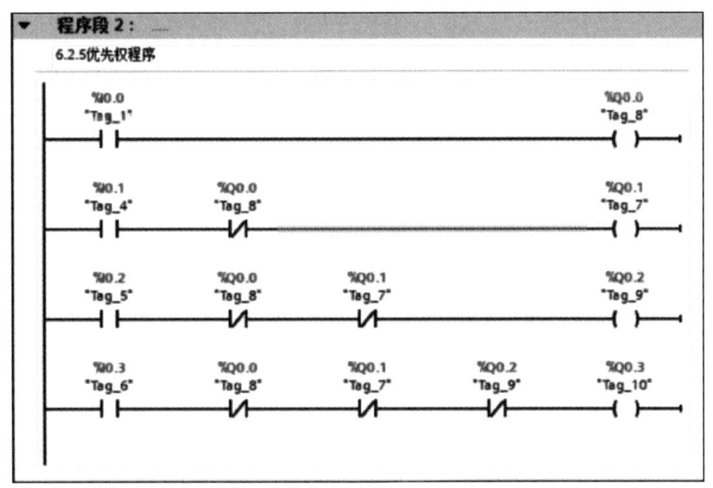

图 5-62　优先权程序梯形图

程序分析如下：

4 个信号 I0.0~I0.3 同时输入，根据 PLC 的扫描工作原理，Q0.0 线圈得电，同时其对应的常闭触点断开，Q0.1~Q0.3 线圈都不得电。因此，级别最高的 I0.0 得到响应，其他信号不予理睬。

若某个级别低的信号先输入了，此后又有级别高的信号输入，则级别高的信号可以得到响应，同时封锁对级别低的信号的响应。例如，当信号 I0.1 先输入，Q0.1 线圈得电，此后又有高级别的信号 I0.0 输入，则 Q0.0 线圈得电，同时其对应的常闭触点断开，Q0.1 线圈断电。高级别信号得到响应，低级别信号被封锁。

六、实验：PLC 应用程序设计实验

1. 实验目的

实验目的如下：

- 了解顺序控制程序的设计方法。
- 掌握基于 TIA 博图软件的硬件设备组态与通信。
- 掌握绘制电气原理图方法。
- 掌握 PLC 的编程与调试方法。

2. 实验相关知识点

实验相关知识点如下：

- PLC 编程基础知识。
- TIA 博图软件在系统调试中的应用。

3. 实验内容及主要步骤

（1）实验内容及要求。模拟输入三种报警：跳闸报警、堵塞报警、超时报警。在自动状态下 A 灯亮，在手动状态下 B 灯亮。故障状态时 A/B 灯状态不变，C 灯亮，蜂鸣器同步闪烁，直到按下复位按钮后蜂鸣器停止闪烁(蜂鸣器闪烁频率 25 Hz 可以设置)。

（2）分析控制要求。输入信号 4 个：跳闸报警、堵塞报警、超时报警、复位。输出信号有 4 个：自动运行指示灯、手动运行指示灯、故障报警指示灯、蜂鸣器。

（3）设计 I/O 分配表。根据故障报警的控制系统要求，设计如表 5-5 所示的 I/O 分配表。

表 5-5　　I/O 分配表

输入信号	注释		输出信号	注释	
I0. 0	SB1	跳闸按钮	Q0. 0	L1	A 灯(自动)
I0. 1	SB2	堵塞按钮	Q0. 1	L2	B 灯(手动)
I1. 2	SB3	超时按钮	Q0. 2	L3	C 灯(报警)
I1. 3	SB4	复位按钮	Q0. 3	L4	蜂鸣器

(4) 软件设计。包括两个部分。

一是硬件组态。硬件组态就是将系统所需要的PLC模块，包括电源、CPU，输入/输出模块、通信模块等进行配置，并给每个模块分配物理地址。首先打开博图软件，将硬件设备添加到中央机架上，然后更改PROFINET接口的以太网地址与硬件PLC网址匹配。启动虚拟调试功能，建立通信连接。

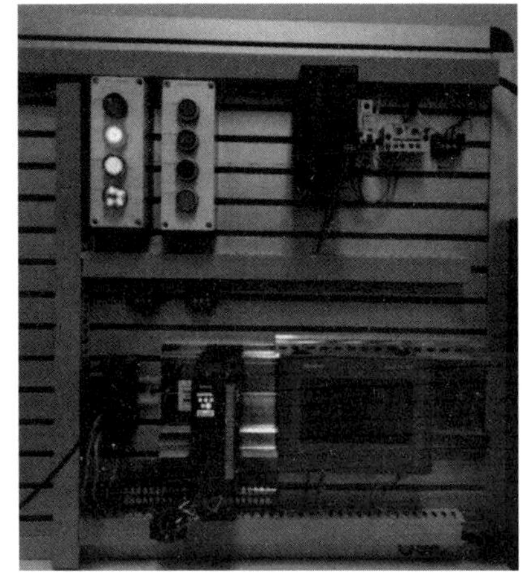

图5-63　A/B、C灯亮，蜂鸣器同步闪烁

二是编写程序。建立主程序，并分别编写手自动状态梯形图、报警状态梯形图、报警指示灯闪烁的子程序梯形图。

(5) PLCSIM虚拟仿真及程序下载。略。

(6) 运行程序并调试物理设备。运行程序后，手动指示A灯亮，将手自动切换按钮设为“1”，自动指示B灯点亮。按下按钮I0.0(或I0.1/I0.2) C灯亮，蜂鸣器闪烁，如图5-63所示，按下复位按钮I0.3后，C灯灭，蜂鸣器停止闪烁。

第七节　综合案例及实验

一、综合案例——电极柔性制造系统应用

1. 总体概述

(1) 系统简介。在传统的电极加工生产中，普遍存在生产不连续、电极品质不稳

定、对生产人员要求高等问题，针对客户遇到的实际生产问题，我们研发了面向电极行业的“柔性制造解决方案”，可以实现电极生产的自动化、柔性化，为客户提供安全、稳定、连续的制造体验。精雕柔性制造系统以精雕高速机为核心，通过互联网与信息化、自动化技术的深度融合，实现柔性制造，即客户端直接操作、监控整个生产过程，用户根据需求选取所需要的产品类型和数量后提交订单，生产线控制系统收到订单详情后控制相应设备联合完成订单任务。机器人通过 RFID 读取料架毛坯料数量和位置，智能对照订单资料；若库存不足，控制系统会向监控室发送补充原料库存提示信息，由人工进行物料输送、补充。当库存原料满足生产后，控制系统会开始按订单顺序生产。

（2）系统功能及组成。电极自动化加工解决方案主要实现电极自动化加工，系统具备生产监控、生产统计、设备调度和生产管理等功能，主要由中央控制系统、数控机床、搬运机器人、工装夹具和立体料库组成，详细如图 5-64 所示。

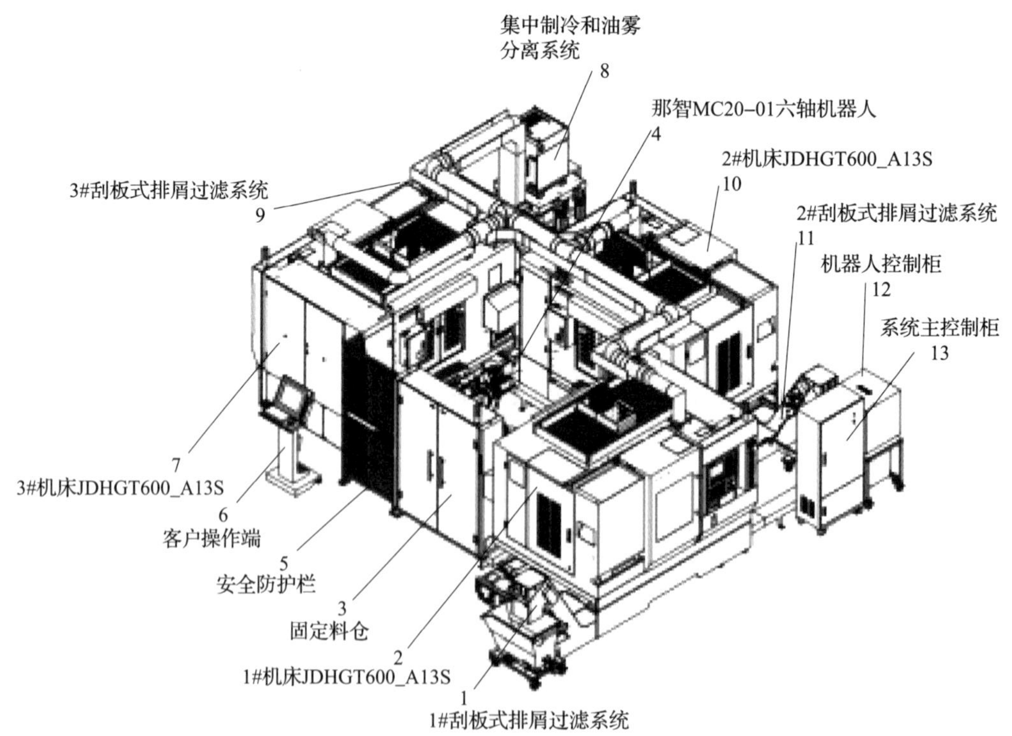

图 5-64　电极柔性制造系统布局图

(3) 系统设计过程。包括以下几方面。

①概要方案设计。如图 5-65 所示。

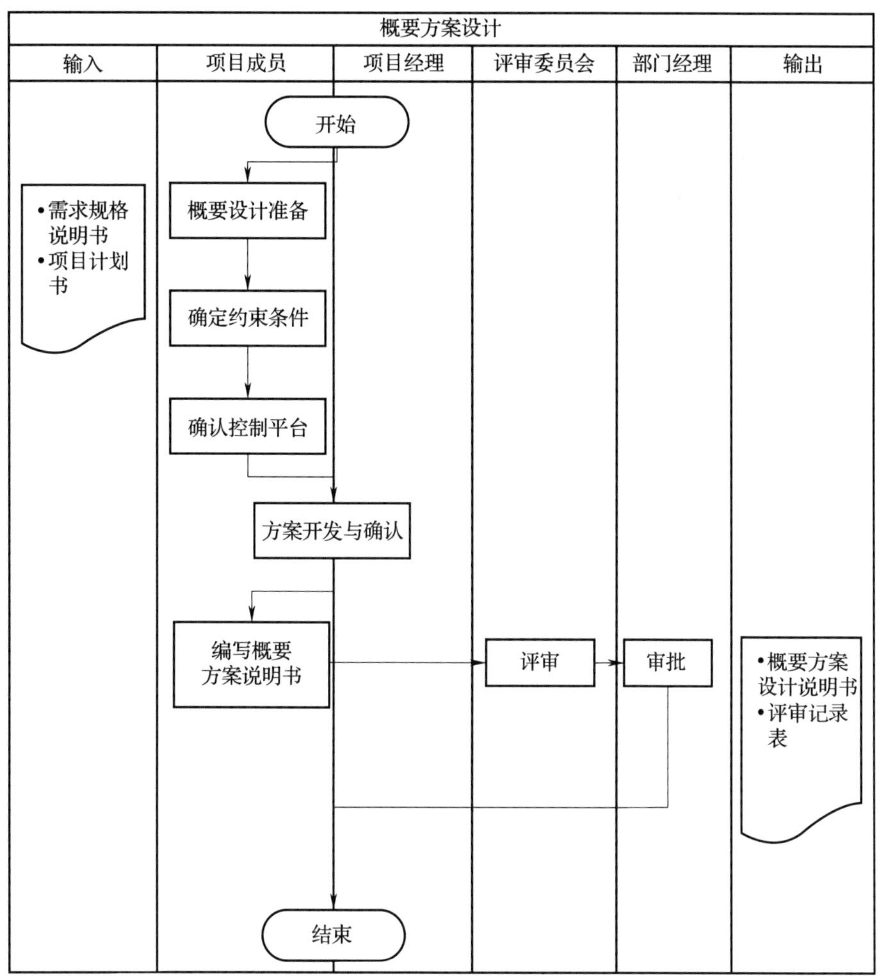

图 5-65 概要方案设计流程图

➢ 角色与职责。见表 5-6。

表 5-6 概要方案设计角色与职责表

角色	职责
部门经理	1. 审批概要设计说明书 2. 组织成立评审委员会
项目经理	1. 组织和监控概要设计过程 2. 组织概要设计说明书的评审活动和审批工作

续表

角色	职责
项目组成员	1. 参与概要设计准备、确定约束条件、确认设计方法和系统分解与设计 2. 参与概要方案说明书撰写
评审委员会	参与概要设计说明书评审

➢ 输入。指参照《项目需求规格说明书》。

➢ 过程活动。包括以下几方面：

• 概要设计准备。项目组成员阅读需求规格说明书，明确设计任务；项目组成员准备相关设计工具和资料。

• 确定约束条件。列举出在软件需求规格说明中影响需求陈述的假设因素（与已知因素相对立）。这可能包括打算使用的商业组件或有关开发或运行环境的问题对需求实现的影响，也可能是需求或业务规则对设计与实现方法的影响。可能还来自经费、投资方面的限制，法律或政策方面的限制，或者可利用的资源和信息的限制。

• 确认控制平台。结合需求规格说明书的基本需求，确定使用哪种控制平台，例如欧姆龙、台达、西门子等控制平台。

• 方案开发与确认。初步设计系统的硬件结构和软件结构，形成网络拓扑图或框架图，并进行初步确认。

• 系统分解与设计。将系统分解为若干子系统，确定每个子系统的功能以及子系统之间的关系；将子系统分解为若干模块，确定每个模块的功能以及之间的关系；确定系统开发、测试、运行所需的软硬件环境。

• 编写概要说明书。根据制定的模板，撰写《概要设计说明书》，主要内容包括：软件系统、控制系统和电气硬件系统概述；影响设计的约束因素；设计策略；系统总体结构；子系统结构与模板功能；开发、测试、运行所需的软硬件环境；评审概要说明书。

项目经理向部门经理提交概要设计说明书，组织评审委员会进行评审活动，并将评审意见记录于评审记录表。

• 审核、审批概要说明书。根据评审委员会评审意见，修改概要设计说明书后，

进行审核，并提交部门经理审批，形成正式文件。

➢ 输出。指《概要设计说明书》和《评审表》。

②详细方案设计。如图 5-66 所示。

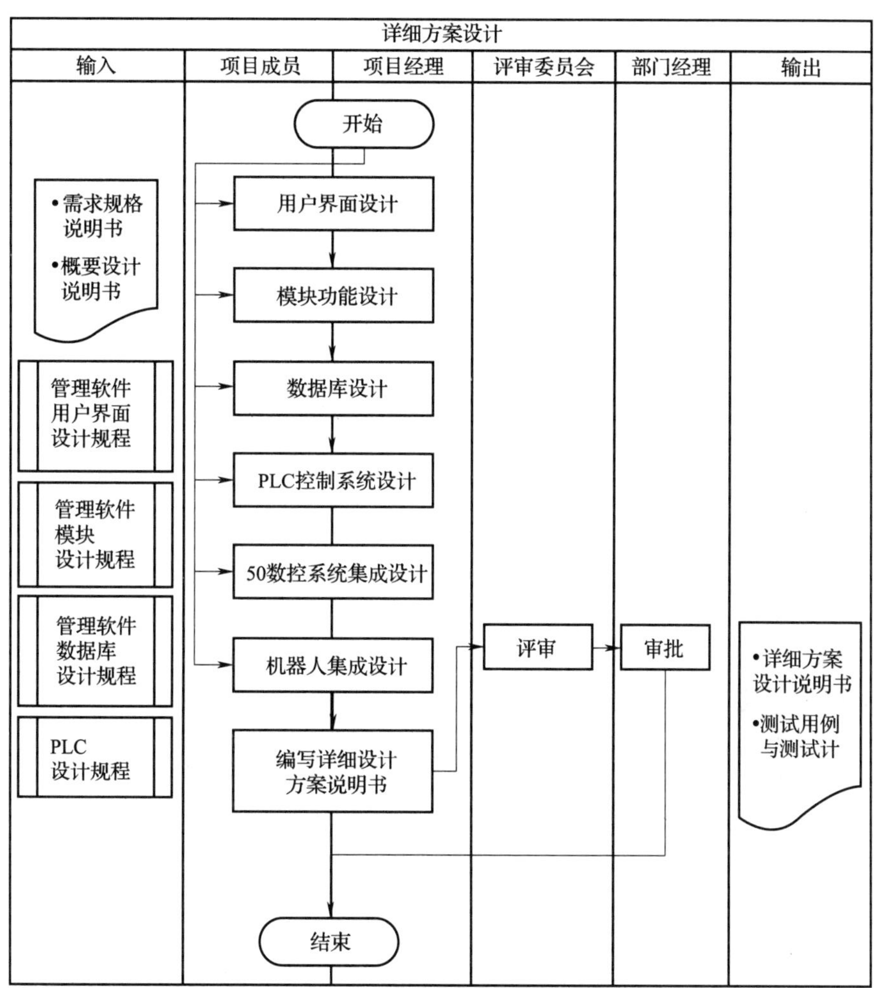

图 5-66　详细方案设计流程图

➢ 角色与职责。见表 5-7。

表 5-7　　详细方案设计角色与职责表

角色	职责
部门经理	1. 审批详细设计说明书 2. 组织成立评审委员会

续表

角色	职责
项目经理	1. 组织并负责用户界面设计、模块开发、数据库设计、PLC 控制系统设计、50 数控系统集成设计、机器人自动化集成设计等活动 2. 组织详细设计说明书的评审活动和审批工作 3. 监控详细设计过程活动
项目组成员	1. 参与详细界面设计、模块功能开发、数据库开发、PLC 程序开发、50 系统 PLC 程序开发，机器人运动程序开发等 2. 参与详细方案说明书撰写
评审委员会	参与详细设计说明书评审

➢ 输入。包括《需求规格说明书》《概要方案说明书》。

➢ 过程活动。包括以下方面：

- 用户界面设计。
- 模块功能设计。
- 数据库设计。
- PLC 控制系统设计。
- 数控系统集成设计。
- 机器人集成设计。
- 元器件选型、原理图绘制、电气布置图绘制。
- 撰写详细方案设计说明书。
- 评审详细设计说明书。
- 审核、审批详细设计说明书。

➢ 输出。详细设计说明书、系统测试计划及用例，电气原理图、线束制作表、装配图。

2. 关键部件的选型

（1）控制器。精雕电极柔性制造系统使用欧姆龙 CJ 系列控制器，为了满足控制系统所需各项功能，该控制器包含 CPU 单元、电源单元、输入模块、输出模块、以太网模块及串口模块。

①CPU 单元。控制器 CPU 单元规格型号为 CJ2M-CPU15，如图 5-67 所示。其具

备以下功能：

- 用户存储器：60 K 步。
- I/O 位数：2 560 位。
- 执行时间：基本指令最小为 0.04 μs，专用指令最小为 0.06 μs。
- 可连接单元最大数：每个 CPU 装置或扩展装置上的总数达到 10 个单元。

②电源单元。控制器电源单元规格型号为 CJ1W-PD025，如图 5-68 所示。其主要用于通过专用总线从 CJ 系列 CPU 单元向每个 I/O 单元提供稳定电源。该电源单元输入电源电压为 DC 24 V，输出电源电压为 DC 5 V(5 A)、DC 24 V(0.8 A)，总功耗为 25 W。

图 5-67　CJ2M-CPU15

图 5-68　CJ1W-PD025

精雕电极柔性制造系统控制器电源单元负载功率统计表见表 5-8，通过计算结果可知该型号电源单元满足系统使用要求。

表 5-8　精雕电极柔性制造系统控制器电源单元负载功率统计

负载型号	负载数量(个)	电源单位消耗(A/个)		电源总消耗(A)	
		DC 5 V	DC 24 V	DC 5 V	DC 24 V
CJ2M-CPU15	1	0.5	0	0.5	0
CJ1W-ID211	5	0.08	0	0.4	0
CJ1W-OC211	3	0.11	0.096	0.33	0.288
CJ1W-ETN21	1	0.37	0	0.37	0
CJ1W-SCU41	1	0.38	0	0.38	0
合计	11	/	/	1.98	0.288

③输入模块。控制器输入模块规格型号为 CJ1W-ID211，如图 5-69 所示。

图 5-69　CJ1W-ID211

其主要用于将来自外部设备的 ON/OFF 信号接收到 PLC 系统中以更新 CPU 单元中的 I/O 存储器。其额定输入电压为 DC 24 V，每个输入模块具有 16 个信号输入连接点和 1 个公共连接点。根据公共连接点连接情况，每个信号输入连接点可以支持连接 NPN 或 PNP 信号。根据电极柔性制造系统元器件数字量信号输出数量，控制器选用 5 块输入模块，具体数据统计详见表 5-9。

表 5-9　精雕电极柔性制造系统控制器输入单元点数统计

输入总点数(个)	已使用(个)	预留(个)	裕量(%)
16＊5	66	14	18

④输出模块。控制器输出模块规格型号为 CJ1W-OC211，如图 5-70 所示。

图 5-70　CJ1W-OC211

主要用于从 CPU 单元接收输出指令的结果并执行外部设备的 ON/OFF 控制。每个输出模块具有 16 个信号输出连接点，输出连接点类型为继电器输出类型，输出点位负载类型根据公共点位连接情况支持交流或直流负载。根据电极柔性制造系统所需控制负载实际数量，控制器选用 3 块输出模块，具体数据统计详见表 5-10。

表 5-10　精雕电极柔性制造系统控制器输出单元点数统计

输入总点数(个)	已使用(个)	预留(个)	裕量(%)
16＊3	43	5	10

⑤以太网模块。控制器以太网模块规格型号为 CJ1W-ETN21，如图 5-71 所示。

其主要作用是将 PLC 数据通过 EtherNet 网络与 DNC 系统集成。该模块具有 1 个 RJ45 网口，具备 FINS 通信服务（包含 FINS/TCP、FINS/UDP），其功能满足电极柔性

制造系统 PLC 与其他设备通信需求。

⑥串口模块。控制器串口模块规格型号为 CJ1W-SCU41，如图 5-72 所示。

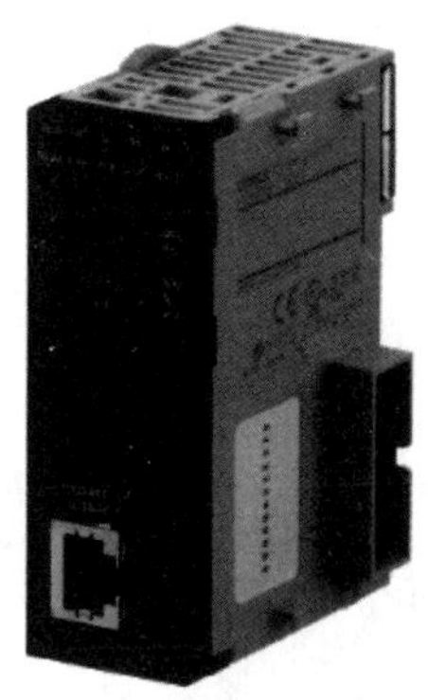

图 5-71　CJ1W-ETN21

图 5-72　CJ1W-SCU41

其主要作用是与电极柔性制造系统手爪处高频一体式读写头进行 RS485 串行通信。该模块支持标准 RS485 通信协议，满足项目使用需求，其接线方式如图 5-73 所示。

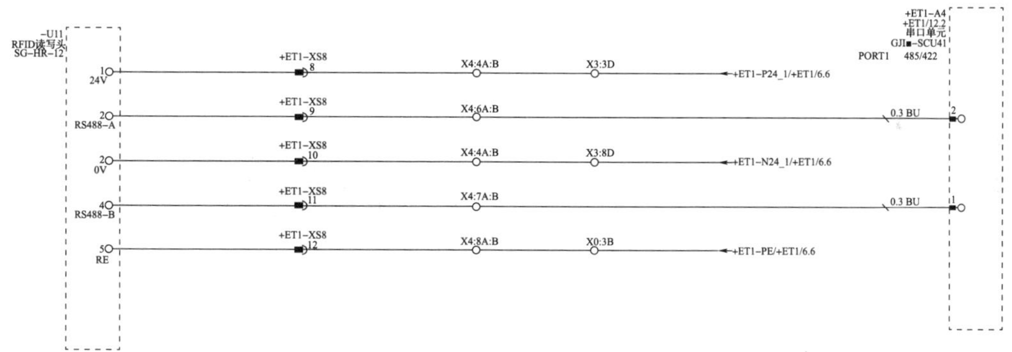

图 5-73　CJ1W-SCU41 接线图

（2）光电传感器。精雕电极柔性制造系统手爪处使用欧姆龙 E3ZG-LS61-D0 光电传感器，如图 5-74 所示。

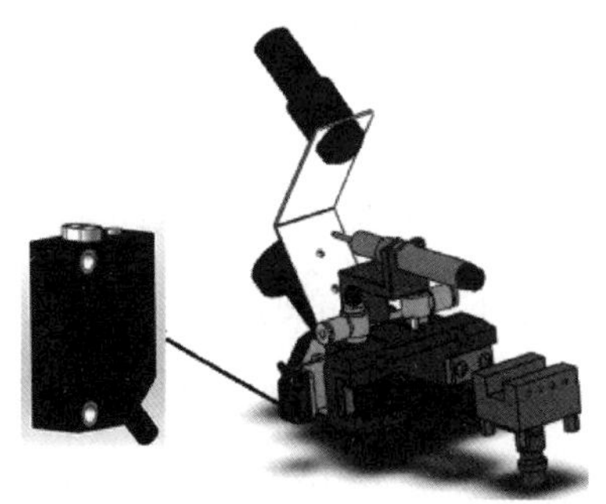

图 5-74　E3ZG-LS61-D0 安装图

其主要作用是检测料仓及机床料位是否有料，从而实现系统防呆检测。该传感器供电电压为 DC 24 V，检测距离为 50～900 mm，动作模式为 DARK-ON，应答时间小于 100 ms，保护等级为 IP65，满足控制系统及控制回路技术要求。

该光电传感器使用过程中注意事项如下：①E3ZG-LS61-D0 是不可视激光，请勿直视镜头；②E3ZG-LS61-D0 划分在 GB 7247. 1 规格中的 CLASS 1 中。

(3) 安全门开关。精雕电极柔性制造系统料仓选用欧姆龙 D4NL-4AFA-BS 安全门开关，实物图及安装位置如图 5-75 所示。

它主要用于电极柔性制造系统料仓防护门安全锁定及门开关状态监视，其安全性能符合 UL 及 CE 等国际认证标准。该型号安全门开关为机械锁定电磁释放型，门开关解锁操作由 PLC 输出信号控制，门开关解锁线圈额定电压为 DC 24 V，符合 PLC 输出点连接要求。门开关状态监视信号具有两组反馈触点，其中一个触点用于监视料仓门闩状态，另一个触点用于监视门开关锁定状态。门开关锁定状态下，其锁定强度达到 1 300 N，满足现场使用条件。

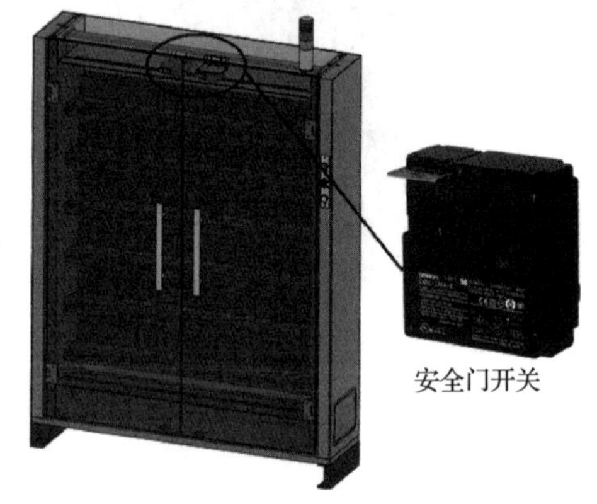

图 5-75　安全门开关

(4) 高频一体式读写器。精雕电极柔性制造系统使用 RFID 电子标签定义和存储料仓中各个的物料具体信息，选用思谷 SG-HR-I1-RS485 高频一体式读写器，如图 5-76 所示。

图 5-76　高频一体式读写器

读写对应 RFID 电子标签，该读写器工作频率为 13. 56 MHz，符合 ISO-15693 标准。它同时支持 RS-485 通信协议，可以与 PLC 实现数据交互。读写器读写距离为 60 mm 以内，满足电极柔性制造系统要求。读写器外壳采用高强度工程塑料，防护等级较高。该读写器具有识别可靠、方便分布式部署等特点。

(5) 磁性开关。精雕电极柔性制造系统采用吉马泰克手爪抓取铜电极夹具座，为了保证手爪开合准确无误，手爪开合到位检测传感器选择吉马泰克 SN4M225-G 磁性开关，机器人手爪处磁性开关安装位置，如图 5-77 所示。SN4M225-G 磁性开关输出信号为 NPN 类型，符合控制系统 PLC 输入点类型。磁性开关安装方式选择直角式安装方式，如图 5-78 所示。磁性开关出线位置朝向波纹管电缆入口方向，方便磁性开关电缆布

线工作。由于手爪处安装空间较小，因此磁性开关出线方式选择为电缆式出线方式。

图 5-77　磁性开关安装位置

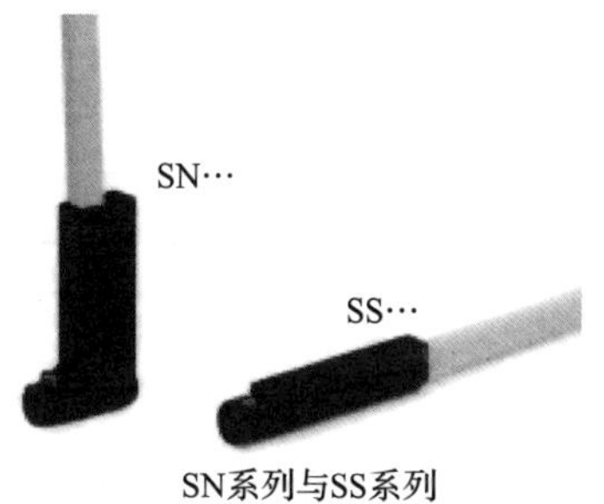

图 5-78　磁性开关安装方式

3. 系统核心技术

（1）调度与管理技术。主要包括以下几方面。

系统触发定义

①系统启动触发。当按下启动按钮时，如果上电延时已到、配置表更新完成便会使系统进入自动运行状态，同时触发设备初始化。如果启动时上电延时未到位，或配置表未更新完成，系统会触发相应的提示信息。

②系统暂停触发。系统在自动运行状态下，如果按下暂停按钮或者触发暂停性报警，系统会进入暂停状态。暂停后系统会触发提示信息。

③初始化处理。初始化标志发出后，机器人模块、机床模块、料仓模块会进行相应的初始化检查与处理。各模块初始化完成后会置位初始化完成标志，具备该标志才会正常触发调度任务。

④系统停止/结束处理。当按下系统复位、触发系统停止、触发停止性报警时或是在手爪物料状况下触发结束任务，系统会恢复到待机状态。

⑤系统状态输出。系统状态：0-未就绪；1-报警中；2-待机中；3-自动运行中。

调度任务分配

调度部分根据其他模块采集到的设备状态、料仓状态、各种表单情况，进行汇总分析，得出相应任务再分发给各个模块进行处理，监控任务的执行情况，执行完成后继续分析状态得出任务，从而实现调度。

设备调度实现方法如图 5-79 所示。

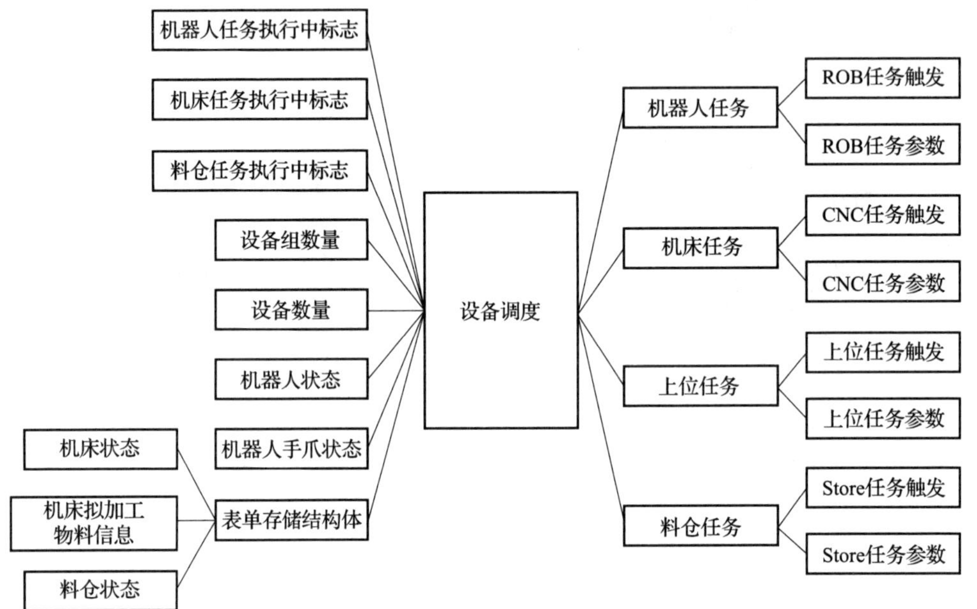

图 5-79　设备调度实现方法

设备状态机定义

①机器人设备状态机。D101＝(0/1/2/3)，其中数字为 0 时，表示机器人状态为未就绪；数字为 1 时，表示机器人状态为报警中，数字为 2 时，表示机器人状态为报警中；数字为 3 时，表示机器人状态为空闲中。

②机器人手爪状态。D102＝(0/1/2/3)，其中数字为 0 时，表示机器人手爪状态为未知；数字为 1 时，表示机器人手爪状态为无料；数字为 2 时，表示机器人手爪状态为毛坯；数字为 3 时，表示机器人手爪状态为已加工料。

③机床状态分析。D103＝(0/1/2/3/4/5/6/7/8/9/10)，数字为 0 时，表示机床状态为未知；数字为 1 时，表示机床状态为空闲中；数字为 2 时，表示机床状态为加工中；数字为 3 时机床状态为暖机中；数字为 4 时，表示机床状态为清洁中；数字为 5 时，表示机床状态为卡盘校准中；数字为 6 时，表示机床状态为上料请求中；数字为 7

时，表示机床状态为下料请求中；数字为8时，表示机床状态为预换料请求中；数字为9时，表示机床状态为退料请求中；数字为10时，表示机床状态为允许加载程序中；

系统对关键状态响应优先级从高到低依次为：上料请求、退料请求、下料请求、预换料请求。

设备执行任务接口说明

①机器人任务介绍。机器人任务参数如下表所示，当调度模块根据各种输入信息计算出机器人的执行任务时，中控系统模块会填写表中各项参数然后将任务发出，机器人模块根据收到的参数执行相应任务，并反馈执行结果。见表5-11。

表5-11　机器人任务参数表

项目	详情
任务号	0-未知；1-运动到设备外；2-取料；3-换料；4-放料；5-毛坯退回；6-初始化；7-建模；8-备用料位检查
设备组号	0-未知；1-料仓；2-机床；3-装卸站
设备号	0-未知；1~n-1#~n#设备
位置号	0-未知；1~255-1#~255#料位
料类型	0-未知；1~16-1~16型物料（主要针对刀具磨削类项目）

②机床任务介绍。调度模块根据输入信息计算出应该触发机床任务时，会填写下表中的参数，然后将任务发给机床模块，机床模块根据收到的参数执行相应任务，并反馈执行结果。见表5-12。

表5-12　机床任务参数表

项目	数据类型	详情
任务号	BYTE	0-未知；1-初始化；2-加载程序；3-启动；4-加载并启动
设备号	BYTE	0-未知；1~n-1#~n#设备
位置号	WORD	0-未知；1~255-1#~255#料位
料类型	BYTE	0-未知；1~16-1~16型物料（主要针对刀具磨削类项目）

③上位任务。上位任务均通过互锁表机制进行交互，多数任务会结合料仓的在离线操作以及上位本身主动触发去执行，也有部分任务需要在调度子模块中触发，表5-13为上位任务参数表。

表 5-13　　上位任务参数表

项目	详情
任务号	0-未知；1-初始化；2-更新状态表；3-更新排序表；4-更新建模表；5-更新设备加工序列表；6-更新出入库表

④料仓任务。料仓任务主要用于运动式料仓，如旋转料仓等，目前项目暂时不涉及料仓的运动任务，故此处暂且预留。见表 5-14。

表 5-14　　料仓任务参数表

项目	详情
任务号	预留

⑤调度任务概览。图 5-80 为调度模块输出的任务概览。

TC：TaskCode任务编号
结果/过程处理
调度任务执行处理
ROB任务触发
TC=1，运动到设备
Done：任务结束
Error：输出报警
TC=2，取料
TC=3，换料
TC=4，放料
TC=5，毛坯退回
过程：
①标记不允许料仓离线
②机器人与机床编码交互
结果：
Done：更新信息流→任务结束
Error：识别错误码，标记料位/输出报警
TC=6，初始化
Done：任务结束
Error：输出报警
TC=7，建模
过程：响应每次存储建模信息
结果：Done：任务结束
Error：输出报警
TC=8，查备用位
Done：任务结束
Error：输出报警
CNC任务触发
TC=1，初始化
TC=2，加载程序
Done：标记目标设备的程序加载标志，任务结束
Error：标记程序加载失败
TC=3，启动程序
Done：任务结束
Error：输出报警
上位任务触发
TC=1，初始化
TC=2，更新状态表
更新时机：首次启动、料仓并入、上位请求
附加任务：更新排序表，更新设备加工序列表
TC=3，更新排序表
更新时机：上位请求（其他均随状态表）
附加任务：更新设备加工序列表
TC=4，更新建模表
更新时机：建模完成、有上料请求时正在建模
附加任务：更新状态表、排序表、设备加工序列表
TC=5，更新设备加工序列表
更新时机：料仓取/放料完成
（其余随其他任务）
Store任务触发
预留

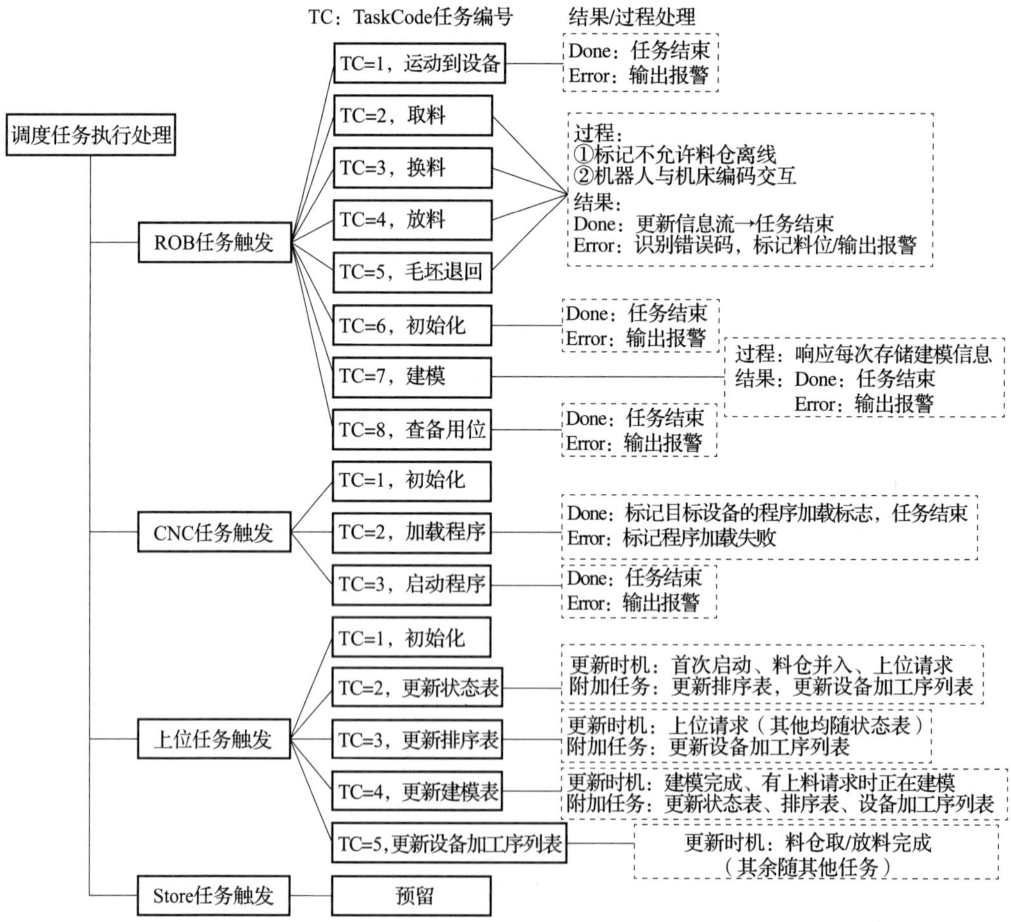

图 5-80　调度模块输出的任务概览

设备调度策略

表 5-15 为单手爪、无 RFID、无装卸站的调度方案概要，其中机床状态是根据所有机床的状态综合分析得出，调度时结合信息流、设备加工序列表等表单进行综合分析，最终根据相应表单以及设备筛选循环得出的数据输出给相应模块，实现调度。见表 5-15。

表 5-15　　调度方案概要

机器人状态	手爪状态	机床状态	料仓状态	分配任务	备注
2-空闲中	1-无料	6-上料请求	2-空闲 & 在线	ROB：料仓取毛坯 CNC：程序加载 信息流：写入料仓待取物料信息	①设备加工序列表显示有可加工物料 ②机床未被锁定(A1=1) ③料仓号、料位号等任务数据来自设备加工序列表
		7-下料请求		ROB：机床取已加工料	机床内信息流必须为有料
		8-预换料请求		ROB：运动到机床外	
	2-毛坯	6-上料请求		ROB：机床放毛坯	机床号等任务数据来自手爪信息流
		<>6，无上料请求	2-空闲 & 在线	ROB：料仓放毛坯	料仓号、料位号等任务数据来自手爪信息流
	3-已加工料		2-空闲 & 在线	ROB：料仓放已加工料	料仓号、料位号等任务数据来自手爪信息流

机器人任务

根据调度任务分配给出的机器人任务参数，将格式转换后发送给机器人模块，机器人收到任务后按照参数执行任务。

①机器人运动到设备任务执行。响应机床预换料请求，机器人收到任务后会走到指定的设备外，执行完成后返回 Done，若执行失败，机器人模块会输出停止性报警，中控模块只处理结果。

②机器人去料仓取料任务执行。包括以下几方面：

- 信息流传递：当手爪状态变为有料时，触发信息流传递功能块，将调度功能块预先存入的料仓信息流传递给机器人手爪，并清除料仓信息流。

• 执行结果输出：根据任务执行成功/失败，输出任务执行结果标志。

• 物料状态标记：如果机器人任务错误码为 10＝取料无料报警，触发物料状态标记功能块，将料仓内物料状态标记为取料无料异常料位。

③机器人去机床取料任务执行。包括以下几方面：

• 机床任务触发：任务开始执行 1 s 后，根据任务中的机床信息，触发机床数据读取任务，读取 NC 程序执行结果(成品 or 废品详情编号)。

• 信息流更新：机器人去机床取料任务执行时，如果手爪状态由无料变为有料，此时触发信息流传递功能块，将机床内存储的物料信息传递给机器人手爪，并清掉机床内物料信息。

• 任务执行完成处理：任务执行完成后输出完成标志。

• 任务执行错误处理：如果机器人返回的错误为“6＝机床换料条件报警、10＝取料无料报警”，会触发强制机床离线；输出任务执行错误标志。

④机器人去料仓放料任务执行。包括以下几方面：

• 信息流传递：手爪状态变更后将机器人手爪信息流传递给料仓，并且清除机器人手爪物料信息。

• 任务执行结果输出：根据任务执行成功/失败，输出任务执行结果标志。

• 物料状态标记：如果机器人任务错误码为 11＝放料有料报警，触发物料状态标记功能块，将料仓内物料状态标记为放料有料异常料位。

⑤机器人去机床放料任务执行。包括以下几方面：

• 信息流传递：手爪状态变更后将机器人手爪信息流传递给机床，并且清除机器人手爪物料信息。

• 任务执行结果输出：根据任务执行成功/失败，输出任务执行结果标志。

• 机床强制离线操作：如果机器人返回的错误为：6＝机床换料条件报警、11＝放料有料报警，会触发强制机床离线。

• 机床启动任务触发：当上料完成时，根据机器人任务参数，将机床号等写入机床任务参数中，触发机床启动。

⑥机器人建模任务执行。包括以下几方面：

• 建模信息存储：机器人建模时每读完 1 个物料 ID 均会触发建模表信息存储功能块，将当前建模物料的信息按顺序存入建模表。

• 任务执行结果输出：根据任务执行成功/失败，输出任务执行结果标志。

⑦机器人任务结束处理。包括以下几方面：

• 设备加工序列表触发：每次机器人任务执行完成都需要重新计算设备加工序列表，由于任务执行完成后相应料仓及设备信息已经发送变更，故选择此时机进行更新。

• 保持型变量存储：信息流等数据，在任务执行结束的时候已经做出了更新，此时系统会主动存储保持型变量，以免意外发送导致数据丢失。

• 清除标志信息：清除任务执行过程中的各个标志。

CNC 机床任务

CNC 任务来源分析：①调度功能块给出的任务——机床程序加载，根据设备加工序列表，当机器人去料仓取料时同步输出该任务；②机器人去机床放完毛坯后触发任务——机床启动，当机器人已经完成对机床的放料后触发机床启动任务；③机器人去机床取已加工料时——机床变量读取，读取机床内物料加工的成品/废品编号信息。

机床任务不可同时执行，当机床正在执行某个任务时，会有执行中标志，若此时出现其他任务，暂时不予处理，等任务执行完成后触发下一个任务。

CNC 任务执行过程处理：无论何种 CNC 任务，执行结果此处均只进行标记，具体执行过程中的数据转移及状态标记等是在机床模块进行的。

CNC 执行结果处理：CNC 任务执行完成后，会将执行标志、任务变量等数据进行清除。

(2) 机器人控制技术。工业机器人控制技术的主要任务就是控制工业机器人在工作空间中的运动位置、姿态和轨迹、操作顺序及动作的时间等。具有编程简单、软件菜单操作、友好的人机交互界面、在线操作提示和使用方便等特点。

①机器人外部控制。本案例日本 NACHI 机器人为例进行阐述。机器人的启动、暂停、停止、子程序调用等功能都是通过 IO 通信的方式来实现的，所以要先确认制定 IO 通信定义表，见表 5-16，定义如下。

表 5-16 机器人 IO 定义表

输出信号	注释	输入信号	注释
R_OUT1	程序结束	R_IN1	外部启动
R_OUT2	紧急停止中	R_IN2	外部全部停止
R_OUT3	再生模式	R_IN3	外部运转准备打开
R_OUT4	启动中	R_IN4	机器人暂停
R_OUT5	运转准备 ON	R_IN5	报警清除
R_OUT6	系统 READY	R_IN6	外部复位
R_OUT7	外部程序选择	R_IN7	外部运转准备断开
R_OUT8	异常中	R_IN8	程序选择编码 1
R_OUT9	动作中	R_IN9	程序选择编码 2
R_OUT10	位置编码 7	R_IN10	程序选择编码 3
R_OUT11	程序确认 ACK	R_IN11	程序选择编码 4
R_OUT12	作业原位置	R_IN12	程序选择编码 5
R_OUT13	位置编码 1	R_IN13	程序选择编码 6
R_OUT14	位置编码 2	R_IN14	程序编码有效触发
R_OUT15	位置编码 3	R_IN15	RFID 读取完成
R_OUT16	位置编码 4	R_IN16	料位编码 1
R_OUT17	位置编码 5	R_IN17	料位编码 2
R_OUT18	位置编码 6	R_IN18	料位编码 3
R_OUT19	外部程序启动	R_IN19	料位编码 4
R_OUT20	换料位接收标志	R_IN20	料位编码 5
R_OUT21	夹抓报警	R_IN21	料位编码 6
R_OUT22	启动 RFID	R_IN22	料位编码 7
R_OUT23	料位检测报警	R_IN23	料位编码有效
R_OUT24	接收任务标志	R_IN24	料位编码允许
R_OUT25	上料条件不符	R_IN25	RFID 读取失败
R_OUT26	组合编码 1	R_IN26	机床上料允许
R_OUT27	组合编码 2	R_IN27	1#机床换料安全信号
R_OUT28	#1 机床中	R_IN28	2#机床换料安全信号
R_OUT29	#2 机床中	R_IN29	3#机床换料安全信号
R_OUT30	#3 机床中	R_IN30	夹爪夹紧到位检测
R_OUT31	手抓打开	R_IN31	夹爪松开到位检测
R_OUT32	手抓加紧	R_IN32	光电传感器

通过对 32 位输入输出信号的定义，我们将输入输出信号分别分为两类，即系统输出(R_OUT1-R_OUT12)和通用输出(R_OUT13-R_OUT32)，系统输入(R_IN1-R_IN13)和通用输入。

主要通过系统输入信号和系统输出信号实现对机器人伺服使能、启动、暂停、停止、程序调用等功能的控制；通用输入和输出信号来控制上下料过程的交互、传感器信号、手爪控制、安全检查等功能。系统信号为机器人标准功能，通用信号需要根据实际需求进行定义。

②机器人任务执行。机器人任务的判断是调度模块来实现，根据自动化系统实时状态判断输出设备号、任务号、料位号等任务信息。任务执行阶段就是将这些任务信息转化为对应的子程序号，并调用这些子程序来完成任务。任务执行流程如图 5-81 所示。

图 5-81 是主控 PLC 中机器人任务执行部分，该图形为 PLC 中的 SFC 语言，每一个 Step 中都有相应的处理，执行流程为：初始化-触发任务-计算并调用程序号-机器人执行-输出结果。

下面详细介绍每一步的功能。

INI：初始化功能，进入该流程，并将上一次执行后的数据清零。

Step1：任务触发，触发机器人执行任务流程。

Step2：程序号计算，分析调度模块生成的任务信息，并根据该信息计算需要调用的子程序号，跳转至下一流程。

Step3：设备间运动，机器人在料仓、机床外围之间的运动。

Step4：机床上下料，机床进行上下料，完成上下料过程中的安全判断，位置信息交互等处理。

Step5：料仓上下料，判断料位号，上下料前判断料位状态是否正确。

Step6：料仓扫码，对料仓上的毛坯产品逐个进行 RFID 信息的读取。

Step7：机器人初始化，复位变量清除数据，手爪自检，RFID 自检等执行任务前的必要检查。

Step8：扫空料位，周转(料仓预留固定位置，实现必要时的周转功能)料位的料位状态的判断，通过机器人手爪上的光电传感器进行检测。

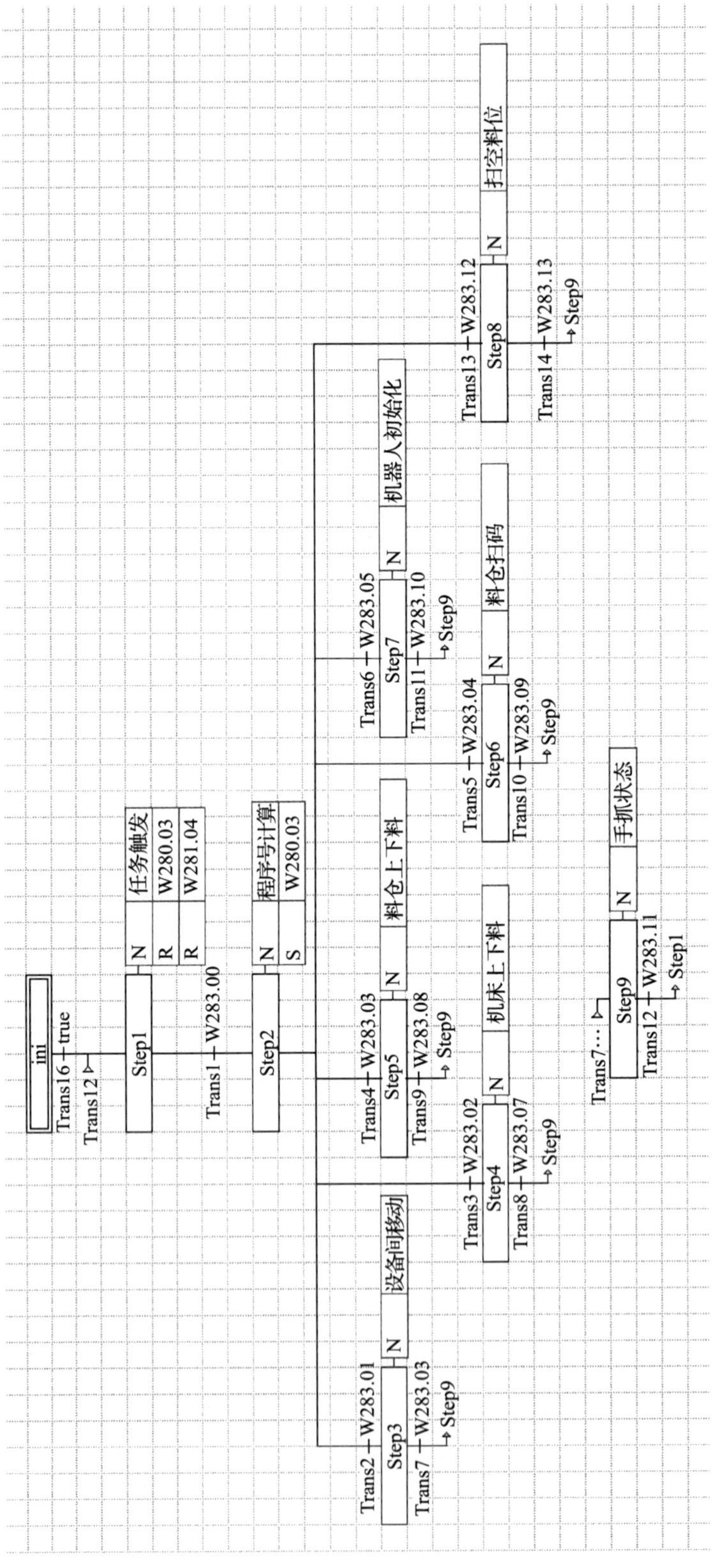

ini
Trans16 — true
Trans12
Step1
N 任务触发
R W280.03
R W281.04
Trans1 — W283.00
Step2
N 程序号计算
S W280.03
Trans2 — W283.01
Step3
N 设备间移动
Trans7 — W283.03
Step9
Trans3 — W283.02
Step4
N 机床上下料
Trans8 — W283.07
Step9
Trans4 — W283.03
Step5
N 料仓上下料
Trans9 — W283.08
Step9
Trans5 — W283.04
Step6
N 料仓扫码
Trans10 — W283.09
Step9
Trans6 — W283.05
Step7
N 机器人初始化
Trans11 — W283.10
Step9
Trans13 — W283.12
Step8
N 扫空料位
Trans14 — W283.13
Step9
Trans7…
Step9
N 手抓状态
Trans12 — W283.11
Step1

图5-81 机器人任务执行流程

(3) 料仓的管理。系统支持多料仓控制，下文以固定料仓为例，介绍料仓模块的相应内容。

①料仓 IO 信号。料仓 IO 定义见表 5-17。

表 5-17 料仓 IO 定义

输入信号	说明	输入信号	说明
并线/离线按钮	控制并/离线	在线按钮等	灯亮表示并线
照明灯按钮	控制照明灯	照明灯	照明
周转料位检测	检测周转料位	左门锁开关控制	控制左边门锁开关
左门锁线圈检测	检测门是否关闭	右门锁开关控制	控制右边门锁开关
左门锁机械检测	检测门是否关闭		
右门锁线圈检测	检测门是否关闭		
右门锁机械检测	检测门是否关闭		

②料仓功能定义。料仓是柔性制造平台的仓储部分，主要的功能包括以下几个方面：物料的存储，出入库统计，向各个设备供料，统计料仓内物料的信息。

③变量管理。料仓部分的变量首先按照料仓号区别每个料仓；各个料仓又包含其输入变量、输出变量、内部变量、表单管理；每个料仓的表单有需要区分每个料位。最终，将料仓中的每个料仓、每个料位的所有变量进行规划。见表 5-18。

表 5-18 加工顺序表

序号	料仓号	料位号	设备组号	设备号	ID	工序号
1BYTE	1BYTE	1WORD	1BYTE	1BYTE	16BYTE	1BYTE

④料仓状态机定义。根据料仓的输入信号，会对料仓状态进行更新，料仓的状态划分见表 5-19。

表 5-19 料仓状态机

信号分类	信号名称	方向	备注
状态信号	未就绪	料仓→调度	0
	报警中	料仓→调度	1
	空闲中/在线中	料仓→调度	2
	任务执行中	料仓→调度	3

⑤料位状态。见表 5-20。

表 5-20　料位状态

状态值	含义	备注
0	无料	（1）0 物料与 2 毛坯为上位向下位更新的主要内容 （2）1 队列状态为上位逻辑专用，不会更新到下位控制器中
1	队列	
2	毛坯	
3	待加工	
4	加工中	
5	成品	
6	异常–料位无料	机器人在料仓取放料时更新
7	异常–RFID 读取失败	
8	异常–料位放料有料	
9	异常–毛坯尺寸超差	物料进机床后进行更新
10	异常–卡盘报警	
11	异常–断刀报警	
12	异常–火花位超差	
13	程序加载失败	2020 年 5 月 13 日新增
14	预留	
15	预留	

（4）机床上下料控制。主要包括以下几个方面。

①信号交互。机器人–主控–机床之间通过 IO 进行信号交互的，为了实现交互第一步要确定信号并定义。见表 5-21。

表 5-21　信号交互表

输出信号	定义	输入信号	定义
OUT1	安全标志	IN1	机器人在机床内
OUT2	联机标志	IN2	机器人报警
OUT3	机床报警	IN3	治具到位检测
OUT4	预上料请求		
OUT5	机床待机中		

续表

输出信号	定义	输入信号	定义
OUT6	机床加工中		
OUT7	机床暖机中		
OUT8	机床上电		
OUT9	治具打开		
OUT10	治具夹紧		
OUT11	治具清洁		
OUT12	治具到位检测吹气		

如表 5-21 所示，可以看出 OUT1-OUT8、IN1-IN2 为与主控 PLC 的交互信号，OUT9-OUT12、IN3 为治具控制信号。

②M 代码控制。M 代码也称辅助功能代码，M 代码起到机床的辅助控制作用，在 NC 程序中执行，实现功能。确定了机床跟主控 PLC 之间的 IO 定义，然后根据该定义在机床 PLC 中开发 M 代码功能。见表 5-22。

表 5-22　代码定义表

M 代码	定义	M 代码	定义
M100	治具打开	M105	治具到位检测吹气关闭
M101	治具夹紧	M106	运动到换料位置
M102	清洁气路打开	M107	预上料请求
M103	清洁气路关闭	M108	机床暖机中
M104	治具到位检测吹气打开	M109	机床加工中

需要注意的事，M106 运动到换料位置执行完成后，系统会判断自动门是否打开，卡盘是否打开，主轴是否转速为零等信号，符合机器人换料条件时，输出安全信号。

（5）RFID 数据读写控制。本项目中使用思谷 SG-HR-I2 一体式高频读写器，本读写器支持 ISO-15963 协议所定义所有强制性功能与部分可选功能，能够操作遵守 ISO-15963 协议的电子标签。本项目中 RFID 读写器和主机（上位机、终端、PC、PLC）之间使用 Modbus-RTU 协议通信。

①RFID 高频读写器功能介绍。包括以下两点：

• 功能简介。思谷高频读写器支持标准 ModbusRTU 通信协议，控制端通过访问不同的地址、数据，从而实现对应的功能操作，如图 5-82 所示。

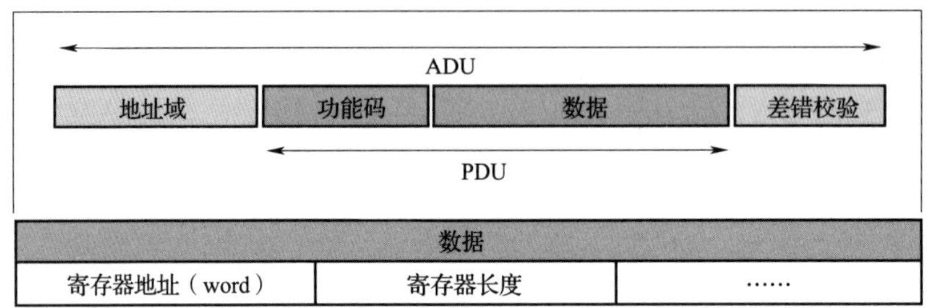

图 5-82　ModbusRTU 通信协议

如图 5-83 所示，标准 Modbus 通信数据帧主要组成如下。

设备地址	功能码	寄存器地址	寄存器长度	……	CRC
Byte	Byte	Word	Word	**	Word

图 5-83　标准 Modbus 通讯数据帧

对于思谷高频读写器，已经将寄存器的地址与寄存器长度与对应的读写器功能绑定。只需要填入对应的功能码、寄存器地址、寄存器长度(如执行写寄存器还需增加写入寄存器的数据)即可实现读写器相关功能。见表 5-23。

表 5-23　读写器功能与寄存器地址关系

读写器功能	读标签 UID	读标签内存(word)	写标签内存(word)	标签在线检测
寄存器地址	0x800E	0x0000-0x7FFF	0x0000-0x7FFF	0x8006
设备地址设置	波特率设置	用户配置设置	获取用户配置	GPO 控制
0x8000	0x8001	0x8002	0x8002	0x8008

• 异常响应。指令执行结果的成功与否，可根据设备响应数据的功能码判断。如果响应数据的功能码值与请求数据的功能码不相同，且等于请求帧功能码+0x80，表示命令执行失败。当请求帧格式或者其他错误的情况导致请求帧执行失败时，读写器会返回异常码。异常码响应数据格式见表 5-24。

表 5-24　　　　异常码响应数据格式表

字段	长度	说明
Device Address	1 byte	设备地址
Cmd	1 byte	失败：功能码+0x80
Exception Code	1 byte	异常码
Crc-L	1 byte	CRC 校验值低位
Crc-H	1 byte	CRC 校验值高位

②MODBUS-RTU 简介。Modbus 串行链路协议是一个主-从协议。在同一时刻，只有一个主节点连接于总线，一个或多个子节点(最大编号为 247)连接于同一个串行总线。Modbus 通信总是由主节点发起。子节点在没有收到来自主节点的请求时，从不会发送数据。子节点之间从不会互相通信。主节点在同一时刻只会发起一个 Modbus 事务处理。

主节点以两种模式对子节点发出 Modbus 请求。

一是单播模式，即主节点以特定地址访问某个子节点，子节点接到并处理完请求后，子节点向主节点返回一个报文(一个“应答”)。

在这种模式，一个 Modbus 事务处理包含 2 个报文：一个来自主节点的请求，一个来自子节点的应答。每个子节点必须有唯一的地址(1 到 247)，这样才能区别于其他节点被独立的寻址。

二是广播模式，主节点向所有的子节点发送请求。

对于主节点广播的请求可执行但没有应答返回。广播请求一般用于写命令。思谷高频读写器的广播模式中，只有部分功能支持广播模式(如波特率设置、复位 MCU)。

③CRC 检验说明。CRC 校验采用模型是 CRC-16/MODBUS，具体算法如下。

Step1：预置 1 个 16 位的寄存器为十六进制 FFFF(即全为 1)，称此寄存器为 CRC 寄存器。

Step2：把第一个 8 位二进制数据(通信信息帧的第一个字节)与 16 位的 CRC 寄存器的低 8 位相异或，把结果放于 CRC 寄存器。

Step3：把 CRC 寄存器的内容右移一位(朝低位)用 0 填补最高位，并检查右移后的移出位。

Step4：如果移出位为 0，重复第 3 步(再次右移一位)；如果移出位为 1，CRC 寄存器与多项式 A001(1010 0000 0000 0001)进行异或。

Step5：重复步骤 3 和步骤 4，直到右移 8 次，这样整个 8 位数据全部进行了处理。

Step6：重复步骤 2 到步骤 5，进行通信信息帧下一个字节的处理。

Step7：将该通信信息帧所有字节按上述步骤计算完成后，得到的 16 位 CRC 寄存器的高、低字节进行交换。

Step8：最后得到的 CRC 寄存器内容即为 CRC 码。

(6) DNC 软件与中控系统接口。包括以下内容：

• Fins 通信协议。上位通过欧姆龙 Fins/TCP 协议、Fins/UDP 协议。对欧姆龙 PLC 进行存储区的读写操作，实现数据的采集与表单的下发。

FINS-UDP 数据交互图，如图 5-84 所示。

FINS-TCP 建立连接图，如图 5-85 所示。

FINS-TCP 数据交互图，如图 5-86 所示。

• 接口设计。包括以下内容。

一是任务执行交互过程，如图 5-87 所示；突发任务交互过程，如图 5-88 所示。

计划任务交互过程是指 DNC 向 PLC(机器人或料仓)下发动作指令，PLC 控制设备执行相应的动作，执行完后将结果告知 DNC 的一次完整的信息交换过程。DNC 下发任务时将 EndCode 置为 0x0100，表示有任务未执行，PLC 通过读取 EndCode_hasTask 来判断是否有待执行的任务，PLC 读取到任务后立即将 EndCode_hasTask 置为 0x00，PLC 执行完任务时将 EndCode_isExed 置为 0x01，表示无任务已执行，DNC 通过读取 EndCode_isExed 来判断任务是否被执行完成。

DNC 下发完指令后，会不间断轮询 EndCode_isExed 的值，如果取值为 0x01，则说明下发的任务已经执行完成，可以进行下一步操作。PLC 执行完任务后会更新 EndCode_isExed 的值为 0x01，然后监听 EndCode_hasTask 的值，如果取值为 0x01，则读取 TaskCode 和参数 Params 执行任务。

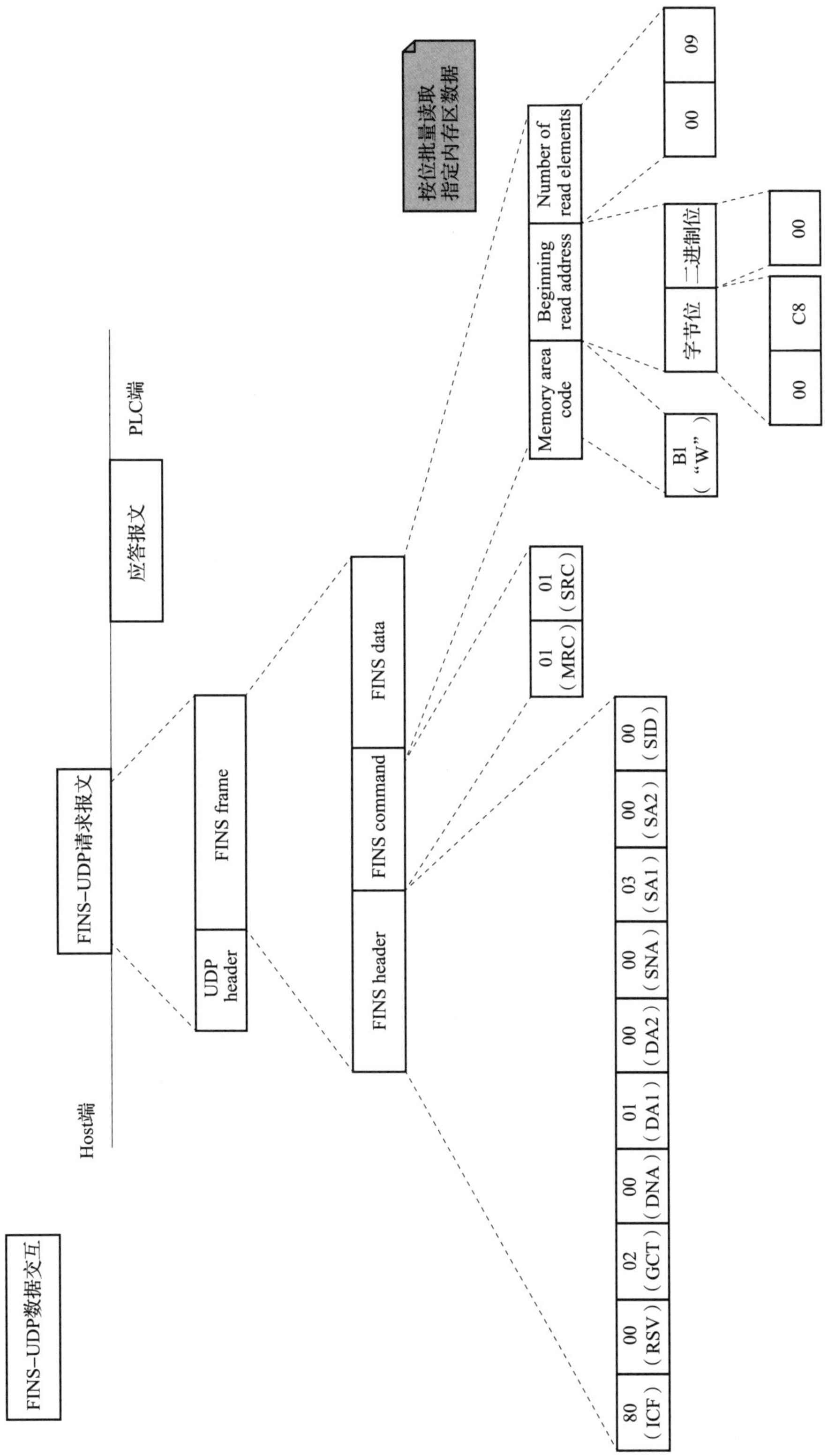

FINS-UDP数据交互

Host端

FINS-UDP请求报文

应答报文

PLC端

UDP header | FINS frame

FINS header | FINS command | FINS data

按位批量读取
指定内存区数据

80 (ICF)	00 (RSV)	02 (GCT)	00 (DNA)	01 (DA1)	00 (DA2)	00 (SNA)	03 (SA1)	00 (SA2)	00 (SID)

01 (MRC)	01 (SRC)

Memory area code	Beginning read address	Number of read elements

B1 ("W")

字节位 | 二进制位

00 | C8

00

00 | 09

图5-84 FINS-UDP数据交互

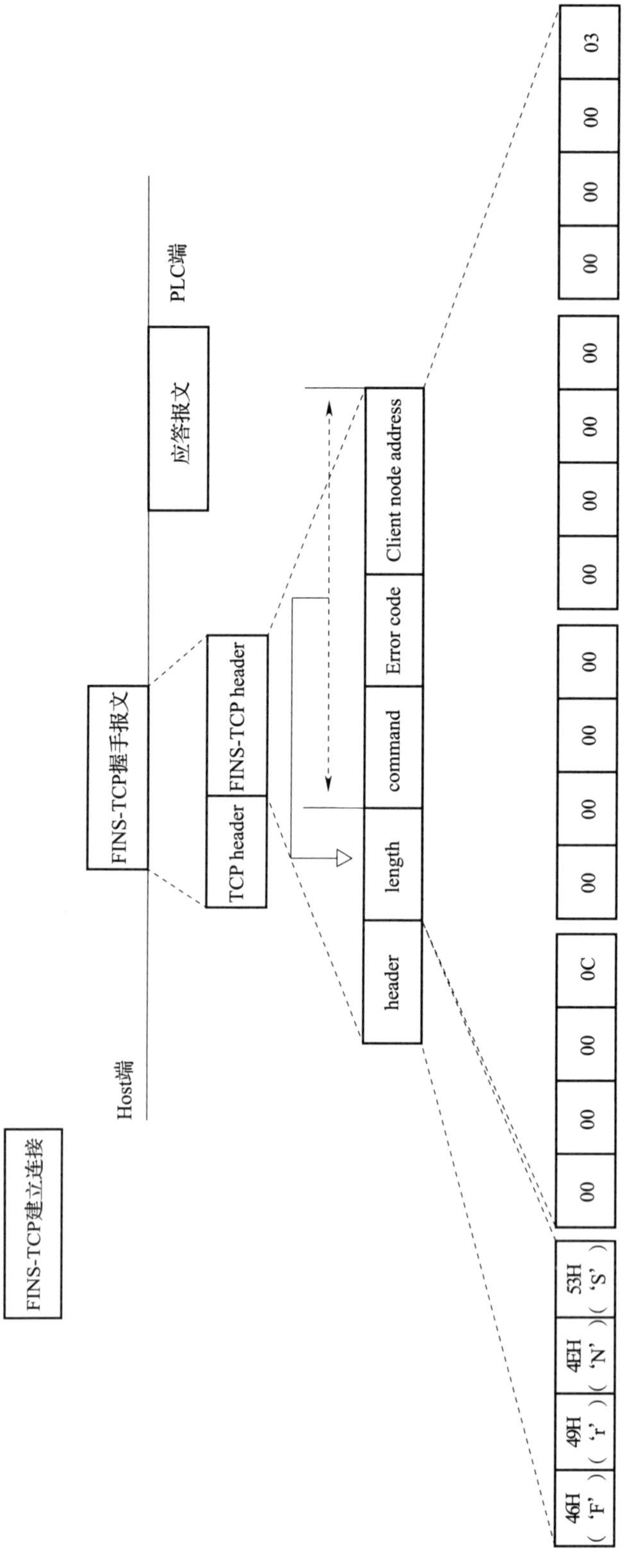

FINS-TCP建立连接

Host端

FINS-TCP握手报文

应答报文

PLC端

TCP header

FINS-TCP header

header

length

command

Error code

Client node address

46H（‘F’）

49H（‘I’）

4EH（‘N’）

53H（‘S’）

00 00 00 0C

00 00 00 00

00 00 00 00

00 00 00 03

图5-85　FINS-TCP建立连接图

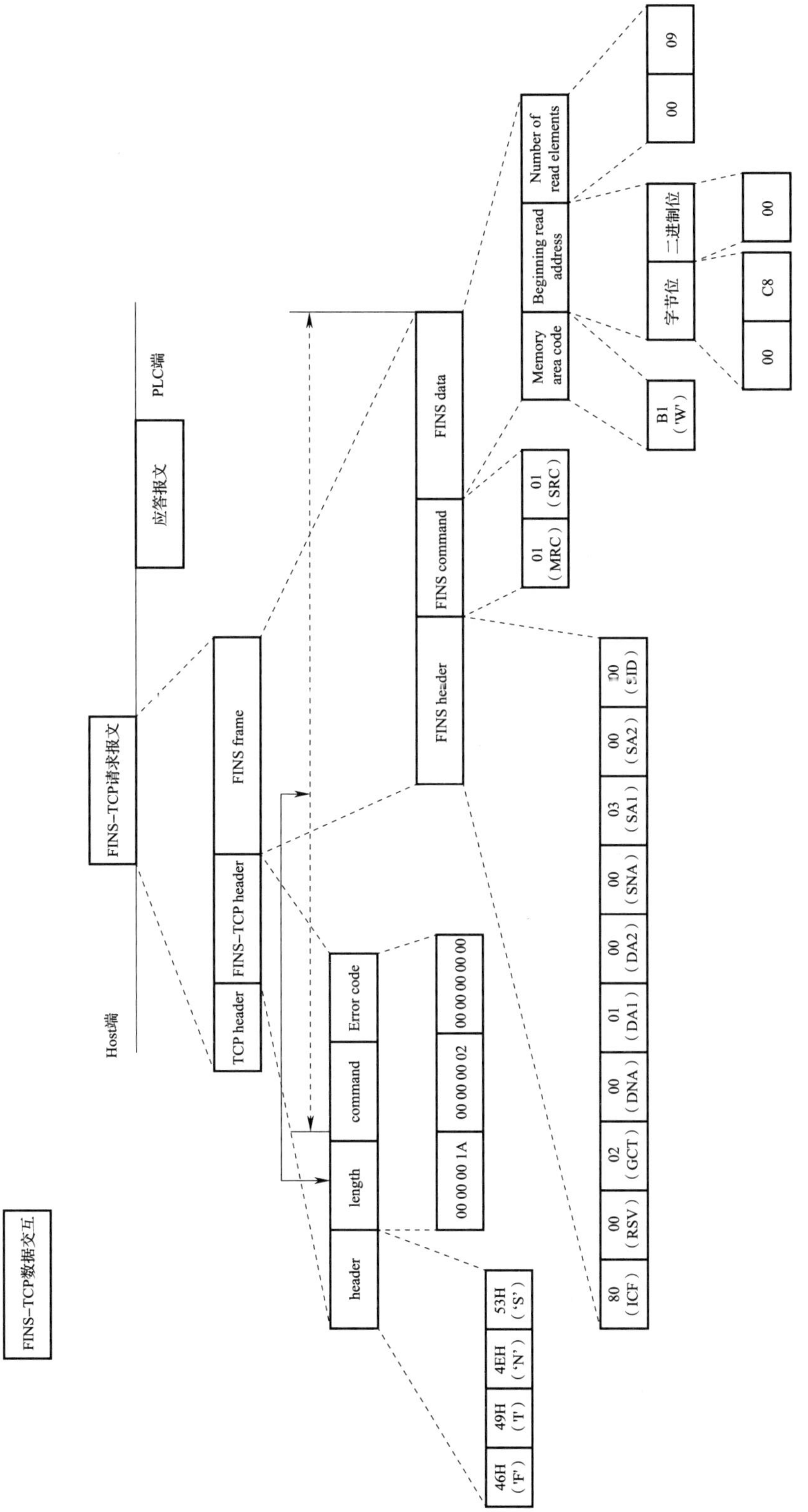

图5-86　FINS-TCP数据交互图

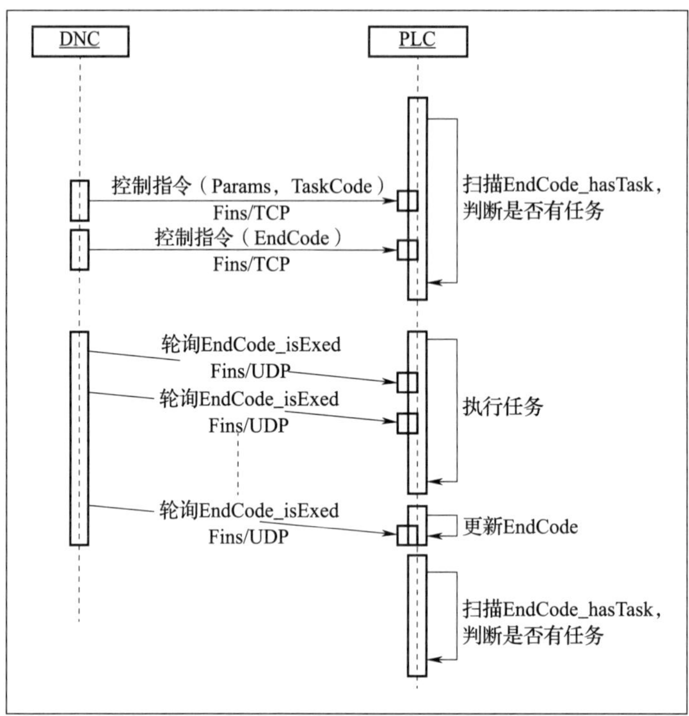

图 5-87　任务执行交互过程

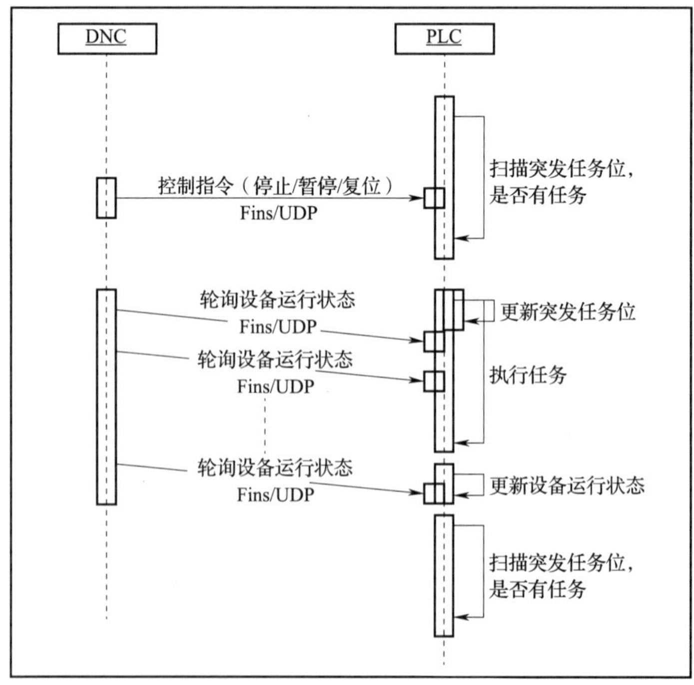

图 5-88　突发任务交互过程图

二是 PLC 与 DNC 之间的任务交互方式。PLC 与 DNC 之间的任务交互方式见表 5-25。具体交互方法可参考表后的举例。

表 5-25　　PLC 与 DNC 之间的任务交互定义表(1)

序号	地址	长度/BIT	数据	方向	行为	功能说明	备注
数据块一：DNC 任务分配区							
1_1	D300	16	1	PLC→DNC	写	命令编码	DNC 下任务请求
			2				DNC 任务信息确认完毕
			…				预留
1_2	D301	16	1	PLC→DNC	写	任务类型	料位 RFID 信息存储
			2				NC 文件对比有无
			3				NC 文件下发
			4				机床启动
			5				停止暖机
			6				排序表与指定表更新
			…				预留
1_3	D302	16	1	PLC→DNC	写	设备号	1#机床
			2				2#机床
			…				预留
1_4	D303-D306	…	…	PLC→DNC	写	预留任务区	
1_5	D307	16	共预留 32 byte	PLC→DNC	写	RFID 数据块	产品 RFID 芯片信息
	…	…					
	D322	16					
1_6	D323	16	1-65535	PLC→DNC	写	料仓号	产品在料仓的编号
	D324	16				料位号	产品在料仓中的位置

PLC 与 DNC 任务交互定义表见表 5-26。

表 5-26　　PLC 与 DNC 之间的任务交互定义表(2)

数据块二：DNC 写入信息区							
5_1	D325	16	1	DNC→PLC	写	命令编码反馈	DNC 任务接受反馈
			2				DNC 任务执行成功
			3				DNC 任务执行异常
			4				DNC 任务执行超时
			…				预留

续表

数据块二：DNC 写入信息区							
5_2	D326	16	1	DNC→PLC	写	任务类型反馈	料位 RFID 信息存储
			2				NC 文件对比有无
			3				NC 文件下发
			4				机床启动
			5				停止暖机
			6				排序表与指定表更新
			…				预留
5_3	D327	16	1	DNC→PLC	写	设备号反馈	1#机床
			2				2#机床
			…				预留
5_4	D328-D331	…	…	DNC→PLC	写	预留任务区	
5_5	D332	16	共预留 32 byte	DNC→PLC	写	RFID 数据块反馈	产品 RFID 芯片信息
	…	…					
	D347	16					
5_6	D348	16	1-65535	DNC→PLC	写	料仓号反馈	产品在料仓的编号
	D349	16	1-65535			料位号反馈	产品在料仓中的位置

以“NC 加工文件上传”为例，交互方式如下：

• PLC：发送“命令编码=1；任务类型=3；设备号=2”（表示请求下发 nc 文件至 2#机床）。

• DNC：DNC 收到 1-1 为 1 后，将 1-2~1-6 搬运至 5-2~5-6，搬运完成之后将 5-1 赋 1。

• PLC：PLC 监听到 5-1 为 1 后，将 1-1 置 2 并发送给 DNC。

• DNC：DNC 收到 1-1 为 2 后执行“下发 nc 文件至 2#机床”任务，将执行结果 2-成功；3-异常反馈给 PLC。

三是料仓相关数表。PLC 与 DNC 任务交互内存见表 5-27。

表 5-27　　　　　　　**PLC 与 DNC 之间的任务交互内存定义表**

地址	方向	行为	用法
			料位状态表
D400 … D499	PLC→DNC	写	产生方式：①首次，PLC 将 D500 中信息作出搬运；②PLC 根据工艺流程不断更新料位信息；③随着每个料的变化 DNC 轮询更新信息 数据规则：1 禁用；2 无料；3 毛坯；4 加工中；5 成品；6 不合格；7 待加工；8 断刀；9 火花位超差；10 卡盘报警；11 毛坯超差；12 RFID 读取失败；13 报警中间变量；0 无效
			换料表
D500 … D599	DNC→PLC	写	产生方式： ①人工上下料勾选；②点击下发，将数据传送至 PLC 地址区； 数据规则：=1 禁用；=2 无料；=3 毛坯；=0 无效 下发时机：料仓离线 or 初始化完成
			排序表
D600 … D699	DNC→PLC	写	产生方式：①RFID 编码存在+②该料位为毛坯状态+③对应的加工程序存在 具备这三个条件才会加入排序表序列 数据规则：满足入列条件的数据由系统默认一个序列，用户也可自行调整 下发时机：①PLC 发送任务“排序表与指定表更新”请求；②用户下发排序表

排序表形式更新：

- 数据筛选条件做出变更，增加了 RFID 编码和加工程序两个限制。
- 下发时机调整。

  a. 不再同换料表一同下发。

  b. 更新时机改为任务交互请求方式。

			指定机床表
D700 … D799	DNC→PLC	写	产生方式：①在生成任务单时指定；②扫码建模时由 RFID 信息中提取 数据规则：每个地址对应料仓中的料位，0-未指定机床；n-n#机床 下发时机：PLC 与 DNC 任务交互“排序表与指定表更新”

指定机床表做两手准备：

• 在 RFID 编码中的首位加入机床编号，DNC 通过识别 PLC 发送过来的 RFID 编码存入料位号。

• DNC 端在生成任务单时由用户做出指定并存储。

二、综合实验

1. 实验综合平台介绍

（1）背景与概述。本套实验平台的工业背景是一家生产智能巡航检测小车的生产厂家，其产品智能小车可自主巡航，代替人进入危险或未知环境进行检测，可检测的项目包括温度、湿度、压力、烟雾、有害气体等，这些不同的检测项目是通过在小车上安装不同的传感器与检测模块实现的。近年来随着客户的增多，行业用途的不同，对小车的检测功能的要求也越来越多样化(例如，某些客户只需温度检测、某些客户只需压力与烟雾检测等，并且对检测的精度要求也不同)。而厂家原有的以人工装配为主的方式难以适应客户需求的个性化，效率低、管理成本高，且质量不稳定。因此，厂家希望建设一条智能生产线，可根据客户订单进行个性化定制生产，完成从接受订单到生产装配全流程自动化。

在此背景下开发的实验平台是专门针对智能制造相关专业开发的实践教学平台，其以实际工业对象为背景，通过对问题的抽象，归纳总结为各教学重点，并采用真实、先进的工业设备，按照工业 4.0/智能制造的规范，集成工业网络、控制系统、工业软件，构成了一个小型的既体现智能制造关键特征，又便于实践教学的智能产线系统。

实验平台特点：

• 完整的智能制造系统架构。

• 面向以工站、产线二级的系统集成与应用调试为主的实践教学。

• 工站可灵活组合，各工站可独立运行，也可组合成产线运行。

• 标准化接口设计，工站可拓展扩充。

• 采用业界先进的、工业企业广泛应用的典型软硬件设备。

• 可与西门子数字双胞胎结合，构建虚拟调试系统。

（2）平台产品。为使产线便于教学，对真实的小车及功能模块进行了模型化处理，简化了装配精度的要求，并极大降低了运行维护成本。原小车模型图，如图 5-89 所示。并对原小车进行了两方面的简化处理。

一是功能模块的抽象化。

原小车可以装配 8 个种类，共 32 个不同型号的功能模块，如图 5-90 所示。

图 5-89　智能巡航检测小车

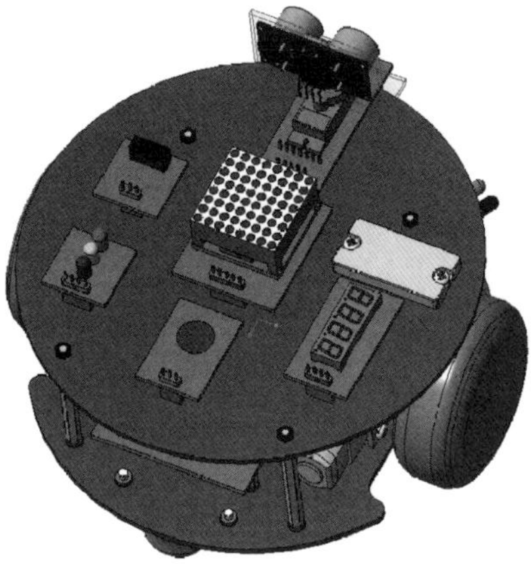

图 5-90　突发任务交互过程图

现简化成 3 个类型的功能模块：温度传感器、湿度传感器、烟雾传感器，每个类型包含 3 种不同精度的细分型号，共 9 种模块，并统一以 30 mm×30 mm×30 mm 的立方块代替。每个类型的模块以一种颜色代表，每个细分型号以立方块上的编号标识，具体见表 5-28。

表 5-28　　功能模块表

功能模块类型	温度传感器		
细分型号	R1	R2	R3
式样			

续表

功能模块类型	湿度传感器		
细分型号	Y1	Y2	Y3
式样			
功能模块类型	烟雾传感器		
细分型号	B1	B2	B3
式样			

二是车身及模块装配位置的抽象化。

由于功能模块只安装在小车上部 PCB 板上，所以将小车抽象为一块底板，底板上 9 个凹槽为功能模块安放位置，每个位置放置一个具体型号模块，如图 5-91 所示。

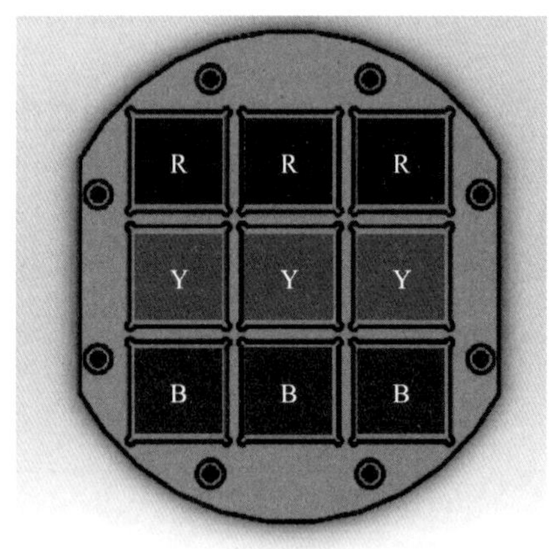

图 5-91　小车底板功能模块

(3) 业务流程。实验平台模拟智能巡航检测小车，厂家接收个性化定制订单，按照订单进行生产计划与排产，并根据工艺流程进行生产，至订单完成的整个过程。其中的工艺流程包括原料出库、生产加工、功能模块装配，之后进行质量检测并成品入库。整体的业务流程如图 5-92 所示。

实验平台根据产线的工艺流程，满足产品的订单需求和工艺要求，设计了智能仓储工站、加工工站、模块装配工站和视觉检测工站，共 4 个工站。其具体构成详见产线组成部分。

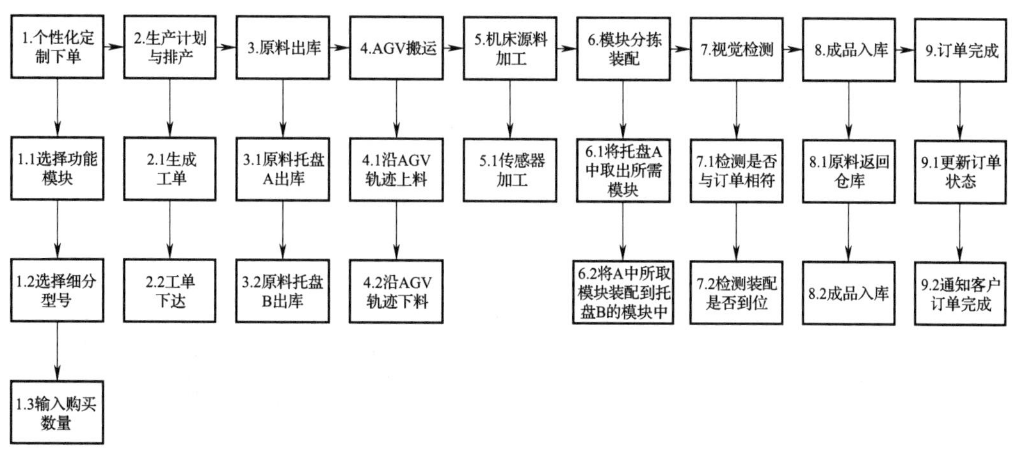

图 5-92　整体工作流程

（4）系统架构。实验平台以国家智能制造系统标准架构为参考，涵盖了设备层、控制层、管理层等核心功能，并可以快速拓展人工智能应用及数字孪生组件。系统架构图如图 5-93 所示。

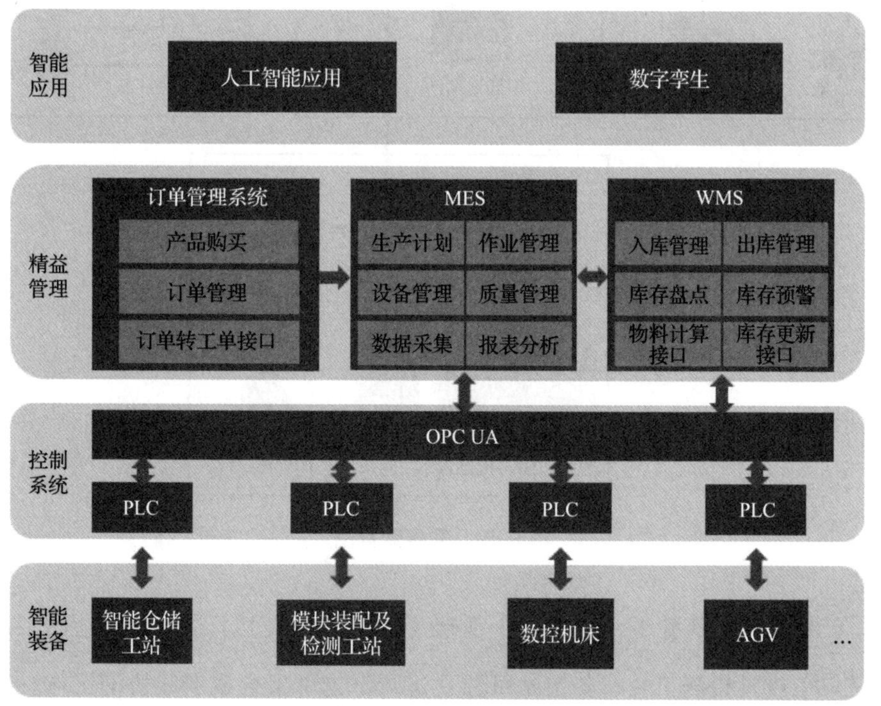

图 5-93　系统架构图

（5）网络架构。实验平台通过 Profinet 与以太网连接，将各设备、工站、系统组成工业网络，网络架构图如图 5-94 所示。

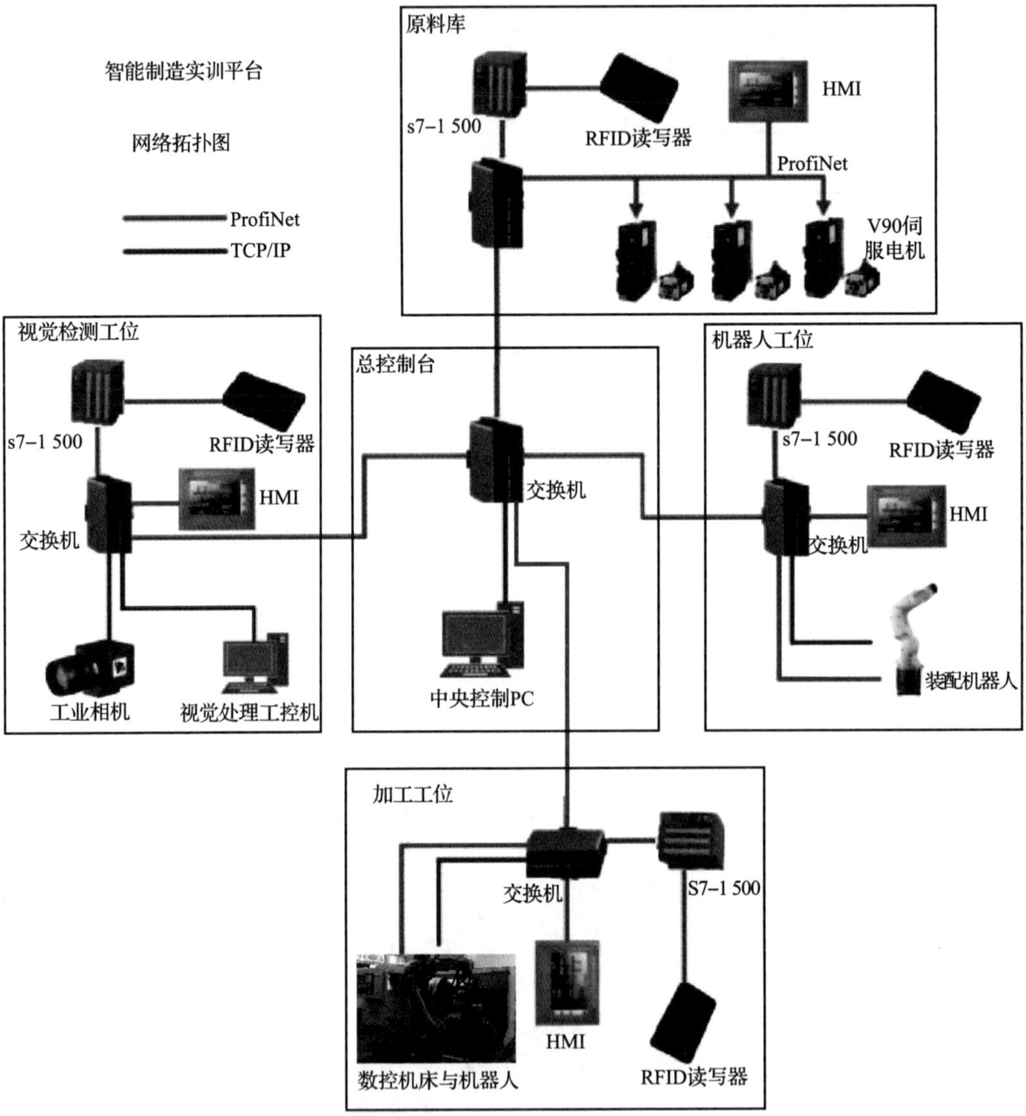

图 5-94　网络架构图

（6）产线组成。实验平台包含 4 个基础工站：智能加工工站、智能仓储工站、模块装配工站、视觉检测工站。各工站可独立运行，也可组合成产线协同工作。总体构成图如图 5-95 所示。

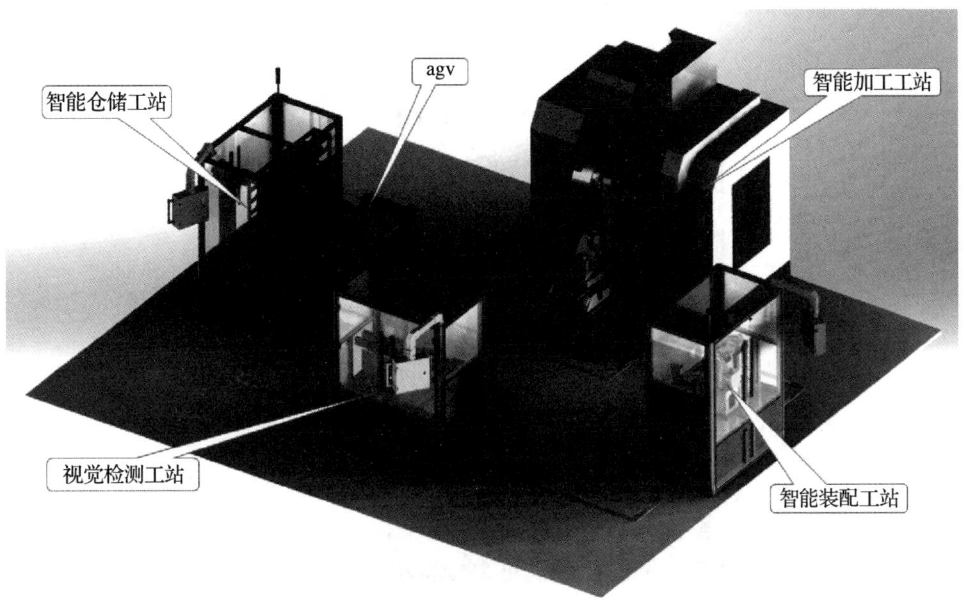

图 5-95　总体构成图

智能加工工站如图 5-96 所示。

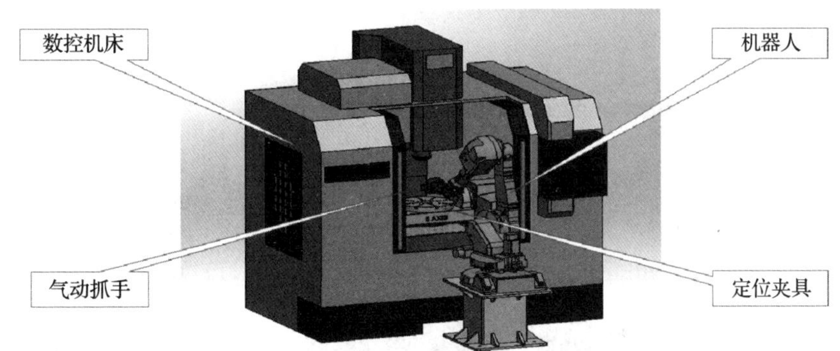

图 5-96　智能加工工站

智能加工工站由一台加工中心和一台六轴机器人组成并配套夹具、抓手等附件，主要根据订单需求，对原材料进行不同程度的铣削加工，并可以与整体系统无缝连接、与其他设备协同运行，自身还能完成局部运行。

智能仓储工站如图 5-97 所示。

智能仓储工站由储存立库货架、三轴运动模组、伺服电机、PLC、触摸屏组成，通过接受仓储管理系统的指令，完成原料的出入库、成品的入库。

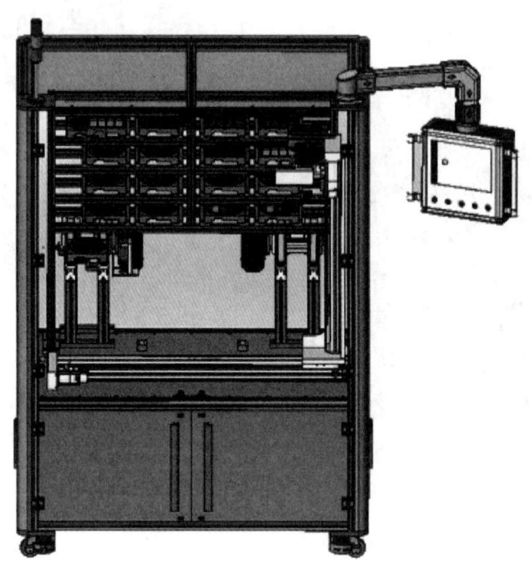

图 5-97　智能仓储工站

模块装配工站如图 5-98 所示。

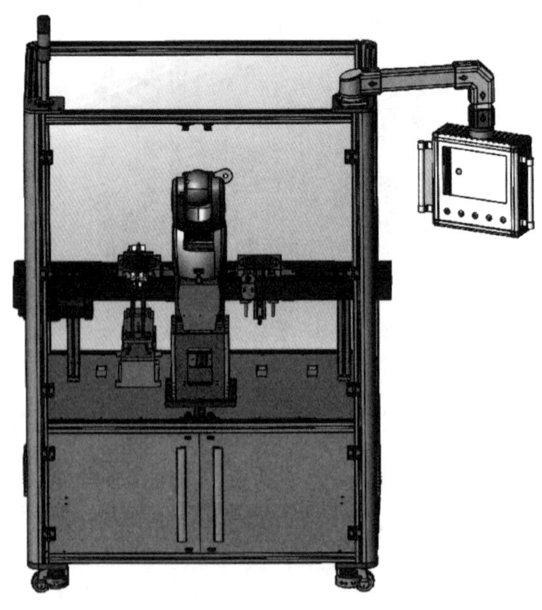

图 5-98　模块装配工站

模块装配工站由六轴机器人、输送线、托盘顶升机构、PLC、触摸屏组成，按照订单要求，从原料托盘中取出正确的功能模块，并放入车身底板对应的位置。

视觉检测工站如图 5-99 所示。

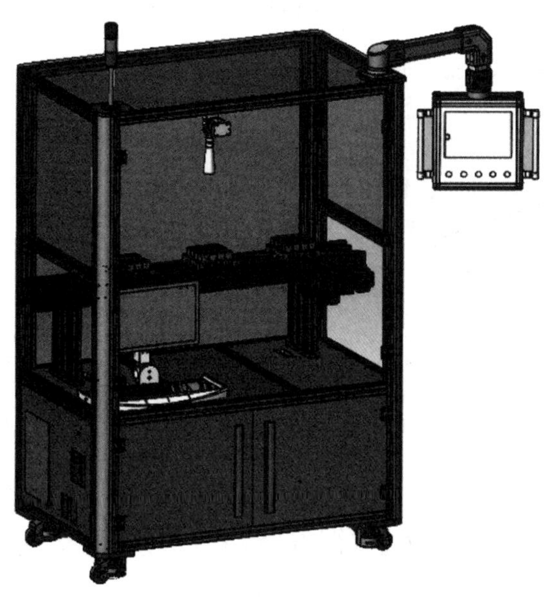

图 5-99　视觉检测工站

视觉检测工站由工业相机、镜头、光源、工控机、PLC、输送线、触摸屏组成，通过机器视觉与图像识别，判断装配完成的小车模块是否与订单一致，并读取各模块原料二维码溯源信息，返回给上层控制系统。

实验一：智能仓储单元虚拟调试

1. 实验目的

- 掌握智能仓储单元虚拟调试方法。

2. 实验相关知识点

- PLC 编程与控制。
- 虚拟仿真技术应用。

3. 实验内容及主要步骤

在虚拟环境下，通过 PLC 程序控制堆垛机，将载有产品的托盘从入库传送带上运送到立体仓库，再将立体仓库的空托盘放置到出库传送带上。

主要步骤如下：

- 打开仿真项目数据，启动仿真环境。
- 选择堆垛机仿真模型，并定义堆垛机运动学机构及逻辑块。
- 按工艺顺序创建物料流，并创建物料流开始信号。
- 定义光电传感器。
- 定义逻辑块及智能组件，包括 Entries、Exits、Parameters、Constants 及 Actions 的定义。
- 定义传送带及其逻辑块。
- 添加 I/O Adress。
- 根据实际情况选择合适的通信连接方式（如 PLC SIM Advanced），连接外部 PLC。
- 编写变量表和程序：其中强制值为 TRUE，可以实现对仿真模型的点动控制；Plays Simulation Forward 可以对仿真模型做虚拟调试。

实验二：智能仓储单元配置及调试与 CPS

1. 实验目的

实验目的如下：

- 了解智能仓储的应用。
- 掌握智能仓储单元的配置及调试。
- 熟悉数据采集及 CPS 方法。

2. 实验相关知识点

实验相关知识点如下：

- 执行机构、运动控制的应用。
- 传感器的应用。
- 电气电路设计的应用。
- PLC 的编程。

3. 实验内容及主要步骤

实验内容一：智能仓储单元配置及调试

完成智能仓储单元的配置及调试，具体实验步骤如下：

• 完成智能仓储单元的电气电路设计。

• 打开智能仓储单元，并用网线分别将 PLC 编程口与计算机相连。

• 打开博图软件并建立项目。

• 完成设备的组态与变量表的建立。

• 进行智能仓储单元中堆垛机工艺对象的建立。

• 完成智能仓储单元各执行机构的手动控制(入库/出库输送线，入库/出库挡停气缸，堆垛机)。

• 通过触摸屏设定需要出库的托盘库位号。

• 系统处于自动状态，HMI 设定原料盘取料库号，按下启动按钮，流程如下：

1)成品托盘由入库线进入智能仓储单元。

2)托盘到达指定位置后，RFID 进行数据读取，并在 HMI 显示。

3)RFID 信息读取完成后，堆垛机按照 RFID 读取的信息进行成品盘的放置。

4)成品盘放置完成后，堆垛机按照设定原料的库位号取出原料托盘。

5)原料托盘放入输送线后，RFID 进行信息的写入，写入数据并在 HMI 写入。

6)RFID 信息写入完成后，原料托盘由出库输送线运出仓库。

7)整个取料过程中，设备报警或故障都在 HMI 中有相应提示。

8)急停按钮按下时，HMI 提示系统 E-Stop，并且设备停止运行。

9)X/Y/Z 轴的正/负限位触发后，HMI 提示 X/Y/Z 轴限位报警，并且设备停止运行。

10)RFID 读取/写入时间超时后，HMI 提示 RFID 错误，并且设备停止运行。

实验内容二：智能仓储单元 CPS

完成智能仓储单元的数据采集及 CPS，设置系统参数并完成测试，主要步骤如下：

• 修改堆垛机的智能组件参数。将仓储单元机械臂智能组件修改，三个运动轴分别按照实际轴执行运动，运行条件常为 1，并且运行速度调整至极大的状态(远大于硬件运行速度)，并仅连接该三个信号。

• 通过 OPC UA 连接外部 PLC 读取信号。

• 修改完成后，启动实际产线，并点击 simulation forward 运行仿真画面。

• 在实际产线 HIM 触摸屏控制 X、Y、Z 轴分别动作，并观察仿真画面情况。

实验三：智能加工单元配置及调试

1. 实验目的

实验目的如下：

• 了解数控机床的操作和编程。

• 配置及调试加工单元。

2. 实验相关知识点

实验相关知识点如下：

• 数控系统的应用。

• 执行机构、振动传感器的应用。

• 电气电路设计的应用。

• 数控系统与 PLC 的通信传输。

3. 实验内容及主要步骤

完成智能加工单元的配置及调试，具体实验步骤如下：

• 完成智能加工单元的电气电路设计。

• 打开智能加工单元，并用网线分别将 PLC 编程口与计算机相连。

• 打开博图软件并建立项目。

• 完成设备的组态与变量表的建立。

• 完成加工单元各执行机构的手动控制(输送线，挡停气缸等)。

• 进行数控机床的配置，PLC 控制程序及数控机床的 NC 程序编写，数控机与 PLC 控制的通信建立及接口定义；设计 HMI 界面(要求和设置选择加工程序)并下载程序。

• 系统处于自动状态下，通过 HMI 设定加工零件产品编号，按下启动按钮后动作如下：

1）产品从输送线进入机床。

2）由夹具将产品定位到加工位置。

3）机床根据设置的产品型号调用对应的 NC 加工程序。

4）加工过程中主轴震动传感器开始采集数据，并实时在 HMI 上显示震动曲线。

5）在加工过程中主轴震动值超过某固定值时，机床报错，主轴退刀后系统停止，并在 HMI 上显示加工震动异常报警。

6）加工完成后，夹具松开，输送线将产品送出机床。

实验四：智能装配单元虚拟调试

1. 实验目的

实验目的如下：

实验目的是掌握智能装配单元虚拟调试方法。

2. 实验相关知识点

实验相关知识点如下：

• PLC 编程与控制。

• 虚拟仿真技术应用。

3. 实验内容及主要步骤

在虚拟环境下，通过 PLC 程序控制机器人，将原料盘里的原料搬运至成品托盘。主要步骤如下：

• 打开仿真项目数据，启动仿真环境。

• 规划机器人运动轨迹，定义 path#及机器人默认控制信号。

• 按工艺顺序创建物料流，并创建物料流开始信号。

• 定义光电传感器。

• 定义顶升机构、阻挡单元逻辑块及智能组件，包括 Entries、Exits、Parameters、Constants 及 Actions 的定义。

• 定义传送带及其逻辑块。

• 添加 I/O Adress。

- 根据实际情况选择合适的通信连接方式(如 PLC SIM Advanced)，连接外部 PLC。
- 编写变量表和程序：其中强制值为 TRUE，可以实现对仿真模型的点动控制；Plays Simulation Forward 可以对仿真模型做虚拟调试。

实验五：智能装配单元配置及调试与 CPS

1. 实验目的

实验目的如下：

- 了解机器人的应用。
- 掌握智能装配单元的配置及调试。
- 熟悉数据采集及 CPS 方法。

2. 实验相关知识点

实验相关知识点如下：

- 机器人的应用。
- 机器人与 PLC 的通信传输。
- 执行机构、传感器的应用。
- 机器人的电气电路设计。

3. 实验内容及主要步骤

实验内容一：智能装配单元配置及调试

完成智能装配单元的配置及调试，具体实验步骤如下：

- 完成智能装配工站的电气电路设计。
- 打开智能装配单元，并用网线分别将 PLC 编程口与计算机相连。
- 打开博图软件并建立项目。
- 设备的组态与变量表的建立。
- 添加 RFID 硬件组态。
- 智能装配单元各执行机构(输送线、挡停气缸等)手动程序编写。
- 进行工业机器人的配置，编写 PLC 控制程序，并下载程序。
- 系统处于自动状态，HMI 设定原料盘取料库号，按下启动按钮，流程如下：

①成品托盘放上输送线，RFID 识别托盘信息并显示在 HMI 上；②成品托盘运送到组装位置，HMI 上原料托盘到位指示灯亮；③再将原料托盘放上输送线，RFID 识别托盘信息并显示在 HMI 上；④原料托盘运送到组装位置，HMI 上成品托盘到位指示灯亮；⑤当原料托盘与成品托盘都到位之后，机器人模拟实现 4.3 所述轨迹，完成后机器人发送完成信号，PLC 控制原料托盘先离开，成品托盘后离开；⑥成品托盘成功离开后 5s，输送线自动停止，自动运行状态指示灯熄灭。

实验内容二：智能装配单元 CPS

完成智能装配单元的数据采集及 CPS，设置系统参数并完成测试，主要步骤如下：

• 定义机器人的逻辑块。将智能装配单元机器人六个轴逻辑块定义，六个运动轴分别按照实际轴执行运动，运行条件常为 1，并且运行速度调整至极大的状态(远大于硬件运行速度)，并仅连接该六个信号。

• 通过 OPC UA 连接外部 PLC 读取信号。

• 修改完成后，启动实际产线，并点击 simulation forward 运行仿真画面。

• 启动实际产线自动运行或者单独通过示教器驱动机器人，并观察仿真画面情况。

实验六：智能检测单元配置及调试

1. 实验目的

实验目的如下：

• 学习工业相机的安装步骤、基本使用方法等。

• 学习使用基本的机器视觉算法，完成颜色识别、字符识别等应用。

2. 实验相关知识点

实验相关知识点如下：

• 光学基础知识。

• 计算机基础编程知识。

• 计算机图像处理基础知识。

3. 实验内容及主要步骤

学习工业相机安装配置的基本步骤及调试方法，了解基本的机器视觉算法，具体实验步骤如下：

• 安装视觉单元相机相关硬件，包括相机、镜头、光源、光源控制器、网线等，确保相机能够正常工作。

• 打开电脑网络设置，设置本机电脑 IP 地址，保持与相机处于同一网段，以便能够访问相机。

• 打开相机相关的控制软件，对相机的成像进行调节，包括焦距、角度、白平衡等，确保相机最终清晰成像。

• 打开相关软件，对相机采集到的图像进行后续的信息读取。借助相关的算法包，实现对图像上相应区域的颜色识别、字符识别以及二维码的信息读取。

• 运行程序，根据程序运行的结果，查看是否和实际信息一致，对相关细节进行最终的调整。

本章思考题

1. 智能产线的基本组成和构成要素有哪些？如何设计一条智能产线？

2. 执行机构的分类有哪些？如何选择执行机构？

3. 运动控制系统的基本架构有哪些组成？

4. 简要说明测量常见物理量所需要的传感器类型。

5. 简述机器视觉的主要系统构成及各部分的主要作用。

6. 电气控制原理设计的主要内容有哪些？电气原理图设计的基本步骤有哪些？

7. 电机的核心参数有哪些？如何根据要求选择合适的电机？

8. 某自动门，在门内侧和外侧各装有一个超声波探测器。探测器探测到有人后 0.5 s，自动门打开，探测到无人后 1 s，自动门关闭。根据上述需求，设计 PLC 梯形图。

9. 电极柔性制造系统—中央控制系统如何控制整个系统完成初始化？初始化都有哪些关键步骤？

第六章 智能装备与产线单元测试与分析技术基础

测试是测量和试验的综合，是依靠一定的科学技术手段定量地获取某种研究对象原始信息的过程。测试与分析贯穿智能装备与产线开发的全过程，是保证智能装备与产线符合设计要求，并能够进行持续改进的重要手段。本章首先介绍测试的基本内涵，然后详细介绍智能装备与产线单元所涉及的测试与分析技术，为智能装备与产线的系统开发提供技术支撑。

- **职业功能：** 智能装备与产线开发
- **工作内容：** 测试智能装备与产线的单元模块
- **专业能力要求：** 能进行智能装备与产线单元模块的功能、性能测试与验证；能进行智能装备与产线单元模块测试结果的分析
- **相关知识要求：** 虚拟仿真测试技术，包括试验仿真、虚拟测试等；虚实互联与调试知识；网络与数据安全知识；数据挖掘与分析方法

第一节　测试概述

考核知识点及能力要求：

- 了解智能装备与产线开发的测试目标，能够针对产线单元规划简单的测试方案。
- 解智能装备与产线开发的测试流程，能够针对产线单元完成某一测试环节。

一、测试目标

测试的目标是：发现问题、改进问题，总结经验，起到保证软、硬件设计达到设计要求的作用。

测试在产品生命周期的不同阶段起到不同的作用。在产品开发过程中，测试的主要目标是验证设计方案、评估产品特性，从而改进设计方案。在产品制造过程中，测试的主要目标是保证产品质量，实现质量控制。在产品使用过程中，进行测试能够进一步发现产品存在的潜在问题，为产品的升级迭代提供支持。

二、测试类型

智能装备与产线作为典型的机电系统，所需要进行的测试，可以基本分为硬件测试和软件测试。

• 硬件测试：硬件测试是对产线开发过程的产线单元及产线进行差错检查，保证其质量的一种过程活动。

• 软件测试：使用人工或自动的手段来运行或测定某个软件系统的过程，其目的在于检验它是否满足规定的需求或确定预期结果与实际结果之间的差别。

根据不同的功能要求，智能装备与产线的测试可以进一步细分为：

• 样品测试：对可以单独测试的硬件单元部分所进行的测试。

• 硬件系统测试：对由部件组合成的模块，子系统或系统进行的测试。

• 平台测试：硬件系统上集成软件系统的测试。

• 结构测试：根据硬件内部逻辑结构选择测试信号，通过在不同点检查信号状态，确定实际的信号波型或状态是否与预期的一致。

• 功能测试：主要检验功能和性能是否符合设计要求，不考虑逻辑结构和内部特性。

• 性能测试：检验系统是否满足在需求说明书中规定的性能。

• 可靠性测试：对系统需求说明书中可靠性的要求的测试。

• 环境测试：检验系统在环境适应性上是否达到测试标准要求。

• 配置测试：验证系统的配置组合能力。

测试中包含的几个关键要素如下：

• 进入准则：开始测试必须具备的环境和条件。

• 退出准则：测试完成时需要的环境和条件。

• 测试计划：对于预定的测试活动需要采取的途径。典型的测试计划包括：标识要测试的项目、要完成的测试、测试进度表等。

• 测试信号：为了实施测试而向被测系统提供的输入信号、操作或各种环境设置。测试信号控制测试的执行过程，它是对测试大纲中的每一个测试项目的进一步实例化。

• 测试报告：描述对系统或系统部件进行的测试行为及结果的文件。

三、测试流程

在进行测试前需要说明测试需求并明确测试目的，根据测试需求制定测试计划。测试开始后，如果测试情况有变化，可能会导致测试计划文档的内容发生变化；如果文档内容有明显变化，须在文档中添加变更历史来记载这些变化。

软、硬件平台系统测试以及其他类型的测试，均涉及如下活动：

• 测试计划：对测试方法和资源的分配进行计划，形成测试计划文档。

• 测试设计和开发：详细描述各个测试阶段的测试方法，特别是测试信号数据的设计，搭建测试环境，形成测试方法说明文档。

• 测试执行：按照测试计划执行测试过程，根据测试结果判断测试项目是否通过。

• 测试报告：记录测试结果和测试问题，形成测试报告文档。

• 测试评估：按照测试标准评价测试系统，形成测试评估报告文档。

第二节　测试与分析基础

考核知识点及能力要求：

• 了解常用传感器的工作原理和性能，并能合理选用。

• 掌握测试系统的组成和基本功能，掌握系统基本特性的评价方法和不失真测试条件，并能正确地运用于测试装置的分析和选择。

• 掌握信号的时域和频域的描述方法，形成明确的信号频谱结构概念；掌握谱分析、相关分析和功率谱分析的基本原理和方法；掌握数字信号分析中一些最基本的概念和方法。

• 能够对动态测试工作的基本问题有一个比较完整的概念，并能初步运用于智能设备与产线单元中某些参量的测试。

一、测试基础概述

1. 测试的任务

• 在设备设计中，通过对设备进行模型试验或现场实测，为产品质量及性能提供客观的评价，为技术参数的优化和效率的提高提供基础数据。

• 在生产环境的改良及监测中，测量振动和噪声的强度及频谱，分析找出振源，并采取相应的减振、防噪措施。

• 在工业自动化生产中，通过对工艺参数的测试和数据采集，实现对设备的状态监测、质量控制和故障诊断。

2. 测试系统的组成

一个测试系统总体上可用如图 6-1 所示的原理方框图来加以描述。

图 6-1　测试系统原理方框图

传感器是测试系统中的第一级，用于从被测对象获取有用的信息，并将其转换为适合测量的变量或信号。如在测量物体振动时，可以采用电磁式传感器，将物体振动的位移或振动速度通过电磁感应原理转换成电压变化量。

信号调理级是对从传感器所输出的信号作进一步的加工和处理，包括对信号的转换、放大、滤波、存储和一些专门的信号处理。

显示和记录级是将信号调理部分处理过的信号用便于人们所观察和分析的介质和手段进行记录或显示。

3. 测试技术的发展动向

传感器：新型、微型、智能型。

测试仪器：高精度、多功能、小型化、在线监测、性能标准化和低价格。

参数测量与数据处理：智能化、集成化、网络化。

4. 测试方式的多样化

• 多传感器融合技术：能获得更全面的测试信息。

• 积木式、组合式测试方法：增加测试系统的柔性，实现不同层次、不同目标的测试目的。

• 虚拟测试：将通用计算机与硬件结合起来，用软件定义测试仪器。

• 智能测试：融合智能技术、传感技术、信息技术、仿生技术、材料科学等。

• 视觉测试：广泛应用于在线测试、逆向工程等主动、实时测试过程等。

二、谱分析

根据一定的理论、方法并采用适当的手段和设备，对信号进行变化与处理的过程称为信号分析。信号分析使我们能够从被测对象中获得有用信息。

1. 数字信号处理(DSP)

时域和频域

实际工程中，一大类信号均可视为由若干正弦波所合成，每一正弦分量各有其一定的频率和幅值。从频域研究这些波形有时比时域考察更为有用，因为它可以更好地揭示出信号的所有成分。时域与频域表示信号的区别如图 6-2 所示。

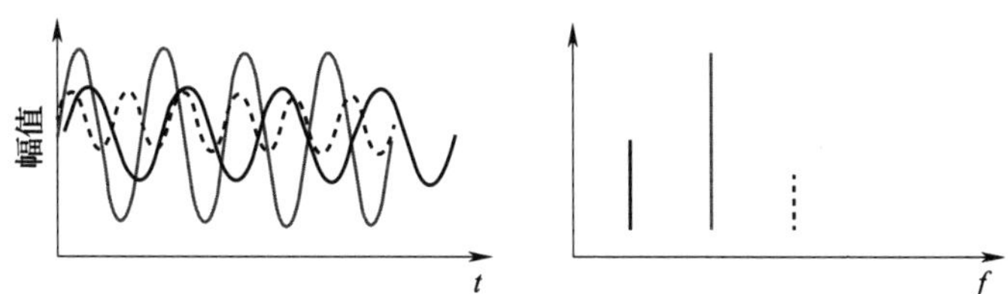

图 6-2　时域(左)与频域(右)示例

时域中的每一正弦分量，在频域中用一谱线表示。描述波形的一系列谱线构成所谓“频谱”。

傅里叶变换(FT)

信号从时域到频域的变换(以及逆变换)，通过傅里叶变换来实现，其定义式为：

$$S_x(f) = \int_{-\infty}^{\infty} x(t)\mathrm{e}^{-\mathrm{j}2\pi ft}dt \tag{6-1}$$

$$x(t) = \int_{-\infty}^{\infty} S(f)\mathrm{e}^{\mathrm{j}2\pi ft}df \tag{6-2}$$

函数必须是连续的。同时，为了能通过数字积分的方法进行傅里叶变换，积分限不能无穷，必须是有限的。

离散傅里叶变换（DFT）

傅里叶变换的数值算法称为离散傅里叶变换。它通过对固定限值（N 个）时域抽（采）样的数字积分，求出频域离散点的谱值。

快速傅里叶变换（FFT）

快速傅里叶变换是一种适合于计算机运算的 DFT 算法，用于求得抽样、离散时间信号的谱（频率）成分。FFT 所得到的谱也是离散的，其逆变换称为逆 FFT 或 IFFT，如图 6-3 所示。

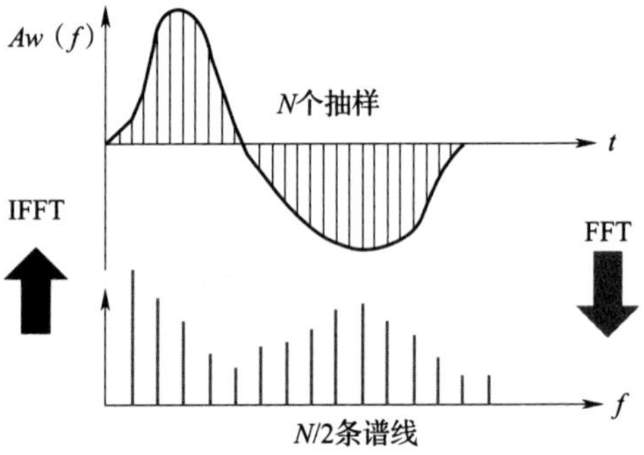

图 6-3　FFT 及 IFFT

高品质的 FFT 算法，要求时域抽样数 N 必须是 2 的幂（诸如 2，4，8，…，512，1 024，2 048 等）[41]。

2. 混淆

采样率过低会使混淆问题变得严重，甚至导致错误的结果，如图 6-4 所示。

这一问题可通过遵守耐奎斯特（Nyquist）准则予以克服。该准则规定：采样率 f_s 应大于被测量最高频率 f_m 的二倍，即

$$f_s > 2f_m$$

3. 泄漏与加窗

与离散时间抽样数据相伴随的另一个问题是泄漏。由于矩形窗函数频谱的引入，使卷积后的频谱被展宽了，即频谱“泄漏”到其他频率处，称为频谱泄漏。以正弦波为例，一个连续的正弦波应该得到如图 6-5 所示的单一谱线[42]。

图 6-4　采样率过低导致混淆

图 6-5　连续正弦波及其谱线

由于信号仅在一个采样周期 T 内被测量，而 DFT 却假定其表征了所有时刻的值。如果一正弦波在采样时窗内不是整周期采样，其结果由于边缘的不连续性，使得能量从本来的谱线处显著地泄漏至相邻频域，如图 6-6 所示。

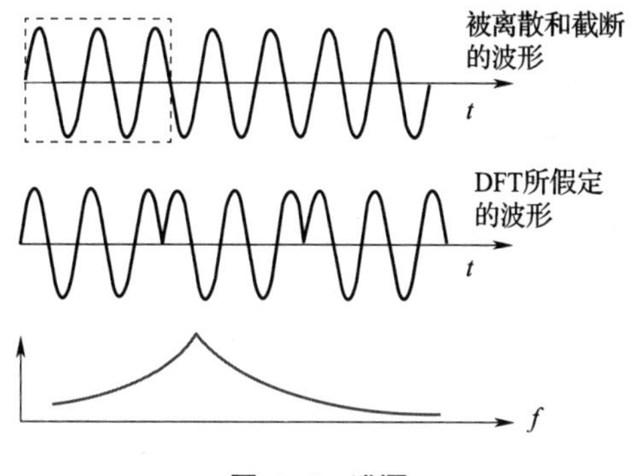

图 6-6　泄漏

泄漏是伴随数字信号处理最严重的问题之一。如果说，混淆误差尚可通过某些处理技术予以消除的话，泄漏误差则永远不可能完全消除。泄漏可通过采取不同的激励技术和提高频率分辨率来削减，或通过下文论述的加窗办法来缩小。

4. 窗处理

要想消除或减轻信号截断和周期化带来的不连续问题，有两种方法：一是保证采样周期同步于信号整周期；二是保证在采样周期的起点和终点处，信号的幅值均为零[43]。后一种方法是通过“加窗”来实现的，这相当于对信号作幅值调制，其效果如图 6-7 所示。

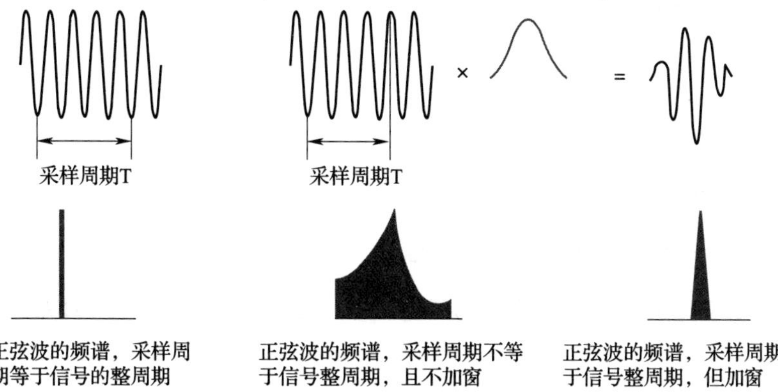

图 6-7　加窗

加窗本身也造成误差的增加，这一点用户应当清楚，并尽量避免。加不同的窗函数导致能量的不同分配。窗的选择依赖于输入信号的类型，以及你所感兴趣的问题属于哪方面。

常用窗

矩形(Uniform)窗：这种窗在泄漏不成为问题的情况下被采用。譬如，用于整周期正弦波、脉冲、瞬态信号等，其采样周期起端和末端的函数值在自然属性上就等于零。

汉宁(Hanning)窗：这是在对随机信号作一般目的的分析时最常采用的窗。它具有拱形的滤波特性。区分小幅值邻近频率的能力较低，因此不适合小信号的精确测量。

汉明(Hamming)窗：与汉宁窗比较，这种窗最高旁瓣低，但旁瓣衰减慢，最适用的频率范围约 50 dB。

布莱克曼(Blackman)窗：这种窗适用于检测存在于强信号中的弱分量。

凯赛(Kaiser-Bessel)窗：这种窗的滤波特性能提供较好的选择性，因而适合用于区分彼此的幅值差别甚大的多音信号。与汉宁窗相比较，在采用随机激励的情况下，这种窗会引起较大的泄漏误差。

平顶(Flattop)窗：这种窗的名称，源于它的滤波特性中，通带内波纹度低的缘故。这种窗用于纯音(单频)信号的精确幅值测量，特别适用于测量系统的标定。

力(Force)窗：这种窗用于锤击法模态试验情况下的瞬态信号分析。

指数(Exponential)窗：这种窗也是用于瞬态信号的分析。目标是使信号在采样周期的终点衰减到接近于零[44]。

窗函数的选择

• 对于瞬态信号分析。

矩形窗：用于一般目的。

力　窗：用于短促的脉冲信号和瞬态信号，目的是提高总体信噪比。

指数窗：用于比采样周期还要长的瞬态信号，或者说在采样周期内尚未充分衰减的瞬态信号。

• 对于连续信号的分析。

汉宁窗：用于一般目的。

布莱克曼窗或凯赛窗：当选择性很重要，需要区分幅值差别很大的谐波分量时使用。

平顶窗：用于测量系统标定，或者幅值的精确测量十分重要的场合。

矩形窗：只用于分析特殊的多正弦波合成信号，即它的所有谐波的频率都正好与谱的抽样频率相吻合的情况。

- 对于系统分析，即频响函数测量。

力　窗：用于锤击法的激励(参考)信号。

指数窗：用于锤击激励小阻尼系统的响应信号。

汉宁窗：用于随机激励的参考通道和响应通道。

矩形窗：用于伪随机激励的参考通道和响应通道。

三、基本测量功能

1. 均值

(1) 时间记录。取 N 个瞬时的时域采样 $x(n)$，N 为数据块的尺寸。连续 M 个时间记录的系集平均，得到时间记录测量平均的集合 $\bar{x}(n)$：

$$\bar{x}(n)=A_{m=0}^{M-1}(x_m(n))\quad n=0,\ 1\cdots N-1 \tag{6-3}$$

其中，M 为平均次数，A 表示平均运算。

时间平均用于澄清信号由于随机噪声的存在而表现出的假象。

(2) 自相关。相关用于测量两个变量之间的相似性。自相关函数取信号本身不同时刻的值相比较而得出。

时域计算自相关函数 $R_{xx}(\tau)$，是通过一信号与同一信号的时延(τ)相乘，取其乘积对所有时间作积分平均而求出：

$$R_{xx}(\tau)=\lim_{T\to\infty}\frac{1}{T}\int_0^T x(t)x(t+\tau)dt \tag{6-4}$$

也通过频域函数计算相关函数。其时，采样信号的离散型自相关函数 $R_{xx}(n)$ 由下式求出：

$$R_{xx}(\tau)=F^{-1}(S_{xx}(k)) \quad k=0,1\cdots N-1 \quad n=0,1\cdots N-1 \tag{6-5}$$

其中，F^{-1} 表示傅里叶逆变换，而 $S_{xx}(k)$ 则是离散型自功率谱。

(3) 互相关。互相关用于测量两个不同信号之间的相似性。因此需要有多个测量通道。在时域上的定义式为：

$$R_{xy}(\tau)=\lim_{T\to\infty}\frac{1}{T}\int_0^T x(t)y(t+\tau)dt \tag{6-6}$$

如同自相关函数计算，两个采样信号 $x(n)$ 和 $y(n)$ 之间的离散型互相关函数

按下式计算：

$$R_{xy}(\tau)=F^{-1}(S_{xy}(k)) \quad k=0,1\cdots N-1 \quad n=0,1\cdots N-1 \tag{6-7}$$

其中，$S_{xy}(k)$ 为两个信号之间的离散型互功率谱。

互相关作为时延的函数，表征两个信号之间的相似性。可用于确定两个信号之间的时间差关系。

(4) 直方图(Histogram)。概率直方图 $q(j)$ 表述特定的信号幅值出现的相对比率，如图 6-8 所示。将抽样信号 $x(n)$ 的信号输入量程划分为 J 个级别。其每一级别 $j(j=0,J-1)$，表征每一平均值 x_j 和级增量 Δx[45]。

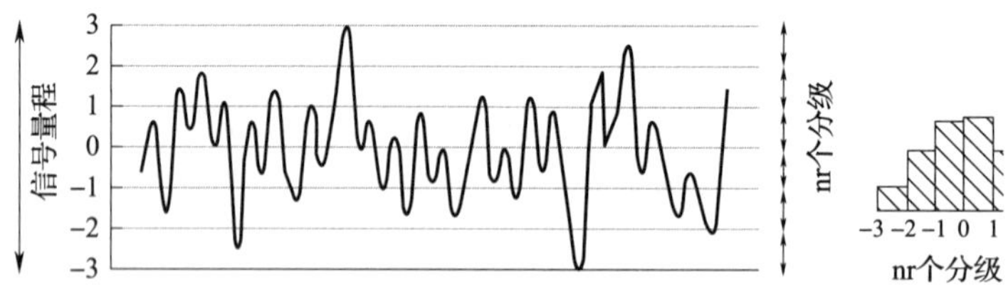

图 6-8 直方图

2. 频域测量

(1) 自功率谱。随机信号的自功率谱密度函数(自谱)为：

$$S_{xx}(f)=\int_{-\infty}^{\infty}R_{xx}(\tau)e^{-j2\pi f\tau}d\tau \tag{6 - 8}$$

自功率谱的值等于自相关函数的傅立叶变换。$x(t)$ 的自功率谱密度函数，简称为

自谱或自功率谱。

自功率谱是实数，不含相位信息。

自功率谱密度函数必然是偶函数。

若 $\tau=0$，则根据自相关函数和自功率谱密度函数的定义，可得到：

$$R_{xx}(0)=\lim_{T\to\infty}\frac{1}{T}\int_{0}^{T}x^{2}(t)\,\mathrm{d}t=\int_{-\infty}^{\infty}S_{xx}(f)\,df \tag{6-9}$$

可见，自功率谱密度函数的曲线下和频率轴所包围的面积就是信号的平均功率。

(2) 互功率谱。如果自相关函数 $R_{xy}(\tau)$ 满足傅立叶变换的条件，则定义

$$S_{xy}(f)=\int_{-\infty}^{\infty}R_{xy}(\tau)\,\mathrm{e}^{-\mathrm{j}2\pi f\tau}d\tau \tag{6-10}$$

称为信号 $x(t)$ 和 $y(t)$ 的互谱密度函数，简称互谱。

由于互功率谱密度函数是互相关函数的傅里叶变换，因此二者所蕴含的信息是等价的。

它既保留了原来信号的幅值与相位信息，同时也保留了原信号的初始相位信息。

互功率谱蕴涵有两个信号之间在幅值和相位上的相互关系信息。它在任意频率的相位值，表示两个信号之间在该频率的相对相位，因此，可用它作相位关系分析。

(3) 相干函数

有四种类型的相干函数：常相干，重相干、偏相干和虚拟相干。

- 常相干。信号 $x_i(n)$ 和 $x_j(n)$ 之间的常相干定义为：

$$\gamma_{0ij}^{2}(k)=\frac{|\overline{S_{ij}}(k)|^{2}}{\overline{S_{ii}}(k)\times\overline{S_{jj}}(k)} \tag{6-11}$$

其中，$\overline{S_{ij}}(k)$ 为互功率谱平均，$\overline{S_{ii}}(k)$ 和 $\overline{S_{jj}}(k)$ 为自功率谱平均。

常相干反映多分量组成的输出信号中最大能量与输出信号中总能量的比值。相干可用于检测由别的通道信号功率引起的一测量通道的功率。据此用于评估频响函数的测量质量。另外，它不仅用于评估输入输出关系，还可用来评估多个激振器给出的激振力之间的相干关系。

相干函数的取值范围在 0 和 1 之间。高值(接近于 1)表明输出几乎完全由输入引

起，可以充分相信频响函数的测量结果。低值(接近于0)表明有其他的输入信号没有被测量出，或存在严重的噪声，系统有明显的非线性或时延等诸类问题。

• 重相干。重相干属于频域函数(无量纲系数)，它描述单一信号(输出谱)与另外一组视为参考信号(输入谱)之间的因果关系。它等于由多个输入信号引起的输出信号的能量与该输出信号的总能量之比。它用于检验测量中的噪声含量，其所有响应信号应该与所取参考(输入)信号有因果关系[46]。

• 偏相干。偏相干属于“状态信号”之间的常相干。状态信号是指那样一些信号，除外的信号所产生的影响可在最小二乘意义上被排除掉。

• 虚拟相干。虚拟相干是一信号与主分量之间的常相干。虚拟相干由下式求得：

$$\gamma_{vij}^2(k)=\frac{|S'_{ij}(k)|^2}{S'_{ii}(k)\times S'_{jj}(k)} \tag{6-12}$$

其中，$S'_{ii}(k)$为主分量$X'_{ij}(k)$的自功率谱，$S'_{ij}(k)$为信号X_j与主分量X'_i之间的互功率谱。

四、测试系统的基本特性

信号与系统是紧密相关的，被测物理量亦即信号作用于一个测试系统，而该系统在输入信号亦即激励的驱动下对它进行“加工”，并将经“加工”后的信号进行输出。由于受测试系统的特性以及信号传输过程中干扰的影响，输出信号的质量必定不如输入信号的质量。为了正确地描述或反映被测的物理量，实现“不失真测试”，测试系统的选择及其传递特性的分析极其重要。

一个测试系统与其输入、输出之间的关系可用图6-9表示，其中$x(t)$和$y(t)$分别表示输入与输出量，$h(t)$表示系统的传递特性。

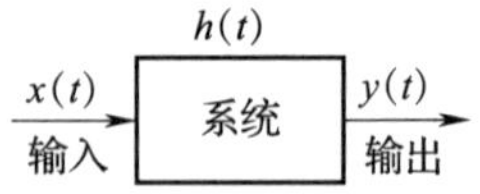

图6-9　测试系统与其输入、输出关系框图

对于一般的测试任务来说，常常希望输入与输出之间是一种一一对应的确定关系，因此要求系统的传递特性是线性的，尽管实际的测试系统往往不是一种完全的线性系统，但本节仅讨论线性系统。

测试系统的性能分为静态特性和动态特性。当被测量是恒定的或是缓慢变化的物理量时涉及的是系统的静态特性。静态特性一般包括重复性、漂移、误差、精确度、灵敏度、分辨率、线性度。当测量问题是有关快速变化的物理量时，系统的输入与输出之间的动态关系是用微分方程来描述的。

1. 测试系统的静态特性

静态特性一般包括：重复性、漂移、误差、精确度、灵敏度、分辨率、线性度。

(1) 重复性。重复性表示由同一观察者采用相同的测量条件、方法及仪器对同一被测量所做的一组测量之间的接近程度。它表征测量仪器随机误差接近于零的程度。

(2) 漂移。仪器的输入未产生变化时其输出所发生的变化叫漂移。漂移常由仪器的内部温度变化和元件的不稳定性所引起。

(3) 误差。误差为被测量的测量值与真值之差，常用的有绝对误差、相对误差、引用误差。

(4) 精确度。指测量仪器的指示值和被测量真值的符合程度。

(5) 灵敏度。单位被测量引起的仪器输出值的变化称为灵敏度。

(6) 分辨率。当一个被测量从一个相对于零值的任意值开始连续增加时，分辨率的第一种意义就是使指示值产生一定变化量所需要的输入量的变化量。如果指示值不是连续的，则将指示的不连续步距值称为分辨率。

(7) 线性度。线性度就是反映测试系统实际输出、输入关系曲线与据此拟合的理想直线的偏离程度。

(8) 迟滞。迟滞又称滞环，它说明或检测系统的正向(输入量增大)和反向(输入量减少)输入时输出特性的不一致程度，亦即对应于同一大小的输入信号，传感器或测试系统在正、反行程时的输出信号的数值不相等[47]。

2. 测试系统的动态特性

(1) 线性系统的数学描述。一个线性系统的输入—输出关系一般用微分方程来描述。如下：

$$a_n \frac{d^n y(t)}{dt^n}+a_{n-1}\frac{d^{n-1}y(t)}{dt^{n-1}}+\cdots+a_1\frac{dy(t)}{dt}+a_0 y(t)$$
$$=b_m\frac{d^m y(t)}{dt^m}+b_m\frac{d^{m-1}y(t)}{dt^{m-1}}+\cdots+b_1\frac{dy(t)}{dt}+b_0 x(t) \tag{6-13}$$

式中，$x(t)$代表系统的输入；$y(t)$代表系统的输出；a_n，a_{n-1}，…，a_1，a_0 和 b_n，b_{n-1}，…，b_1，b_0 代表系统的物理参数。

若系统的上述物理参数均为常数，则该方程便是常系数微分方程，所描述的系统便是线性定常系统或线性时不变系统。

（2）用传递函数或频率响应函数描述系统的传递特性。包括以下几方面：

• 传递函数。若系统的初始条件为零，对微分方程作拉氏变换得：

$$Y(s)(a_n s^n+a_{n-1}s^{n-1}+\cdots+a_1 s+a_0)$$
$$=X(s)(b_m s^m+b_{m-1}s^{m-1}+\cdots+b_1 s+b_0) \tag{6-14}$$

将输入和输出两者的拉普拉斯变换之比定义为传递函数 $H(s)$：

$$H(s)=\frac{Y(s)}{X(s)}=\frac{b_m s^m+b_{m-1}s^{m-1}+\cdots+b_1 s+b_0}{a_n s^n+a_{n-1}s^{n-1}+\cdots+a_1 s+a_0} \tag{6-15}$$

从上式不难得到如下几条传递函数的特征：①等式右边与输入 $x(t)$ 无关，即传递函数不因输入的改变而改变，它仅表达系统的特征；②由传递函数所描述的一个系统对于任一具体的输入 $x(t)$ 都明确地给出了相应的输出 $y(t)$；③等式中的各系数 a_n，a_{n-1}，…，a_1，a_0 和 b_n，b_{n-1}，…，b_1，b_0 是由测试系统本身结构特征所唯一确定的常数。

• 频率响应函数。对于稳定的线性定常系统，可设 $s=jw$，$H(s)$变为：

$$H(jw)=\frac{Y(jw)}{X(jw)}=\frac{b_m(jw)^m+b_{m-1}(jw)^{m-1}+\cdots+b_1(jw)+b_0}{a_n(jw)^n+a_{n-1}(jw)^{n-1}+\cdots+a_1(jw)+a_0} \tag{6-16}$$

$H(jw)$称为测试系统的频率响应函数。

幅频特性 $$A(w)=\frac{|Y(w)|}{|X(w)|}=|H(jw)|$$

相频特性 $$\phi(w)=\varphi_y(w)-\varphi_x(w) \tag{6-17}$$

• 一阶、二阶系统的传递特性描述。

一阶系统

传递函数　$H(s)=\frac{1}{ts+1}$

频率响应函数　$H(jw)=\frac{1}{jtw+1}$

幅频特性　$A(w)=\frac{1}{\sqrt{1+(tw)^2}}$　（6-18）

相频特性　$\phi(w)=-\arctan(wt)$

二阶系统

微分方程　$a_2\frac{d^2y(t)}{dt^2}+a_1\frac{dy(t)}{dt}+a_0y(t)=b_0x(t)$

传递函数　$H(s)=\frac{K}{\frac{S^2}{w_n^2}+\frac{2\zeta s}{w_n}+1}$

频率响应函数　$H(s)=\frac{K}{\left(1-\frac{w^2}{w_n^2}\right)+2j\zeta\frac{w}{w_n}}$　（6-19）

幅频特性　$A(w)=\frac{K}{\sqrt{\left[1-\left(\frac{w}{w_n}\right)^2\right]^2+4\zeta^2\left(\frac{w}{w_n}\right)^2}}$

相频特性　$\phi(w)=-\arctan\frac{2\zeta\frac{w}{w_n}}{1-\left(\frac{w}{w_n}\right)^2}$

式中，$K=\frac{b_0}{a_0}$为系统静态灵敏度；$w_n=\sqrt{\frac{a_0}{a_2}}$为系统无阻尼固有频率；$\zeta=\frac{a_1}{2\sqrt{a_0a_2}}$

五、传感器类型及选择

现代工程测试中广泛采用电测技术，就是首先使用各种转换装置—传感器将这些不同物理性质的信号转换为电信号。如果电信号随时间的变化规律与物理量随时间的变化规律相同，即波形不失真，那么，对电信号的分析处理就等同于对原工程信号的分析处理。

1. 传感器类型

(1) 电阻应变式传感器。电阻应变式传感器是利用电阻应变片将机械应变转换为应变片电阻值变化的传感器。传感器由在弹性元件上粘贴电阻应变敏感元件构成。当被测量作用在弹性元件上，弹性元件的变形引起应变值的变化，通过转换电路转换成电量输出，则电量变化的大小反映了被测量的大小。

(2) 电感式传感器。利用电磁感应原理将被测量如位移、压力、流量、振动等转换为线圈自感系数或互感系数的变化，再由测量电路转换成电压或电流的变化量输出，这种将被测非电量转换为电感变化的装置称为电感式传感器。

(3) 电容式传感器。电容式传感器是将被测非电量的变化转换为电容量变化的传感装置。它结构简单，体积小，可非接触式测量，并能在高温、辐射和强烈振动等恶劣条件下工作，广泛应用于压力、压差、液位、位移、加速度等多方面的测量。

(4) 压电式传感器。压电式传感器是一种基于某些电介质压电效应的无源传感器，是一种自发电式和机电转换式传感器，它对的敏感元件由压电材料制成。压电材料受力后表面产生电荷，此电荷经电荷放大器和测量电路放大和变换阻抗后就成为正比于所受外力的电量输出，从而实现非电量电测的目的。

(5) 磁电式传感器。磁电式传感器是把被测物理量转换成感应电动势的一种传感器。

(6) 霍尔传感器。霍尔传感器是根据霍尔效应制作的一种磁场传感器。它具有对磁场敏感、结构简单、体积小、频率响应宽、输出电压变化大和使用寿命长等优点。

(7) 光电传感器。光电传感器是将光信号转换为电信号的一种器件。其工作原理基于光电效应。光电效应是指光照射在某些物质上时，物质的电子吸收光子的能量而发生了相应的电效应现象。光电传感器拥有分辨率高、响应时间短、检测距离长、对检测物体的限制少、可实现颜色判别等特点。

(8) 固态图像传感器。固态图像传感器是一种固态集成元件，它的核心是电荷耦合器件(CCD，Charge Coupled Device)。CCD 是以阵列形式排列在衬底材料上的金属氧

化物半导体电容器件组成的，具有光生电荷、积蓄和转移电荷的功能。

(9) 智能传感器。智能传感器是一种带有微处理机的，兼有信息检测、信息处理、信息记忆、逻辑思维与判断功能的传感器。

2. 传感器选择

测试时，选择传感器通常需要考虑的主要是以下三个问题：①测试要求和条件，测量目标物的形状、测量目的、测量的目标值范围、测量频率等；②传感器性能，传感器的检测精度、响应速度、输出信号等；③测试环境，主要是指传感器的使用环境和其他装置的连接环境。

六、虚拟测试系统

随着信息技术的发展，虚拟仪器技术作为一种先进的测试及仪器技术得到快速发展。虚拟仪器是通过各种与测量技术有关的软件和硬件，与工业计算机结合在一起，用以代替传统的仪器设备，或者利用软件和硬件与传统仪器设备相连接，通过通信方式采集、分析与显示数据，监视和控制测试和生产过程。

1. 虚拟仪器的概念

虚拟仪器通过应用程序将通用计算机与仪器硬件结合起来，用户可以通过图形化界面操作计算机，就像在操作自己定义、设计的一台单个传统仪器一样。虚拟仪器以透明的方式把计算机资源(如微处理器、内存、显示器等)和仪器硬件(如 A/D、D/A、数字 I/O、信号调理等)的测量、控制能力结合在一起，通过软件实现对数据的分析、处理、表达以及图形用户接口(见图 6-10)。

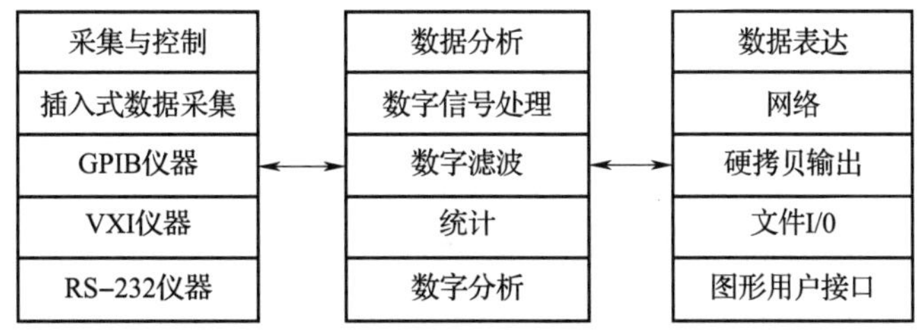

图 6-10　虚拟仪器的内部功能划分

应用程序可选硬件(如 GPIP，VXI，RS-232，DAQ 板)和可重复用源码库函数等软件结合在一起，实现仪器模板间的通信、定时与触发。源码库函数为用户构造自己的虚拟仪器系统提供基本的软件模块。当用户的测试要求改变时，可方便地由用户自己来重新配置现有系统以满足新的测试要求。这样，当用户从一个项目转向另一个项目时，就能简单地构造出新的测试系统而不用丢弃已有的硬件和软件资源。

2. 虚拟仪器的构成

从构成要素讲，虚拟测试系统由计算机、应用软件和仪器硬件组成。从构成方式讲，则有以 DAQ 板和信号调理为仪器硬件而组成的 PC-DAQ 测试系统，以 GPIB、VXI、Serial 和 Fildbus 等标准总线仪器为硬件组成的 GPIB 系统、VXI 系统和现场总线系统。

虚拟仪器和传统仪器的比较见表 6-1，其最主要的区别是虚拟仪器的功能由用户自己定义，而传统仪器的功能是由厂商事先定义好的。

表 6-1　虚拟仪器和传统仪器的比较

虚拟仪器	传统仪器
软件使得开发与维护费用低	开发与维护开销高
技术更新周期短(1~2 年)	技术更新周期长(5~10 年)
软件是关键	硬件是关键
价格低、可复用与可重配置性强	价格昂贵
用户定义仪器功能	厂商定于仪器功能
开放、灵活、可与计算机技术同步发展	封闭、固定
与网络及其他周边设备方便互联	功能单一、互联有限

3. 虚拟仪器的开发

应用软件开发环境是设计虚拟仪器所必需的软件工具。目前，较流行的虚拟仪器软件开发环境大致有两类：一类是图形化的编程语言，代表性的有 HPVEE、LabVIEW 等；另一类是文本式的编程语言，如 C、Visual C++、LabWindows/CVI 等。图形化的编程语言具有编程简单、直观、开发效率高的特点。文本式编程语言具有编程灵活、运行速度快等特点。

七、实例：无心磨削的工件棱圆度精密度检测

1. 测试对象

测试对象如图 6-11 传动轴无心复合磨削所示。

导轮的摩擦力带动工件旋转，导轮的摩擦力和砂轮的切削力使工件支撑在托架上中进行自动定心，实现砂轮对工件外圆的连续加工。

问题：回转中心动态不稳定性造成工件外圆形状为棱圆问题，常见为三棱圆。

图 6-11　传动轴无心复合磨削

2. 测试任务

棱圆的棱数和棱圆度检测包括以下两方面：

- 测量精度达到微米级。
- 实现量化分析和评估。

3. 测试方案

测量外圆直径——工件外圆测量常规方法：等分棱圆角度，测量出相应的直径数值；希望经数据处理获得棱圆的棱数和圆度误差。

由于棱圆的各个方向直径在加工过程中是被保证的，因此，直径测量无法反映棱圆形状。

测量棱圆半径：由于外圆表面到圆心的距离不同，所以测量棱圆各个方向的外圆表面到圆心的距离就可以得到棱圆度。

采取测量棱圆半径测试方案

测试系统组成如图 6-12 所示，包括以下组成部分：①回转工作台：以实现工件的回转；②位移测量传感器：测量外圆位移的动态数值；③位移传感器的调理装置；④信号处理和显示装置。

4. 传感器选择

包括以下几方面：

- 保证磨削加工的工件测量精度为微米级，必须选用高精度的位移传感器。

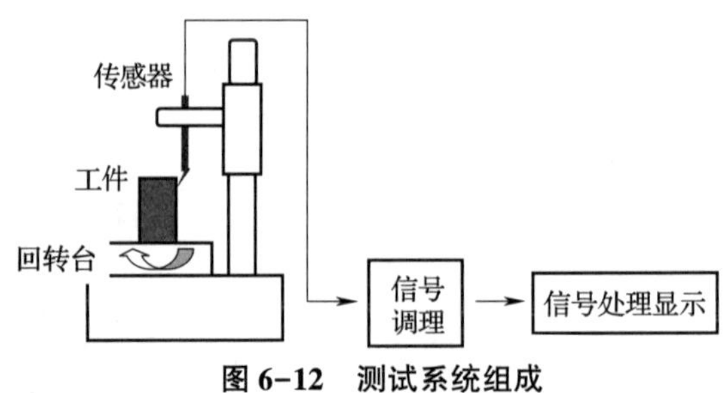

图 6–12　测试系统组成

• 由于是磨削加工，外圆形状误差不会很大，小量程即可满足测量要求。

• 工件的棱圆度测量确定为非在线方式，低速回转下测量即可，传感器的频响特性不需要很高。

• 考虑到成本，测量方法可选用接触或非接触方式。

（1）变间距电容传感器。优缺点如下。

优点：测量精度高、灵敏度高，响应速度快，能抵抗高温、振动和潮湿，特别适用于恶劣环境中作非接触式测量，适用于测量位移小量程。

缺点：测量电路较为复杂，一般采用调幅电路或调频电路，后续调理电路相对复杂，增加了系统复杂性。

（2）电涡流传感器。优缺点如下。

优点：具有灵敏度高、响应快速、非接触测量的特点。

缺点：常规类型精度不足，高精度型成本高且易受工件残余磁场干扰。

（3）差动变压器位移传感器。能提供所需的准确度、精度和可靠性，且该传感器已成功应用于圆度仪作为测量头，因此考虑选用。

5. 信号处理方法的选择

棱圆的棱数为工件回转一周位移波动的周期数，棱圆度为波动的幅度。由位移数据波动的频率与工件回转频率的倍数即可确定棱圆的棱数。

数据处理可采用频域谱分析方法：数据采集方便，频率分辨率高，应用方便。典型棱圆幅值谱如图 6–13 所示，1X 为工件回转频率，3X 为三棱圆的频率，其幅值表现了棱圆度。

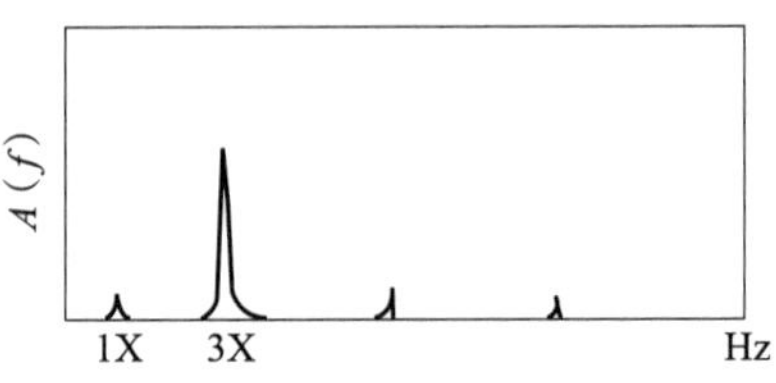

图 6–13　典型棱圆幅值谱

第三节　虚拟测试与分析案例

考核知识点及能力要求：

- 能进行智能装备与产线单元模块的功能、性能测试与验证。
- 能进行智能装备与产线单元模块测试结果的分析。

虚拟测试是通过虚拟仪器替代传统测试仪器，完成测试任务。虚拟仪器通过软件将通用计算机与仪器硬件结合起来，用户可以通过图形化界面操作计算机，就像在操作自己定义、设计的一台单个传统仪器一样。虚拟仪器以透明的方式把计算机资源(如微处理器、内存、显示器等)和仪器硬件(如 A/D、D/A、数字 I/O、信号调理等)的测量、控制能力结合在一起，通过软件实现对数据的分析、处理、表达以及图形用户接口，完成对测量对象的采集、分析、显示与存储。相对于传统的测量仪器，虚拟测试提供了极大的灵活性。

Siemens SimcenterTest. Lab 软件基本介绍

Siemens Simcenter Test. Lab 是一个完整的、集成的测试工程解决方案，结合了高速多通道数据采集和完整的集成测试、分析和报告生成工具套件，使得测试对用户来说更有效和更方便。Test. Lab 大大提高了测试设施的效率，提供了更可靠的结果。Test. Lab 提供了完整的噪声和振动测试，包括声学、旋转机械和结构测试、环境测试、振动控制、报告和数据管理的解决方案，并且具有统一的接口，能够在不同应用程序之间进行无缝的数据共享。另外，Test. Lab 可以在单一软件和硬件包内处理标准的、重复的测试及更先进的故障排除。

一、软件启动及主界面介绍

1. 软件启动介绍

在 Windows 桌面上点击 Test Lab 的快捷方式，然后点击进入 Test. Lab Signature 文件夹，在快捷方式里选择打开 Signature Acquisition 或 Signature Testing。软件图标如图 6-14 所示。

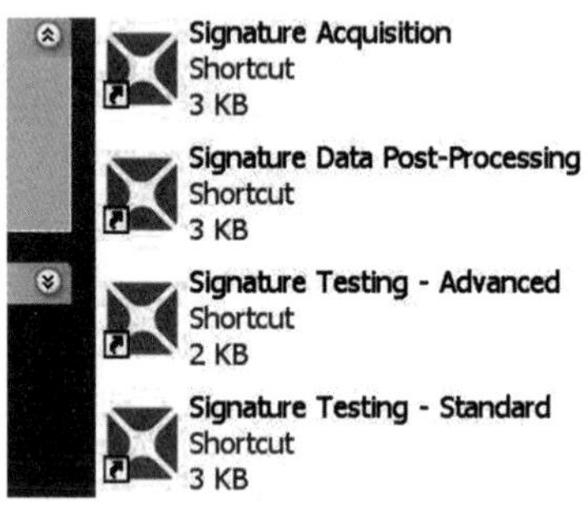

图 6-14　软件图标

下面以 Signature Testing Advanced 为例说明 Signature Testing 的操作过程，点击打开后出现软件的初始界面。

开始软件操作前，首先新建一个项目或者打开一个已有项目：点击 File 键正下方的空白项目图标，新建一个软件默认空白设置的项目(New Project)；也可以点击 File 键，在下拉菜单里选择 New，弹出选择项目模板的界面，如图 6-15 所示。

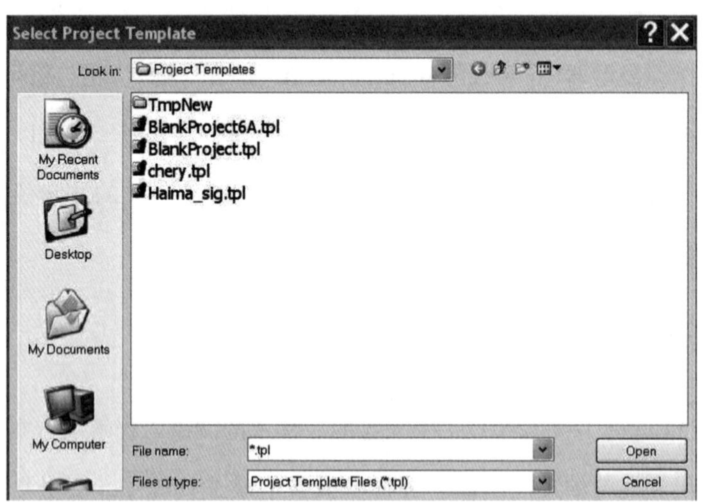

图 6-15　选择项目模板界面

在模板列表中选择点击一个以前存好的或者软件默认提供的模板(后缀为 . tpl)，然后点击 Open 打开一个新的项目，打开的新项目将套用模板里所有的设置(包括通

道、采样频率、窗函数等各种设置)。

2. 软件主界面介绍

打开 Test. lab spectral testing，可以看到软件窗口底部有一行流程条，如图 6-16 所示(该流程条为 Test Lab 软件通用流程条，LMS Test. Lab 任何一个模块开启后都是这种模式，完成一个试验可以按照流程条顺序逐步进行)。

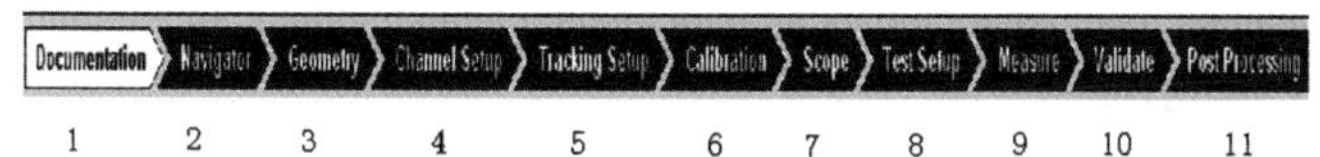

图 6-16　软件窗口底部流程条

Documentation——可以进行备忘录，测试图片等需要记录的文字或图片的输入，作为测试工作的辅助记录，界面如图 6-17 所示。

图 6-17　Documation 界面

Navigator——文件列表及图形显示等功能。

Geometry——创建几何。

Channel Setup——对数采前端对应通道进行设置，如定义传感器名称，传感器灵敏度等操作。

Tracking Setup——在谱采集中可能也会需要记录一些转速信号，但并不能对这个转速通道进行跟踪或控制。

Calibration——对传感器进行标定。

Scope——示波，用来确定各通道量程。

Test Setup——设置分析带宽、窗、平均次数以及其他测量参数。

Measure——设置完成后进行测试。

Validate——对测试结果进行验证。

二、结构模态测试

下面以 Test Lab 为例，介绍智能装备与产线开发过程中，硬件基础性能测试中涉及的结构模态测试、振动测试以及旋转机械测试。

（一）结构模态测试通道设置

（1）通道设置窗口介绍。假设模型已创建完成，传感器已布置完成，数采前端已连接完成。通道设置窗口如图 6-18 所示，该窗口基本属于一个 Excel 表格的布局，每一行代表一个通道，每一列代表通道的一种属性设置。从左往右依次如下。

➢ 第一列数字 1,2,⋯,n 相当于通道的数目编号。注意 1 和 2 是转速测量通道，3 开始才是普通信号输入通道。

➢ 第二列 PhysicalChannelId（物理通道 ID）。即各个通道的名字，在后续应用中可用简写来代替。比如，转速通道 Tacho1＝T1，Tacho2＝T2，输入通道 Input1＝CH1，⋯，其中 Inputx＝CHx。

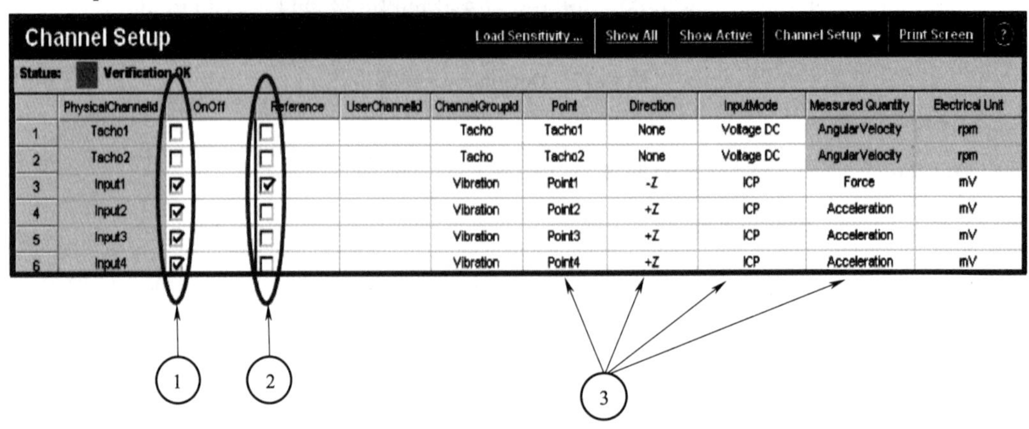

	PhysicalChannelId	OnOff	Reference	UserChannelId	ChannelGroupId	Point	Direction	InputMode	Measured Quantity	Electrical Unit
1	Tacho1	☐	☐		Tacho	Tacho1	None	Voltage DC	AngularVelocity	rpm
2	Tacho2	☐	☐		Tacho	Tacho2	None	Voltage DC	AngularVelocity	rpm
3	Input1	☑	☑		Vibration	Point1	-Z	ICP	Force	mV
4	Input2	☑	☐		Vibration	Point2	+Z	ICP	Acceleration	mV
5	Input3	☑	☐		Vibration	Point3	+Z	ICP	Acceleration	mV
6	Input4	☑	☐		Vibration	Point4	+Z	ICP	Acceleration	mV

图 6-18　通道设置窗口

➢ 第三列 OnOff 用做通道的开和关。鼠标左键点击一下通道名后跟随的方框打钩，即可打开相应通道，再点击一下取消打钩则关闭通道。如果要一次性打开多通道，可以像 Excel 一样操作，打钩某个通道，然后右键点击这个打钩处，选择 copy（拷贝），再用鼠标左键一次性选上要打开的通道的打钩处，选择 paste（粘贴），这样可一次性打开多通道。

➢ 第四列是 Channel Group ID（通道组 ID）。可以根据通道想要连接的传感器，选择 Vibration（振动信号组）、Acoustic（声学信号组）、Other（其他组）和 Static（缓变信号组）。针对属于不同组的通道，后续可以设定采用不同的采样频率和要求得到不同的频谱结果函数。一般声学组的通道的采样频率设定成比振动组的通道的高。

➢ 第五列是 Point（测点）。填写通道接的传感器对应的测点名称，默认是 point1 到 Point n，可以根据需要手工任意填写覆盖或者导入几何建模里的点的名称来覆盖（具体操作见后文）。

➢ 第六列是 Direction（方向）。填写传感器测的物理量在测点所处的预先定义好的空间坐标中的方向，可以选择 XYZ 等常规方向或者 S（标量，如 Pa）或 None（不选方向，意思等同 S）。

➢ 第七列是 Input Mode（输入模式）。选择 Voltage DC 表示传感器采集的信号既有交流 AC 信号，又有 DC 直流量，但是前端不会供电给传感器；选择 Voltage AC 表示传感器采集的信号只有交变 AC 信号，DC 直流量被削为零。同样地，前端不给传感器供电；选择 ICP 表示传感器输入给通道的信号是 Voltage AC 类型的，只保留了交流部分，但是这种模式下，通道要强制给传感器供 28V 的直流电压（最近购买配备的新型传感器，如 PCB 公司的，大部分都是 ICP 类型的，需要前端供电，否则不能正常工作，所以使用传感器时，通道必须选择 ICP 模式）。如果前端配备 VC8（可连接电荷传感器）或者 VB8（可连接应变片测应变），模式里有更多选择，如 Full Bridge（全桥）、Half Bridg（半桥）、Charge（电荷）等，这些可根据实际情况选择。

➢ 第八列是 Measured Quantity（测得物理量）。根据传感器类型选择加速度、声压等。

➢ 第九列是 Electrical Unit（电压单位）。有 mv 和 V 供选择，默认是 mv。

➢ 第十列是 Actual Sensitivity(传感器标定值)。根据传感器出厂的标定卡来设定。如果前面测量物理量输入正确，物理量所对应的常用单位会自动被应用，比如加速度是 g，也可以切换到 m/s^2，声压是 Pa，选择测量微应变(MicroStrain)会自动采用单位 muE，所以这里一般只要注意单位 g 和 m/s^2 的区别，以及电压单位采用 mv 和 V 之间的倍数关系即可。

➢ 第十一列是 Front End Weighting(前端硬件积权)。这里在用麦克风时可做硬件积权(A 积权、B 积权等)，如果硬件做了积权，那后面软件就可以不做积权，一般不做硬件积权，后续用软件积权更方便一些。

➢ 第十二列是 Pre-Weighting(预积权)。表示信号在进入通道前已经做了外部的积权，则需在此处选择相应的积权做预积权设定，但是常规测试中，信号不可能预先积权再进入通道测量的，所以这里通常不设定。

➢ 第十三列是 Pre-Gain1(预增益 1)。信号在进入系统前经过一次增益，可以在这里设定增益倍数。

➢ 第十四列是 Pre-Gain2(预增益 2)。信号进入系统前经过 2 次增益，则在这里设定增益倍数。

➢ 第十五列是 Gain Format(增益格式)。是线性还是 dB 增益，根据实际情况来选。

➢ 第十六列是 Normal Sensitivity(名义灵敏度)。可填写传感器的名义灵敏度，只是参考值，对测试结果无影响。

➢ 第十七列是 Due for calibration on 和 Calibration valid for。主要是标定值过期提醒，在实际使用中基本不使用。

➢ 第十八列是 Range(量程)。默认是通道的最大量程 10 V，转速通道最高一般为 20 V。如果在实验前知道被测信号的大小，可在这里直接设定一个合适的量程，如果不知道或者无非预计信号大小，则保持最大量程不动，后续软件有自动量程功能。

(2) 结构模态测试通道设置。在 Spectral Testing 中，首先将激振输入的通道定义为参考通道，其他为传感器对应的通道。如图 6-18 所示，针对振动测试，操作步骤如下：

• 选取测试通道。

• 定义参考通道，通常为激振器输入的通道。

• 依次在 ChannelGroupld 中定义传感器测量类型（对于加速度计和激振器选择 vibration），在 point 中定义测点名称（也可对应为几何模型上的节点名，见后文），在 Direction 中设置测点所测振动的方向，在 InputMode 中设置传感器类型（通常为 ICP，若为应变则选 Bridge，若为位移则选 Vlltage AC），在 Measured Quantity 中定义测量量（加速度、力、位移等），在 Electrical Unit 中定义输入量的单位，通常均为 mv. 另外若已经确定传感器的灵敏度则可在 Actual Sensitivity 中直接输入灵敏度值，否则可在 Calibration 窗口工作表中进行标定。

注：通道设置中测点名称使用几何模型名称的方法，操作方法如图 6-19 所示。

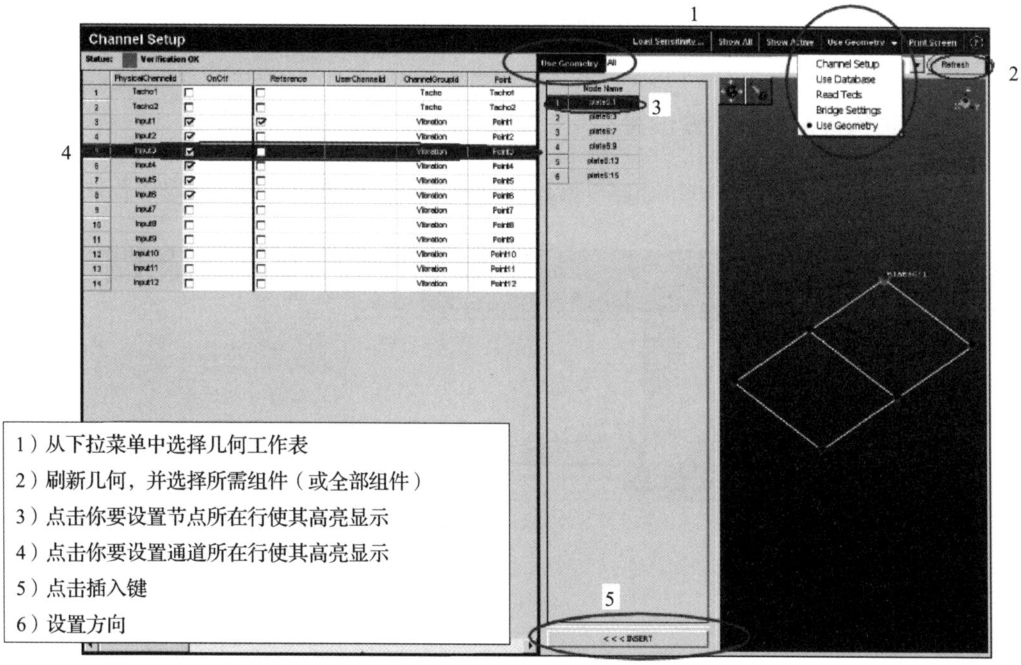
1
2
3
4
5
Channel Setup
Use Geometry
Refresh
Channel Setup
Use Database
Read Teds
Bridge Settings
Use Geometry
<<< INSERT
1）从下拉菜单中选择几何工作表
2）刷新几何，并选择所需组件（或全部组件）
3）点击你要设置节点所在行使其高亮显示
4）点击你要设置通道所在行使其高亮显示
5）点击插入键
6）设置方向

图 6-19　使用几何模型名称定义测点名称操作方法

（二）结构模态测试跟踪设置

点击流程条的 Tracking Setup 进入到跟踪设置窗口，如图 6-20 所示，在跟踪设置窗口中可设置跟踪转速的测量通道、触发级及每转脉冲数。

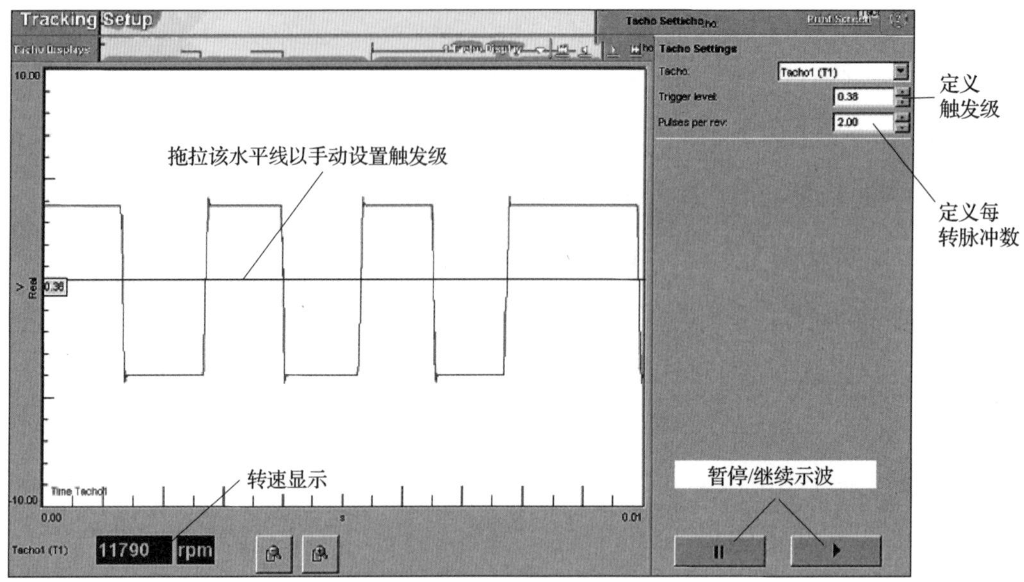

图 6-20　跟踪设置窗口

（三）结构模态测试示波设置

示波窗口如图 6-21 所示，在此可通过工具栏菜单，在窗口中加入激励源控制模块。

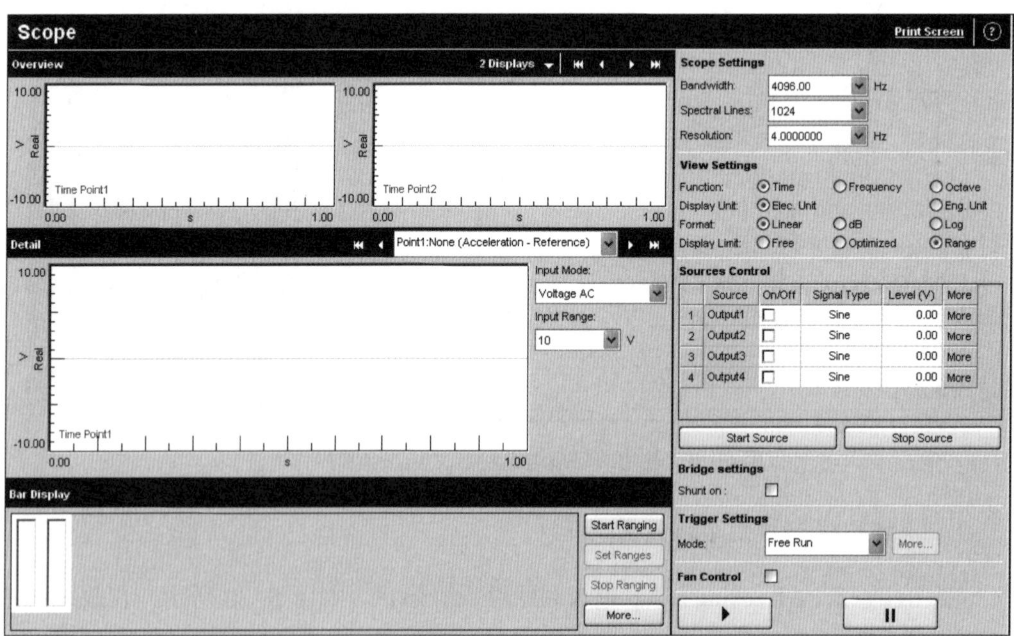

图 6-21　示波窗口

示波界面内子窗口详细介绍如下。

Scope Settings——设置示波过程中所需测试的带宽、谱线及频率分辨率。

View Settings——设置左侧显示窗中横纵坐标的显示方式。

Sources Control——资源控制。包括以下几部分：

• On/off：选取激励源。

• Signal type：定义源输出的信号类型，分为 Random、Burst Random、Sine、Burst Sine、Periodic Chirp 5 种源信号类型，单击 More 按钮后，可对这些信号进行更为详细的设置，如频率等。

• Level：源输出信号的大小。

• Start Source/Stop Source：开始/停止激励源发出信号。

Trigger Settings——包括 Free Run 和 Trigger 两种模式。

选择 Free Run 意味着数据块的采集是自由触发的，到了采集点，软件自动采集一个数据块。采集开始的瞬间是自由的。

选择 Trigger 则意味着数据块的采集需达到某一设定量后方可进行，此时 More 按钮可用，单击 More 按钮后可打开"Trigger Setting"对话框，如图 6-22 所示。

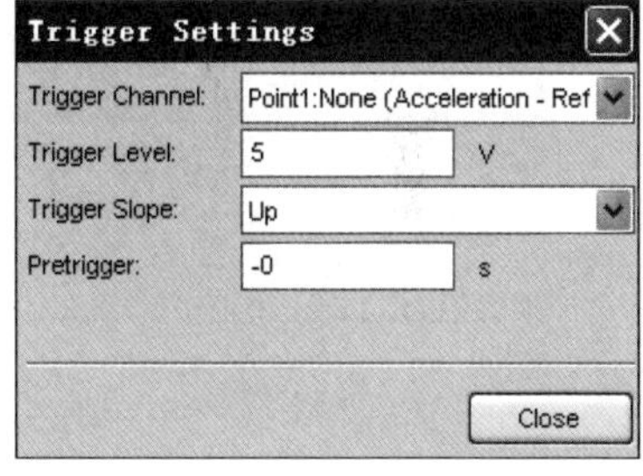

图 6-22　Trigger Setting 对话框

Trigger Channel——定义触发通道。

Trigger Level——定义触发级。

Trigger Slope——有 Up 和 Down 两个选项，当选 Up 时表示当触发通道信号由低到高达到触发级时开始采集，Down 则反之。

Pretrigger——定义预触发时间。

Overview——显示所选通道的测量信号波形(显示方法可通过在 View Settings 中设置)，当双击其中任一通道后，则可将所选通道的信号在 Detail 窗口中放大显示。

Bar Display——通过柱状图显示测量通道的信号大小，红色即为过载。

当进行好所有设置后，单击 Start Source 按钮输出信号，单击 Start Ranging 开始设置量程，待信号发出一段时间后，单击 Set Ranging 按钮进行量程设置。

（四）结构模态测试测试设置

1. 测试设置窗口

点击流程条的 Test Setup 进入到测试设置窗口，如图 6-23 所示，在测试设置工作表中可定义要测量的函数，另外还可定义采样控制参数、平均次数、窗函数等。

Acquisition Parameters（采样参数）——定义分析带宽、谱线数及频率分辨率，这里只需定义其中两项即可。

Acquisition Control（采样控制）——分为 free run、time、trigger 三种模式。

Averaging Parameters（平均参数）——定义信号采集平均次数。

Conditioning（窗函数定义）——分别定义参考通道和响应通道的窗函数。

2. 采样参数设置

测试设置窗口中的采样参数均可通过单击 more 按钮后在打开的对话框中进行详细设置，该对话框中包括 Acquisition Parameters、Acquisition Control、Averaging Parameters 和 Conditioning 四个选项卡。

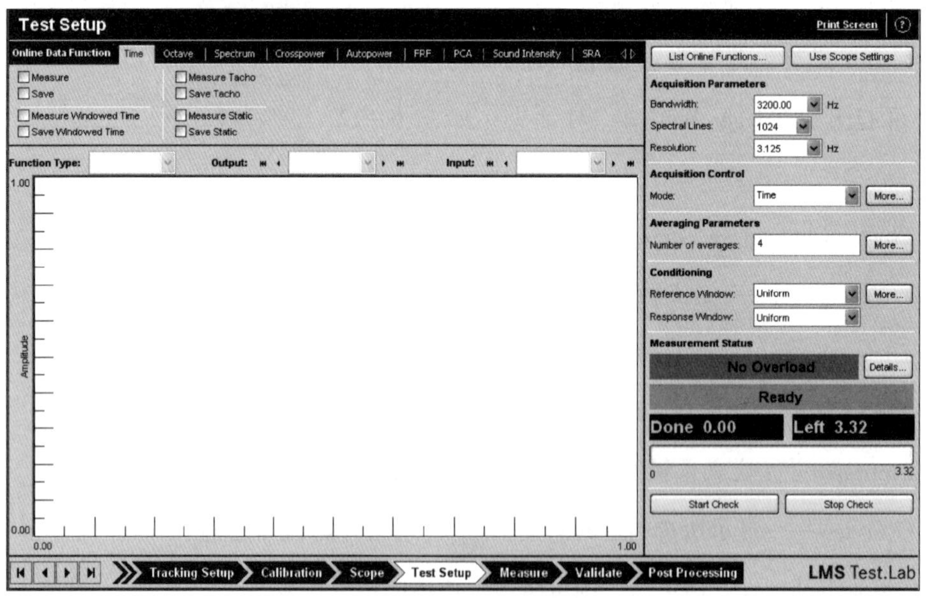

图 6-23　测试设置工作表

➢ Acquisition Parameters 选项卡，如图 6-24 所示，可定义分析带宽、谱线数及频率分辨率等参数。

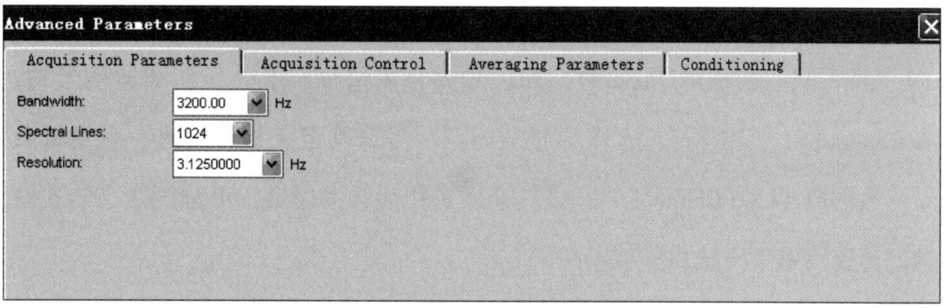

图 6-24　Acquisition Parameters 选项卡

➢ AcquisItion Control 选项卡，如图 6-25 所示。

Measurement Parameters：共分为三种模式，即 Free Run、Trigger 和 Time。选取 Free Run 模式时，只有 Overlap 文本框可用，输入百分比值以定义每次采样间信号的搭接量；选取 Trigger 模式时，Trigger Parameters 中的参数可以定义，各参数内容与 Scope 窗口中设置方法一致；选取 Time 模式时，则采样时间由 Duration of Acquisition 中定义，此时平均次数会做相应变化。

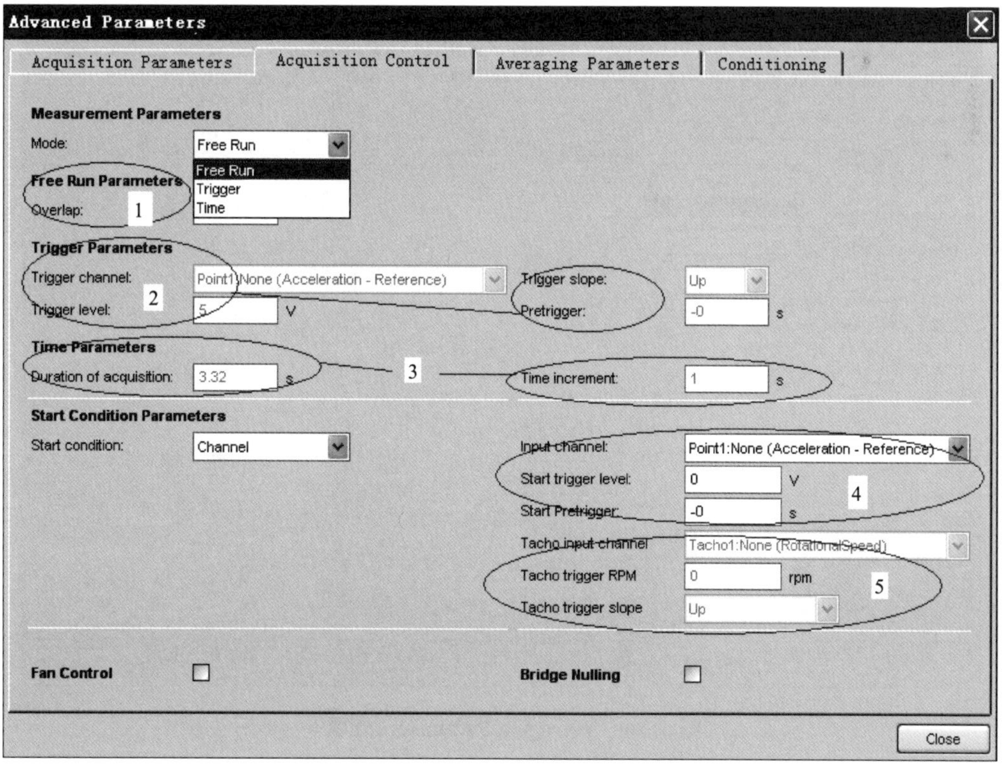

图 6-25　Acquisition Control 选项卡

Start Condition Parameters：即定义开始采集的方式，分为 None、Channel、Tacho Channel 三种方式。当选取 None 时，则信号为自由采集，不受任何通道信号的约束；当选取 Channel 时，以响应通道作为触发通道，可分别定义触发通道、触发级及预触发时间；当选取 Tacho Channel 时，以转速通道作为触发通道，可分别定义转速触发通道、触发转速及触发方式(Up 或 Down)。

➢ Averaging Parameters 选项卡，如图 6-26 所示，在此选项卡中可定义平均次数，平均方式及对测试时信号过载的处理方法。

➢ Conditioning 选项卡，如图 6-27 所示，在该选项卡中可进行窗函数、计权方法及输出格式的设置。

Windowing——分别为参考通道和响应通道选取合适的窗函数。

Weighting——如果进行声学测量，则可在此定义对声学量采取何种计权方式。

Conversion——定义测量信号的输出方式(显示方式)，分别为不改变、加速度、速度和位移四种。

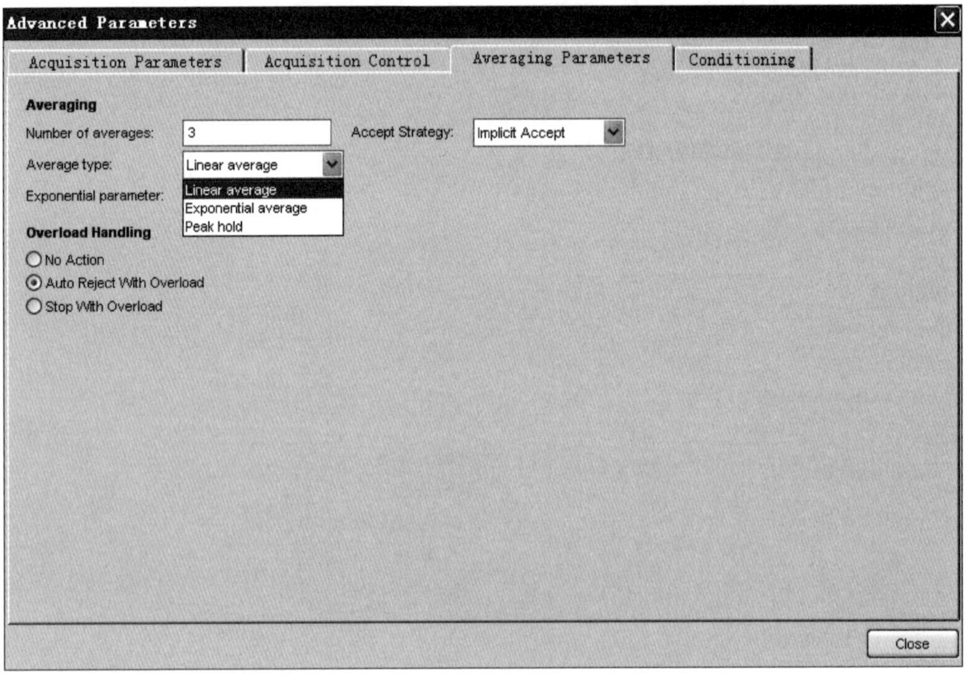

图 6-26　Averaging Parameters 选项卡

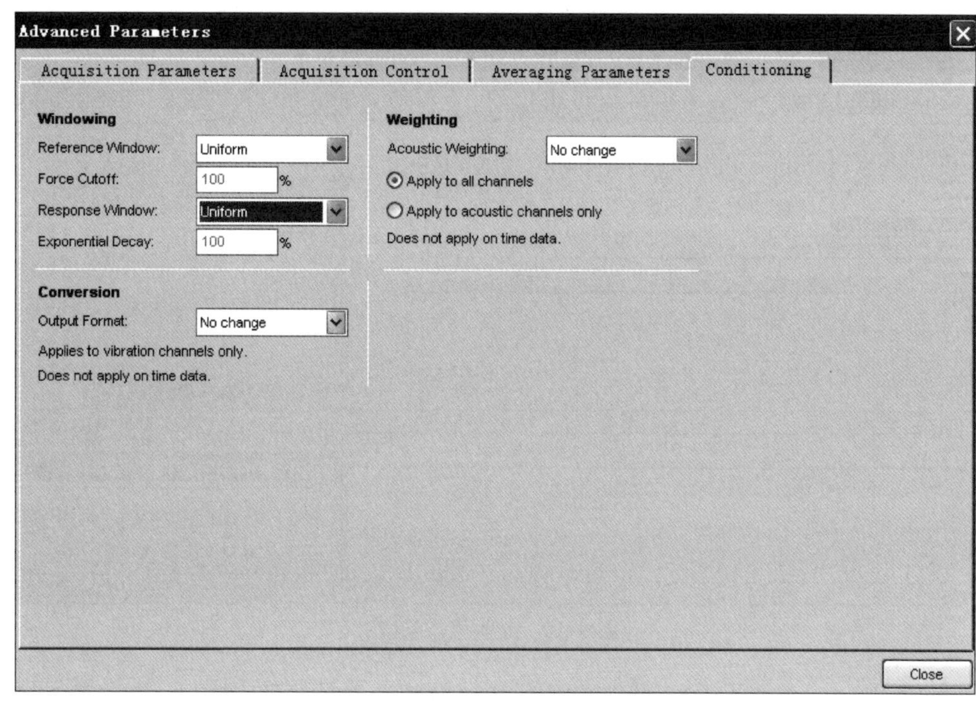

图 6-27　Conditioning 选项卡

测量函数定义

点击测试设置窗口上侧 Spectrum 按钮，通过勾选相应的复选框可定义要测量及保存的函数类型，如图 6-28 所示。

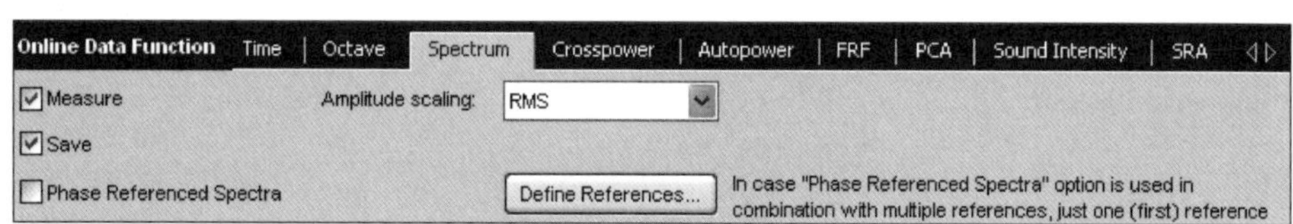

图 6-28　测量函数定义

设置完成后，可单击测试设置窗口右下端的 Start Check 按钮，进行所有设置的检测，同时在左侧图形显示窗口中可自由设置想要观测的通道信号。

完成 Spectral Testing 的全部设置便可进行测试。

（五）结构模态测试

在设置好显示的通道及函数类型后，定义测试名称，单击 Start 后即可开始测量，如图 6-29 所示。

图 6-29　结构模态测试

其中 Measurement Settings 选项框中的 More 按钮，可打开对话框，其中设置与测试设置完全一样，这里主要用来对前面的设置进行总体浏览及修改。

在 Measurement Control 选项框中单击 More 按钮，可打开对话框。在测试过程中可对每个输出源进行控制和参数修改，如图 6-30 所示。

Source Control

	Channel	OnOff	Signal	Level (V)	Frequency (Hz)	Start Phase (°)
1	Output1	☑	Sine	1.500001	100	0
2	Output2	☑	Sine	1.500001	100	0
3	Output3	☐	Sine	0	100	0
4	Output4	☐	Sine	0	100	0

☑ Synchronized Measurement

Start Source　Stop Source

Close

图 6-30　输出源控制设置

（六）结构模态测试数据验证

点击 Test. lab Spectral Testing 软件窗口底部的 Validate（验证）流程条进入测试数据验证窗口，如图 6-31 数据验证步骤一所示。点击窗口左上角中 Function type（函数类

型)选项框，选择函数 FPR(Frequency Response Function，频响函数)。

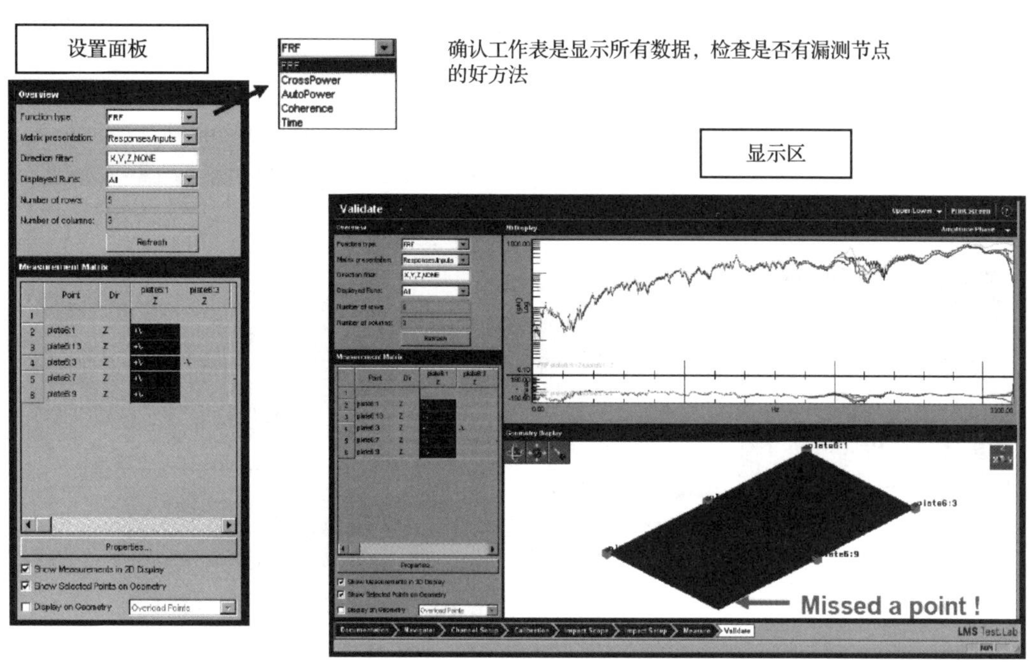

图 6-31　数据验证步骤一

如果想重复测量多次，可以点击窗口左侧 Properties(特性)按钮，如图 6-32 数据验证步骤二所示进行相应设置。

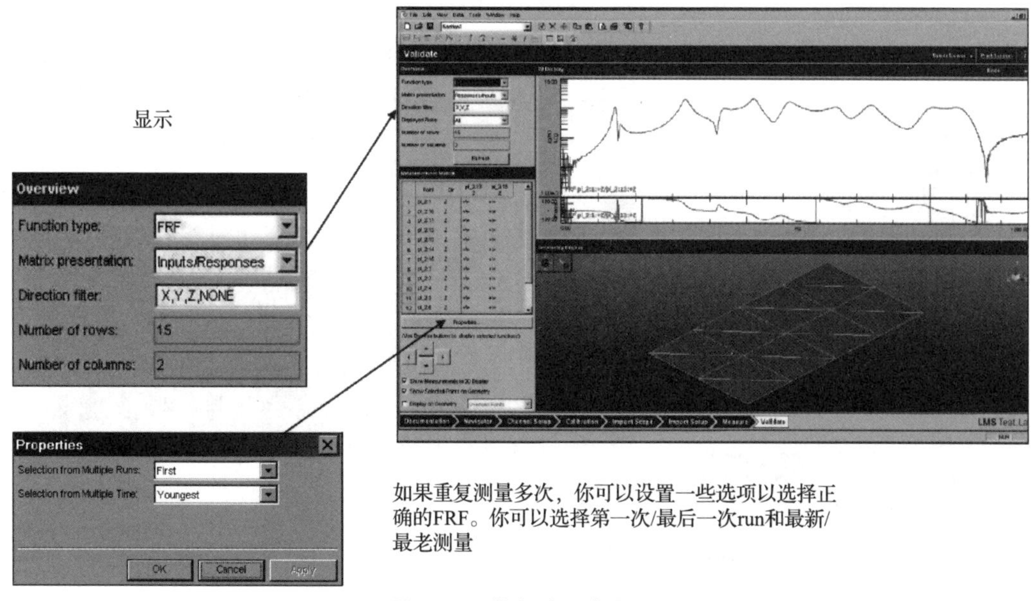

图 6-32　数据验证步骤二

点击左侧 Overview 窗口下 Matrix Presentation 选项框，分别选择 Inputs/Responses（输入/响应）模式与 Responses/Input（响应/输入）模式并观察右侧显示区的区别，如图 6-33 数据验证步骤三所示。

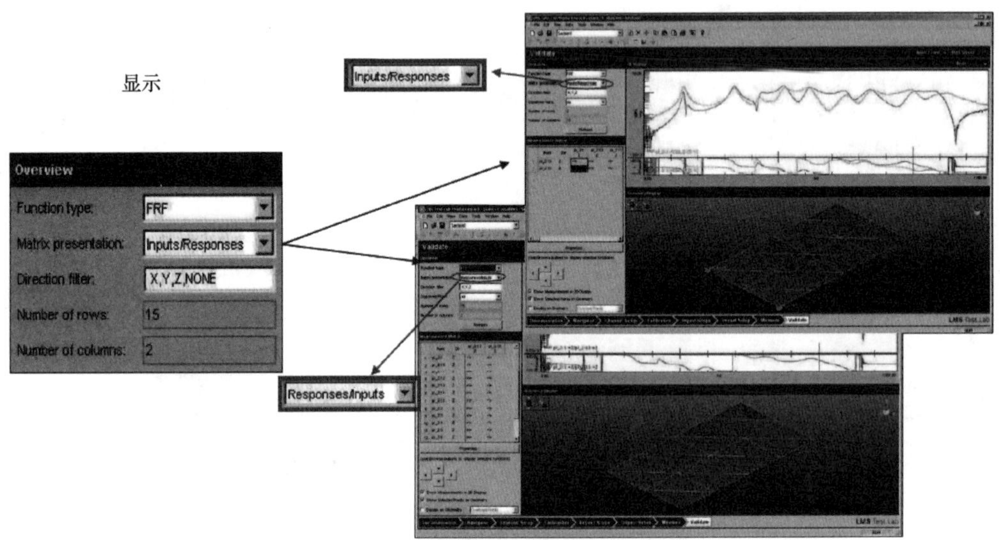

图 6-33　数据验证步骤三

可以通过勾选验证窗口左下角的选项，按照需要设置不同的数据显示模式，如图 6-34 数据验证步骤四所示，请自行尝试并观察分析显示区内容。

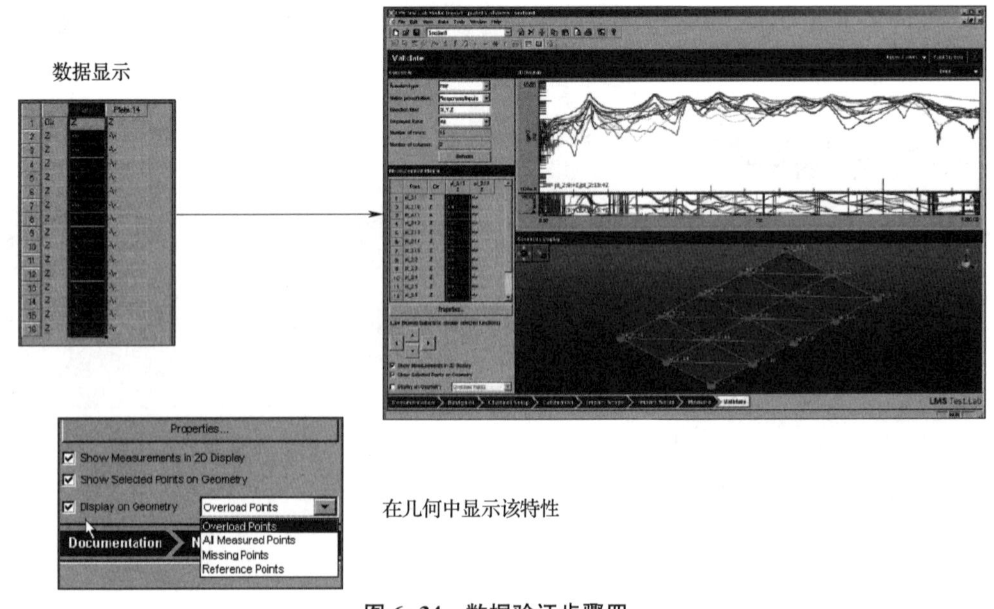

图 6-34　数据验证步骤四

（七）案例

（1）首先建立几何模型。打开 Gemotry 模块，如图 6-35 所示。根据软件上方的流程，依次建立 Components（集合器）、Nodes（点）、Lines（线）。点与点之间连线时，若要停止，请在最后一个点上面点击鼠标滚轮。如果想导入之前曾建立好的模型，用 Duplicate/Import Component 即可。建立好几何后，保存并退出软件。

（2）打开桌面上 \ LMS Test. Lab 12A \ Test. Lab Structures Acquisition \ Spectral Testing。首先把白车身模态测试所需的几个模块导入 Spectral Testing，这几个模块默认是不添加的，但是添加过一次之后，以后再打开软件就会自动加载这几个模块，无须每次都手动添加。在软件菜单栏中，点击 Tools \ Add-ins…添加以下三个内嵌模块：Geometry（几何建模模块）、PolyMAX Modal Analysis（模态后处理模块）、Source Control（激振器控制模块），如图 6-36 所示。

（3）导入几个模型。如图 6-37 所示。进入软件中的 Gemotry 面板，从左侧文件树中找到之前建立的几何模型，点击 Duplicate/Import Component 键即可将几何模型导入当前的测试软件中。

图 6-35　建立几何模型

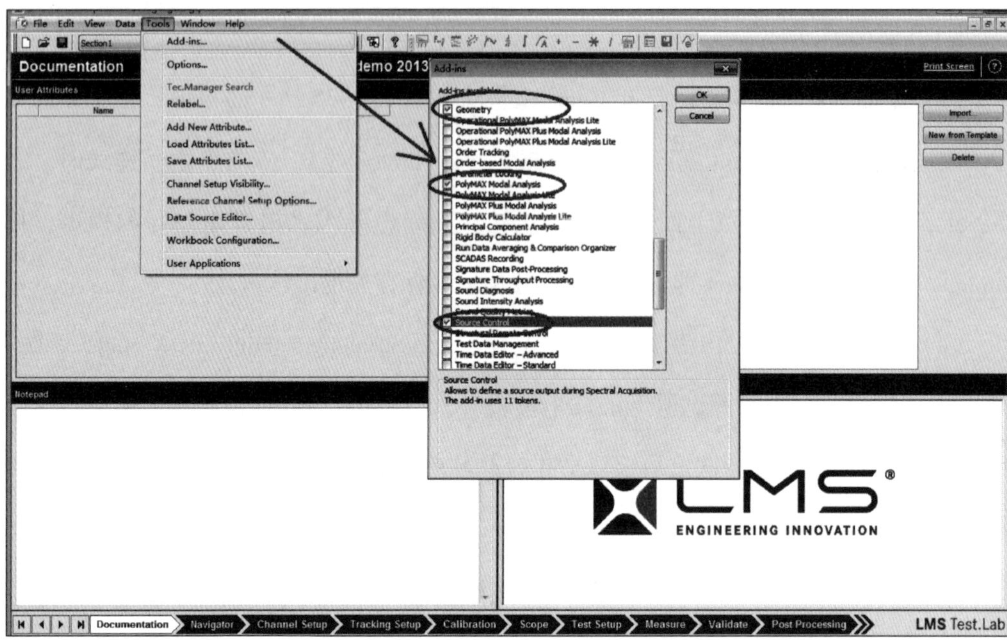

图 6-36　添加模块

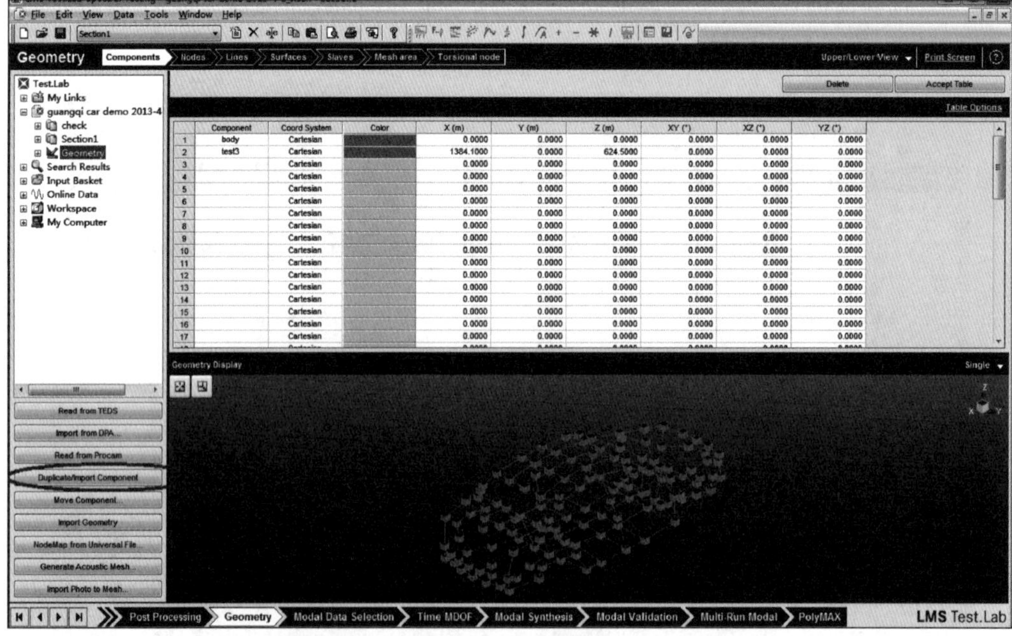

图 6-37　导入模型

（4）通道设置。如图 6-38 所示。进入软件中的 Channel Setup 面板，从左至右依

次需要设置的选项包括 OnOff(通道开或关)、Reference(参考)、Direction(方向)、InputMode(传感器的模式)、Measured Quantity(测试信号类型)、Actual Sensitivity(灵敏度)。其中，所用使用中的通道都需要勾选 OnOff，只有力传感器的通道才需要勾选 Reference，Direction 根据传感器实际的粘贴方向来确定，InputMode 选 ICP，加速度传感器的 Measured Quantity 选 Acceleration、力传感器选 Force、Actual Sensitivity 按照传感器标定证书上的灵敏度输入。

(5) 几何关联。将几何上的每一个测点与相应的传感器通道进行关联，如图 6-39 所示。选择 Use Geometry，点击 Refresh，选中几何中的一个点，同时选中三向加速度传感器对应的三个通道，点击 INSERT 完成几何关联，此时通道的名字 Point 会变成几何上点的名字。用鼠标选择点以及通道时，一定要点击点或是通道前面的序号(图 6-38 所示的 Input1、Input 2、Input3 前面的序号分别为 3、4、5)，否则会无法关联。

File　Edit　View　Data　Tools　Window　Help

Section1

Channel Setup　Save as Reference | Load Channel Setup... | Show All | Show Active | Channel Setup | Print Screen

Status: Verification OK

	PhysicalChannelId	OnOff	Reference	UserChannelId	ChannelGroupId	Point	Direction	InputMode	Measured Quantity	Electrical Unit	Actual Sensitivity		Transducer Type	Transducer Mar
12	Input10	☑	☐		Vibration	body:118	-Z	ICP	Acceleration	mV	100	mV/g		
13	Input11	☑	☐		Vibration	body:119	-Y	ICP	Acceleration	mV	100	mV/g		
14	Input12	☑	☐		Vibration	body:119	+Z	ICP	Acceleration	mV	100	mV/g		
15	Input13	☑	☐		Vibration	body:119	-X	ICP	Acceleration	mV	100	mV/g		
16	Input14	☑	☐		Vibration	body:130	-Y	ICP	Acceleration	mV	100	mV/g		
17	Input15	☑	☐		Vibration	body:130	+Z	ICP	Acceleration	mV	100	mV/g		
18	Input16	☑	☐		Vibration	body:130	-X	ICP	Acceleration	mV	100	mV/g		
19	Input17	☑	☐		Vibration	body:110	+Z	ICP	Acceleration	mV	100	mV/g		
20	Input18	☑	☐		Vibration	body:110	+Y	ICP	Acceleration	mV	100	mV/g		
21	Input19	☑	☐		Vibration	body:110	-X	ICP	Acceleration	mV	100	mV/g		
22	Input20	☑	☐		Vibration	body:120	-Y	ICP	Acceleration	mV	100	mV/g		
23	Input21	☑	☐		Vibration	body:120	+Z	ICP	Acceleration	mV	100	mV/g		
24	Input22	☑	☐		Vibration	body:120	-X	ICP	Acceleration	mV	100	mV/g		
25	Input23	☑	☐		Vibration	body:121	-Y	ICP	Acceleration	mV	100	mV/g		
26	Input24	☑	☐		Vibration	body:121	+Z	ICP	Acceleration	mV	100	mV/g		
27	Input25	☑	☐		Vibration	body:121	-X	ICP	Acceleration	mV	100	mV/g		
28	Input26	☑	☐		Vibration	body:122	-Y	ICP	Acceleration	mV	100	mV/g		
29	Input27	☑	☐		Vibration	body:122	+Z	ICP	Acceleration	mV	100	mV/g		
30	Input28	☑	☐		Vibration	body:122	-X	ICP	Acceleration	mV	100	mV/g		
31	Input29	☐	☐		Vibration	body:137	-X	ICP	Acceleration	mV	100	mV/g		
32	Input30	☐	☐		Vibration	body:137	-Y	ICP	Acceleration	mV	100	mV/g		
33	Input31	☐	☐		Vibration	body:137	+Z	ICP	Acceleration	mV	100	mV/g		
34	Input32	☐	☐		Vibration	body:127	-X	ICP	Acceleration	mV	100	mV/g		
35	Input33	☐	☐		Vibration	body:127	-Z	ICP	Acceleration	mV	100	mV/g		
36	Input34	☐	☐		Vibration	body:127	-Y	ICP	Acceleration	mV	100	mV/g		
37	Input35	☐	☐		Vibration	body:135	-X	ICP	Acceleration	mV	100	mV/g		
38	Input36	☐	☐		Vibration	body:135	-Y	ICP	Acceleration	mV	100	mV/g		
39	Input37	☐	☐		Vibration	body:135	+Z	ICP	Acceleration	mV	100	mV/g		
40	Input38	☐	☐		Vibration	Drive_rear	None	Voltage AC	Acceleration	mV	100	mV/g		
41	Input39	☑	☑		Vibration	F_front	+X	ICP	Force	mV	10.91	mV/N		
42	Input40	☑	☑		Vibration	F_rear	+Y	ICP	Force	mV	2.2	mV/N		

Documentation　Navigator　Channel Setup　Tracking Setup　Calibration　Scope　Test Setup　Measure　Validate　Post Processing　LMS Test.Lab

图 6-38　通道设置

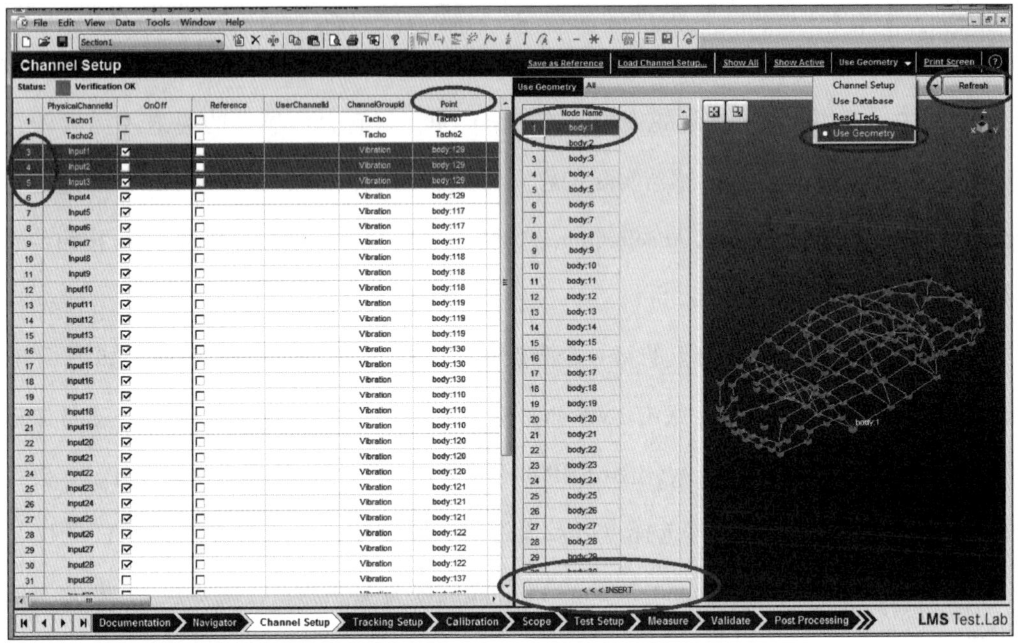

图 6-39　几何关联设置

（6）示波、激振器控制，如图 6-40 所示。依次设置步骤如下。

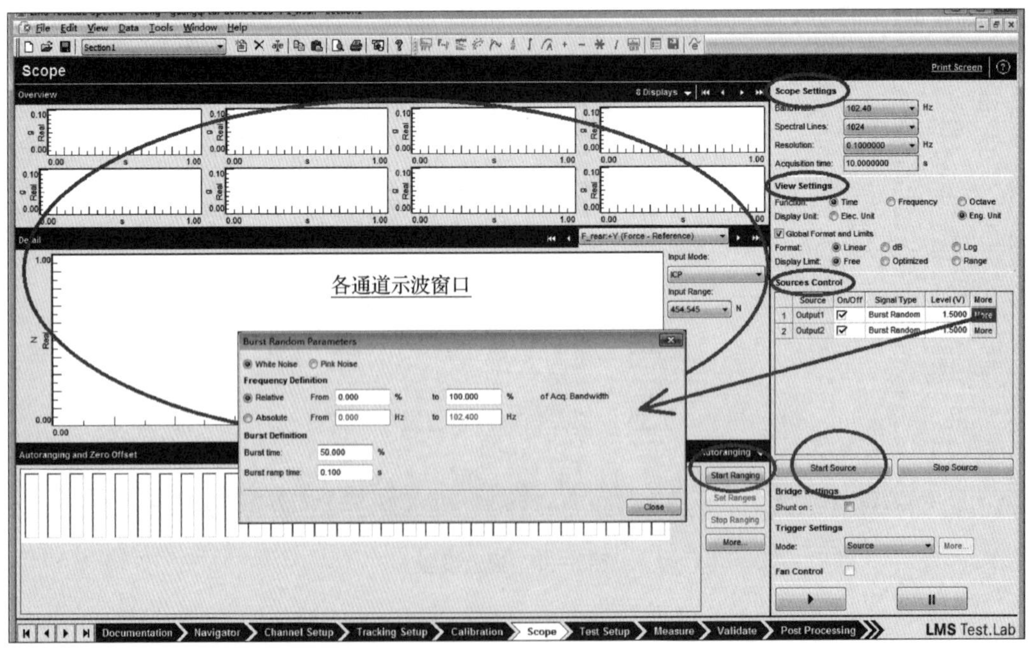

图 6-40　示波设置

①进入 Scope 界面。屏幕中部的图形显示窗口会自动显示各通道的波形，右侧的 view settings 中可以设置图形显示窗口中的横坐标及纵坐标类型。

②Scope Settings 中可以设置采样频率。对于白车身而言，推荐将 Bandwith(带宽)设置为 102.4 Hz，Spectral Lines(谱线数)设置为 1 024。

③Sources Control 用来设置激振器参数。推荐的 Signal Type(信号类型)为 Burst Random(触发随机)，Level(控制电压)为 1.5 V，点击 More，弹出 Burst Random Parameters 对话框，推荐将 Burst time 定为 50%(在采样周期内，前半个周期激励，后半个周期无激励自由衰减)。

④点击 Start Source。此时前端给激振器输入控制信号，然后缓慢调节激振器的增益旋钮，渐渐能够听到嗡嗡的激励声音。

⑤自适应传感器的量程。点击 Start Ranging 按钮，测试系统会根据每个传感器采集到的信号幅值，给每一个传感器自适应一个合适的量程，从而确保测试精度。5~10 s 后，依次点击 Set Ranges(设置量程)，Stop Ranging(停止自适应量程)。往往需要反复自适应几次，才能够将每个传感器的量程都设置的比较合适。判断标准是屏幕左下角的量程指示“水柱”都为绿色。

(7) 试验设置，如图 6-41 所示。依次设置步骤为：点击屏幕上方的 FRF 选项卡，依次勾选 Measure、Save、Measure coherence、Save coherence(分别测试和保存频率响应函数 FRF 以及相干函数 coherence)，Estimation method(估计方法)选择 Hv；设置采样带宽 Bandwidth、Spectral lines 以及谱线数，对白车身而言，推荐值与示波窗口 Scope 中一样，如图 6-41 所示；输入 Number of averages(平均次数)，推荐值是 30，也就是每次试验都会测试 30 次取平均。

(8) 试验开始，如图 6-42 所示。之前的操作步骤已经确定了试验参数，直接点击 Start 开始试验就可以了。测完一组后，将传感器移动至下一组测点，并重新做几何关联，然后再次点击 Start 开始下一组。

图 6-41　试验设置

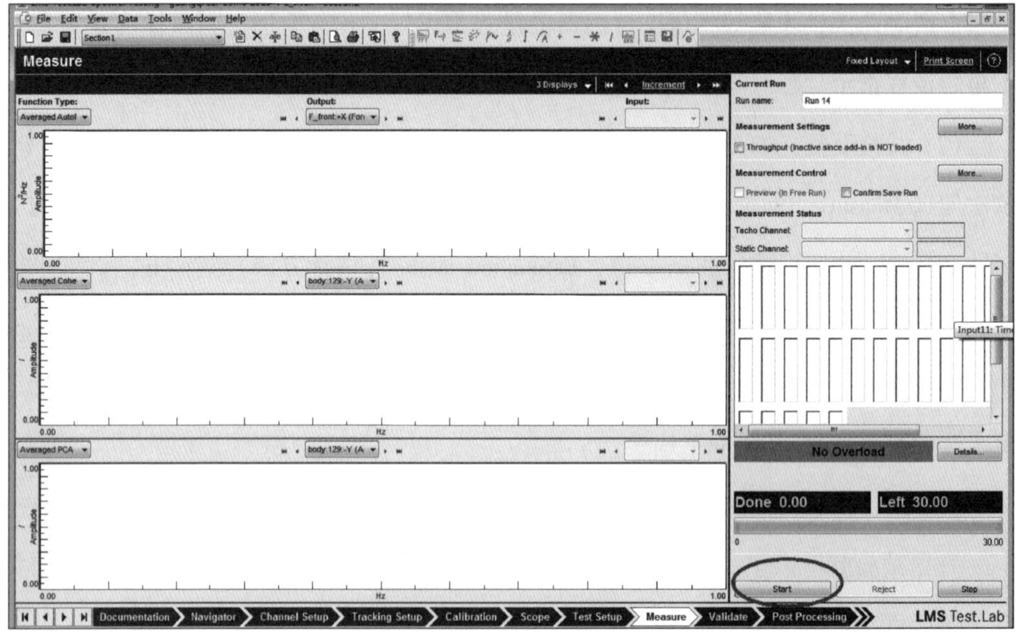

图 6-42　实验开始

三、旋转机械

1. 旋转机械测试通道设置

假设前端已经开启，电脑网卡已经设置好与前端连接，连接前端设备正常，进入项目打开后的项目补始界面，如图 6-43 所示。

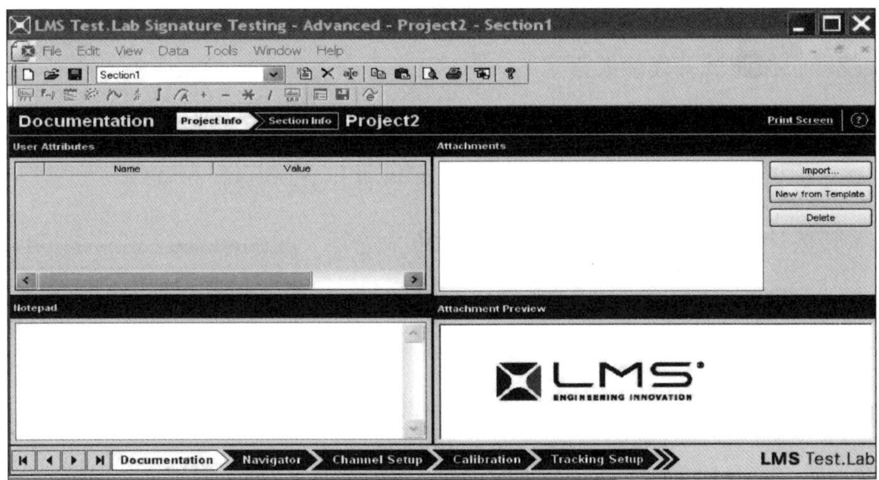

图 6-43　项目初始界面

可以先跳过流程条中的 Documentation 和 Navigator，点击 Channel Setup 切换到 Channel Setup 的界面(进行通道设置)，如图 6-44 所示。

LMS Test.Lab Signature Testing - Advanced - Project2 - Section1

Channel Setup　Save as Reference　Load Channel Setup...　Show All　Show Active　Channel Setup　Print Screen

Status: Verification OK

	PhysicalChannelId	OnOff	ChannelGroupId	Point	Direction	InputMode	Measured Quantity	Ele
1	Tacho1	☐	Tacho	Tacho1	None	Voltage DC		
2	Tacho2	☐	Tacho	Tacho2	None	Voltage DC		
3	Input1	☑	Vibration	Point1	None	Voltage AC	Acceleration	
4	Input2	☑	Vibration	Point2	None	Voltage AC	Acceleration	
5	Input3	☑	Vibration	Point3	None	Voltage AC	Acceleration	
6	Input4	☐	Vibration	Point4	None	Voltage AC	Acceleration	
7	Input5	☐	Vibration	Point5	None	Voltage AC	Acceleration	
8	Input6	☐	Vibration	Point6	None	Voltage AC	Acceleration	
9	Input7	☐	Vibration	Point7	None	Voltage AC	Acceleration	
10	Input8	☐	Vibration	Point8	None	Voltage AC	Acceleration	
11	Input9	☐	Vibration	Point9	None	Voltage AC	Acceleration	
12	Input10	☐	Vibration	Point10	None	Voltage AC	Acceleration	
13	Input11	☐	Vibration	Point11	None	Voltage AC	Acceleration	
14	Input12	☐	Vibration	Point12	None	Voltage AC	Acceleration	
15	Input13	☐	Vibration	Point13	None	Voltage AC	Acceleration	

Documentation　Navigator　Channel Setup　Calibration　Tracking Setup　LMS Test.Lab

图 6-44　通道设置界面

针对工程旋转机械测试，通道设置所需注意几点：①OnOff 应勾选中测试中使用的通道；②ChannelGroupId 选项中应选择为 Vibration；③Point 选项中应给每个测试通道命名，命名方式可由工程师根据测试习惯确定；④Direction 选项中，应正确填写每个通道使用传感器的方向；由于布置位置不同，传感器的方向往往不唯一，应按照正确的使用方向填写；⑤InputMode 选项中应选择 ICP 选项；⑥Measured Quantity 选项中应选择 Acceleration 选项；⑦其他选项按照默认值即可。

2. 旋转机械测试采集参数设定

点击流程条的 Tracking Setup 进入到跟踪设定的页面。这里主要做两个工作，第一是设定转速计算参数，第二是设定跟踪信号采集的方式和参数。

(1) 转数计算参数设定。在页面的右上角，进行转速设定，如图 6-45 所示。在通道设置中已经打开转速 1 通道(Tacho1)，如果同时打开了两个转速通道，则需对每个 Tacho 通道分别设定以下两个参数。

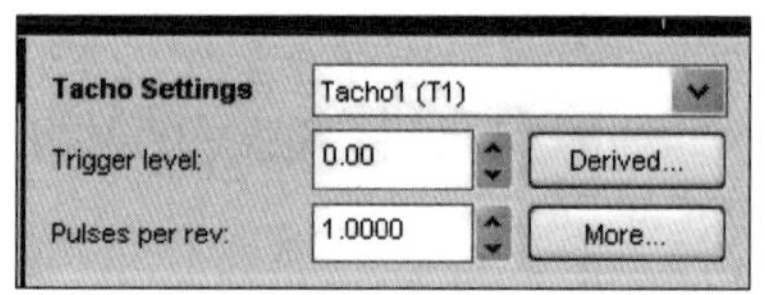

图 6-45　转速设定

①Trigger level(触发电平)。是指转速脉冲信号(常为矩形方波或者似三角波)过零的基准线的电压值(这个值在脉冲信号图上用一横线来表示，见图 6-46)，这样每个脉冲信号与触发电平基准线的交叉点所处的时刻就可以知道了，然后根据前后两个脉冲的上升沿过基准线的时刻来实时计算转速的快慢。所以一般说来，Trigger level 要设在脉冲信号(一般是正负对称的)高于零或者低于零部分的中间值(例如脉冲信号是在 -5 V 到+5 V 之间跳跃，通常可以把 Trigger level 设为 2. 5 V，这些区域，脉冲信号的上升沿基本是垂直于基准线的，得到的转速会相对比较稳定，也可以避开杂质噪声信号

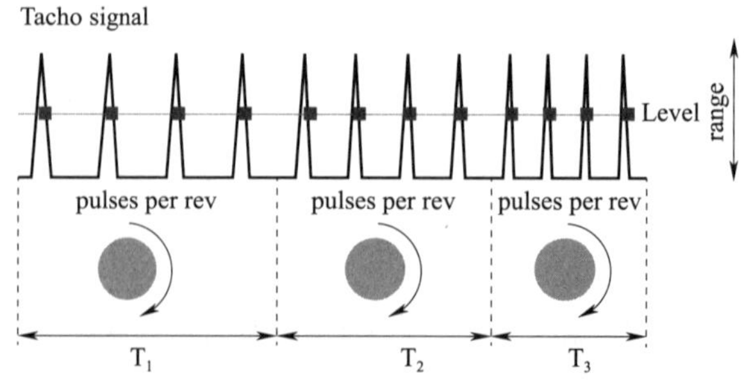

图 6-46　脉冲信号图

的干扰。另外也可以在脉冲信号图上直接用鼠标左键上下拖动基准线来调节这个基准电平高度)。

②Pulses per rev(脉冲/转)。是指测量转速采集点处每转多少脉冲，这个得根据实际情况来设定，一般是通过齿轮盘脉冲来测转速，这时候这个值基本在58~60之间。在做旋转机械测试时会用转速编码器来测转速，由于编码器一般一转能提供非常多的脉冲，这一参数这时候要根据编码器的参数设定一个比较高的值。

如果通过默认设置，得出的转速不稳定，可以点击More键来优化转速提取的过程。点击Tacho Settings(转速设置)窗口，参数如图6-47所示。

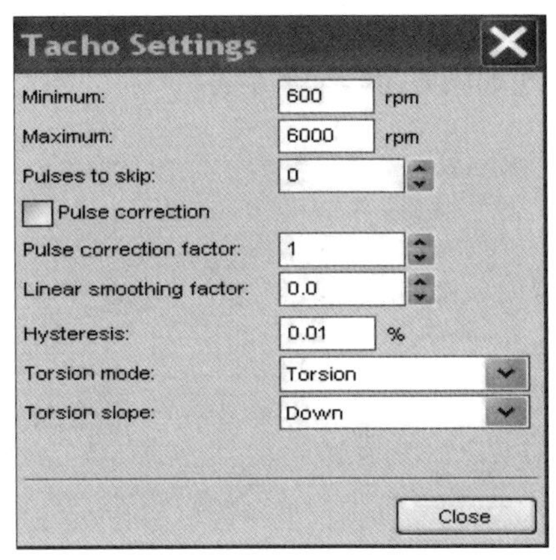

图6-47　转速设置窗口

如上图所示，可以设定试验允许的转速的最小最大值。也可以用Pulses to skip(跳过脉冲)来跳过一些脉冲让转速更稳定(适用于齿轮缺齿的情况)。比如说跳过脉冲原来是60，因为缺1个齿，所以设定成59，但是齿轮每转一转时，转到缺齿的地方，因为缺一个脉冲，所以电脑会认为转速瞬间慢下来了，实际上是没有。这时，如果跳过脉冲设置成58，那脉冲/转参数就需要设置成1了，相当于每转就1个脉冲了，这样得到转速变动频率低了，相当于做了一个平均，但是转速肯定更稳定了。

如果转速不稳定，可以在Pulse correction(脉冲校正)前面打钩。然后设置Linear smoothing factor(线性平滑系数，代表多少个半转必须做线性化处理)，通常可以设定为2，表示转一周之内的转速的波动被线性化了，波动不会很大。

另外也可以设置Pulse correction factor(脉冲较正因子)，这个值用来修正计算转速中多余的脉冲和缺失的脉冲，有1、2、3、4四个量级，其中1是最轻度的修正，4是重度修正。可根据提取出来的转速的好坏来设定这个值。

③Torsion Hysteresis(扭转滞后)。是指在做旋转机械测试时，这个参数是脉冲信号幅值的一个最小比例幅度，以百分数显示，前头有个脉冲过基准线，被记录，然后下

一个脉冲必须高过前面脉冲幅值的某个比例幅度的幅值才能被当成一个有效的脉冲来计算转速。这个主要是用来滤去那些低幅值干扰脉冲信号。

（2）跟踪信号采集方式。在转速设定的下方，有如图 6-48 所示的跟踪参数设定界面。将 Use triggered start(使触发开始)打钩，那么同一行的 more 就被激活，点击会出现如图 6-49 所示界面。

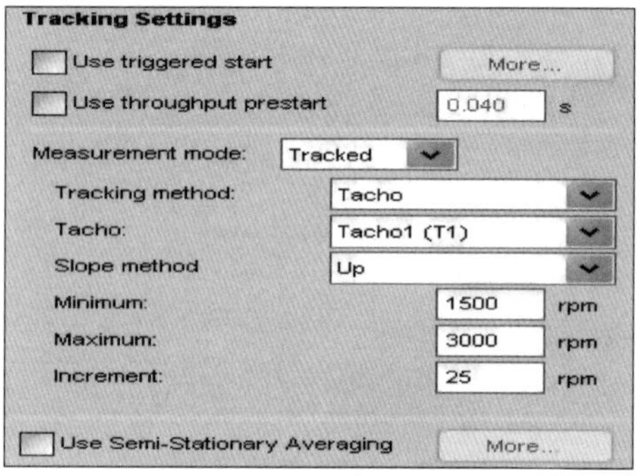

图 6-48　跟踪参数设定窗口

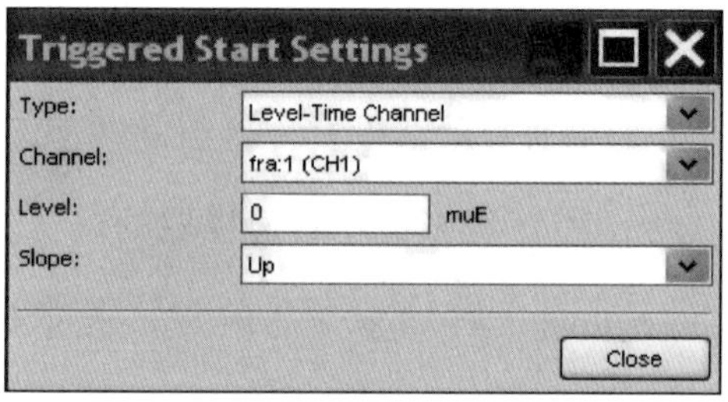

图 6-49　Triggered Start Settings 窗口

即在满足跟踪条件下设定了另外一个触发条件，该条件不满足时，时域信号无法写进硬盘，并且整个试验不会开始。触发条件可以选择某个通道(Level-Time Channel 模式)，也可以选择转速信号(External 模式)来触发。试验开始测量后，只有在设置的触发条件达到以后才会开始生成数据文件 TDF(存入硬盘的全程时域信号)和在线分析。

Use throughput prestart(使用预采)(使用 TDF 格式时域信号文件的预采功能)打钩时，写入硬盘的 TDF 格式文件可以设定一个预采时间，即达到触发条件后，系统开始采集并处理信号的那一时刻的前面几秒(具体几秒，自己填写)的数据也会被采集并记录到硬盘里的 TDF 文件里去(这个文件存在一个与项目文件同名的文件夹里，文件夹与项目文件同处于数据 Test Lab 数据存储的默认路径下)。

Measurement mode(测量方式)可以选 Tracking(跟踪)、Stationary(稳态)和 Manual(手动)三种方式。

• 选择 Tracking(跟踪)方式表示各通道信号数据块的处理的结果是跟踪某个参数的(一般是转速和时间)，即做出来的频谱图是三维的，被跟踪参数在 Z 轴。

• 选择 Stationary(稳态)方式表示信号数据块的处理结果是一个平均的结果，不随别的参数改变而改变，可以认为被测试对象是处于稳定状态。不同时间段下得到的结果可以做平均给出一个最终的平均后的频谱结果。

• 选择 Manual(手动)方式表示采集 N 个数据块的过程是手动来控制开始和结束的，得到的频谱不平均，有 N 个。

一般标准的 Signature 实验是针对一个转速变动的机器设备来进行的，这时测试对象不处于稳态结果，需要选择 Tracking 来做测试。

Tracking method(跟踪方式)可以选择 Tacho、Time 和 Event 三种。

• 选择 Tacho 方式表示得到的三维瀑布图的 Z 轴代表的被跟踪参数是转速。

• 选择 Time 方式表示被跟踪的对象是时间，即不同的频谱结果是在不同的时刻得到的，时刻(Z 轴)和频谱一一对应地摆在三维瀑布图上。

Tacho(被跟踪的参数—转速通道)可以选择开启的 Tacho1(转速 1)通道或者 Tacho 2(转速 2)通道。

Slope Method(斜率模式，用来跟踪转速上升还是下降过程)里可以选 Up、Down、Imm. Up 等模式，Up 和 Down 很好理解，Up 和 Imm. Up 的区别就是选择 Up 时，转速初始值必须低于设定的 Min(最低)值，当转速持续上升超过 Min 值的瞬间，系统才开始记录并给出频谱结果，当转速上升到 Max(最高)值时停止采集；如果选择 Imm. Up 模式，点击开始测量的瞬间，升速试验(Runup)就自动开始(转速不需要穿过 Min 值)，然后当到转速升到 Max 值时，系统停止采集和分析。

Minimum 和 Maximum 就是系统采集分析对应的转速的最小和最大门槛值。

Increment 则是频率结果的转速步长。

(3) 跟踪信号采集参数。分为以下几方面。

• 如果 Tracking method 选成 Time，如图 6-50 所示。参数 Duration 是指试验的跟踪时间长度，参数 Increment 是指时间轴上出结果的时间间隔，默认是 0.5 s，即在瀑布图结果图上每隔 0.5 s 出一个 2 维频谱结果。X 轴为频率，Y 轴为幅值，Z 轴为

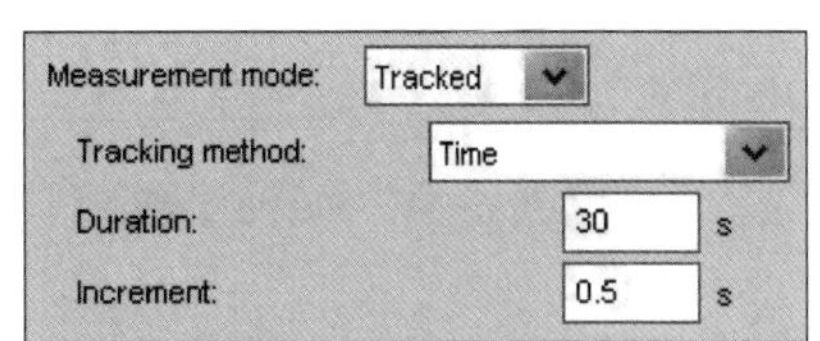

图 6-50　Time 参数

被跟踪的参数-时间。当然时间与转速之间因为有一一对应的关系，所以 Z 轴上时间和转速是可以相互转化的。

• 如果 Tracking method 选成 Tacho，如图 6-51 所示。上述设置表示采集会从 1 500 rpm 开始，到 3 000 rpm 结束，每隔 25 rpm 出一个 2 维频谱结果，X 轴为频率，Y 轴为幅值，Z 轴为被跟踪的参数-转速。当然时间与转速之间因为有一一对应的关系，所以 Z 轴上时间和转速是可以相互转化的。其中，Tahco 表示用作跟踪的通道，用户可以通过下拉列表来选择此通道，此通道也可以是 Virtual Channel 中的通道(请参照附录里面 Virtual Channel 的设置，注意 Virtual Channel 的通道分组为 Tahco)。

• 如果 Tracking method 选成 Event，如图 6-52 所示。其中，Tracking channel 为跟踪来源通道；Level 表示当此通道的信号超过 1.6 V 电压值时，软件做一个频谱；Slope method 为 up，表示上升沿触发；Hysieresis 指当前脉冲变化超过多少时，软件开始寻找下一个脉冲；Minimum duration 指对当前脉冲的频谱计算完成后至少过多长时间，软件开始寻找下一个脉冲；Events to skip 为跳过多少脉冲；Numbers of events 为一共要对多少脉冲时间进行跟踪。如果用户想在脉冲开始的时候进行频谱的在线运算，而这些脉冲又是不等间距的，则跟踪时间和转速的方法都无法做到。如图 6-53 所示，图中倒数第三个脉冲和倒数第二个脉冲的时间间隔和倒数一、二脉冲之间的时间间隔不同，用 Tracking Event 可以实现时间及转速的跟踪。

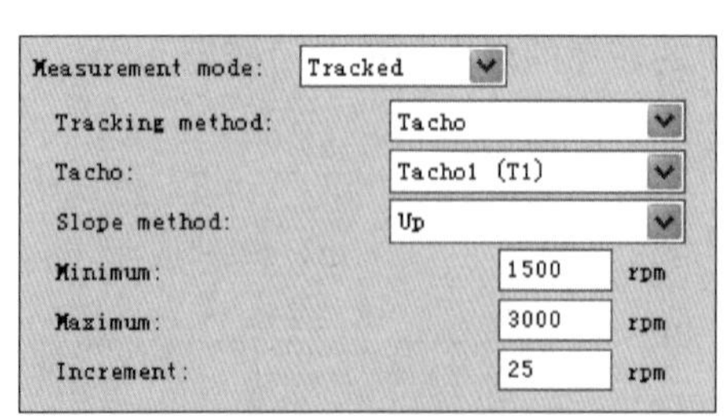

图 6-51　Tacho 参数

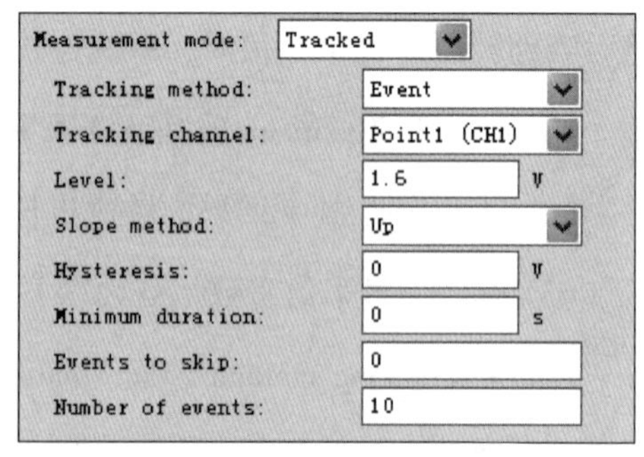

图 6-52　Event 参数

• 如果 Measurement mode 选择 Stationary，那么 Method 有 2 种：Freerun 和 Time。如果选择 Freerun(自由连续采集，无数据块的触发条件)，如图 6-54 所示，则需要选

择 Number of averages(平均次数)。数据块的块数 Averaging type(平均类型)根据需要可以选择 Energy average(能量平均)、Linear average(线性平均)等。Overlap 代表数据块与数据块之间的重叠范围，通常可以不选，但为了节省采集时间可以设为 50%。如果选择 Time，如图 6-55 所示。Duration 为采集的采集数据块的启动时间刻度(整个信号记录的长度需要这个 30 s 加上 30 s 结束的瞬间最后采的一块数据块的长度，这也解释了为什么这个图示中 Number of averages 是 61，因为 Acquisition rate 是 2 avg/s，这决定了每间隔 0.5 s 采一个数据块，那 30 s 一共会有 60 个数据块，加上第 30 s 的结尾处还要采一个数据块，所以一共是 61 块数据)。

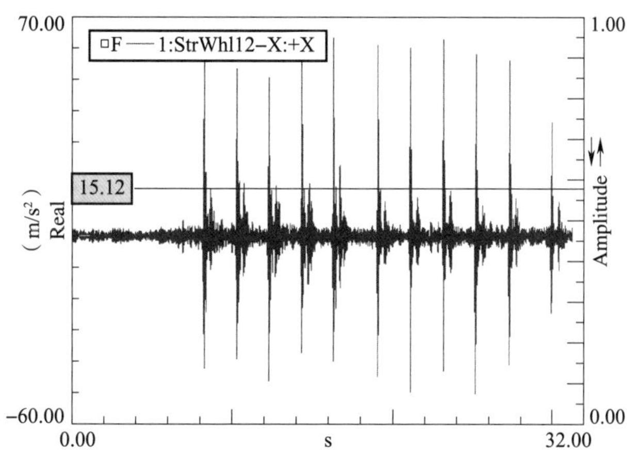

图 6-53　脉冲信号图

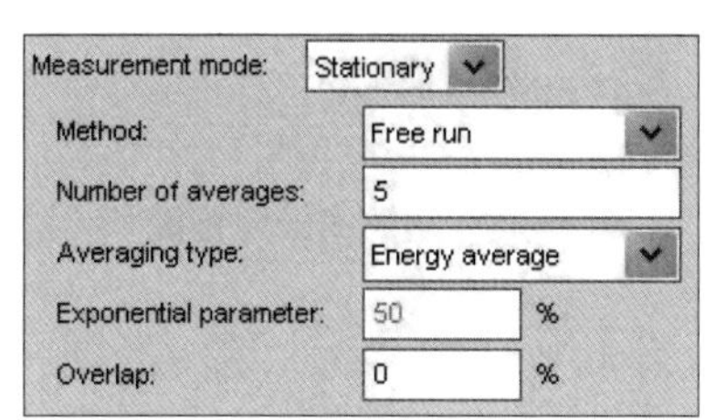

图 6-54　Freerun 参数

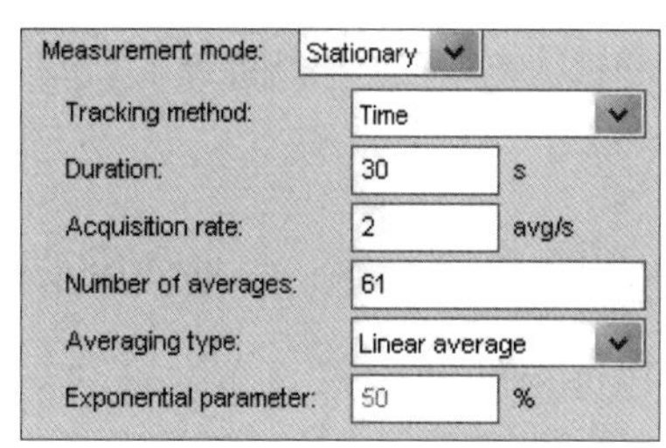

图 6-55　Time 参数

• 如果测量模式选择 Manual(手动)，那需要在 Count-计数中设定次数，默认是 20，即手动按开始测量 20 次，在不同的时刻记录下 20 个数据块做后续分析。图 6-56 中，在 Count 的下方有 Use Semi-Stationary

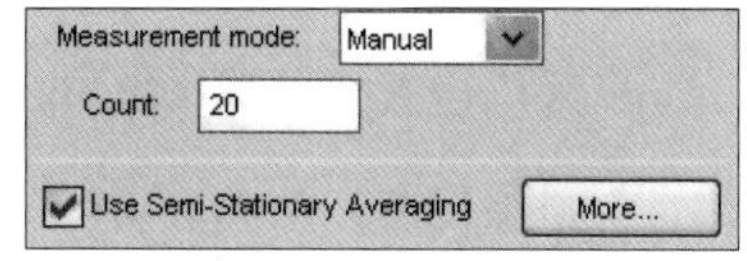

图 6-56　Manual 参数

Averaging(使用半稳态平均)，则在用转速做跟踪时可以针对转速通道做半稳态平均。点击 More 参数，进行更多的设置，如图 6-57 所示。如果在做转速跟踪测试时，如果转速升降足够慢，则可以认为在那些转速下测试对象处于一种半稳定状态，在 Averaging 中可以选择针对每个需要出频谱结果的转速位置，做这个转速下的频谱平均，比如 Number of averages 可以设定一个值，默认为 5。然后跟常规的稳态测量设置一下，可以做这个转速下的数据块的 overlap(重叠)并选择一种平均方法(能量平均或者指数平均等)。Delay first average 表示第二个参与平均的数据块与第一个数据块之间可以设定一个延迟时间。允许平均可以在更宽一点的转速范围内进行。Range enabled 打钩的话可以限定参与平均的数据块的采集在一定的转速范围内(RPM range 来设定)进行。

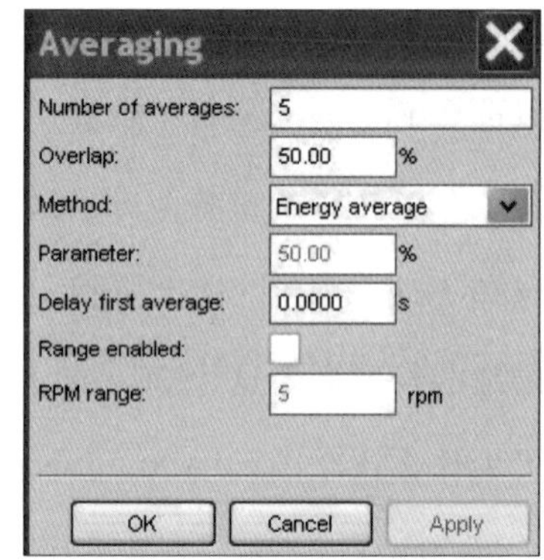

图 6-57　Averaging 窗口

半稳态平均下面有个 Autoranging QTV，平常不用，只有在前端设备有 QTV 板用来测旋转机械时才会用来做 QTV 通道的自动量程。

如图 6-58 所示为示波信号的暂停键和启动键。示波默认下是启动的。点击暂停键可暂停示波，点击启动键恢复示波。

(4) 旋转机械测试注意事项。针对工程旋转机械测试，数据采集时间等参数设置需注意以下内容：

图 6-58　示波信号暂停键和启动键

• 设置触发电平。根据实际信号设置触发电平，以进行转速跟踪设置，通常转速跟踪对象为发动机飞轮信号。正确的信号如图 6-59 所示。

设置转速范围，通常设置为 1 000~5 000 rpm，增量设置为 10 rpm。

• 采样设置。设置 ADC 带宽为最高 51 200 Hz，如图 6-60 所示。

• 追踪设置。如图 6-61 所示。其中，Measurement mode 应选择为 Tracked；Tracking method 应选择为 Tacho；Slope method 设定为 up；Minimum 与 Maxium 分别代表测试最低、最高转速；Increment 设定为 25 rpm。

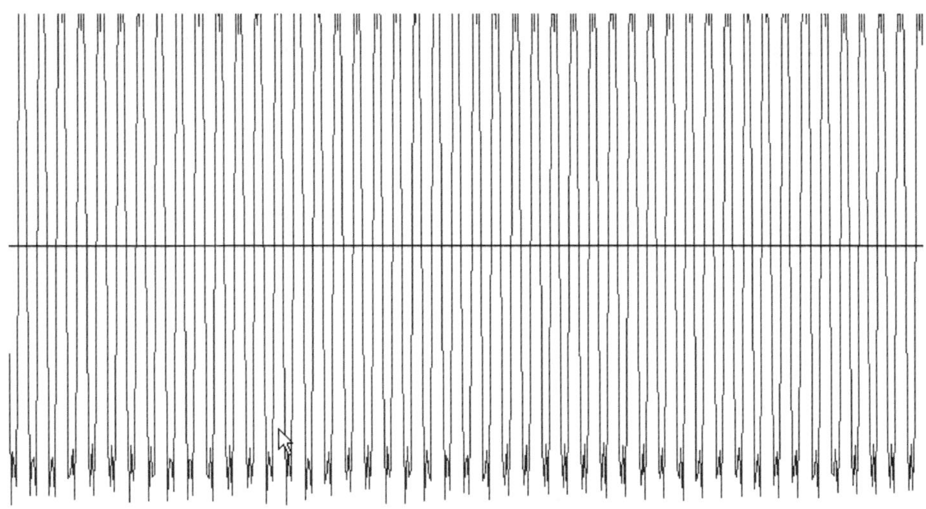

图 6-59　正确的信号

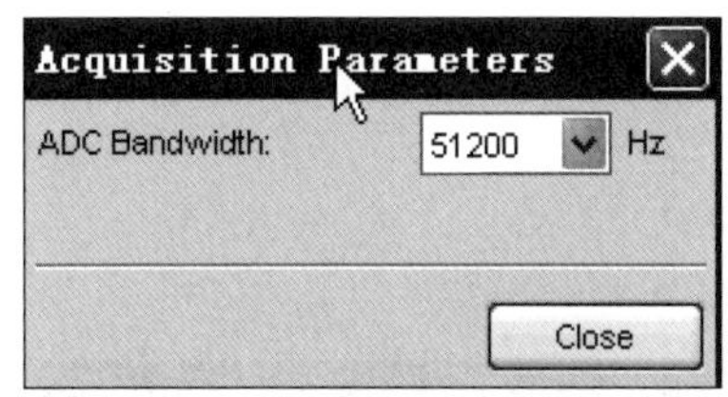

图 6-60　ADC 带宽设置

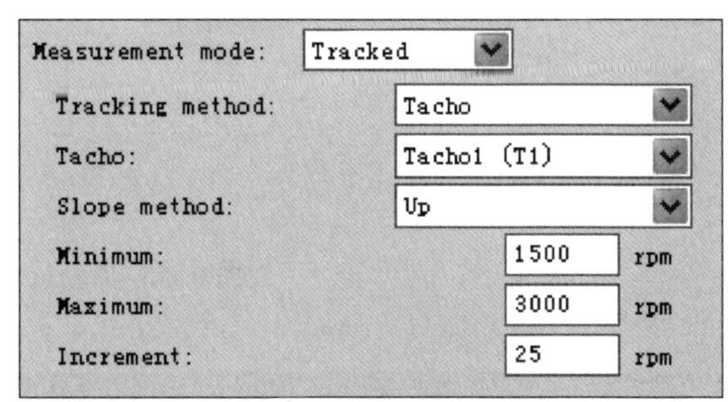

图 6-61　追踪设置

3. 旋转机械测试示波/采集设定

在流程条上点击 Acquisition Setup，进入通道信号示波和采集设定界面。界面的左上半角如图 6-62 所示。

上部 Overview 根据需要可以显示 1 个或者多个通道(1,2,4,8,16 通道的信号预览)，下部的 Details 显示某一通道的放大预览。具体被显示的通道可以在如图 6-63 所示的通道 fra:1(CH1)处选择更换通道。通道所对应的输入模式和量程也可以选择修改。

界面左下角部分如图 6-64 所示，是用来做自动量程(Autoranging)的。

其子窗口包含四个操作：①点击 Start Ranging(开始自动量程)，系统开始测量记

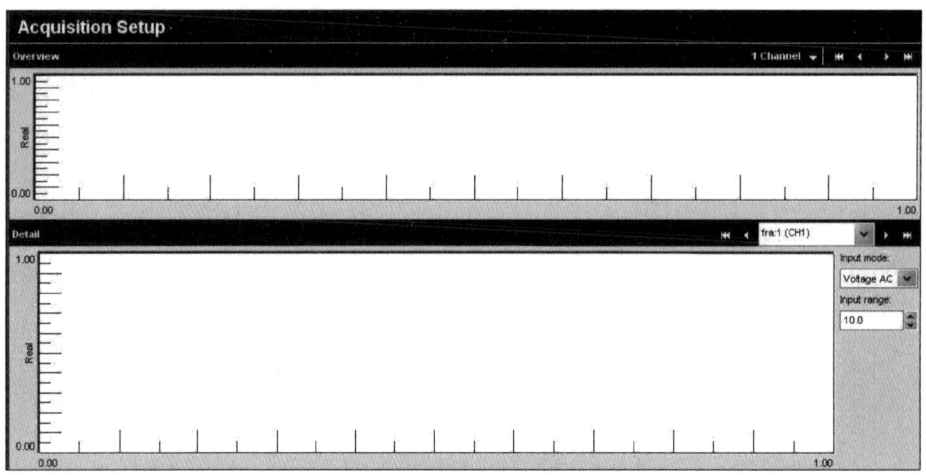

图 6-62　示波/采集左上半角

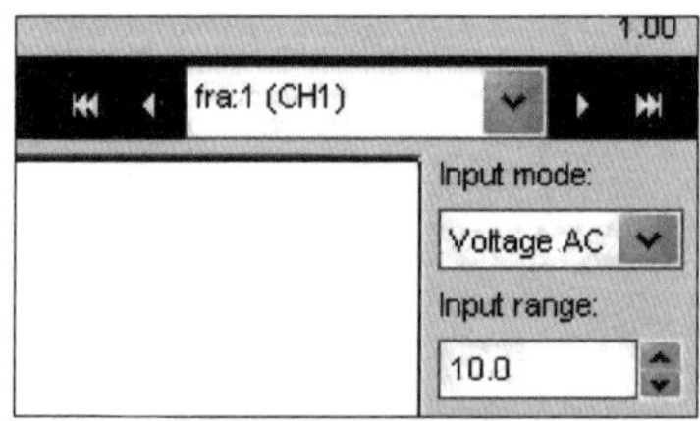

图 6-63　fra:1(CH1)通道

图 6-64　自动量程界面

录各开启通道的信号，然后连续记录下信号中出现的峰值；②点击 Set Ranges(设置量程)，让系统根据检测到的峰值的基础上加上 6 dB，然后选择一个合适的量程；③Hold Level(锁定量程)是锁定当前出现的一个峰值作为量程，不常用；④左边的柱状图代表现有信号强度占每个通道量程的百分比。

Offset 功能代表有些时候通道上的数据可能存在一个偏置量。在应变测试中尤为明显，如图 6-65 所示，零位有很大的偏置，这时需要将零位再重新调整一下，需要用到

Offset 功能。

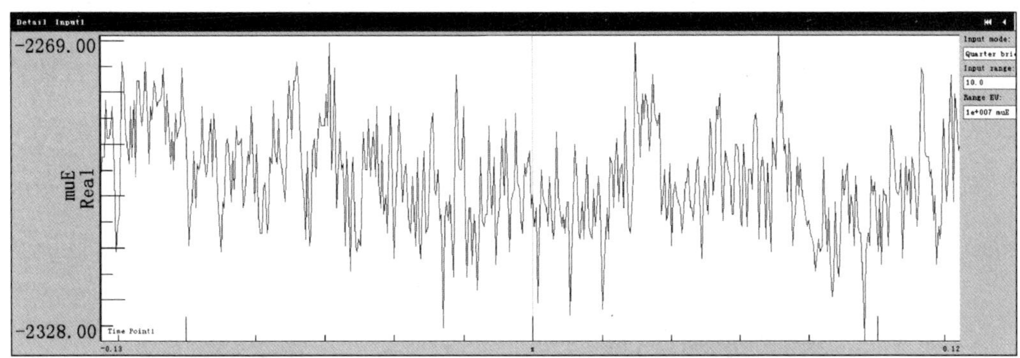

图 6-65　脉冲信号图

启用 Offsets 功能需要在 Acquisition Setup 页面的下方，点击 Autoranging 下拉列表（Autoranging 为默认项），选择 Offset Zeroing 项。然后依次点击 Start Zero 键、Stop Zero 键和 Set Offsets 键，则零位被重置。

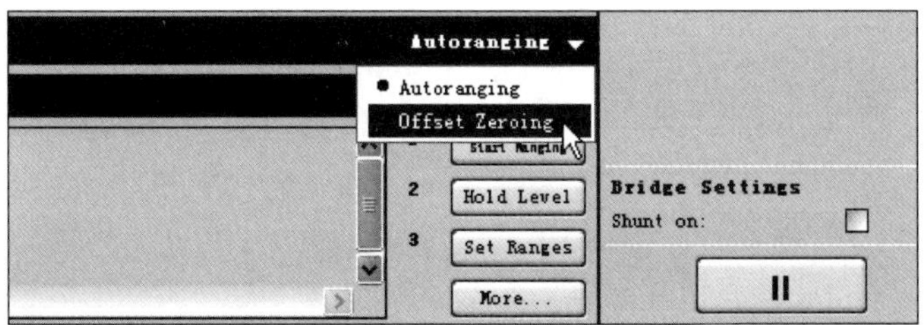

图 6-66　Offset Zeroing 选项

被重置后的零位如图 6-67 所示。

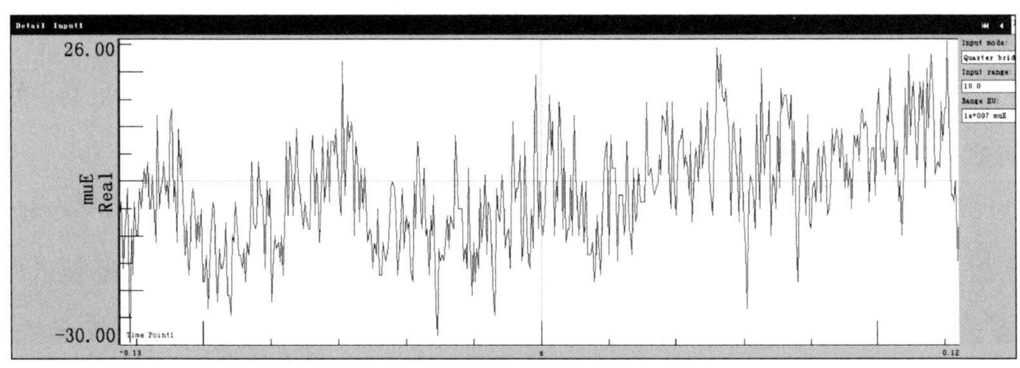

图 6-67　重置后零位

界面的右上角部分如图 6-68 所示，这部分用来设定系统采集信号的一些设定。

（1）Trigger setting(触发设置)。有 Free run、Level-Time Channel、External 三种模式。

选择 Free run 模式意味着数据块的采集是自由触发的，到了采集点，软件自动采集一个数据块。采集开始的瞬间是自由的。

选择 Level-Time Channel 模式，然后点击被激活的 More 键，出现如图 6-69 所示的界面。

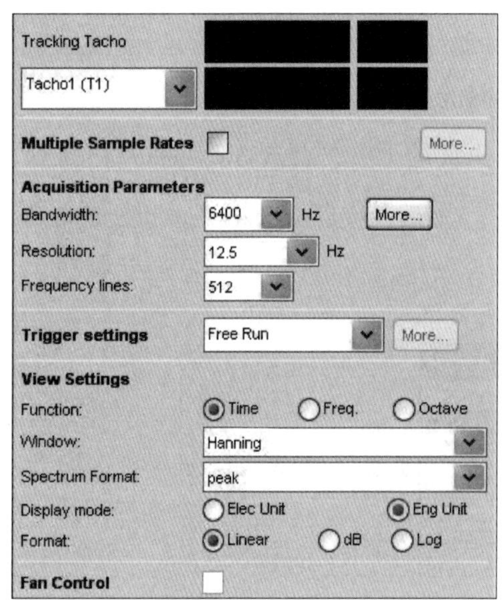

图 6-68 旋转机械测试波/采集设定

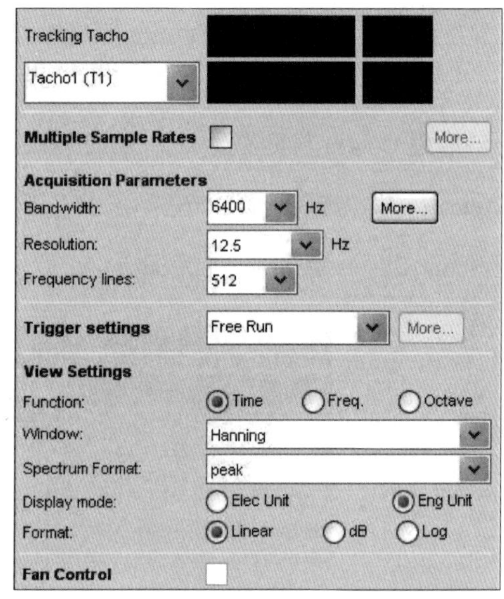

图 6-69 工程旋转机械测试采样参数设置

可以针对某个通道设定一个触发电平(Level 处填写的值)。Slope 是选择上升或者下降沿作为触发条件。设定好后点击 close 回到主设置界面。

选择 External 时，默认会采用转速通道 Tacho1 或者 Tacho2 进行触发，一般会用外接的一个触发信号到转速通道来触发信号的采集。

（2）在下方的 View Settings 里，Fuction 的选择是改变左边显示区域的信号类型，可以在查看时域(Time)，频谱(Freq.)和倍频程(Octave)之间切换。Window 参数是对通道信号加载窗函数的设定，默认是汉宁窗，也可以选择一系列别的常用窗函数。Spectrum Format 参数是选择频谱结果的格式，可选择分峰值谱(Peak)和有效值谱(RMS)。Display Mode 是参数，指的是 Y 轴的物理量的显示方式可以选成显示电压

(Elec Unit)或者工程单位(Eng Unit)，然后在 Format 可以选择 Y 轴幅值的显示格式，在线性、dB 和 Log 间切换。

(3) 最后的 Fan Control(风扇控制)用于控制采集机箱的风扇的停止(只在 SCADAS 3 系列大机箱上使用)。目的是开启测量时，可以强制关闭机箱风扇的运行来避免引入外界噪声。

针对工程旋转机械测试，采样参数设置需注意几点(见图 6-69)：Bandwith 应选择为 1 024 Hz，Resolution 应选择为 1 Hz，其他选项可按照默认值设置。

4. 旋转机械测量

点击流程条中的 Measure 进入测量页面。显示图创建及布局设置。默认状态下，界面左侧空白处没有图用来显示在线的时域和频域信号。所以需要创建一些显示图来监控信号。点击 Create a Picture(创建图片)后面的图标(有前后图，波特图，上下对比图等默认显示图)可以创建一些简单的显示图。

但是这样的单图往往不满足监控多通道测量的要求，可以直接点击 Create a Picture 键，跳出界面如图 6-70 所示。

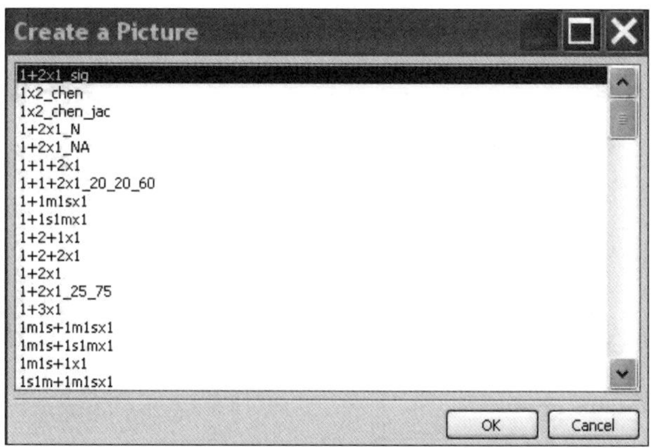

图 6-70　Create a Picture 界面

在此界面中，可以选择某一种布局的多图显示。比如选择一个 1+2X1 等，当不清楚这个多图的布局时，可以先取消，然后到主页面，点击上部主菜单里的 View，下拉菜单里选择 Layout Management(布局管理)，跳出的界面里选择 1+2X1，然后可见图 6-71。

假设希望上图是三维的色彩图(Colormap)，左下角的小图是转速信号的数字显示，则可以右键点击 1 图，在下拉菜单里选择 Switch to(切换)，然后选择 Colormap(彩色图)。针对左下角的图做类似操作，Switch to 后选择 Numerical Display Panel(数值显示面板)。然后这个 1+2X1 就会变成图 6-72 所示。

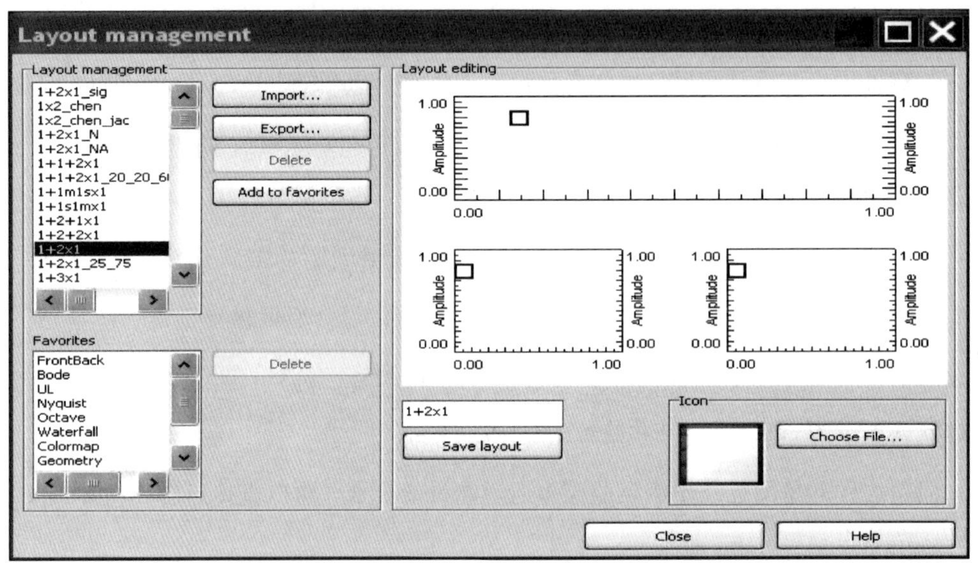

图 6-71　1+2X1

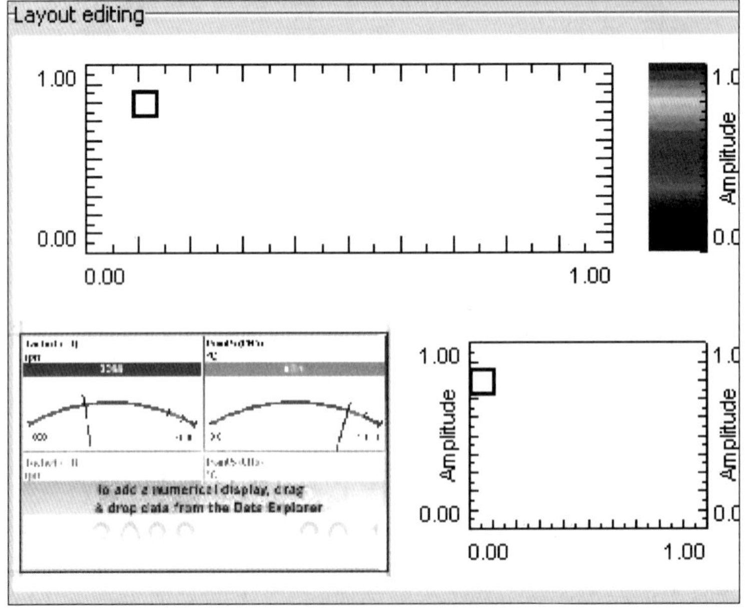

图 6-72　751+2X1

在 Save Layout(保存布局)上面的 1+2X1 后加个后缀，比如改为 1+2X1_New，然后按 Save Layout 键存下修改好的多图显示布局，然后点击 close 回到 measure 页面。这时再点击 Create a Picture 键，在可供选择的布局里，选择刚才存储的 1+2X1_New，这样示图部分就出现了预期显示布局。

在 Measure 页面点击最上面一行的主菜单里的 Data，在下拉菜单里选择 Data Explorer(数据浏览器)，如图 6-73 所示。

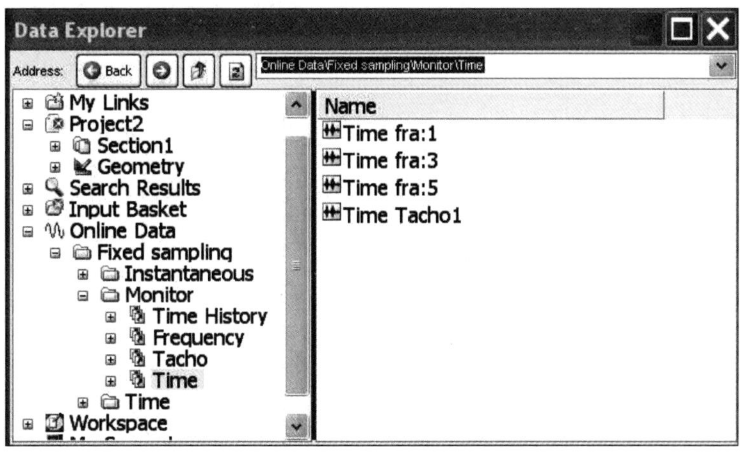

图 6-73　Data Explorer 窗口

需要监控的数据都在 Online Data 里，依次展开直到可见 Monitor。Monitor 里选择 Tacho。在右边出现的通道里选择 Time Tacho1，用鼠标左键点住它，并把它拖动到刚才已经打开的 1+2X1_new 示图中的左下角的数字图里释放，同样将需要监控的时域信号如 Monitor-time-Time fra:1 拖动到右下角的前后图里，然后点击 Waterfall 文件夹，比如说，选择拖动 fra:1 通道的瀑布图结果到创建的色彩图里。最后如图 6-74 所示。

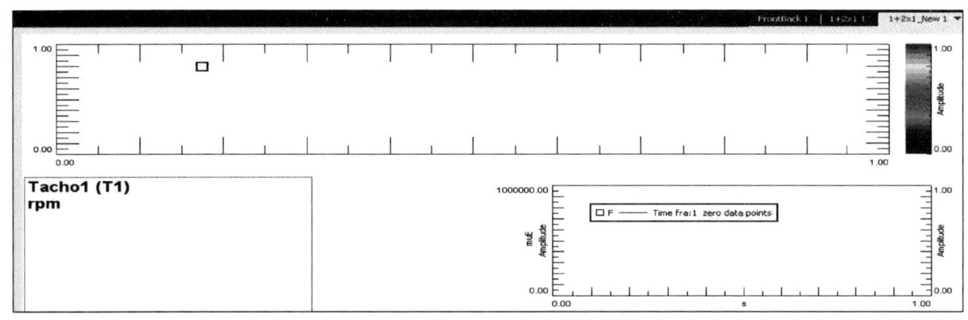

图 6-74　771+2X1

很多时候需要在线分析得到的频谱结果以及各种切片函数，也需要系统把采集过程中的全程时域信号给记录下来，此时需要检查 Save Throughput(保存吞吐量)前是否已打钩。

这里打钩了表示希望软件存储 throughput 文件(TDF 格式)，但是由于许可证的问题，存储时域信号的功能是个添加件，首先要把这个添加件添加进来，软件在许可前提下才真的有能力把全程时域信号给记录下来。要添加任何一个添加件，可以点击主菜单里的 tools 键，在下拉菜单里点击 Add-ins，然后在跳出的界面里找到如图 6-75 所示的 Time Recording During Signature Testing(信号测试时域记录)，然后打钩，点击 OK 回到 Measure 界面。

这样不光有频域的各种结果，测量全程的各通道的时域原始信号也会存储到硬盘里(文件格式为 TDF，存在与项目文件同名的文件夹下面。文件夹和项目文件的路径一致，默认状态下，在 Test Lab 默认的存储路径下，除非手工另存到别的硬盘位置)。

开始测量时，点击 Arm/Disarm 键，系统进入示波状态，可以看到被监控通道的时域信号在示图中波动，如果是接了转速的测试，还可以看到 Tracking Tacho 处转速的显示。一旦认为测试对象已经进入状态，可以进行采集的时候，就可以按如图 6-76 中 3 个键当中的 (播放键)，开始进入测量状态。

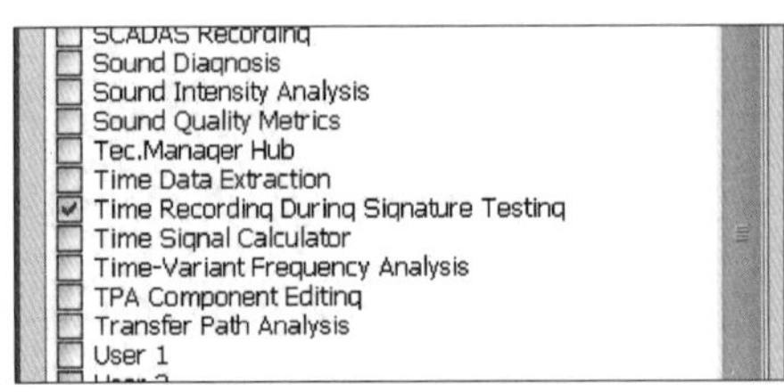

图 6-75　Time Recording During Signature Testing 选项

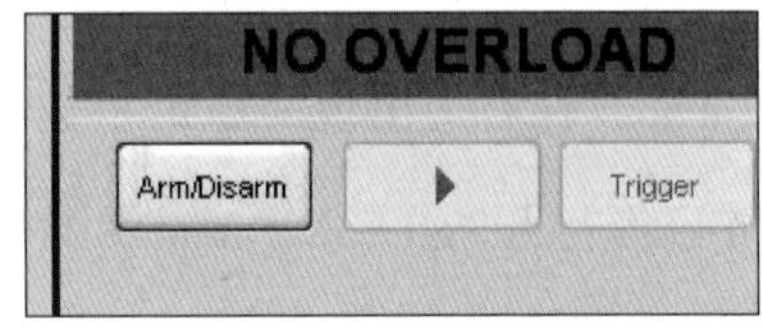

图 6-76　开始测量按钮

每采一组信号，存储的结果文件的名字 Run Name 会自动更改，默认为 Run1，Run2，…，依次增加。需要的时候也可以改动这个默认的文件名字。采集完成以后可以点击流程条里的 Navigator 去观看、浏览数据。

四、振动测试

1. 振动测试通道设置

如果前端已经开启，电脑网卡已经设置好与前端连接，连接前端设备正常，则上

面 2 个弹出的窗口不会出现，直接进入项目打开后的界面，如图 6-77 所示。

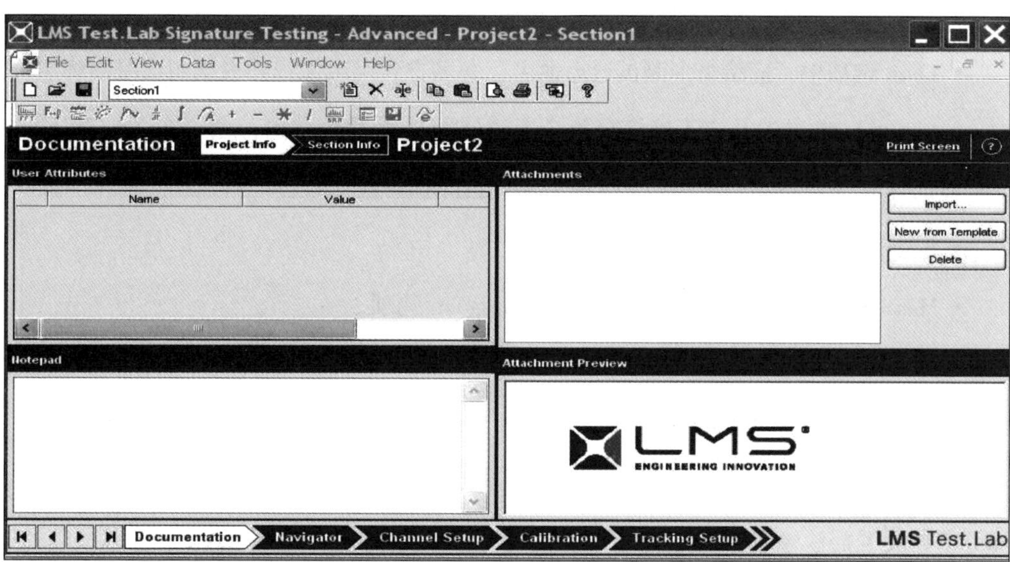

图 6-77　项目补始界面

可以先跳过 Documentation 和 Navigator，点击 Channel Setup 切换到 Channel Setup 的界面(进行通道设置)，如图 6-78 所示。

LMS Test.Lab Signature Testing - Advanced - Project2 - Section1

File Edit View Data Tools Window Help

Section1

Channel Setup　Save as Reference　Load Channel Setup...　Show All　Show Active　Channel Setup　Print Screen

Status: Verification OK

	PhysicalChannelId	OnOff	ChannelGroupId	Point	Direction	InputMode	Measured Quantity	Ele
1	Tacho1	☐	Tacho	Tacho1	None	Voltage DC		
2	Tacho2	☐	Tacho	Tacho2	None	Voltage DC		
3	Input1	☑	Vibration	Point1	None	Voltage AC	Acceleration	
4	Input2	☑	Vibration	Point2	None	Voltage AC	Acceleration	
5	Input3	☑	Vibration	Point3	None	Voltage AC	Acceleration	
6	Input4	☐	Vibration	Point4	None	Voltage AC	Acceleration	
7	Input5	☐	Vibration	Point5	None	Voltage AC	Acceleration	
8	Input6	☐	Vibration	Point6	None	Voltage AC	Acceleration	
9	Input7	☐	Vibration	Point7	None	Voltage AC	Acceleration	
10	Input8	☐	Vibration	Point8	None	Voltage AC	Acceleration	
11	Input9	☐	Vibration	Point9	None	Voltage AC	Acceleration	
12	Input10	☐	Vibration	Point10	None	Voltage AC	Acceleration	
13	Input11	☐	Vibration	Point11	None	Voltage AC	Acceleration	
14	Input12	☐	Vibration	Point12	None	Voltage AC	Acceleration	
15	Input13	☐	Vibration	Point13	None	Voltage AC	Acceleration	

Documentation　Navigator　Channel Setup　Calibration　Tracking Setup　LMS Test.Lab

图 6-78　通道设置

如图 6-79 所示，针对工程振动测试，通道设置需注意以下几点：

- OnOff 应勾选中测试中使用的通道。
- ChannelGroupId 选项中应选择为 Vibration。
- Point 选项中，应给每个测试通道命名，命名方式可由工程师根据测试习惯确定。
- Direction 选项中，应正确填写每个通道使用传感器的方向；由于布置位置不同，传感器的方向往往不唯一，应按照正确的使用方向填写。
- InputMode 选项中，应选择 ICP 选项。
- Measured Quantity 选项中应选择 Acceleration 选项。
- 其他选项按照默认值即可。

2. 振动测试采集参数设定

跟踪参数设定参照旋转机械测试采集参数设定。针对工程振动测试，数据采集时间等参数设置需注意以下几点：

- Measurement mode 应选择为 Stationary。
- Tracking method 应选择为 Time。
- Duration 设定为 30 s。
- Acquisition rate 设定为 2 avg/s。
- Number of averages 设定为 61。
- Averaging type 选择为 Linear average。
- 其他选项按照默认值即可。

3. 振动测试示波/采集设定

针对工程振动测试，采样参数设置所需注意几点为：Bandwith 应选择为 1 024 Hz；Resolution 应选择为 1 Hz；其他选项可按照默认值设置。

4. 振动测量

（1）创建显示图及布局设置。点击流程条中的 Measure 进入测量页面，如图 6-79 所示。默认状态下，界面左侧空白处没有图用来显示在线的时域和频域信号。所以需要创建一些显示图来监控信号。点击 Create a Picture 后面的图标可以创建一些简单的显示图。

点击 Create a Picture 键，跳出界面，如图 6-80 所示。

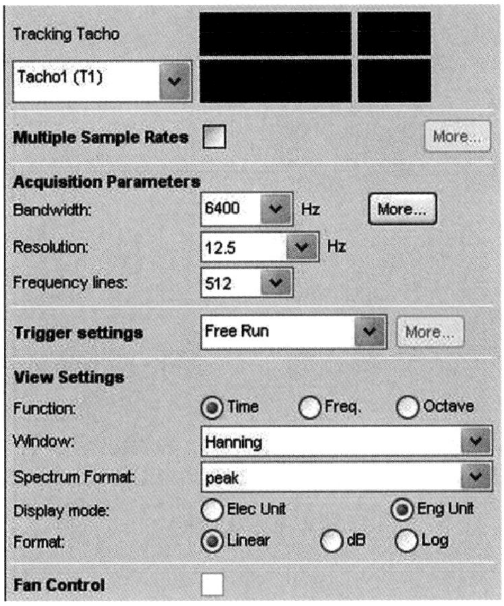

图 6-79　振动测试示波/采集设置

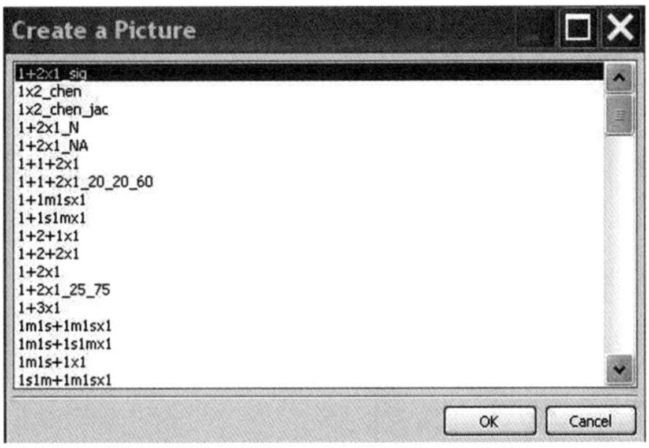

图 6-80　Create a Picture 界面

在此界面中，可以选择某一种布局的多图显示。比如选择一个 1+2X1 等，当不清楚这个多图的布局时，可以先取消，然后到主页面里点击上部主菜单里的 View，下拉菜单里选择 Layout Management，跳出的界面里选择 1+2X1，然后可见图 6-81。

然后在 Save layout 上面的 1+2X1 后加个后缀，比如改为 1+2X1_New，然后按 Save layout 键存下修改好的多图显示布局，然后点击 Close 回到 Measure 页面。这时候再去点击 Create a Picture 键，在可供选择的布局里，选择刚才存储的 1+2X1_New，这样示

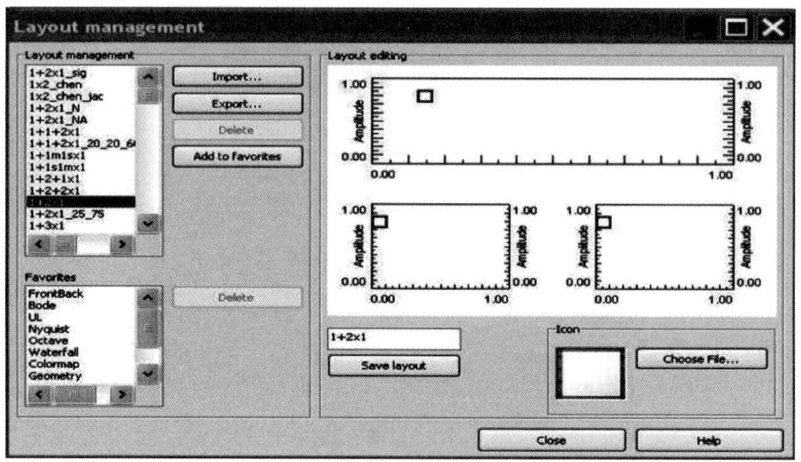

图 6-81　1+2X1

图部分就出现了预期显示布局。

先在 Measure 页面点击最上面一行的主菜单里的 Data，在下拉菜单里选择 Data Explorer，如图 6-82 所示。

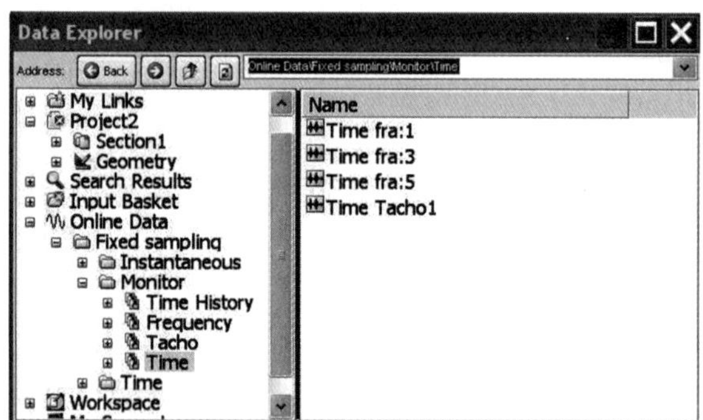

图 6-82　Data Explorer 窗口

需要监控的数据都在 Online Data 里，依次展开直到可见 Monitor，Monitor 里选择 Tacho。在右边出现的通道里选择 Time Tacho1，用鼠标左键点住它并把它拖动到刚才已经打开的 1+2X1_new 示图中的左下角的数字图里释放，同样地，将需要监控的时域信号，比如 Monitor-time-Time fra:1 拖动到右下角的前后图里，然后点击 Waterfall 文件夹，比如，选择拖动 fra:1 通道的瀑布图结果到创建的色彩图里。最后如图 6-83 所示。

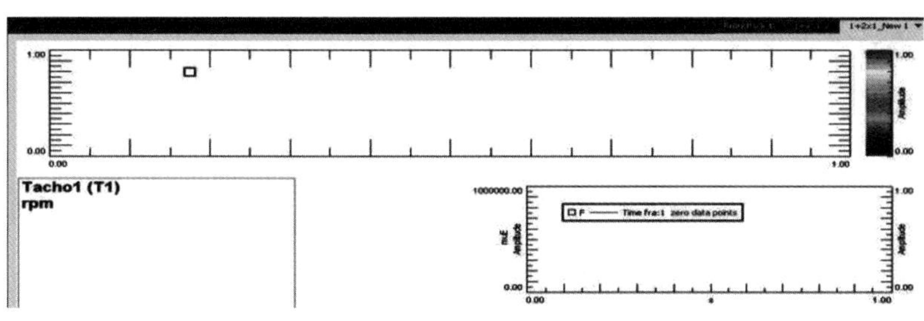

图 6-83　1+2X1

(2) 数据存储及开始测量。检查如图 6-84 所示的 Save Throughput(保存吞吐量)前是否已打钩。

图 6-84　Save Throughput 键

这里打钩了表示希望软件存储 throughput 文件(TDF 格式)，但是由于许可证的问题，存储时域信号的功能是个添加件，首先要把这个添加件添加进来，软件在许可前提下才真的有能力把全程时域信号给记录下来。要添加任何一个添加件，可以点击主菜单里的 tools 键，在下拉菜单里点击 Add-ins，然后在跳出的界面里找到如图 6-85 所示的 Time Recording During Signature Testing(信号测试时域记录)，然后打钩，点击 OK，回到 Measure 界面。

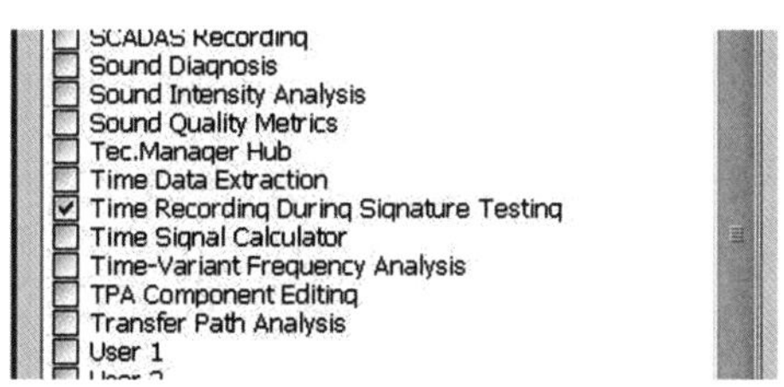

图 6-85　Time Recording During Signature Testing 选项

开始测量时，点击 Arm/Disarm 键，系统进入示波状态，可以看到被监控通道的时域信号在示图中波动，如果是接了转速的测试，还可以看到 Tracking Tacho 处转速的显示。一旦认为测试对象已经进入状态，可以进行采集的时候，就可以按如图 6-86 中 3 个键当中的 ▶（播放键），开始进入测量状态。

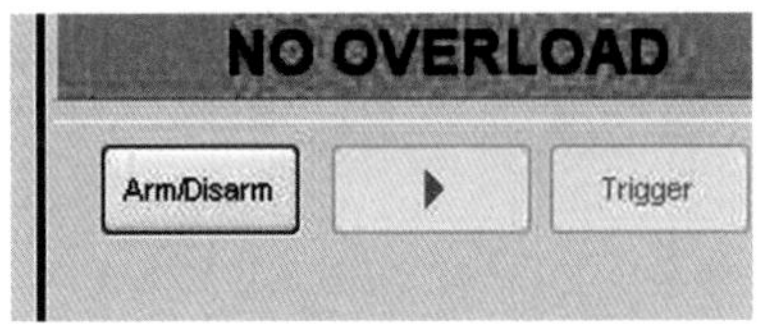

图 6-86　开始测量按钮

第四节　实验

实验一：振动测试

1. 实验目的

实验目的如下：

- 了解模态分析的基本原理。
- 了解模态分析测试及分析方法。

2. 实验相关知识点

实验相关知识点如下：

- 结构固有频率定义及固有频率测量。
- 频率响应函数 FRF 定义及 FRF 函数测量。
- 模态分析极点定义及极点选择。
- 模态振型定义及振型计算。

• 模态预实验分析、模态建模、模态数据采集及模态参数识别。

3. 实验内容及主要步骤

该实验是利用 LMS. IMPACT 软件对框架结构进行模态分析。通过激振实验，了解 LMS. IMPACT 软件如何对采集的振动数据进行处理识别，从而得到机械系统的模态参数。主要包括：①结构测量点和激振点的选择；②了解模态分析试验采用的仪器使用：试验仪器的连接、安装、调整；③激振时各测点力信号和响应信号的测量及利用这些测量信号求取传递函数，并分析影响传递函数精度的因素；④完成 LMS. IMPACT 软件由各测点识别出系统的模态参数的步骤。

实验二：机械振动的压电传感器测量及分析

1. 实验目的

实验目的是学习利用加速度传感器测量机械振动的幅值与频率的原理与方法。

2. 实验相关知识点

实验相关知识点如下：

• 传感器的分类、选型指标及选型原则。

• 模拟信号与数字信号定义、模拟信号与数字信号转换方法。

• 信号分析中的傅里叶变换。

• 信号分析中窗函数的定义及加窗函数的原则。

3. 实验内容及主要步骤

利用提供的机械振动实验装置搭建振动测试系统，并测量机械振动的幅值与频率，其主要步骤如下。

(1) 打开所有仪器电源，将 DG-1022 型信号发生器的幅值旋钮调至最小，采用正弦激励信号。DHF-2 型电荷放大器设置为 100 mv/Unit。设置信号发生器为“手动”模式，调节“手动扫屏”至固定频率(20～80 HZ 任意自选)，调节幅值旋钮使其输出电压为 2 V。

(2) 实验中由 DG-1022 信号发生器输出正弦激励信号。这个信号经过 HEA-200C 型功率放大器可以转化为一个频率和幅值可调的输出信号。这个信号作用在 HEV-200

型电动式激振器上使其振动。同时，利用安装在发电装置上的 YD64-310 型加速度传感器可以测得一个激振加速度的信号，经过 DHF-2 型电荷放大器后转变为一个电压信号，将这个电压信号输入到 NI 9215 数据采集卡中，数据采集卡由 USB 接口接到电脑上，通过 LabVIEW Full Development System 软件，可以观察其电压大小。

（3）利用 HEA-200C 型功率放大器调节信号输入使其加速度保持为 10 m/s^2。最后激振器振动后，压电悬臂梁装置通过将振动的机械能转化为电能，并接到示波器上，观察随激励振动产生的交变电压。

（4）观察示波器的电流变化。并记录电脑软件界面的频率和幅值。

（5）重复步骤多次。计算频率和幅值的平均值。

本章思考题

1. 简述测试在产线开发过程中的作用。

2. 振动传感器主要有哪些类型？哪种传感器目前使用最广泛？

3. 加速度传感器和力传感器的主要技术指标有哪些？

4. 一般振动数据采集设备最大输入电压为 10 V。测量某一结构的加速度响应，加速度最大值预估约为 20g，现有加速度传感器甲（灵敏度：50 mv/g）、乙（灵敏度：500 mv/g）各一只，选用哪一个传感器？请说明理由。

5. 在振动特征分析实验中，与波形分析相比，频谱分析的主要优点是什么？

6. 在振动特征分析实验中，为什么白噪声信号对信号的波形干扰很大，但对信号的频谱影响很小？

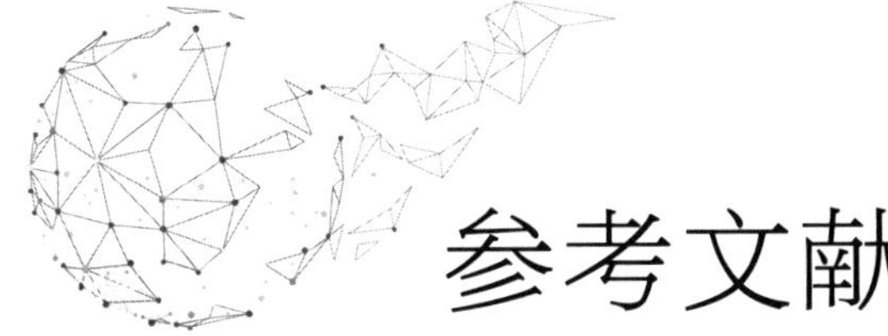

参考文献

[1] 杨义勇．现代机械设计理论与方法［M］．北京：清华大学出版社，2014.

[2] 蔡学熙．现代机械设计方法实用手册［M］．北京：化学工业出版社，2004.

[3] 张连洪．现代设计方法及其应用［M］．天津：天津大学出版社，2013.

[4] 王永．复杂产品协同装配规划与优化［D］．北京：北京航空航天大学，2008.

[5] 童秉枢．现代 CAD 技术［M］．北京：清华大学出版社，2000.

[6] 施法中．计算机辅助几何设计与非均匀有理 B 样条［M］．北京：高等教育出版社，2013.

[7] 魏迎梅，杨冰译．虚拟现实系统［M］．北京：电子工业出版社，2004.

[8] Lance B. Coleman，Sr. The Customer-Driven Organization：Employing the Kano Model［M］．New York：CRC Press，2014.

[9] User Interface Design：Bridging the Gap from User Requirements to Design［M］．Los Angeles：CRC Press，2017.

[10] 廖林清．现代设计法［M］．重庆：重庆大学出版社，2000.

[11] 万志良．大型设备生产企业面向制造的设计体系研究［D］．南京：南京航空航天大学，2008.

[12] 钟元．面向制造和装配的产品设计指南［M］．北京：机械工业出版社，2011.

[13] 吴学鹏．面向装配的设计（DFA）技术研究［J］．机械研究与应用，2008（3）：22-23.

[14] 邓华伟．计算机辅助民机维修性设计与分析技术研究［D］．南京：南京航

空航天大学，2005.

［15］石全．维修性设计技术案例汇编［M］．北京：国防工业出版社，2001.

［16］谌炎辉．复杂机电产品模块化设计若干关键技术及应用研究［D］．西安：西安电子科技大学，2013.

［17］顾新建，杨青海．机电产品模块化设计方法和案例［M］．北京：机械工业出版社，2014.

［18］刘忠伟，邓英剑．先进制造技术［M］．北京：电子工业出版社，2017.

［19］王广春．增材制造技术及应用实例［M］．北京：机械工业出版社，2014.

［20］蔡志楷，梁家辉．3D 打印和增材制造的原理及应用［M］．北京：国防工业出版社，2017.

［21］石文天，刘玉德．先进制造技术［M］．北京：机械工业出版社，2018.

［22］汪惠芬．数字化设计与制造技术［M］．哈尔滨：哈尔滨工程大学出版社，2015.

［23］徐雷，殷鸣，殷国富．数字化设计与制造技术及应用［M］．成都：四川大学出版社，2019.

［24］朱立达，辛博，巩亚东．数字化设计与制造［M］．北京：科学出版社，2019.

［25］苏春．数字化设计与制造［M］．北京：机械工业出版社，2019.

［26］张胜文，赵良才．计算机辅助工艺设计：CAPP 系统设计［M］．北京：机械工业出版社，2017.

［27］James F. Kurose，Keith W. Ross. 计算机网络：自顶向下方法［M］．北京：机械工业出版社，2009.

［28］谢希仁．计算机网络［M］．北京：电子工业出版社，2017.

［29］周竞科．5G 关键技术研究［J］．信息通信，2018，No. 183（3）：261-262.

［30］郭楠，贾超．《信息物理系统白皮书（2017）》解读（上）［J］．信息技术与标准化，2017（4）：36-40.

［31］郭楠，贾超．《信息物理系统白皮书（2017）》解读（下）［J］．信息技术与标准化，2017（5）：42-47.

［32］张连超，刘蔚然，程江峰，陶飞，孟少华，陈畅宇．卫星总装数字孪生车间

物料准时配送方法[J]. 计算机集成制造系统，2020，271(11)：5-22.

[33] 胡寿松. 自动控制原理[M]. 北京：科学出版社，2013.

[34] 李可成. 西门子 PLC 冗余技术在糖厂压榨自控系统的应用[J]. 轻工科技，2020，36(6)：78-80.

[35] 李华德. 电力拖动控制系统：运动控制系统[M]. 北京：电子工业出版社，2006.

[36] 赵晶，黄韬. 运动控制系统原理及应用[M]. 北京：化学工业出版社，2020.

[37] 许翏. 电机与电气控制技术[M]. 北京：机械工业出版社，2010.

[38] 刘爱帮 .PLC 原理及工程应用设计[M]. 北京：北京航空航天大学出版社，2019.

[39] 王洪辉，孟令宇，庹先国. 可编程控制器原理及应用简明教程[M]. 北京：高等教育出版社，2018.

[40] 王贵峰，傅龙飞 .PLC 实验与工程实践[M]. 北京：中国水利水电出版社，2013.

[41] 李德葆，陆秋海. 工程振动试验分析[M]. 北京：清华大学出版社，2004.

[42] 方同，薛璞. 振动理论及应用[M]. 西安：西北工业大学出版社，1983.

[43] 沃德·海伦. 模态分析理论与试验[M]. 北京：北京理工大学出版社，2001.

[44] 傅志方，华宏星. 模态分析理论及应用[M]. 上海：上海交通大学出版社，2000.

[45] 管迪华. 模态分析技术[M]. 北京：清华大学出版社，1995.

[46] 傅志方. 振动模态分析与参数辨识[M]. 北京：机械工业出版社，1990.

[47] 庞剑，谌刚，何华. 汽车噪声与振动——理论与应用[M]. 北京：北京理工大学出版社，2006.

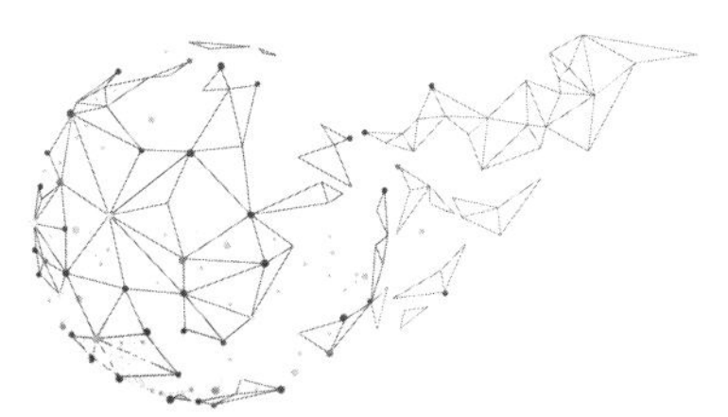

后记

随着全球新一轮科技革命和产业变革加速演进，以新一代信息技术与先进制造业深度融合为特征的智能制造已经成为推动新一轮工业革命的核心驱动力。世界各工业强国纷纷将智能制造作为推动制造业创新发展、巩固并重塑制造业竞争优势的战略选择，将发展智能制造作为提升国家竞争力、赢得未来竞争优势的关键举措。

智能制造是基于新一代信息技术与先进制造技术深度融合，贯穿于设计、生产、管理、服务等制造活动各个环节，具有自感知、自决策、自执行、自适应、自学习等特征，旨在提高制造业质量、效益和核心竞争力的先进生产方式。作为“制造强国”战略的主攻方向，智能制造发展水平关乎我国未来制造业的全球地位，对于加快发展现代产业体系，巩固壮大实体经济根基，建设“中国智造”具有重要作用。推进制造业智能化转型和高质量发展是适应我国经济发展阶段变化、认识我国新发展阶段、贯彻新发展理念、推进新发展格局的必然要求。

2020 年 2 月，《人力资源社会保障部办公厅　市场监管总局办公厅　统计局办公室关于发布智能制造工程技术人员等职业信息的通知》(人社厅发〔2020〕17 号)正式将智能制造工程技术人员列为新职业，并对职业定义及主要工作任务进行了系统性描述。为加快建设智能制造高素质专业技术人才队伍，改善智能制造人才供给质量结构，在充分考虑科技进步、社会经济发展和产业结构变化对智能制造工程技术人员要求的基础上，以智能制造工程技术人员专业能力建设为目标，根据《智能制造工程技术人员国家职业技术技能标准(2021 年版)》(以下简称《标准》)，人力资源社会保障部专业技术人员管理司指导中国机械工程学会，组织有关专家开展了智能制造工程技术人员培训教程(以下简称教程)的编写工作，用于全国专业技术人员新职业培训。

智能制造工程技术人员是从事智能制造相关技术研究、开发，对智能制造装备、生产线进行设计、安装、调试、管控和应用的工程技术人员。共分为 3 个专业技术等级，分别为初级、中级、高级。其中，初级、中级均分为 4 个职业方向：智能装备与产线开发、智能装备与产线应用、智能生产管控、装备与产线智能运维；高级分为 5 个职业方向：智能制造系统架构构建、智能装备与产线开发、智能装备与产线应用、智能生产管控、装备与产线智能运维。

与此相对应，教程分为初级、中级、高级培训教程。各专业技术等级的每个职业方向分别为一本，另外各专业技术等级还包含《智能制造工程技术人员——智能制造共性技术》教程一本。需要说明的是：《智能制造工程技术人员——智能制造共性技术》教程对应《标准》中的共性职业功能，是各职业方向培训教程的基础。

在使用本系列教程开展培训时，应当结合培训目标与受训人员的实际水平和专业方向，选用合适的教程。在智能制造工程技术人员各专业技术等级的培训中，“智能制造共性技术”是每个职业方向都需要掌握的，在此基础上，可根据培训目标与受训人员实际，选用一种或多种不同职业方向的教程。培训考核合格后，获得相应证书。

初级教程包含：《智能制造工程技术人员(初级)——智能制造共性技术》《智能制造工程技术人员(初级)——智能装备与产线开发》《智能制造工程技术人员(初级)——智能装备与产线应用》《智能制造工程技术人员(初级)——智能生产管控》《智能制造工程技术人员(初级)——装备与产线智能运维》，共 5 本。《智能制造工程技术人员(初级)——智能制造共性技术》一书内容涵盖《标准》中初级共性职业功能所要求的专业能力要求和相关知识要求，是每个职业方向培训的必备用书；《智能制造工程技术人员(初级)——智能装备与产线开发》一书内容涵盖《标准》中初级智能装备与产线开发职业方向应具备的专业能力和相关知识要求；《智能制造工程技术人员(初级)——智能装备与产线应用》一书内容涵盖《标准》中初级智能装备与产线应用职业方向应具备的专业能力和相关知识要求；《智能制造工程技术人员(初级)——智能生产管控》一书内容涵盖《标准》中初级智能生产管控职业方向应具备的专业能力和相关知识要求；《智能制造工程技术人员(初级)——装备与产线智能运维》一书内容涵盖《标准》中初级装备与产线智能运维职业方向应具备的专业能力和相关知识要求。

本教程适用于大学专科学历(或高等职业学校毕业)及以上，具有机械类、仪器类、电子信息类、自动化类、计算机类、工业工程类等工科专业学习背景，具有较强的学习能力、计算能力、表达能力和空间感，参加全国专业技术人员新职业培训的人员。

智能制造工程技术人员需按照《标准》的职业要求参加有关课程培训，完成规定学时，取得学时证明。初级、中级为90标准学时，高级为80标准学时。

本教程是在人力资源社会保障部、工业和信息化部相关部门领导下，由中国机械工程学会组织编写的，来自同济大学、西安交通大学、华中科技大学、东华大学、大连理工大学、上海交通大学、浙江大学、哈尔滨工业大学、天津大学、北京理工大学、西北工业大学、上海犀浦智能系统有限公司、北京机械工业自动化研究所、北京精雕科技集团有限公司、西门子(中国)有限公司等高校及科研院所、企业的智能制造领域的核心及知名专家参与了编写和审定，同时参考了多方面的文献，吸收了许多专家学者的研究成果，在此表示衷心感谢。

由于编者水平、经验与时间所限，本书的不足与疏漏之处在所难免，恳请广大读者批评与指正。

本书编委会